W0412576

Training Klassenarbeiten

Lambacher Schweizer

Mathematik für Gymnasien

Klasse **10**

erarbeitet von
Heinz Peisch

Ernst Klett Verlag
Stuttgart • Leipzig

1. Auflage 1 11 10 9 8 7 | 24 23 22 21 20

Alle Drucke dieser Auflage sind unverändert und können im Unterricht nebeneinander verwendet werden.
Die letzte Zahl bezeichnet das Jahr des Druckes.
Das Werk und seine Teile sind urheberrechtlich geschützt. Jede Nutzung in anderen als den gesetzlich zugelassenen Fällen bedarf der vorherigen schriftlichen Einwilligung des Verlages. Hinweis § 52 a UrhG: Weder das Werk noch seine Teile dürfen ohne eine solche Einwilligung eingescannt und in ein Netzwerk eingestellt werden. Dies gilt auch für Intranets von Schulen und sonstigen Bildungseinrichtungen. Fotomechanische oder andere Wiedergabeverfahren nur mit Genehmigung des Verlages.

© Ernst Klett Verlag GmbH, Stuttgart 2009. Alle Rechte vorbehalten. www.klett.de

Autor: Heinz Peisch
Redaktion: Andreas Marte, Eva Göhner

Herstellung / Satz: SMP Oehler, Remseck
Illustrationen: Christine Lackner-Hawighorst, Ittlingen; Sandra Oehler, Remseck; Dorothea Wolters, Berlin
Bildkonzept Umschlag: Soldankommunikation, Stuttgart
Umschlagfotografie: Getty Images (image bank), München
Reproduktion: Meyle + Müller, Medien Management, Pforzheim
Druck: AZ Druck und Datentechnik GmbH, Kempten / Allgäu

Printed in Germany
ISBN 978-3-12-734005-1

9 783127 340051

Inhaltsverzeichnis

The difference between failure and success is
doing a thing nearly right
and doing a thing exactly right.

Edward Simmons

Liebe Schülerin, lieber Schüler,

diese Sammlung von Mathematik-Arbeiten wird dir helfen, dich zielgerichtet auf bevorstehende Mathematik-Klassenarbeiten vorzubereiten.

Vermutlich hast du dich bisher schon mithilfe deines Mathematikbuches und deines Hefts auf Klassenarbeiten vorbereitet. Das solltest du auch zukünftig tun. Dein neues Trainingsbuch bietet dir weitere Möglichkeiten der Vorbereitung, insbesondere das Üben mit realistisch gestellten Klassenarbeiten.

Willst du für eine bevorstehende Klassenarbeit üben, so suchst du im Inhaltsverzeichnis das entsprechende Kapitel heraus. Zu jedem Thema findest du vier Übungsarbeiten. Anhand der ausführlichen Lösungen kannst du dich kontrollieren und deine Leistung bewerten.
Die drei Jahrgangsarbeiten am Ende des Buches dienen der Überprüfung des Gelernten am Schuljahresende.

Folgende Seiten und Abschnitte helfen dir beim Lösen und Verstehen der Klassenarbeiten:
Pinboard – Jedes Kapitel beginnt mit einer Doppelseite *Pinboard*. Hier kannst du die wichtigsten mathematischen Sachverhalte nachlesen. Die richtige Anwendung der Inhalte und Regeln wird dir in Beispielen vorgeführt.
Bist du sicher? – Mit den einfachen Aufgaben in *Bist du sicher?* kannst du ausprobieren, ob du den Stoff des Kapitels verstanden hast. Die Lösungen dazu findest du auf der gleichen Seite. Diesen Kurztest solltest du vor der ersten Klassenarbeit bearbeiten.
Tipps – Die erste Klassenarbeit eines Kapitels enthält *Tipps* zu den gestellten Aufgaben. Diese Tipps solltest du nutzen, wenn du Probleme hast, die Lösung zu finden.
Grafikfähiger Taschenrechner – Bei etlichen Klassenarbeiten sollen die ersten zwei oder drei Aufgaben ohne den *grafikfähigen Taschenrechner* bearbeitet werden. Achte auf die entsprechenden Hinweise bei der jeweiligen Klassenarbeit.
Lösungen – Bei den ersten beiden Arbeiten eines Kapitels werden nicht nur die *Lösungen* notiert. In kursiver Schrift werden auch Erklärungen angeboten, Denkanstöße formuliert und alternative Lösungen dargestellt. Wenn du eine Teilaufgabe nicht gelöst hast, kannst du diese kursiven Texte als Lernhilfe nutzen, um nun vielleicht doch noch die Aufgabe selbstständig zu Ende zu führen. Bei vielen Aufgabenlösungen findest du Hinweise zur Bedienung des grafikfähigen Taschenrechners der Marke Texas Instruments (TI) sowie Screenshots zur Veranschaulichung. Die Bedienung anderer Rechnertypen kann davon abweichen.

Alle Arbeiten in diesem Buch sind für eine Arbeitszeit von 60 Minuten gedacht.

Bevor du dich an die Arbeit machst, lies bitte in aller Ruhe die nächsten Seiten durch. Dort findest du weitere Hinweise, wie du erfolgreich mit diesem Buch arbeiten kannst.

Wenn du Anregungen und Wünsche hast oder gar Fehler findest, so lass mich dies wissen, damit diese gegebenenfalls in späteren Auflagen berücksichtigt werden können.

Du wirst dieses Buch nicht wie ein Jugendbuch in einem Zuge durchlesen können. Es wird dir ein Lernbegleiter sein und du wirst mit ihm arbeiten. Lesen allein genügt nicht! Ich weiß: Arbeiten ist nicht immer das reine Vergnügen. Konzentriertes Lernen ist manchmal mühevoll, kann aber auch sehr viel Spaß bringen. Jede Reise beginnt mit einem ersten Schritt. Mache dich auf den Weg!

Ich wünsche dir beim Arbeiten mit dieser Aufgabensammlung Freude und viel Erfolg!

Heinz Peisch

Eine mathematische Aufgabe kann manchmal genauso unterhaltsam sein wie ein Kreuzworträtsel und angespannte geistige Arbeit kann eine ebenso wünschenswerte Übung sein wie ein schnelles Tennisspiel.

George Pólya

Sehr geehrte Eltern,

die vorliegende Sammlung von Klassenarbeiten soll Ihrem Kind die Vorbereitung auf Mathematik-Klassenarbeiten erleichtern.

Dieses Trainingsbuch will den oft geäußerten Wunsch nach realistischen Übungsarbeiten bedienen. Die vier zu jedem der sechs Gebiete bereitgestellten Klassenarbeiten sind so konzipiert, dass sie Ihrem Kind angemessenes Trainingsmaterial bieten. Lücken oder Ungenauigkeiten können anhand ausführlicher Musterlösungen festgestellt werden. Damit lässt sich der Leistungsstand Ihres Kindes einschätzen. Erkannte Lücken können auf dieser Basis noch vor der Klassenarbeit gefüllt werden. Wer weiß, was er (noch) nicht weiß bzw. nicht genau genug weiß, hat schon einen großen Lernschritt nach vorne gemacht.

Ermuntern Sie Ihr Kind dazu, regelmäßig zu lernen. Eine gute Vorbereitung beginnt nicht erst wenige Tage vor der Klassenarbeit. Damit Ihr Kind ungestört 60 Minuten lang an einer Übungsarbeit trainieren kann, sollten Sie dafür sorgen, dass ein ruhiger und gut beleuchteter Arbeitsplatz zur Verfügung steht.

Freuen Sie sich mit Ihrem Kind über seine Lernerfolge, sprechen Sie aber auch offen über auftretende Schwierigkeiten. Sie können zusammen mit Ihrem Kind überlegen, welche Arbeits- und Lernmethoden hilfreich sein könnten und ihm dabei helfen, diese auszuprobieren. Weitere Anregungen erhalten Sie auch im Gespräch mit der Lehrerin bzw. dem Lehrer Ihres Kindes. Ermutigen Sie Ihr Kind und loben Sie die Anstrengungen, die es unternimmt, um sich auf eine Klassenarbeit vorzubereiten oder schwierige Gebiete zu erschließen.

Wenn diese Aufgabensammlung als Ergänzung zum Unterricht und Erweiterung des Lehrbuchs konsequent durchgearbeitet wird, dann sollte der Erfolg nicht ausbleiben und die Anstrengung Ihres Kindes wird sich in besseren Noten niederschlagen.

Heinz Peisch

Wie du dich mit diesem Buch auf eine Klassenarbeit vorbereiten kannst!

Kläre das Thema der nächsten Klassenarbeit (Lehrerin bzw. Lehrer fragen!) Welches Lehrbuchkapitel, welche Seitenzahlen, welche Aufgaben?

↓

Lies die Seiten „Pinboard“ genau durch. Teste dich mit den Aufgaben in „Bist du sicher?“

> Diese Seiten sind zum Aufwärmen gedacht. Hier findest du alle wichtigen Informationen für das betreffende Kapitel!
> Achte auf die Beispiele!
> Nutze die Testaufgaben und deren Lösungen.

↓

War der Test leicht für dich?

Probleme?

> Kläre, was dir noch Schwierigkeiten macht! Frage deine Lehrerin oder deinen Lehrer, wenn du nicht weiter weißt.

↓

Suche dir einen ruhigen und hellen Arbeitsplatz. Richte alle Arbeitsmaterialien einsatzbereit her!

↓

Du hast 60 Minuten Arbeitszeit. Lies die ausgewählte Klassenarbeit genau durch und bearbeite diese. Beachte die Tipps!

> Schreibe Uhrzeiten zum Arbeitsbeginn und Arbeitsende oben auf das Blatt!
> Trage die Lösungen in ein Heft ein!
> Keine Schmierzettel!
> Schreibe sauber und übersichtlich!
> Denke auch an Antwortsätze!

↓

Jetzt kannst du eine Pause machen!

↓

Korrigiere deine Lösung anhand der Lösungsvorschläge.

> Schreibe mit roter Farbe „r“ oder „f“ an die Zwischenergebnisse!
> Gib dir die entsprechenden Verrechnungspunktezahlen!
> Ziehe für Rechenfehler einen Punkt, für Schreibfehler einen halben Punkt ab!
> Kontrolliere auch Zwischenschritte, nicht nur Endergebnisse!

↓

Benote deine Leistung! Fülle den Arbeitsbericht Seite 10 aus!

↓

Versuche bei Unklarheiten, die angegebenen Lösungen zu verstehen.

> Achte auch auf die Lerntipps bei manchen Klassenarbeiten oder Lösungen!
> Die ersten beiden Klassenarbeiten zu jedem Kapitel enthalten kursiv geschrieben zusätzliche Hilfestellungen: Lösungshinweise, Denkanstöße, alternative Lösungen, usw.

↓

Du hast lange gearbeitet. Jetzt hast du eine Belohnung verdient.

Lernen auf die Klassenarbeit

Aufwärmen!

In kaum einem anderen Fach kann man seine Erfolge so gut planen wie in Mathematik. Man muss nicht begabt sein, um Mathematikunterricht erfolgreich zu bewältigen. Ein großer Teil der Aufgaben erfordert nämlich lediglich das Anwenden von Routinetechniken. Diese Techniken kann man lernen und einüben, so wie auch der Sportler oder der Musiker seine Bewegungsabläufe immer wieder trainieren und dabei optimieren muss. Der andere Teil der Aufgaben macht es nötig zu erkennen, wo und wie welche Techniken erfolgversprechend angewendet werden können und diese dann sachgerecht zu nutzen. Dies ist nicht immer ganz einfach, fällt jedoch zunehmend leichter, wenn man über das technische Repertoire sicher verfügt.

Natürlich sollte man (trotz Taschenrechner) schnell und vor allem sicher rechnen können. Die Rechengesetze (Assoziativgesetze und Kommutativgesetze für die Addition bzw. die Multiplikation und das Distributivgesetz) kann man einsehen und daher leicht lernen. Überschlagsrechnungen können helfen, grobe Rechenfehler zu entdecken. Wer dann noch die wenigen Rechenregeln für das Rechnen mit reellen Zahlen kennt und anwenden kann, der hat schon eine sehr gute Grundlage im rechentechnischen Bereich. Das Lösen einfacher linearer oder quadratischer Gleichungen und die Auflösung von Formeln nach jeder der vorkommenden Variablen ist dann eine eher leichte Übung. Bei Gleichungen höheren Grades oder Gleichungen, bei denen die auftretenden Koeffizienten unhandlich sind, wird man den GTR einsetzen. Die entsprechenden Routinen sollten also trainiert werden. Die wichtigsten Rechengesetze, Regeln und Formeln, die du bisher kennen gelernt hast, passen auf wenige Heftseiten! Prüfe dies nach, indem du diese Grundlagen aus der Arithmetik und Algebra mithilfe deiner Schulbücher und Schulhefte für dich zusammenstellst! Es kann hilfreich sein, auch die wesentlichen Rechnerroutinen mit Beispielen zusammenzustellen.

Ein Schwerpunkt im zehnten Schuljahr liegt auf der Untersuchung verschiedener Funktionsklassen. Du hast dazu den zentralen Begriff der Ableitung und Ableitungsregeln kennen gelernt. Du weißt, was eine Tangente an einen Graphen ist und wie man die Gleichung der Tangente in einem Punkt des Graphen berechnen kann. Mithilfe des Ableitungsbegriffs lassen sich Aussagen über Hoch- und Tiefpunkte von Graphen gewinnen und Bereiche ermitteln, in denen die Graphen wachsen oder fallen. Die wenigen Definitionen und Lehrsätze solltest du zusammenstellen und mit Beispielen – auch mit entsprechenden Graphen zur Veranschaulichung – deren Anwendung verdeutlichen.

Im Bereich der Vektorrechnung ist es nützlich, die üblichen Bezeichnungen und Schreibweisen für die vorkommenden Begriffe Punkt, Ortsvektor, Gerade, Geradengleichung, Stützvektor, Richtungsvektor zu kennen. Die Rechnungen beim Aufstellen der Geradengleichungen sind elementar. Die beim Bestimmen von Schnittpunkten von Geraden auftretenden Gleichungssysteme sind meist sehr einfach und können dann problemlos per Hand gelöst werden. Trainiere dennoch auch die Lösung von Gleichungssystemen mit dem GTR, damit du die nötige Routine für die komplexeren Systeme erhältst, die in den nächsten Schuljahren zu bearbeiten sind. Wenn du Punkte und Geraden zügig und sauber in ein dreidimensionales Koordinatensystem einzeichnen kannst, wenn du also auch dein Handwerkszeug im wörtlichen Sinne gut im Griff hast, bist du im technischen Bereich der Vektorrechnung auf dem Laufenden.

Entsprechendes gilt für die Wahrscheinlichkeitsrechnung. Neben einem gründlichen Verständnis der Bedeutung der auftretenden Terme wird der sichere Umgang zur Berechnung der Wahrscheinlichkeiten mit dem grafikfähigen Taschenrechner erwartet.

Auf wenigen Seiten hast du damit an einem Wochenende die wesentlichen Inhalte und Techniken zusammengestellt. Du wirst diese Fertigkeiten immer wieder brauchen. Deine Sicherheit im Bearbeiten von Mathematikaufgaben wird wachsen und du wirst erleben, dass du dich dann auch an schwierigere Fragestellungen traust und diese erfolgreich bewältigst.

Wenn du dich nicht sicher fühlst oder deine Zusammenstellung größere Lücken aufweist, dann schau doch einfach in die „Trainingshefte Klassenarbeiten" aus dieser Reihe, die für die vorhergehenden Klassenstufen bereits erschienen sind. Dort findest du – wie auch in diesem Buch – auf den Pinboard-Seiten die wichtigsten Inhalte mit Beispielen kurz und übersichtlich zusammengestellt.

In Kondition bringen!

Arbeite allein, wenn es darum geht, bereits gelernte Inhalte nur zu wiederholen. Auch wenn du einen neuen Stoff anhand eines Lehrbuchtextes erarbeiten willst, ist es meist zweckmäßig, zuerst allein zu lernen. Eher komplizierte Arbeitsschritte oder Denkprozesse, die deine volle Konzentration verlangen, bei denen also die kleinste Ablenkung störend wäre, werden ebenfalls besser in Einzelarbeit erledigt.

Arbeite mit einem Partner zusammen, wenn es z.B. darum geht, Lücken im Stoff zu füllen. Ihr könnt euch dabei gegenseitig kontrollieren und über euere Vorgehensweisen und Lösungswege diskutieren. Dies gelingt um so besser, je gleichwertiger die beiden Partner sind. Allerdings muss das „Betriebsklima" stimmen! Ihr müsst euch insbesondere über eines einig sein: Wenn gelernt wird, wird gelernt. Sonst nichts!

Wenn es darum geht, umfangreichere Inhalte zusammenzufassen oder neu zu strukturieren, dann kann das Zusammenarbeiten mit mehreren in einer Gruppe hilfreich sein. Vielleicht entwerft ihr euch auch gegenseitig Testaufgaben, wie ihr sie in der Klassenarbeit erwartet. Oder ihr entwickelt eine mind-map zu den in der Klassenarbeit erwarteten Themen und arbeitet arbeitsteilig die einzelnen Punkte aus. Anschließend erfolgt dann die Diskussion über die erstellten Materialien, die zur Ergänzung und Präzisierung führen kann, was gleichzeitig mit einer Verständniskontrolle einhergeht. Der Austausch der erarbeiteten Unterlagen ist selbstverständlich. Definitionen, neue Lehrsätze, Beweise, Beispiele, Algorithmen auf Karteikarten notiert, lassen sich überall hin mitnehmen und memorieren!

Es ist offenkundig, dass eine hohe Konzentration im Unterricht und eine sorgfältige Erledigung der Hausaufgaben eine gute Vorbereitung auf eine Klassenarbeit darstellen. Achte darauf, dass du mit deiner Heftführung auf dem Laufenden bist und deine Hefteintragungen sauber, übersichtlich und gut strukturiert sind, damit du auch wirklich damit lernen kannst. Arbeite die behandelten Beispiele noch einmal gründlich durch. Mache dir die verschiedenen Schritte der Lösung klar. Bearbeite ein ähnliches Beispiel selbstständig. Untersuche, wo du in den vergangenen Wochen immer wieder Fehler gemacht hast. Wo liegt die Fehlerursache? Leichtsinnsfehler? Systematischer Fehler? Noch ist Zeit, etwas dagegen zu tun!
Nutze alle Möglichkeiten, die dir diese Aufgabensammlung bietet!

Anwenden!

In der Regel sind die ersten Aufgaben der Klassenarbeit die einfachsten. Daher gilt: Fang vorne an! Damit kannst du dich „warmlaufen". Die erfolgreiche Bewältigung der ersten Aufgaben gibt dir Sicherheit und somit auch die nötige Ruhe.

Arbeite nicht blind drauflos! Mache dir die Aufgabenstellung klar, lies den Text gegebenenfalls auch mehrmals, unterstreiche wichtige Passagen, fertige – wenn möglich oder nötig – eine saubere Zeichnung an. Mache nur das, was der Aufgabentext von dir verlangt. Achte auf Schlüsselwörter in den Fragestellungen: „Berechne ...", „Gib an ...", „Zeichne ..." „Überprüfe ...", „Beschreibe ...", „Beurteile ...", „Beweise ...".

Überlege, ob dir eine ähnliche Fragestellung schon einmal begegnet ist und, wenn dies der Fall sein sollte, wie du damals vorgegangen bist. Dies fällt dir leichter, wenn du wichtige, häufig wiederkehrende Vorgehensweisen stichwortartig gelernt hast. Arbeite zügig, aber nicht hektisch!

Komplexere Fragestellungen lassen sich meist in Einzelschritte zerlegen. Mache einen Plan, welche Schritte du nacheinander erledigen willst. Arbeite die festgelegten Schritte nacheinander ab und prüfe bei jedem Schritt, ob dir klar ist, warum du so vorgehst, welche Rechenregel, welchen Lehrsatz du gerade verwendest und welche Funktion dieser Arbeitsschritt hat. Kontrolliere immer wieder die Richtigkeit der Vorgehensweise (durch das Einsetzen einfacher Zahlen, durch eine Überschlagsrechnung, durch Nachmessen in einer Figur).

Wenn gar nichts mehr geht, hilft manchmal eine kleine Pause. Ruhig bleiben! Nicht die Nerven verlieren! Vielleicht kommst du mit einer anderen Aufgabe besser klar? Bearbeite zuerst diese und komme später wieder auf die zurückgestellte Aufgabe zurück. Gutes Gelingen!

Dein Arbeitsplan

In der untenstehenden Tabelle kannst du eintragen, wann du die jeweilige Klassenarbeit bearbeitet hast, wie viele Verrechnungspunkte du dabei erreichen konntest und welcher Note dies entsprechen würde. Für die Umrechnung von Verrechnungspunkten in eine Note gilt:

Verrechnungspunkte (VP)	0-4	5-6	7-8	9-10	11-12	13-14	15-16	17-18	19-20	21-22	23-24
Note	6	5-6	5	4-5	4	3-4	3	2-3	2	1-2	1

Bei halben Verrechnungspunkten darfst du auf die nächste volle Punktzahl aufrunden. Wenn du also 18,5 Verrechnungspunkte erreicht hast, gibst du dir die Note 2.

Wenn dir nicht alle Lösungen gelungen sind, dann solltest du sorgfältig die Aufgabennummern vermerken, bei denen Unklarheiten aufgetreten sind. Versuche diese Fragen dann mithilfe des Lehrbuchs, deines Heftes oder auch deiner Mitschüler rasch zu klären. In Zweifelsfällen kannst du deine Lehrerin oder deinen Lehrer fragen.

Mit der Tabelle behältst du den Überblick: Wo sind offene Fragen? Welche Arbeiten kannst du noch schreiben? Was ist geklärt und verstanden?

Übungsarbeit	Tag der Bearbeitung	Ergebnis in VP	Note	Unklarheiten bei folgenden Aufgaben	Unklarheiten geklärt?
Beispiel	15.10.09	19,5	2	KA 1.2 Nr. 4b	Ja, 17.10.09
Abhängigkeit und Änderung – Ableitung					
Klassenarbeit 1.1					
Klassenarbeit 1.2					
Klassenarbeit 1.3					
Klassenarbeit 1.4					
Eigenschaften von Funktionen					
Klassenarbeit 2.1					
Klassenarbeit 2.2					
Klassenarbeit 2.3					
Klassenarbeit 2.4					
Geraden im Raum – Vektoren					
Klassenarbeit 3.1					
Klassenarbeit 3.2					
Klassenarbeit 3.3					
Klassenarbeit 3.4					

Übungsarbeit	Tag der Bearbeitung	Ergebnis in VP	Note	Unklarheiten bei folgenden Aufgaben	Unklarheiten geklärt?
Funktionsklassen					
Klassenarbeit 4.1					
Klassenarbeit 4.2					
Klassenarbeit 4.3					
Klassenarbeit 4.4					
Wahrscheinlichkeitsrechnung – Binomialverteilung					
Klassenarbeit 5.1					
Klassenarbeit 5.2					
Klassenarbeit 5.3					
Klassenarbeit 5.4					
Modellieren					
Klassenarbeit 6.1					
Klassenarbeit 6.2					
Klassenarbeit 6.3					
Klassenarbeit 6.4					
Jahrgangsarbeiten					
Jahrgangsarbeit 1					
Jahrgangsarbeit 2					
Jahrgangsarbeit 3					

Pinboard – Abhängigkeit und Änderung

Differenzenquotient – Sekantensteigung

Definition

Wenn eine Funktion f auf dem Intervall [a; b] definiert ist und sowohl x_0 als auch $x_0 + h$ in diesem Intervall liegen, dann heißt der Quotient $\frac{f(x_0 + h) - f(x_0)}{h}$ Differenzenquotient von f im Intervall $[x_0;\ x_0 + h]$.

Geometrische Bedeutung

Der Differenzenquotient ist die Steigung m_s der Geraden (Sekante) durch die Punkte $P(x_0 \mid f(x_0))$ und $Q(x_0 + h \mid f(x_0 + h))$ des Graphen der Funktion f.

Beispiel

$f(x) = \frac{1}{4}x^2 + x,\ x \in \mathbb{R}$

Mit $x_0 \in \mathbb{R}$ und $x_0 + h \in \mathbb{R}$ erhält man

$P\left(x_0 \,\middle|\, \frac{1}{4}x_0^2 + x_0\right)$ und

$Q\left(x_0 + h \,\middle|\, \frac{1}{4}(x_0 + h)^2 + (x_0 + h)\right)$.

Folglich:

$$m_s = \frac{\left(\frac{1}{4}(x_0 + h)^2 + (x_0 + h)\right) - \left(\frac{1}{4}x_0^2 + x_0\right)}{h}$$

$$m_s = \frac{\frac{1}{2}x_0 h + \frac{1}{4}h^2 + h}{h}$$

$$m_s = \frac{h \cdot \left(\frac{1}{2}x_0 + \frac{1}{4}h + 1\right)}{h}$$

$$m_s = \frac{1}{2}x_0 + \frac{1}{4}h + 1$$

In der Abbildung ist $x_0 = -1$ und $h = 2$ gewählt.

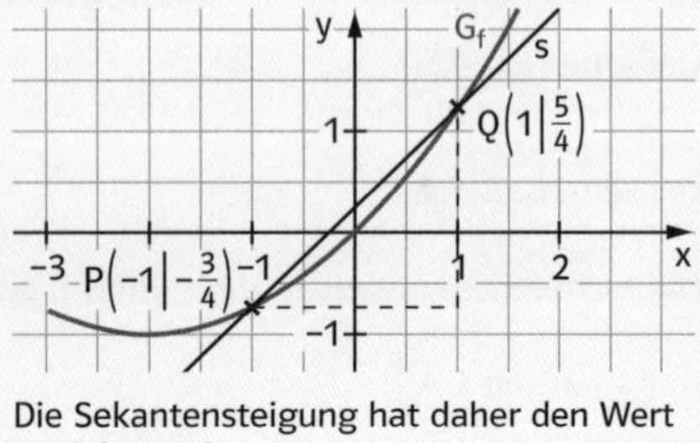

Die Sekantensteigung hat daher den Wert

$m_s = \frac{1}{4} \cdot 2 + \frac{1}{2}$

$m_s = 1$

Differenzenquotient – Mittlere Änderungsrate

Definition

Wenn eine Größe g auf dem Zeitintervall $[t_1;\ t_2]$ definiert ist und sowohl die Zeitpunkte t_0 als auch $t_0 + \Delta t$ in diesem Intervall liegen, dann heißt der Quotient $\frac{g(t_0 + \Delta t) - g(t_0)}{\Delta t}$ mittlere Änderungsrate der Größe g auf dem Zeitintervall $[t_0;\ t_0 + \Delta t]$.

Physikalische Bedeutung

Wenn die Größe eine Länge s ist, dann bedeutet die mittlere Änderungsrate $\frac{\Delta s}{\Delta t}$ des im Zeitintervall $[t_0;\ t_0 + \Delta t]$ zurückgelegten Weges die durchschnittliche Geschwindigkeit des Körpers auf diesem Zeitintervall.

Beispiel

Gleichmäßig beschleunigte Bewegung

Wenn ein Körper aus der Ruhe heraus mit der Beschleunigung a während der Zeit t beschleunigt wird, so gilt für den in dieser Zeit zurückgelegten Weg s:

$s(t) = \frac{1}{2}a \cdot t^2$

Für die mittlere Änderungsrate des Weges auf dem Zeitintervall $[t_0;\ t_0 + \Delta t]$ folgt daraus:

$$\frac{\Delta s}{\Delta t} = \frac{\frac{1}{2}a \cdot (t_0 + \Delta t)^2 - \frac{1}{2}a \cdot t_0^2}{\Delta t}$$

$$\frac{\Delta s}{\Delta t} = \frac{a \cdot t_0 \cdot \Delta t + \frac{1}{2}a \cdot \Delta t^2}{\Delta t}$$

$$\frac{\Delta s}{\Delta t} = \frac{\Delta t \cdot a \cdot \left(t_0 + \frac{1}{2} \cdot \Delta t\right)}{\Delta t}$$

$$\frac{\Delta s}{\Delta t} = a \cdot \left(t_0 + \frac{1}{2} \cdot \Delta t\right)$$

Mit $a = 3\frac{m}{s^2}$, $t_0 = 2\,s$, $\Delta t = 1\,s$ erhält man:

$\frac{\Delta s}{\Delta t} = 3\frac{m}{s^2} \cdot \left(2\,s + \frac{1}{2} \cdot 1\,s\right)$

$\frac{\Delta s}{\Delta t} = 7{,}5\frac{m}{s}$

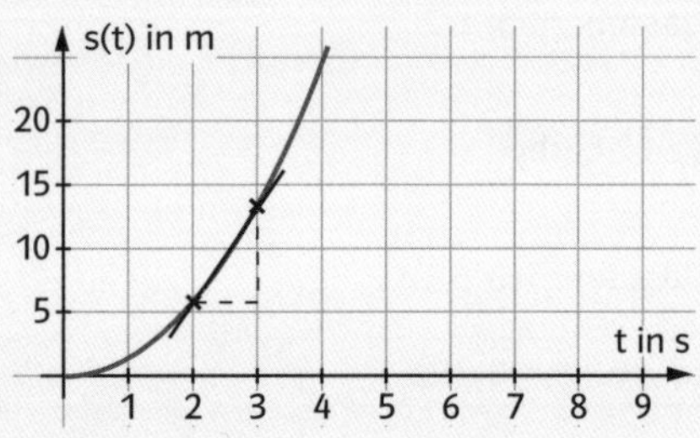

Die Durchschnittsgeschwindigkeit während der dritten Sekunde beträgt $7{,}5\frac{m}{s}$.

Ableitung – Tangentensteigung

Definition

Wenn eine Funktion f auf dem Intervall [a; b] definiert ist und der Grenzwert des Differenzenquotienten $\frac{f(x_0 + h) - f(x_0)}{h}$ für $h \to 0$ existiert, dann heißt dieser Grenzwert Ableitung von f an der Stelle x_0.

Er wird mit $f'(x_0)$ bezeichnet.

Es gilt: $f'(x_0) = \lim\limits_{h \to 0} \frac{f(x_0 + h) - f(x_0)}{h}$

Man sagt: Die Funktion f ist an der Stelle x_0 ableitbar (differenzierbar).

Geometrische Bedeutung

Wenn die Funktion f an der Stelle x_0 ableitbar ist, dann heißt die Gerade t durch den Punkt $P(x_0 \mid f(x_0))$ mit der Steigung $f'(x_0)$ Tangente an den Graphen G_f im Punkt P.

Beispiel

Mit $f(x) = \frac{1}{4}x^2 + x,\ x \in \mathbb{R}$, erhält man den Differenzenquotienten:

$$\frac{f(x_0 + h) - f(x_0)}{h} = \frac{\left(\frac{1}{4}(x_0 + h)^2 + (x_0 + h)\right) - \left(\frac{1}{4}x_0^2 + x_0\right)}{h}$$

$$= \frac{1}{2}x_0 + \frac{1}{4}h + 1$$

Der Grenzwert des Differenzenquotienten für $h \to 0$ existiert:

$$\lim_{h \to 0} \frac{f(x_0 + h) - f(x_0)}{h} = \lim_{h \to 0} \left(\frac{1}{2}x_0 + \frac{1}{4}h + 1\right)$$

$$\lim_{h \to 0} \frac{f(x_0 + h) - f(x_0)}{h} = \frac{1}{2}x_0 + 1$$

Daher gilt für die Ableitung an der Stelle x_0:

$f'(x_0) = \frac{1}{2}x_0 + 1$

Mit $x_0 = -1$ ergibt sich die Tangentensteigung $m_t = \frac{1}{2}$.

Die Tangentenfunktion t an der Stelle $x_0 = -1$ hat daher die Gleichung:

$t(x) = f'(-1) \cdot (x - (-1)) + \left(-\frac{3}{4}\right)$

$t(x) = \frac{1}{2} \cdot (x + 1) - \frac{3}{4}$

$t(x) = \frac{1}{2} \cdot x - \frac{1}{4}$

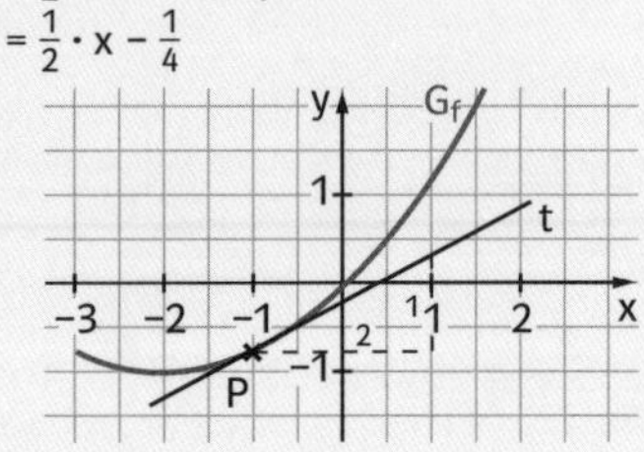

Ableitung

Ableitung – Momentane Änderungsrate

Definition	Beispiel	
Wenn eine Größe g auf dem Intervall $[t_1; t_2]$ definiert ist und der Grenzwert des Differenzenquotienten $\frac{g(t_0 + \Delta t) - g(t_0)}{\Delta t}$ für $\Delta t \to 0$ existiert, dann heißt dieser Grenzwert momentane Änderungsrate der Größe g zum Zeitpunkt t_0. Er wird mit $g'(t_0)$ bezeichnet.	Gleichmäßig beschleunigte Bewegung Aus $s(t) = \frac{1}{2}\, a \cdot t^2$ folgt: $\frac{\Delta s}{\Delta t} = \frac{\frac{1}{2} a \cdot (t_0 + \Delta t)^2 - \frac{1}{2} a \cdot t_0^2}{\Delta t}$ $\frac{\Delta s}{\Delta t} = a \cdot \left(t_0 + \frac{1}{2} \cdot \Delta t\right)$ Der Grenzwert des Differenzenquotienten für $\Delta t \to 0$ existiert: $\lim\limits_{\Delta t \to 0} \frac{\Delta s}{\Delta t} = a \cdot t_0$ Daher gilt für die momentane Änderungsrate des Weges zum Zeitpunkt t_0: $s'(t_0) = a \cdot t_0$ $v(t_0) = a \cdot t_0$	Mit $a = 3\frac{m}{s^2}$, $t_0 = 2\,s$ folgt die Momentangeschwindigkeit: $v(2\,s) = 6\frac{m}{s}$ 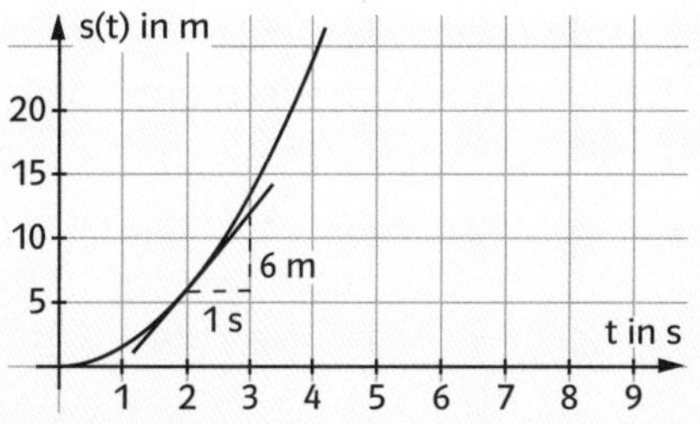
Physikalische Bedeutung		
Wenn die Größe eine Länge s ist, dann bedeutet die momentane Änderungsrate $s'(t_0)$ zum Zeitpunkt t_0 die Momentangeschwindigkeit des Körpers zu diesem Zeitpunkt.		

Ableitungsregeln

Lehrsätze	Beispiele	
Potenzregel Die Funktion f mit $f(x) = x^z$ und $z \in \mathbb{Z}$, ist differenzierbar. Es gilt: $f'(x) = z \cdot x^{z-1}$	$f(x) = x^3$	$f'(x) = 3x^2$
	$f(x) = x = x^1$	$f'(x) = 1 \cdot x^0 = 1$
	$f(x) = x^0 = 1$	$f'(x) = 0 \cdot x^{-1} = 0$
Faktorregel Die Funktion f mit $f(x) = r \cdot u(x)$ und $r \in \mathbb{R}$, ist differenzierbar, wenn die Funktion u differenzierbar ist. Es gilt: $f'(x) = r \cdot u'(x)$	$f(x) = x^{-1}$	$f'(x) = -1 \cdot x^{-2} = -\frac{1}{x^2}$
	$f(x) = 3 \cdot x^2$	$f'(x) = 3 \cdot 2x^1 = 6x$
	$f(x) = \frac{1}{4}x^4$	$f'(x) = \frac{1}{4} \cdot 4x^3 = x^3$
	$f(x) = \frac{2}{x} = 2 \cdot x^{-1}$	$f'(x) = 2 \cdot (-1) \cdot x^{-2} = -\frac{2}{x^2}$
Summenregel Die Funktion f mit $f(x) = u(x) + v(x)$ ist differenzierbar, wenn die Funktionen u und v differenzierbar sind. Es gilt: $f'(x) = u'(x) + v'(x)$	$f(x) = \frac{4}{3x} = \frac{4}{3} \cdot x^{-1}$	$f'(x) = \frac{4}{3} \cdot (-1) \cdot x^{2} = -\frac{4}{3x^2}$
	$f(x) = x^4 + 3 \cdot x$	$f'(x) = 4x^3 + 3$
	$f(x) = x^3 - 4x^2$	$f'(x) = 3x^2 - 8x$
	$f(x) = \frac{2}{3} \cdot x^5 + \frac{1}{2} \cdot x^2 + 3$	$f'(x) = \frac{2}{3} \cdot 5x^4 + \frac{1}{2} \cdot 2x^1 + 0 = \frac{10}{3}x^4 + x$
	$f(x) = \frac{x+2}{x} = 1 + \frac{2}{x} = 1 + 2 \cdot x^{-1}$	$f'(x) = 0 + 2 \cdot (-1) \cdot x^{-2} = -\frac{2}{x^2}$

Behold!

Don't use your computer for nothing important because you can't really trust it.

Don't waste the awesome power of the machine on trivial applications.

Bist du sicher?

1 Gib jeweils die Funktionsgleichung der Ableitungsfunktion f' an.

a) $f(x) = 6x^4 - 2x^3$ b) $f(x) = 0{,}6x - \frac{1}{3}x^4$

c) $f(x) = \frac{4}{x} + x$ d) $f(x) = \frac{5}{x^2} - 3$

e) $f(x) = (2x + 1)^2$

2 Gegeben ist die Funktion f mit $f(x) = \frac{1}{2}x^3 - 2x^2$. Ihr Graph sei G_f.

a) Ermittle die Gleichung der Sekante durch $P(-1\,|\,y_P)$ und $Q(2\,|\,y_Q)$.

b) Bestimme die Gleichung der Tangente an G_f im Punkt $R(1\,|\,y_R)$.

3 Zeichne zu den Funktionen f und g mit $f(x) = \frac{1}{4}x^3 - x$ bzw. $g(x) = \frac{2}{x}$ die Graphen G_f bzw. G_g. Beantworte die Fragen mithilfe der Graphen.

a) Wo schneidet der Graph der Ableitungsfunktion f' die x-Achse?

b) An welchen Stellen gibt es Tangenten an G_f mit Steigungen kleiner als 2?

c) In welchen Punkten des Graphen G_g ist die Tangentensteigung positiv?

d) In welchen Punkten des Graphen G_g gilt: $g'(x) < -2$?

4 Wenn ein Körper mit der Anfangsgeschwindigkeit $8\frac{m}{s}$ lotrecht nach oben geworfen wird, dann hat er gemessen von seiner Ausgangslage nach der Zeit t die Höhe h(t) erreicht, wobei gilt:

$h(t) = 8\frac{m}{s} \cdot t - 5\frac{m}{s^2} \cdot t^2$

a) Wie hoch ist der Körper nach 1,5 s?

b) Wie groß ist die mittlere Änderungsrate der Höhe in der ersten Sekunde?

c) Wie schnell ist der Körper nach 1 s?

d) Nach welcher Zeit hat der Körper den höchsten Punkt seiner Bahn erreicht?

5 Bestimme näherungsweise die Funktionsgleichung der Tangente an den Graphen G_f im Punkt $P(-1{,}3\,|\,y_P)$, falls gilt:

a) $f(x) = \frac{1}{8}(2x - 1)^4$ b) $f(x) = \sqrt{4 - x}$

Lösungen

1 a) $f'(x) = 24x^3 - 6x^2$ b) $f'(x) = 0{,}6 - \frac{4}{3}x^3$ c) $f'(x) = -\frac{4}{x^2} + 1$ d) $f'(x) = -\frac{10}{x^3}$ e) $f'(x) = 8x + 4$ **2** a) $P\left(-1\,\middle|\,-\frac{5}{2}\right)$, $Q(2\,|\,-4)$, $s(x) = -\frac{1}{2}x - 3$ b) $R\left(1\,\middle|\,-\frac{3}{2}\right)$, $t(x) = -\frac{5}{2}x + 1$ **3** a) $x_1 \approx 1{,}15$, $x_2 \approx -1{,}15$ b) $-2 < x < 2$ c) In keinem Punkt d) In allen Punkten $P(x_P\,|\,y_P)$ mit $-1 < x_P < 0$ und $0 < x_P < 1$ **4** a) $h(1{,}5\,s) = 0{,}75\,m$ b) $\frac{h(1\,s) - h(0\,s)}{1\,s} = 3\frac{m}{s}$ c) $v(1\,s) = h'(1\,s) = -2\frac{m}{s}$ d) $h'(t_0) = 0$, falls $t_0 = 0{,}8\,s$ **5** a) $f(x) = -46{,}7x - 39{,}7$ b) $t(x) = -0{,}22x + 2{,}02$

Anfangszeit: ______________ + 60 Minuten → Abgabe: ______________

Die Aufgaben 1 und 2 sind ohne Taschenrechner zu bearbeiten.

1 (2 + 2 + 2 VP)

a) Berechne die Ableitung der Funktion f mit $f(x) = \frac{1}{2}x^2 - 1,\ x \in \mathbb{R}$, an der Stelle x_0 als Grenzwert des Differenzenquotienten.

b) Gib mithilfe von Ableitungsregeln die Ableitungsfunktion f′ zu f mit $f(x) = \frac{1}{4}x^3 - 2x^2,\ x \in \mathbb{R}$, an. Berechne damit die Gleichung der Tangente an den Graphen von f im Punkt $P(1\,|\,f(1))$.

c) Bestimme zeichnerisch unter Verwendung des abgebildeten Graphen einer Funktion f die Werte $f'(x_0)$ und $f'(x_1)$.

$f'(x_0) = 2$
$f'(x_1) = -2$

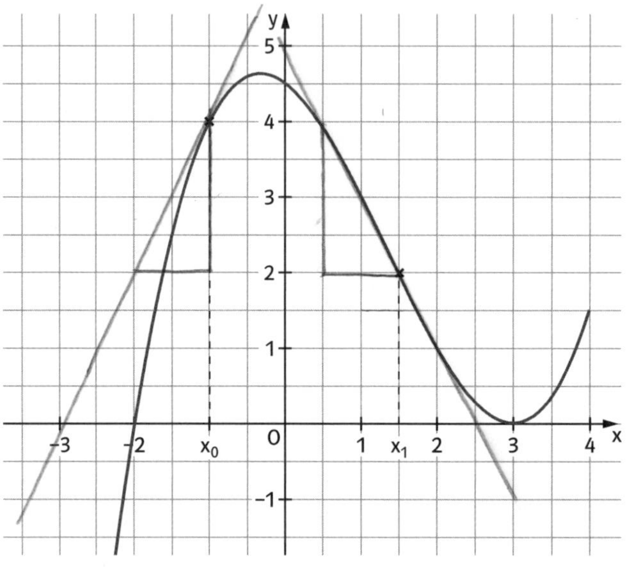

2 (1 + 1 + 1 + 1 VP)

Gib jeweils die Funktionsgleichung der Ableitungsfunktion f′ an und berechne $f'(x_0)$.

a) $f(x) = \frac{1}{3}x^4,\ x \in \mathbb{R}$, $\quad x_0 = -1$

b) $f(x) = 4 - x,\ x \in \mathbb{R}$, $\quad x_0 = 16$

c) $f(x) = \frac{5}{x},\ x \in \mathbb{R}^*$, $\quad x_0 = \frac{2}{3}$

d) $f(x) = \frac{x^2 - 1}{x},\ x \in \mathbb{R}^*$, $\quad x_0 = 2$

Lerntipps

zu Aufgabe 1

a) Schreibe zuerst den Differenzenquotienten $\frac{f(x_0 + h) - f(x_0)}{h}$ auf und vereinfache ihn so weit wie möglich. Achte darauf, dass sich h kürzen lässt. Bestimme dann den Grenzwert des Differenzenquotienten für $h \to 0$.

b) Denke an Faktorregel, Summenregel, Potenzregel.

c) Zeichne Tangenten nach Augenmaß und bestimme deren Steigung.

zu Aufgabe 2

c) Hier und im gesamten Buch bezeichnen $\mathbb{R}^*$ die Menge aller reellen Zahlen ohne die Zahl 0. Entsprechendes gilt für die Mengen $\mathbb{N}^*$, $\mathbb{Z}^*$ und $\mathbb{Q}^*$.

d) Schreibe den Quotienten zuerst als Summe.

Für die folgenden Aufgaben darf der Taschenrechner benutzt werden.

3 (1 + 1 + 1 + 1 + 1 VP)
Die Abbildung zeigt den Graphen G_f einer ganzrationalen Funktion f vierten Grades sowie den Graphen $G_{f'}$ der zugehörigen Ableitungsfunktion f'.
Beantworte die folgenden Fragen nur unter Verwendung dieser Abbildung.

a) Für welche $x_0 \in \mathbb{R}$ gilt: $f'(x_0) = 0$?
b) An welchen Stellen hat die Tangente an G_f die Steigung 2?
c) In welchen Punkten von G_f ist die Tangentensteigung negativ?
d) In welchen Punkten von G_f mit x-Werten aus dem Intervall [−2; 2] ist die Tangentensteigung am kleinsten?
Wie groß ist diese?
e) Wie ändert sich der Graph der Ableitungsfunktion, wenn der Graph der Funktion um eine Einheit nach oben geschoben wird?

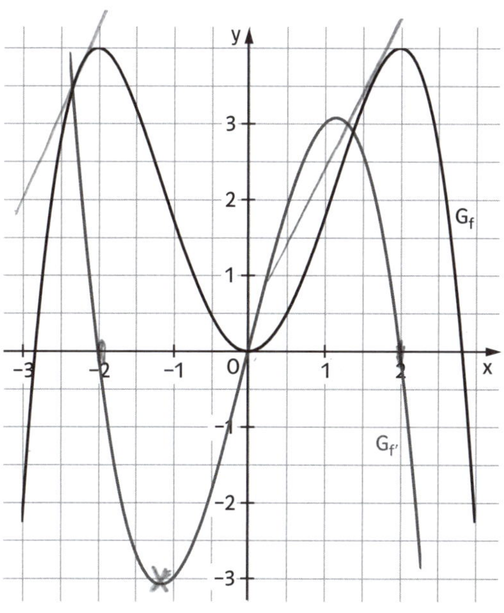

4 (1 + 2 + 1 + 1 VP)
Die Vermehrung einer Bakterienkultur wird näherungsweise durch den Graphen G beschrieben. Dabei gibt x die Anzahl der Stunden seit Beobachtungsbeginn und A(x) die Maßzahl der von der Kultur bedeckten Fläche in Quadratzentimetern an.

a) Wie lange dauert es etwa, bis sich die bedeckte Fläche verdoppelt bzw. verdreifacht hat?
b) Bestimme die mittleren Änderungsraten je Stunde für die erste und achte Stunde nach Beobachtungsbeginn.
c) Bestimme einen Näherungswert für die momentane Änderungsrate für $x_0 = 5$.
d) Angenommen, die Bakterienkultur wächst ungestört weiter.
Wie groß wird die bedeckte Fläche nach 9 Stunden mindestens sein?

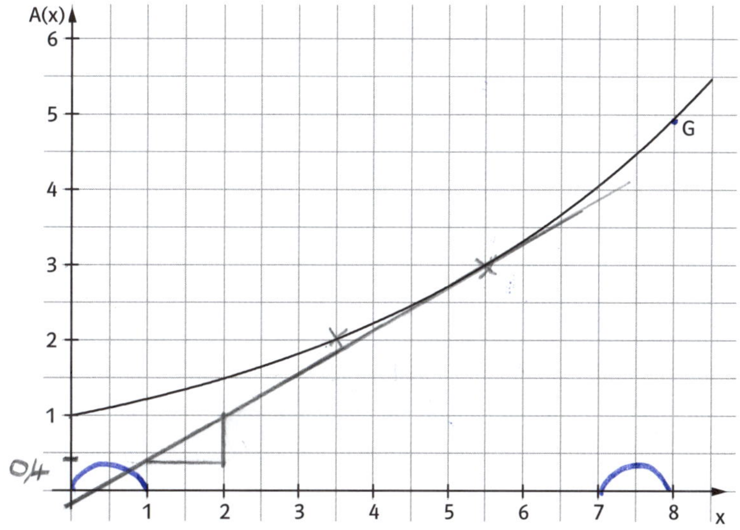

5 (2 + 2 VP)
Gegeben ist die Funktion f durch $f(x) = -\frac{1}{10}x^3 + \frac{7}{2}x^2 + 7x - 2$, $x \in \mathbb{R}$. Ihr Graph heißt G_f.

a) Bestimme näherungsweise die Gleichung der Tangenten an G_f im Punkt $P(-1{,}5 \mid f(-1{,}5))$.
b) Gibt es Stellen, an denen der Graph G_f die Steigung 0,5 hat?

Anfangszeit: ____________________ + 60 Minuten → Abgabe: ____________________

Die Aufgaben 1 und 2 sind ohne Taschenrechner zu bearbeiten.

1 (1 + 3 + 1 + 1 VP)
Gegeben ist die Funktion f mit $f(x) = x^3 - 4x$, $x \in \mathbb{R}$. Der Graph von f heißt G_f.
a) Berechne die gemeinsamen Punkte von G_f und der x-Achse.
b) Ermittle die Gleichungen der Tangenten an G_f in den Punkten $P(-1 \mid f(-1))$ und $Q(2 \mid f(2))$.
c) In welchen Punkten von G_f gibt es Tangenten mit der Steigung 5?
d) In welchen Punkten von G_f ist die Tangentensteigung negativ?

2 (6 VP)
Die GTR-Displays zeigen jeweils zwei Graphen G_f und G_g von Funktionen f und g bei der abgebildeten Fenstereinstellung. Der fett gezeichnete Graph ist G_f, der dünn gezeichnete G_g.
Kreuze an, welche Eigenschaften zum jeweiligen Display passen können.

Eigenschaft	$f'(x) = g(x)$	$f(x) = g'(x)$	$f'(x) \neq g'(x)$	$f'(x) = g'(x)$
Display 1		X	X	
Display 2				X
Display 3	X		X	
Display 4	X		X	
Display 5			X	
Display 6		X	X	

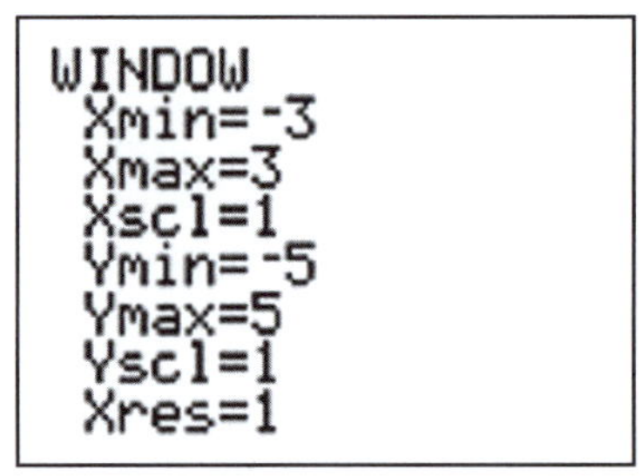

Display 1

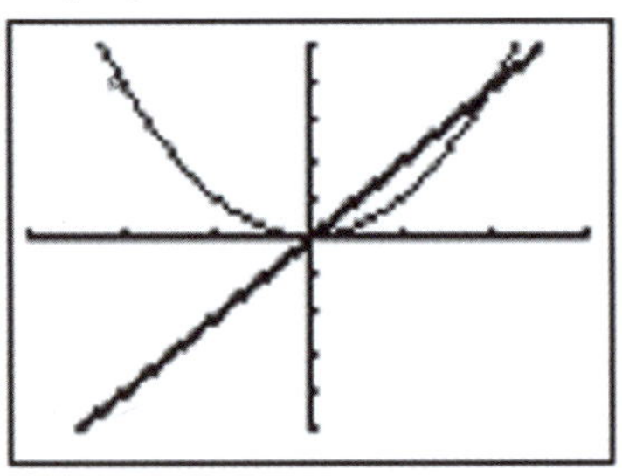

Display 2

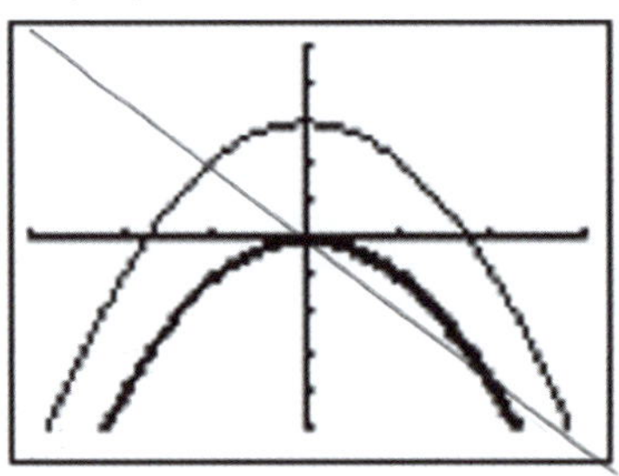

Display 3

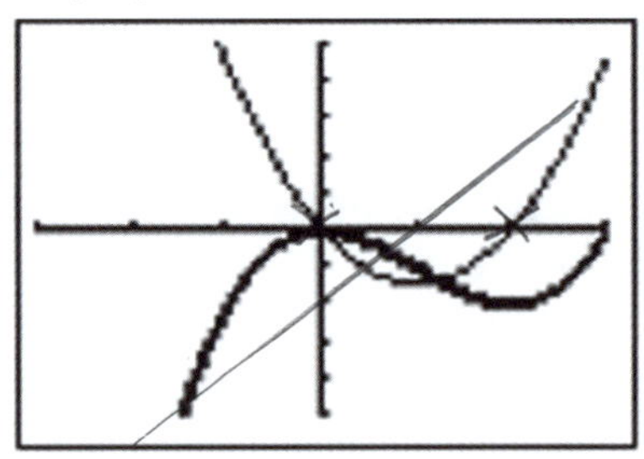

Display 4

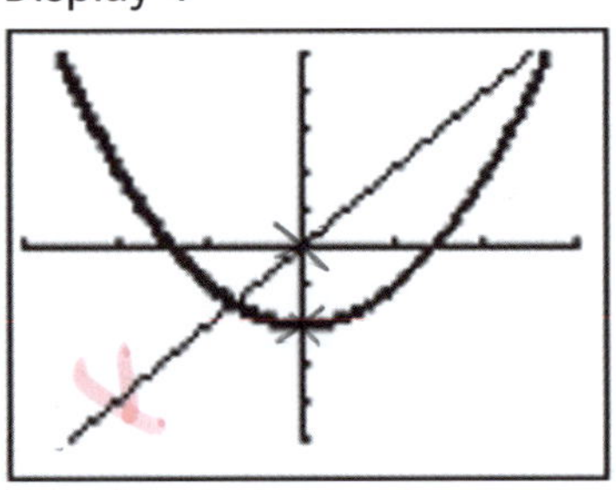

Display 5

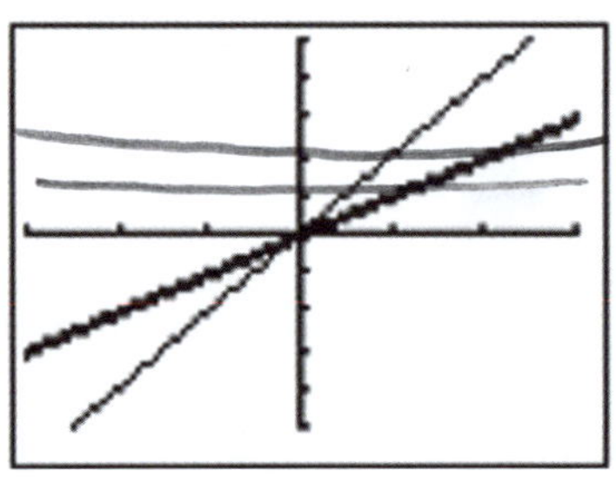

Display 6

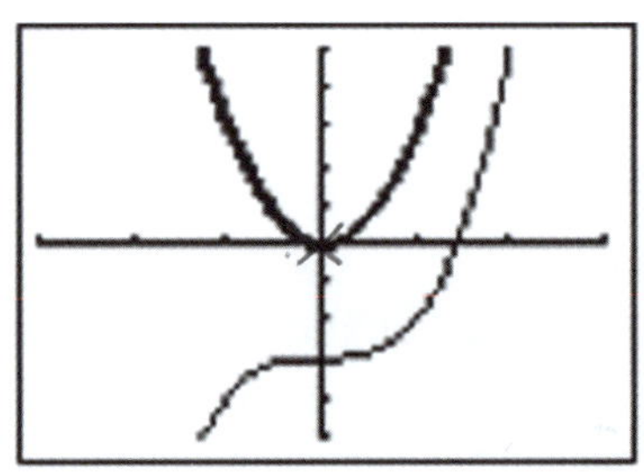

Für die folgenden Aufgaben darf der Taschenrechner benutzt werden.

3 (2 + 2 VP)
Gegeben ist die Funktion f mit $f(x) = 2 - \frac{1}{x}$, $x \in \mathbb{R}^*$.
a) In welchem Punkt und unter welchem Winkel schneidet der Graph G_f der Funktion f die x-Achse?
b) Bestimme näherungsweise diejenigen Punkte des Graphen G_f, in denen die Tangenten die x-Achse unter einem Winkel der Weite 60° schneiden.

4 (2 + 2 VP)
Wenn man einen Körper im luftleeren Raum aus der Ruhe heraus frei fallen lässt, dann kann man die Fallstrecke mit der Formel $s(t) = \frac{1}{2} \cdot g \cdot t^2$ berechnen $\left(g = 9{,}81\,\frac{m}{s^2}\right)$.
a) Gib die mittlere Änderungsrate der Fallstrecke in der zweiten Sekunde an.
Welche physikalische Bedeutung hat diese mittlere Änderungsrate?
b) Berechne die momentane Änderungsrate der Fallstrecke zwei Sekunden nach Beginn des Falls.
Welche physikalische Bedeutung hat diese Änderungsrate?

5 (2 + 2 VP)
Auf der Parabel mit der Gleichung $f(x) = ax^2 + bx + c$, $x \in \mathbb{R}$, $a, b, c \in \mathbb{R}$, $a \neq 0$, liegen die Punkte $P(u \mid f(u))$ und $Q(v \mid f(v))$.
a) Weise nach, dass die Gerade g durch die Punkte P und Q die Steigung $m_{PQ} = a \cdot (u + v) + b$ hat.
b) Berechne die Abszisse x_0 des Punktes X_0 auf der Parabel, in dem die Tangente parallel zur Geraden g ist.
Interpretiere das Ergebnis geometrisch.

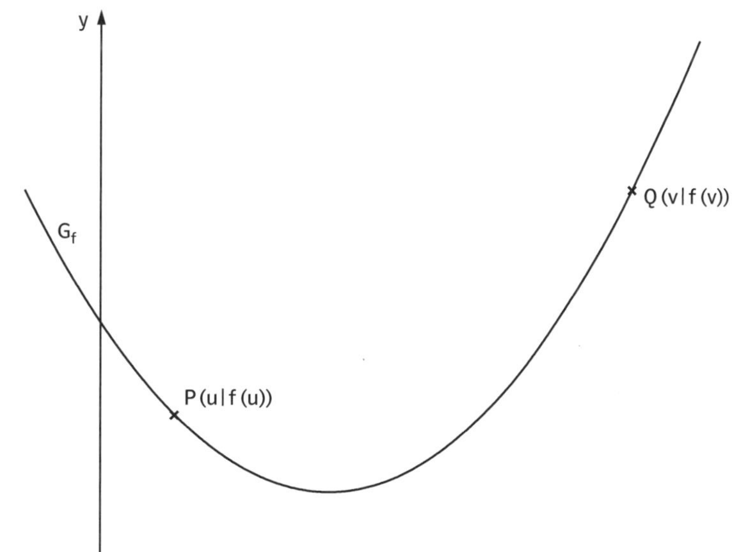

Lerntipps

zu Aufgabe 3
a) Wenn eine Gerade die Steigung m hat, dann schließt sie mit der x-Achse einen Winkel der Weite δ ein, für den gilt: $\tan(\delta) = m$

zu Aufgabe 5
b) Parallele Geraden haben gleiche Steigungen. Die Steigung an der Stelle x_0 ist $f'(x_0)$.

Anfangszeit: ________________ + 60 Minuten → Abgabe: ________________

Die Aufgaben 1, 2 und 3 sind ohne Taschenrechner zu bearbeiten.

1 (3 VP)
In der Abbildung ist der Graph G_f einer Funktion f im Intervall $[-2{,}5; 8]$ gezeichnet.
Zeichne den Graphen $G_{f'}$ der Ableitungsfunktion f′ ein.

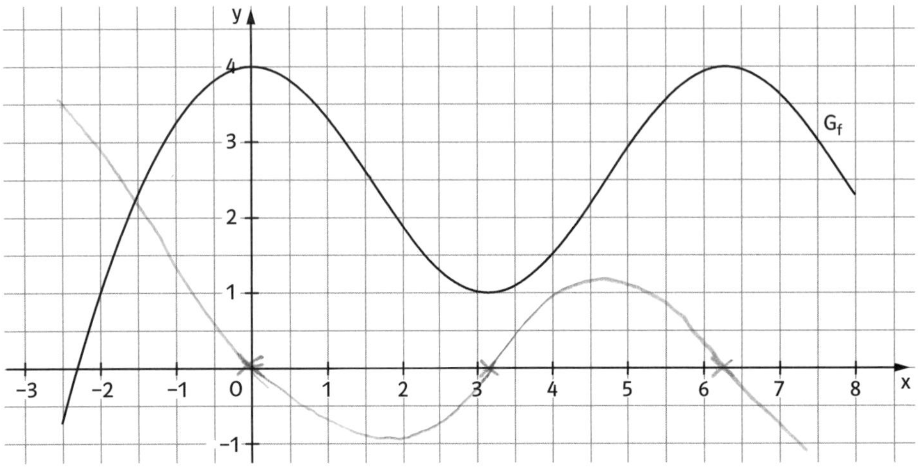

2 (1 + 1 + 1 VP)
Gib die Ableitungsfunktionen f′ mithilfe von Ableitungsregeln an und berechne den Wert der Ableitungen an den angegebenen Stellen x_0.

a) $f(x) = \frac{2}{3}x^3 - 2x,\ x \in \mathbb{R},$ $\quad x_0 = \sqrt{2}$

b) $f(x) = \frac{1}{4} \cdot (x^2 - 1) \cdot x^2,\ x \in \mathbb{R},$ $\quad x_0 = -\frac{1}{2}$

c) $f(x) = \frac{2}{3x},\ x \in \mathbb{R}^*,$ $\quad x_0 = 3$

3 (4 VP)
Die Abbildung rechts zeigt den Graphen $G_{f'}$ der Ableitungsfunktion f′ einer Funktion f auf dem Intervall $[-3; 3]$.
Welche der folgenden Graphen G_f können zu dem Graphen $G_{f'}$ passen? Kreuze an.

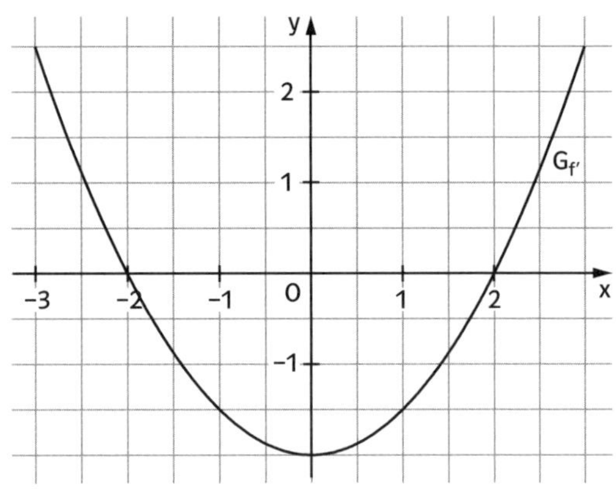

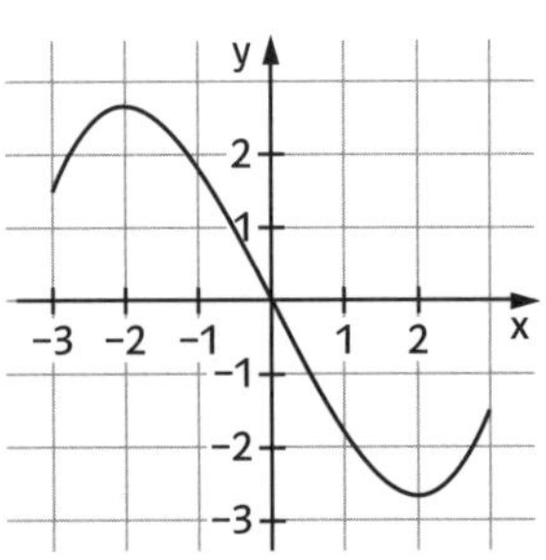

Der Graph passt ☒
Der Graph passt nicht ☐

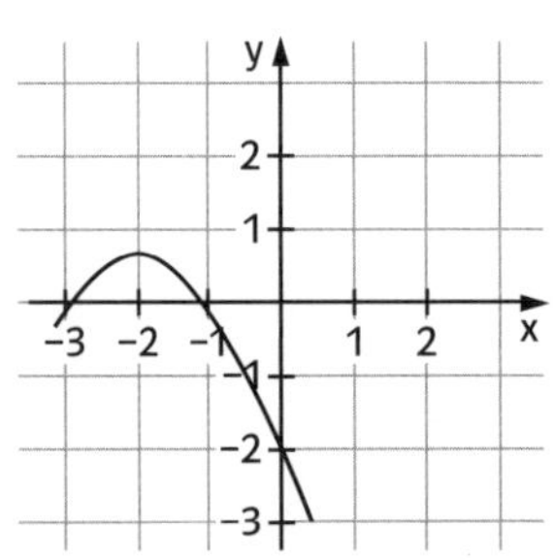

Der Graph passt ☐
Der Graph passt nicht ☒

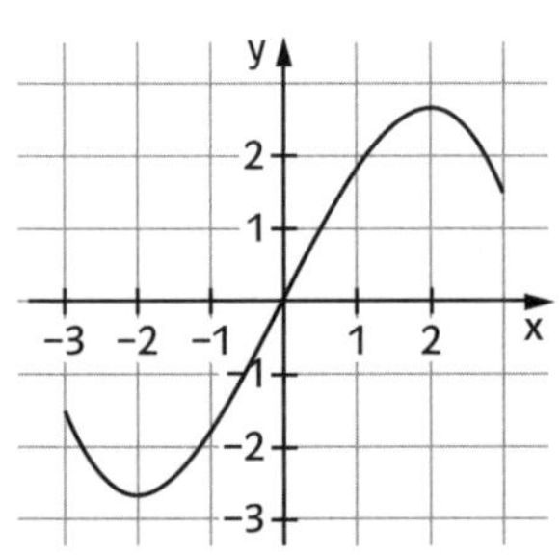

Der Graph passt ☐
Der Graph passt nicht ☒

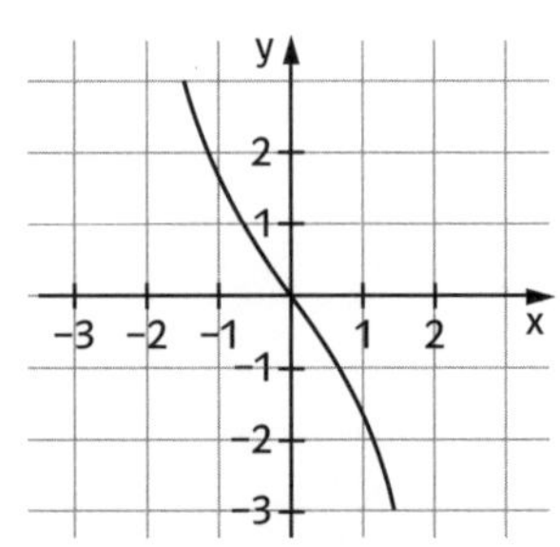

Der Graph passt ☐
Der Graph passt nicht ☒

Für die folgenden Aufgaben darf der Taschenrechner benutzt werden.

4 (3 + 3 VP)
Gegeben sind die Funktionen f mit $f(x) = -x^2 + 3x$, $x \in \mathbb{R}$, und g mit $g(x) = \frac{4}{x}$, $x \in \mathbb{R}^*$. Die zugehörigen Graphen heißen G_f und G_g.
a) Zeige, dass der Punkt $P(2\,|\,2)$ auf beiden Graphen liegt.
Überprüfe, ob sich die beiden Graphen in $P(2\,|\,2)$ berühren.
b) Die Graphen schneiden sich in einem weiteren Punkt Q.
Berechne die Koordinaten von Q.
Unter welchem Winkel schneiden sich die beiden Tangenten in Q?

5 (1 + 3 VP)
Die Funktion f mit $f(x) = 2^x$, $x \in \mathbb{R}$, ist gegeben.
a) Zeichne den Graphen G_f im Intervall $[-2; 3]$.
b) Bestimme näherungsweise die Gleichungen der Tangenten an den Graphen in den Punkten $P(1\,|\,f(1))$ und $Q(-1\,|\,f(-1))$.
Zeichne die Tangenten in das Koordinatensystem ein.

6 (4 VP)
Gegeben ist der Graph G_f zur Funktion f mit $f(x) = x^2$, $x \in \mathbb{R}$, sowie der Punkt $P(0\,|\,-2)$.
Es gibt eine Tangente t, die G_f im ersten Quadranten berührt und durch P geht.
Berechne die Gleichung dieser Tangenten und zeichne sie in das Koordinatensystem ein.

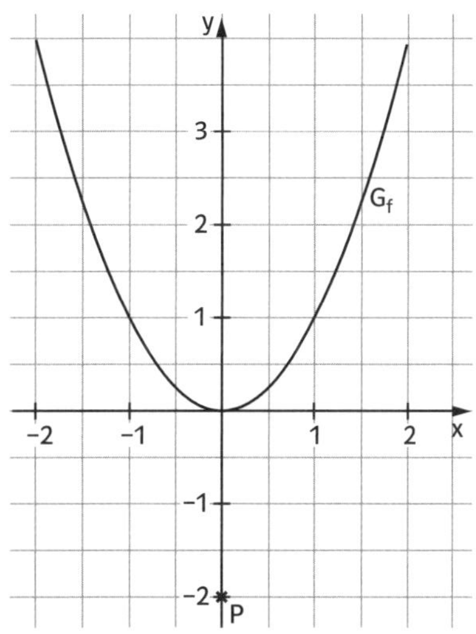

Lerntipps

Winkel zwischen zwei Geraden
In der Formelsammlung findet man eine Formel zur Berechnung des Schnittwinkels zwischen zwei Geraden.
Wenn die Geraden die Steigungen m_1 und m_2 haben, dann gilt für die Weite δ des Schnittwinkels:

$$\tan(\delta) = \left|\frac{m_1 - m_2}{1 + m_1 \cdot m_2}\right|$$

Diese Beziehung ergibt sich aus den sogenannten Additionstheoremen der Trigonometrie.
Man kann zeigen:

$$\sin(\alpha + \beta) = \sin(\alpha) \cdot \cos(\beta) + \cos(\alpha) \cdot \sin(\beta)$$
$$\cos(\alpha + \beta) = \cos(\alpha) \cdot \cos(\beta) - \sin(\alpha) \cdot \sin(\beta)$$
$$\sin(\alpha - \beta) = \sin(\alpha) \cdot \cos(\beta) - \cos(\alpha) \cdot \sin(\beta)$$
$$\cos(\alpha - \beta) = \cos(\alpha) \cdot \cos(\beta) + \sin(\alpha) \cdot \sin(\beta)$$

$$\tan(\alpha + \beta) = \frac{\tan(\alpha) + \tan(\beta)}{1 - \tan(\alpha) \cdot \tan(\beta)}$$
$$\tan(\alpha - \beta) = \frac{\tan(\alpha) - \tan(\beta)}{1 + \tan(\alpha) \cdot \tan(\beta)}$$

Anfangszeit: ____________________ + 60 Minuten → Abgabe: ____________________

Die Aufgaben 1 und 2 sind ohne Taschenrechner zu bearbeiten.

1 (1 + 3 + 2 VP)
Gegeben ist die Funktion f mit $f(x) = \frac{2}{x}$, $x \in \mathbb{R}^*$.
a) Zeichne den Graphen G_f von f in das Koordinatensystem ein.

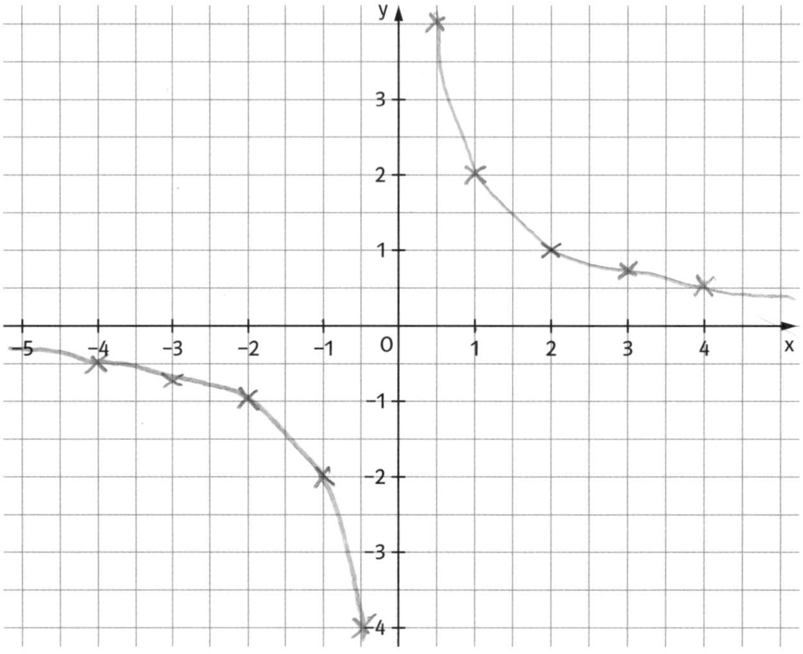

b) Berechne die Gleichung der Tangente t an den Graphen G_f im Punkt $P(-1 \mid f(-1))$.
Zeichne diese Tangente in das Koordinatensystem ein.
c) Es gibt Tangenten an den Graphen G_f, die parallel zur Geraden g mit der Gleichung $g(x) = -x$, $x \in \mathbb{R}$, sind. Ermittle die Gleichungen dieser Tangenten.

2 (1 + 1 + 1 + 1 VP)
Bestimme jeweils die Funktionsgleichung der Ableitungsfunktion f′.
a) $f(x) = a x^3 + b x^2$, $x \in \mathbb{R}$
b) $f(x) = \frac{a}{x} + b$, $x \in \mathbb{R}^*$
c) $f(x) = \frac{a^2}{b \cdot x} + \frac{b \cdot x}{a^2}$, $x \in \mathbb{R}^*$
d) $f(x) = a \cdot (x + b) \cdot (x + c)$, $x \in \mathbb{R}$

Lerntipps

zu Aufgabe 1
b) Parallele Geraden haben die gleiche Steigung.
Bestimme zuerst diejenigen Stellen, an denen der Graph die gewünschte Steigung hat.
zu Aufgabe 2
Beachte beim Ableiten, dass a, b und c Formvariablen (Parameter) sind, die im Funktionsterm als konstante Summanden bzw. Faktoren auftreten.

Für die folgenden Aufgaben darf der Taschenrechner benutzt werden.

3 (1 + 1 + 1 + 1 + 1 VP)

Die Abbildung zeigt den Graphen G_f einer Funktion f auf dem Intervall [−3; 3].

Beurteile die folgenden Behauptungen.

a) Der Graph $G_{f'}$ der Ableitungsfunktion f′ geht durch den Koordinatenursprung.

b) Keine Punkte des Graphen $G_{f'}$ der Ableitungsfunktion f′ liegen unterhalb der x-Achse.

c) Der Graph $G_{f'}$ der Ableitungsfunktion f′ fällt nur im Intervall [−3; −2].

d) Wenn man den Graphen G_f um eine Einheit in Richtung der y-Achse verschiebt, dann ändert sich der Graph $G_{f'}$ der Ableitungsfunktion nicht.

e) Wenn man den Graphen G_f um eine Einheit in Richtung der x-Achse nach rechts verschiebt, dann verschiebt sich der Graph $G_{f'}$ ebenfalls um eine Einheit nach rechts.

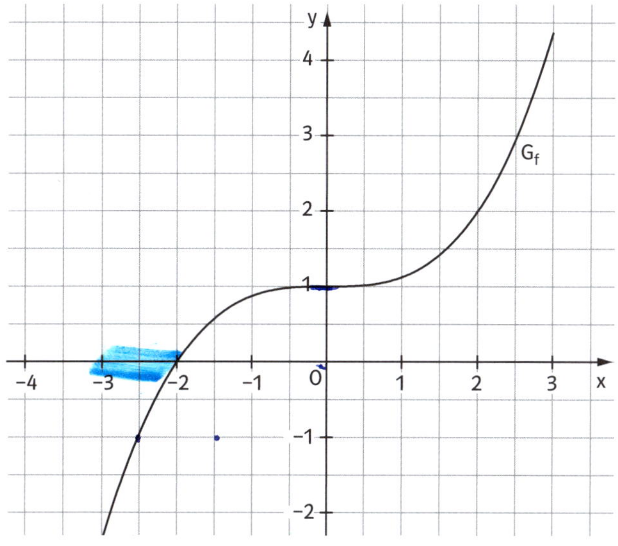

4 (2 + 2 + 2 VP)

Die Abbildung zeigt die Ladung Q eines Kondensators beim Aufladen und Entladen in Abhängigkeit von der Zeit t.

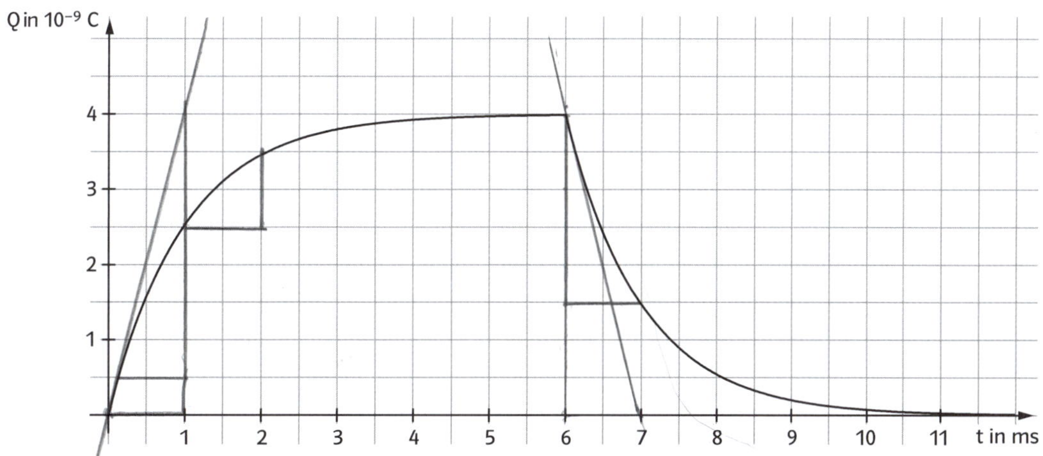

a) Bestimme aus der Abbildung die mittlere Änderungsrate der Ladung in der zweiten und der siebten Millisekunde.

b) Wie groß ist die momentane Änderungsrate der Ladung bei Beginn des Auflade- bzw. Entladevorgangs?

c) Ab wann ist die momentane Änderungsrate beim Aufladevorgang kleiner als $0{,}2 \cdot 10^{-9}\,\frac{C}{ms}$?
Wann ist die momentane Änderungsrate $-0{,}5 \cdot 10^{-9}\,\frac{C}{ms}$?

5 (1 + 2 VP)

Eine Funktion f hat die Ableitungsfunktion f′ mit $f'(x) = x^2 - 2x$, $x \in \mathbb{R}$. Der Graph G_f von f geht durch den Punkt P(3 | −1).

a) Gib die Gleichung der Tangente an den Graphen G_f im Punkt P an.

b) Bestimme die Funktionsgleichung der Funktion f.

Klassenarbeit 1.1

1 (2 + 2 + 2 VP)

a) *Der Differenzenquotient einer Funktion f auf dem Intervall $[x_0; x_0 + h]$ wird berechnet mit $\frac{f(x_0 + h) - f(x_0)}{h}$.*
Die Ableitung einer Funktion f an der Stelle x_0 ist gleich dem Grenzwert des Differenzenquotienten für $h \to 0$, sofern dieser Grenzwert existiert.

Bestimmung des Differenzenquotienten

$$\frac{f(x_0 + h) - f(x_0)}{h} = \frac{\left[\frac{1}{2}(x_0 + h)^2 - 1\right] - \left[\frac{1}{2}x_0^2 - 1\right]}{h}$$

$$\frac{f(x_0 + h) - f(x_0)}{h} = \frac{\left[\frac{1}{2}(x_0^2 + 2x_0h + h^2) - 1\right] - \left[\frac{1}{2}x_0^2 - 1\right]}{h}$$

$$\frac{f(x_0 + h) - f(x_0)}{h} = \frac{\frac{1}{2}x_0^2 + x_0h + \frac{1}{2}h^2 - 1 - \frac{1}{2}x_0^2 + 1}{h}$$

$$\frac{f(x_0 + h) - f(x_0)}{h} = \frac{x_0h + \frac{1}{2}h^2}{h}$$

$$\frac{f(x_0 + h) - f(x_0)}{h} = \frac{h \cdot (x_0 + \frac{1}{2}h)}{h}$$

$$\frac{f(x_0 + h) - f(x_0)}{h} = x_0 + \frac{1}{2}h$$

Grenzwert des Differenzenquotienten
Man erkennt, dass der Differenzenquotient für $h \to 0$ den Grenzwert x_0 hat.
Daher gilt: $f'(x_0) = x_0$

b) *Eine Summe kann summandenweise abgeleitet werden. Konstante Faktoren bleiben beim Ableiten erhalten. Eine Potenz wird abgeleitet, indem man die Hochzahl als Faktor vor die Potenz schreibt und die Hochzahl um 1 verringert.*

Ableitung

$f(x) = \frac{1}{4}x^3 - 2x^2,\ x \in \mathbb{R}$

$f'(x) = 3 \cdot \frac{1}{4}x^{3-1} - 2 \cdot 2x^{2-1}$

$f'(x) = \frac{3}{4}x^2 - 4x,\ x \in \mathbb{R}$

Die Tangente in $P(x_0 | f(x_0))$ an den Graphen von f hat die Gleichung $t(x) = f'(x_0) \cdot (x - x_0) + f(x_0)$.

Es gilt:

$f'(1) = \frac{3}{4} \cdot 1^2 - 4 \cdot 1 = -\frac{13}{4}$

$f(1) = \frac{1}{4} \cdot 1^3 - 2 \cdot 1^2 = -\frac{7}{4}$

Tangentengleichung

$t(x) = -\frac{13}{4} \cdot (x - 1) + \left(-\frac{7}{4}\right)$

$t(x) = -\frac{13}{4}x + \frac{13}{4} - \frac{7}{4}$

$t(x) = -\frac{13}{4}x + \frac{3}{2},\ x \in \mathbb{R}$

c) *Die Ableitung $f'(x_0)$ kann als Steigung der Tangente im Punkt $P(x_0 | f(x_0))$ des Graphen G_f gedeutet werden. Da man die Gleichung der Funktion f nicht kennt, muss man Tangenten an den Stellen x_0 und x_1 nach Augenmaß einzeichnen und mithilfe des Steigungsdreiecks die Tangentensteigungen ermitteln. Zweckmäßigerweise wählt man beim Steigungsdreieck $\Delta x = 1$.*

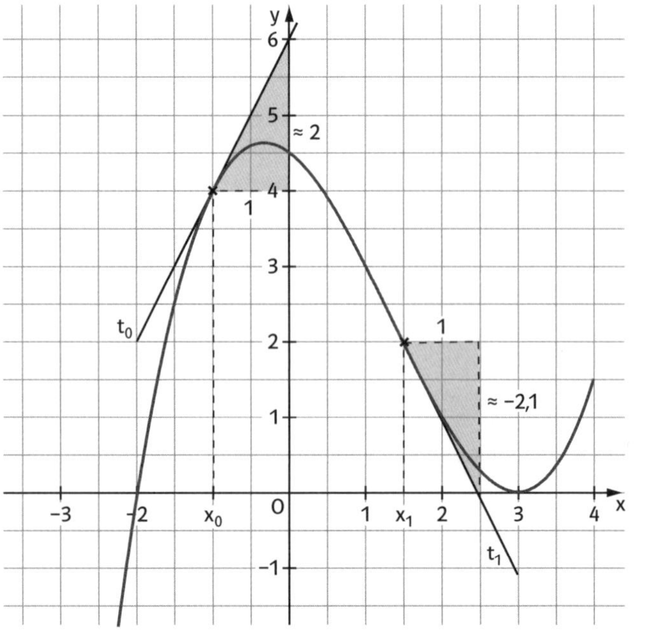

Wert der Ableitungen

$f'(x_0) \approx 2{,}0$

$f'(x_1) \approx -2{,}1$

Bemerkung
Im Rahmen der Zeichengenauigkeit sind Werte zwischen 1,8 und 2,2 bzw. −1,9 und −2,3 angemessen.

2 (1 + 1 + 1 + 1 VP)

a) $f(x) = \frac{1}{3}x^4$

$f'(x) = 4 \cdot \frac{1}{3}x^3$

$f'(x) = \frac{4}{3}x^3$

$f'(-1) = \frac{4}{3} \cdot (-1)^3$

$f'(-1) = -\frac{4}{3}$

b) $f(x) = 4 - x$

$f'(x) = -1$

$f'(16) = -1$

c) $f(x) = \frac{5}{x}$

$f(x) = 5 \cdot x^{-1}$

$f'(x) = -1 \cdot 5 \cdot x^{-2}$

$f'(x) = -\frac{5}{x^2}$

$f'\left(\frac{2}{3}\right) = -\frac{5}{\left(\frac{2}{3}\right)^2}$

$f'\left(\frac{2}{3}\right) = -\frac{45}{4}$

d) $f(x) = \frac{x^2 - 1}{x}$

$f(x) = \frac{x^2}{x} - \frac{1}{x}$

$f(x) = x - x^{-1}$

$f'(x) = 1 - (-1) \cdot x^{-2}$

$f'(x) = 1 + \frac{1}{x^2}$

$f'(2) = 1 + \frac{1}{2^2}$

$f'(2) = \frac{5}{4}$

3 (1 + 1 + 1 + 1 + 1 VP)

a) *x_0 ist Nullstelle der Ableitungsfunktion. Daher muss man die Stellen suchen, an denen der Graph $G_{f'}$ die x-Achse schneidet.*

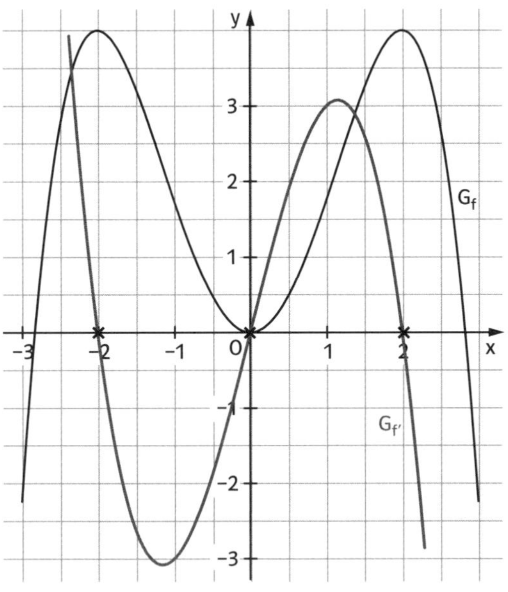

Es gilt $f'(x_0) = 0$, falls $x_0 = -2$ oder $x_0 = 0$ oder $x_0 = 2$ gewählt wird.

b) *Die Tangentensteigung hat an der Stelle x_1 den Wert 2, wenn $f'(x_1) = 2$ gilt. Eine Parallele zur x-Achse durch den Punkt (0 | 2) schneidet den Graphen von f' an drei Stellen.*

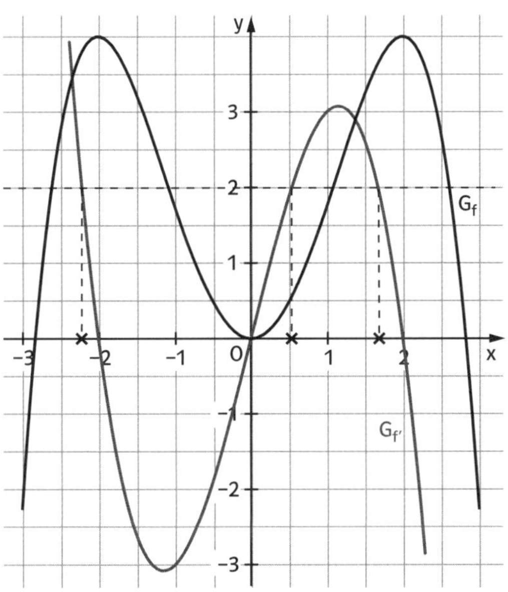

Es gilt $f'(x_1) = 2$, falls $x_1 \approx -2{,}2$ oder $x_1 \approx 0{,}5$ oder $x_1 \approx 1{,}7$ gewählt wird.

c) *Die Tangentensteigung ist an der Stelle x_2 negativ, falls $f'(x_2) < 0$ gilt. Dies gilt für alle Werte, für die der Graph von f' unterhalb der x-Achse verläuft.*

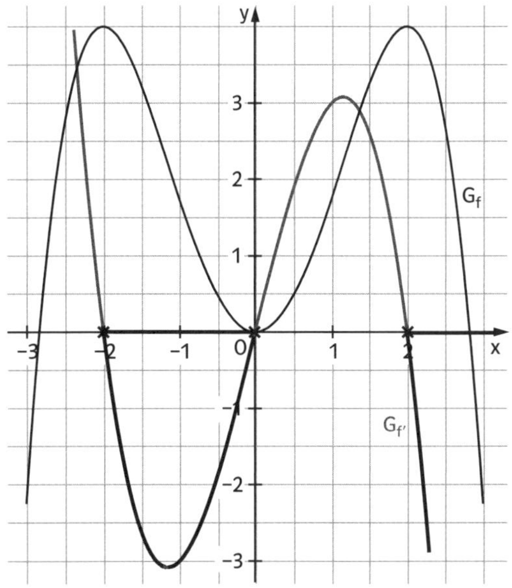

Es gilt $f'(x_2) < 0$, falls $-2 < x_2 < 0$ oder $x_2 > 2$ gilt.

d) *Die Tangentensteigung an der Stelle x_3 im Intervall [−2; 2] ist am kleinsten, wenn $f'(x_3)$ den kleinstmöglichen Wert annimmt. Dies ist im Tiefpunkt des Graphen von f' der Fall.*

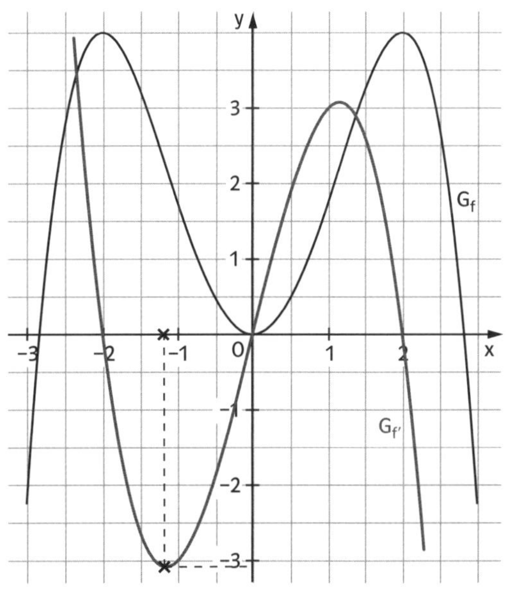

Es gilt: $f'(x_3)$ ist auf [−2; 2] am kleinsten, wenn $x_3 \approx -1{,}2$ gilt. Die Steigung ist dann etwa −3,1.

e) *Eine Verschiebung des Graphen um eine Einheit nach oben entsteht durch Addition von 1 zum Funktionsterm. Der neue Graph hat dann die Gleichung $g(x) = f(x) + 1$. Für die Ableitungsfunktion g' gilt dann: $g'(x) = f'(x)$.*
Der Graph der Ableitungsfunktion ändert sich nicht, wenn der Graph von f nach oben oder unten verschoben wird.

4 (1 + 2 + 1 + 1 VP)

Alle Fragen können unter Verwendung des Graphen beantwortet werden.

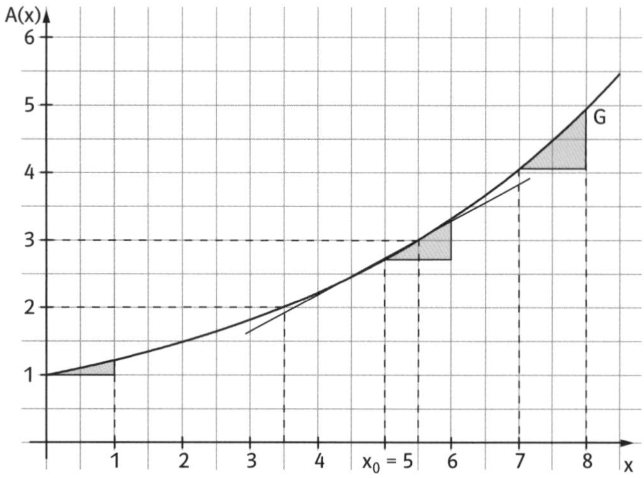

a) Zeit für Bestandsverdoppelung

Man liest ab: A(0) = 1, A(3,5) = 2, A(5,5) = 3

Der Bestand hat sich nach etwa 3,5 Stunden verdoppelt und nach etwa 5,5 Stunden verdreifacht.

b) Mittlere Änderungsrate je Stunde

Für die mittlere Änderungsrate der ersten Stunde gilt:

$\frac{A(1) - A(0)}{1} \frac{cm^2}{h} \approx \frac{1{,}2 - 1}{1} \frac{cm^2}{h} = 0{,}2 \frac{cm^2}{h}$

Entsprechend gilt für die achte Stunde:

$\frac{A(8) - A(7)}{1} \frac{cm^2}{h} \approx \frac{4{,}9 - 4{,}0}{1} \frac{cm^2}{h} = 0{,}9 \frac{cm^2}{h}$

c) *Zur Bestimmung der momentanen Änderungsrate an einer Stelle x_0 zeichnet man nach Augenmaß die Tangente an den Graphen im Punkt $P(x_0 \mid f(x_0))$ und liest mithilfe des Steigungsdreiecks die Tangentensteigung ab.*

Momentane Änderungsrate für $x_0 = 5$

Die Tangentensteigung an der Stelle $x_0 = 5$ beträgt näherungsweise 0,6.

Die momentane Änderungsrate für die von den Bakterien bedeckte Fläche ist somit ungefähr $0{,}6 \frac{cm^2}{h}$.

d) Mindestfläche nach neun Stunden

Der Zuwachs in der neunten Stunde ist größer als die mittlere Änderungsrate in der achten Stunde.

Daher gilt:

$A(9) > A(8) + 0{,}9 \frac{cm^2}{h} \cdot 1h$

$A(9) > 5{,}8\,cm^2$

5 (2 + 2 VP)

a) *Die Tangentengleichung wird mit dem GTR bestimmt. Dazu wird im* [Y=]*-Editor der Funktionsterm von f eingegeben und das Schaubild gezeichnet.*
Menü [DRAW], *Menüpunkt „Tangent(“, Eingabe von $X = -1{,}5$*

Die Tangente in $P(-1{,}5 \mid f(-1{,}5))$ wird gezeichnet. Darunter wird die Gleichung der Tangente angegeben.

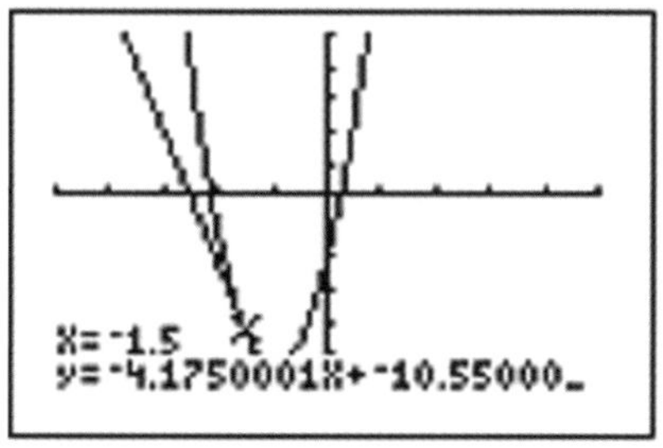

Tangentengleichung

Die Tangente hat näherungsweise die Gleichung $t(x) = -4{,}175x - 10{,}55$.

Bemerkungen

Für die Berechnung von Hand benötigt man die Tangentensteigung $m = f'(-1{,}5)$ und die y-Koordinate $y_P = f(-1{,}5)$ des Punktes P.

$f'(x) = -\frac{3}{10}x^2 + 7x + 7$

$f'(-1{,}5) = -4{,}175$

$f(-1{,}5) = -4{,}2875$

$t(x) = f'(-1{,}5) \cdot (x - (-1{,}5)) + f(-1{,}5)$

$t(x) = -4{,}175 \cdot (x + 1{,}5) - 4{,}2875$

$t(x) = -4{,}175x - 10{,}55$

b) Stellen mit Steigung 0,5

Es gilt: $f'(x) = -\frac{3}{10} \cdot x^2 + 7x + 7$

Zeichnet man den Graphen zu g mit g(x) = 0,5, so sind die Schnittstellen von $G_{f'}$ und G_g die x-Koordinaten von Punkten mit der Steigung 0,5.

Menü [CALC], Menüpunkt „intersect“ ergibt die beiden Näherungswerte $x_Q \approx -0{,}89$ bzw. $x_Q \approx 24{,}28$.

Alternative

Die Bedingung $f'(x) = 0{,}5$ ergibt:

$-\frac{3}{10}x^2 + 7x + 6{,}5 = 0$

Diese Gleichung kann z. B. durch Eingabe des Terms im [Y=]*-Editor und Bestimmung der Nullstellen der Funktion (Menü* [CALC], *Menüpunkt „zero“) gelöst werden.*

Man kann auch im Menü [MATH] *den Menüpunkt „Solver“ benutzen.*

Klassenarbeit 1.2

1 (1 + 3 + 1 + 1 VP)

a) Gemeinsame Punkte von G_f und der x-Achse
Bedingung: $f(x) = 0$
Daher:

$$x^3 - 4x = 0$$
$$x \cdot (x^2 - 4) = 0$$
$$x \cdot (x + 2) \cdot (x - 2) = 0$$

Der Graph G_f und die x-Achse haben die gemeinsamen Punkte $X_1(-2\,|\,0)$, $X_2(0\,|\,0)$ und $X_3(2\,|\,0)$.

b) Tangentengleichungen
Es gilt allgemein: $t(x) = f'(x_0) \cdot (x - x_0) + f(x_0)$

$$f'(x) = 3x^2 - 4$$
$$f'(-1) = 3 \cdot (-1)^2 - 4 = -1$$
$$f(-1) = (-1)^3 - 4 \cdot (-1) = 3$$
$$t_P(x) = -1 \cdot (x - (-1)) + 3$$
$$t_P(x) = -x + 2$$

$$f'(2) = 3 \cdot 2^2 - 4 = 8$$
$$f(2) = 2^3 - 4 \cdot 2 = 0$$
$$t_Q(x) = 8 \cdot (x - 2) + 0$$
$$t_Q(x) = 8x - 16$$

c) Punkte mit Steigung 5
Bedingung: $f'(x) = 5$
Daher:

$$3x^2 - 4 = 5$$
$$3x^2 = 9$$
$$x^2 = 3$$
$$x_1 = \sqrt{3},\; x_2 = -\sqrt{3}$$
$$f(\sqrt{3}) = (\sqrt{3})^3 - 4 \cdot \sqrt{3} = 3\sqrt{3} - 4\sqrt{3} = -\sqrt{3}$$
$$f(-\sqrt{3}) = (-\sqrt{3})^3 - 4 \cdot (-\sqrt{3}) = -3\sqrt{3} + 4\sqrt{3} = \sqrt{3}$$

In den Punkten $R(\sqrt{3}\,|\,-\sqrt{3})$ und $S(-\sqrt{3}\,|\,\sqrt{3})$ hat der Graph G_f Tangenten mit der Steigung 5.

d) Punkte mit negativer Steigung
Bedingung: $f'(x) < 0$
Daher:

$$3x^2 - 4 < 0$$
$$3x^2 < 4$$
$$x^2 < \tfrac{4}{3}$$
$$-\sqrt{\tfrac{4}{3}} < x < \sqrt{\tfrac{4}{3}}$$
$$-\tfrac{2}{3}\sqrt{3} < x < \tfrac{2}{3}\sqrt{3}$$

In allen Punkten mit x-Koordinaten zwischen $-\frac{2}{3}\sqrt{3}$ und $\frac{2}{3}\sqrt{3}$ hat der Graph G_f Tangenten mit negativer Steigung.

2 (6 VP)

Eigenschaft	$f'(x) = g(x)$	$f(x) = g'(x)$	$f'(x) \neq g'(x)$	$f'(x) = g'(x)$
D1		X	X	
D2				X
D3	X		X	
D4	X		X	
D5			X	
D6		X	X	

Bemerkungen

Display 1

G_f ist eine Gerade, G_g wohl eine Parabel zweiter Ordnung. Daher kann $g'(x) = f(x)$ gelten.
Da $f'(x)$ als Ableitung einer linearen Funktion konstant ist, $g'(x)$ aber sicher nicht konstant ist, da an den verschiedenen Punkten des Graphen G_g unterschiedliche Steigungen vorkommen, muss $f'(x) \neq g'(x)$ gelten. Damit scheiden die beiden anderen Möglichkeiten aus.

Display 2

Der Graph G_g geht wohl durch eine Verschiebung in Richtung der y-Achse aus dem Graphen G_f hervor. Daher sind die Ableitungsfunktionen f' und g' identisch. Folglich kann nur $f'(x) = g'(x)$ gelten.

Display 3

Am Graphen G_f erkennt man zwei Stellen mit horizontaler Tangente. Es gilt $f'(x) = 0$ und $f'(2) = 0$. Im Intervall $[0; 2]$ ist G_f streng monoton fallend und daher $f'(x) < 0$ für $0 < x < 2$. Der Graph G_g hat die Nullstellen 0 und 2 und liegt im Inneren des Intervalls $[0; 2]$ unterhalb der x-Achse. Wegen $g(0) = 0$, $g(2) = 0$ und $g(x) < 0$ für $0 < x < 2$ kann $f'(x) = g(x)$ gelten.
Da z.B. an der Stelle $x_0 = 1$ die Steigungen der Graphen G_f und G_g verschieden sind, muss auch $f'(x) \neq g'(x)$ gelten. Damit scheiden die anderen beiden Möglichkeiten aus.

Display 4

Der Graph G_f hat an der Stelle $x_0 = 0$ eine waagrechte Tangente, also gilt $f'(0) = 0$. Er hat für $x < 0$ negative, für $x > 0$ positive Steigung.
Der Graph G_g hat die Nullstelle 0, weswegen $g(0) = 0$ gilt. Für $x < 0$ gilt $g(x) < 0$, für $x > 0$ gilt $g(x) > 0$. Daher kann $f'(x) = g(x)$ gelten.
Da z.B. an der Stelle $x_0 = 0$ die Steigungen der beiden Graphen verschieden sind, muss auch $f'(x) \neq g'(x)$ gelten. Damit scheiden die anderen beiden Möglichkeiten aus.

Display 5
Die Abbildung zeigt zwei Geraden mit verschiedener Steigung. Daher gilt $f'(x) \neq g'(x)$. Damit scheidet die vierte Möglichkeit aus. Da $f'(x)$ konstant ist, kann auch $f'(x) = g(x)$ nicht gelten. Da $g'(x)$ konstant ist, kann auch $g'(x) = f(x)$ nicht gelten.
Display 6
Der Graph G_g hat bei $x_0 = 0$ eine Stelle mit waagrechter Tangente, also $g'(0) = 0$. Für alle $x \neq 0$ ist der Graph G_g monoton steigend, also gilt $g'(x) \geqq 0$. Der Graph G_f hat bei $x_0 = 0$ eine Nullstelle: $f(0) = 0$. Alle anderen Funktionswerte sind positiv: $f(x) \geqq 0$
Daher kann $f(x) = g'(x)$ gelten.
Da z.B. an der Stelle $x_0 = -1$ die Steigungen der beiden Graphen verschieden sind, muss auch $f'(x) \neq g'(x)$ gelten. Damit scheiden die anderen beiden Möglichkeiten aus.

3 (2 + 2 VP)
a) Schnittpunkte des Graphen mit der x-Achse
Bedingung: $f(x) = 0$
Daher:

$$2 - \frac{1}{x} = 0$$
$$-\frac{1}{x} = -2$$
$$\frac{1}{x} = 2$$
$$x = \frac{1}{2}$$

Der Graph G_f schneidet die x-Achse im Punkt $X\left(\frac{1}{2}\middle|0\right)$.
Steigung im Punkt X

$$f(x) = 2 - \frac{1}{x} = 2 - x^{-1}$$
$$f'(x) = -(-1) \cdot x^{-2} = \frac{1}{x^2}$$
$$f'\left(\frac{1}{2}\right) = \frac{1}{\left(\frac{1}{2}\right)^2} = 4$$

Schnittwinkel

$$\tan(\alpha) = f'\left(\frac{1}{2}\right)$$
$$\tan(\alpha) = 4$$
$$\alpha \approx 76{,}0°$$

Der Graph schneidet die x-Achse unter einem Winkel von etwa 76,0°.

b) Steigung in den gesuchten Punkten
$m = \tan(60°)$
$m = \sqrt{3}$
Abszissen dieser Punkte
Bedingung: $f'(x) = \sqrt{3}$
Daher:

$$\frac{1}{x^2} = \sqrt{3}$$
$$x^2 = \frac{1}{\sqrt{3}}$$
$$x_1 = \sqrt{\frac{1}{\sqrt{3}}}, \qquad x_2 = -\sqrt{\frac{1}{\sqrt{3}}}$$
$$x_1 = \frac{1}{\sqrt[4]{3}}, \qquad x_2 = -\frac{1}{\sqrt[4]{3}}$$

Ordinaten der Punkte

$$f(x_1) = 2 - \frac{1}{x_1}, \qquad f(x_2) = 2 - \frac{1}{x_2}$$
$$f(x_1) = 2 - \sqrt[4]{3}, \qquad f(x_2) = 2 + \sqrt[4]{3}$$

In den Punkten $P\left(\frac{1}{\sqrt[4]{3}}\middle|2 - \sqrt[4]{3}\right)$ und $Q\left(-\frac{1}{\sqrt[4]{3}}\middle|2 + \sqrt[4]{3}\right)$ gibt es Tangenten an den Graphen G_f, welche die x-Achse unter einem Winkel der Weite 60° schneiden.

Bemerkungen
Näherungsweise ergeben sich $P^*(0{,}76\,|\,0{,}68)$ und $Q^*(-0{,}76\,|\,3{,}32)$.
Eine Kontrolle der exakten Rechnung kann mit dem GTR erfolgen. Gibt man im [Y=]*-Editor den Funktionsterm $2 - \frac{1}{x}$ ein, dann lässt sich mit* [CALC] *und Menüpunkt „dy/dx" die Steigung an den Stellen $3^{-0{,}25}$ bzw. $-3^{-0{,}25}$ berechnen.*

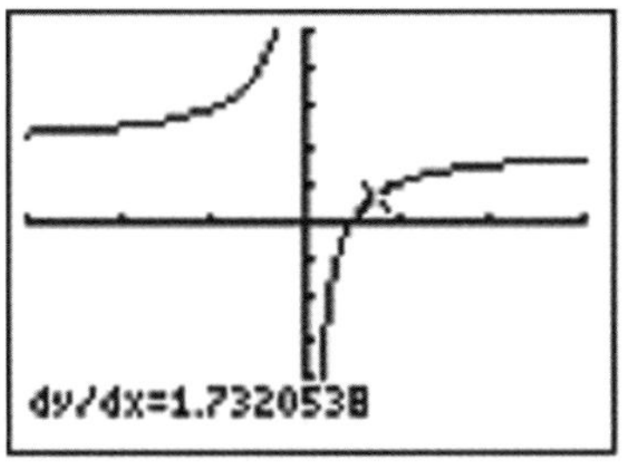

Der angezeigte Wert 1,7320538 entspricht etwa dem Tangens von 60°.
Die wichtigsten tan-Werte sollte man auswendig wissen:
$\tan(0°) = 0$, $\tan(30°) = \frac{1}{3}\sqrt{3}$, $\tan(45°) = 1$, $\tan(60°) = \sqrt{3}$.

4 (2 + 2 VP)
a) Mittlere Änderungsrate
Es gilt:

$$\frac{s(2\,s) - s(1\,s)}{2\,s - 1\,s} = \frac{\frac{1}{2} \cdot 9{,}81\frac{m}{s^2} \cdot (2\,s)^2 - \frac{1}{2} \cdot 9{,}81\frac{m}{s^2} \cdot (1\,s)^2}{1\,s}$$
$$\frac{s(2\,s) - s(1\,s)}{2\,s - 1\,s} = \frac{1}{2} \cdot 9{,}81 \cdot 3\,\frac{m}{s}$$
$$\frac{s(2\,s) - s(1\,s)}{2\,s - 1\,s} = 14{,}715\,\frac{m}{s}$$

In der zweiten Sekunde beträgt die mittlere Änderungsrate der Fallstrecke $14{,}715\,\frac{m}{s}$.
Die mittlere Änderungsrate entspricht der Durchschnittsgeschwindigkeit in der zweiten Sekunde des Fallens.

b) Momentane Änderungsrate
Es gilt: $s'(t) = \frac{1}{2} \cdot g \cdot 2t$
$s'(t) = g \cdot t$
Folglich: $s'(2\,s) = 9{,}81\frac{m}{s^2} \cdot 2\,s$
$s'(2\,s) = 19{,}62\,\frac{m}{s}$
Die momentane Änderungsrate zwei Sekunden nach Beginn des Falls beträgt $19{,}62\,\frac{m}{s}$.

Die momentane Änderungsrate gibt die Momentangeschwindigkeit des Körpers zwei Sekunden nach Beginn des Falls an.

5 (2 + 2 VP)

a) Steigung m der Geraden g

Es gilt:

$m = \frac{y_Q - y_P}{x_Q - x_P}$

$m = \frac{f(x_Q) - f(x_P)}{x_Q - x_P}$

Daher:

$m = \frac{(a \cdot v^2 + b \cdot v + c) - (a \cdot u^2 + b \cdot u + c)}{v - u}$

$m = \frac{a \cdot (v^2 - u^2) + b \cdot (v - u)}{v - u}$

$m = \frac{(v - u) \cdot (a(v + u) + b)}{v - u}$

$m = a(v + u) + b$

Die Gerade g durch die Punkte P und Q hat die Steigung $a \cdot (u + v) + b$. Dies war zu zeigen.

b) Parabelsteigung m_0 an der Stelle x_0

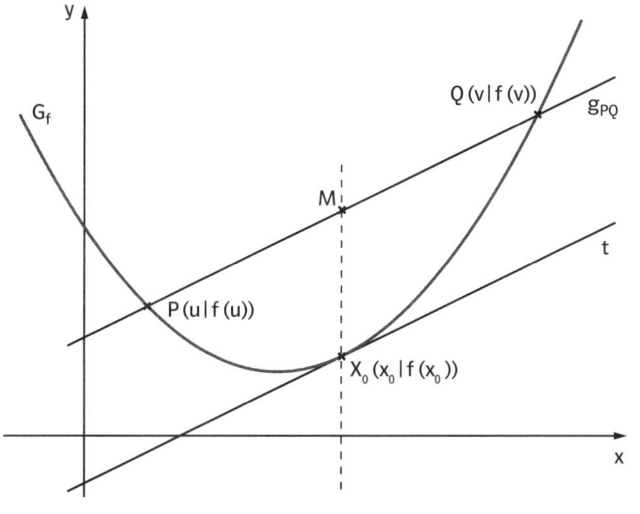

Es gilt:

$f'(x) = 2 \cdot a \cdot x + b$

$m_0 = f'(x_0)$

$m_0 = 2 \cdot a \cdot x_0 + b$

Bestimmung von x_0

Aus der Gleichheit der Steigungen m und m_0 folgt:

$a \cdot (u + v) + b = 2a \cdot x_0 + b$

$a \cdot (u + v) = 2a \cdot x_0$

$2 \cdot x_0 = u + v$

$x_0 = \frac{1}{2} \cdot (u + v)$

Die gesuchte Abszisse ist $x_0 = \frac{1}{2} \cdot (u + v)$.

Man findet den Punkt X_0 auf der Parabel, indem man die Parallele zur y-Achse durch den Mittelpunkt M der Strecke PQ zeichnet. Der Schnittpunkt dieser Parallelen mit der Parabel ist X_0.

Bemerkungen

Damit kann man die Tangente an den Graphen einer quadratischen Funktion f in jedem Punkt $X_0(x_0 | f(x_0))$ konstruieren. Man muss lediglich zwei Punkte P und Q auf der Parabel suchen, so dass x_0 der Mittelwert aus den x-Koordinaten von P und Q ist, durch diese Punkte eine Gerade zeichnen und die Parallele zu dieser Geraden durch X_0 konstruieren.

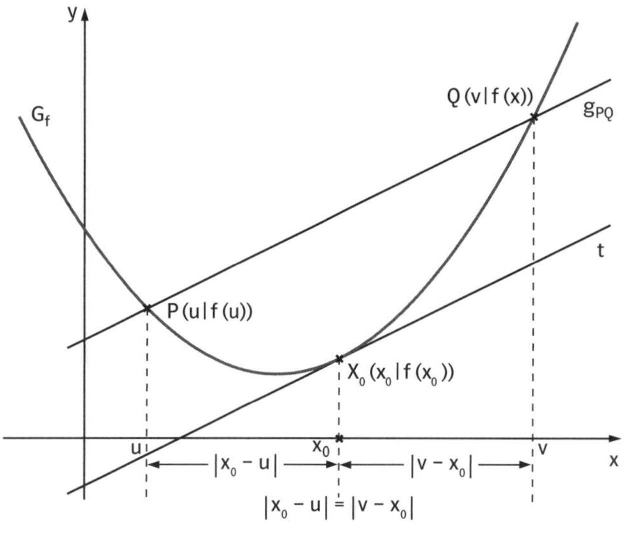

Klassenarbeit 1.3

1 (3 VP)

Die Steigung an einer Stelle x_0 entspricht dem Funktionswert $f'(x_0)$ der Ableitungsfunktion an dieser Stelle. Man markiert zunächst den Punkt $(x_0 | f(x_0))$. Die Steigung $f'(x_0)$ des Graphen G_f an der Stelle x_0 erhält man, indem man nach Augenmaß die Tangente im Punkt $(x_0 | f(x_0))$ einzeichnet und deren Steigung abliest. Man führt dies für viele Punkte durch und verbindet diese Punkte $(x_0 | f(x_0))$ mit einer glatten Kurve. Diese Kurve ist der Graph $G_{f'}$ der Ableitungsfunktion.

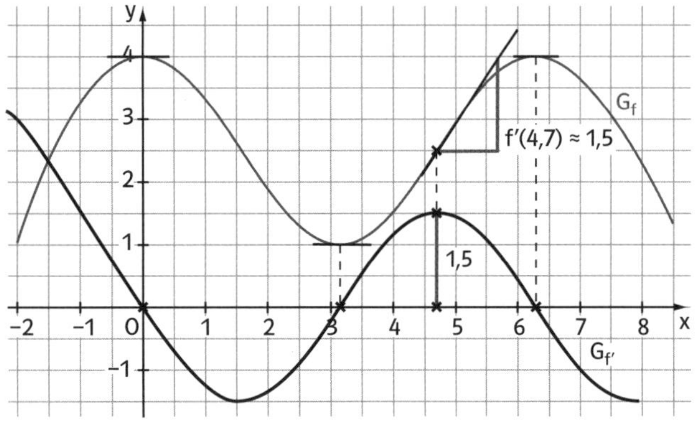

2 (1 + 1 + 1 VP)

a) $f(x) = \frac{2}{3}x^3 - 2x$

$f'(x) = \frac{2}{3} \cdot 3x^2 - 2 \cdot 1$

$f'(x) = 2x^2 - 2$

$f'(\sqrt{2}) = 2 \cdot (\sqrt{2})^2 - 2$

$f'(\sqrt{2}) = 2$

b) $f(x) = \frac{1}{4} \cdot (x^2 - 1) \cdot x^2$

$f(x) = \frac{1}{4} \cdot (x^4 - x^2)$

$f'(x) = \frac{1}{4} \cdot (4x^3 - 2x)$

$f'(x) = x^3 - \frac{1}{2}x$

$f'\left(-\frac{1}{2}\right) = \left(-\frac{1}{2}\right)^3 - \frac{1}{2} \cdot \left(-\frac{1}{2}\right)$

$f'\left(-\frac{1}{2}\right) = \frac{1}{8}$

c) $f(x) = \frac{2}{3x} = \frac{2}{3} \cdot \frac{1}{x}$

$f(x) = \frac{2}{3} \cdot x^{-1}$

$f'(x) = \frac{2}{3} \cdot (-1) \cdot x^{-2}$

$f'(x) = -\frac{2}{3x^2}$

$f'(3) = -\frac{2}{3 \cdot 3^2}$

$f'(3) = -\frac{2}{27}$

3 (4 VP)

Nur der erste der vier Graphen kann passen.

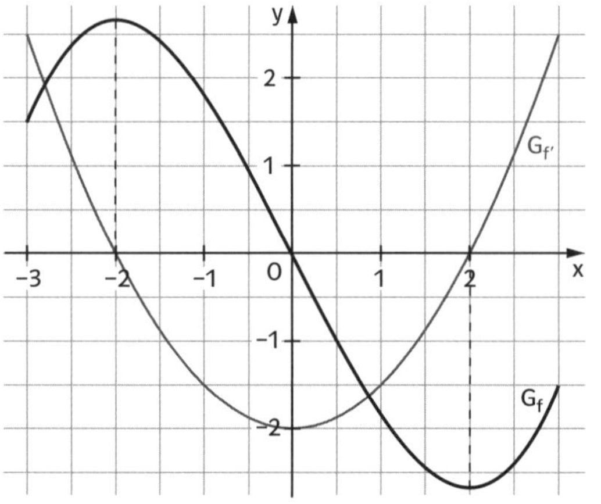

Am Graphen $G_{f'}$ erkennt man die Nullstellen $x_1 = -2$ und $x_2 = 2$. Links von der Stelle $x_1 = -2$ sind die Funktionswerte $f'(x)$ positiv, rechts davon negativ. Der Graph von f muss daher an der Stelle $x_1 = -2$ eine Maximumstelle haben.

Links von der Stelle $x_2 = 2$ sind die Funktionswerte $f'(x)$ negativ, rechts davon positiv. Der Graph von f muss daher an der Stelle $x_2 = 2$ eine Minimumstelle haben.

Beides trifft nur für den ersten der vier Graphen zu. Nur der erste Graph kann also zum gegebenen Ableitungsgraphen $G_{f'}$ passen.

4 (3 + 3 VP)

Wenn man nachweisen will, dass ein Punkt Berührpunkt zweier Graphen ist, muss man zweierlei zeigen:

1. *Der Punkt liegt auf beiden Graphen. Dazu macht man Punktproben.*
2. *Die Steigungen beider Graphen in diesem Punkt stimmen überein. Dazu berechnet man die Werte der Ableitungen an der betreffende Stelle.*

Gegeben ist $f(x) = -x^2 + 3x$, $x \in \mathbb{R}$, und $g(x) = \frac{4}{x}$, $x \in \mathbb{R}^*$.

a) Punktprobe für $P(2|2)$ auf G_f

Es gilt:

$f(x_P) = f(2) = -2^2 + 3 \cdot 2 = 2 = y_P$

Der Punkt P liegt auf G_f.

Punktprobe für $P(2|2)$ auf G_g

Es gilt:

$g(x_P) = g(2) = \frac{4}{2} = 2 = y_P$

Der Punkt P liegt auch auf G_g.

Ableitungen

$f'(x) = -2x + 3$, $x \in \mathbb{R}$

$g'(x) = -\frac{4}{x^2}$, $x \in \mathbb{R}^*$

Steigungen der Graphen in P

$f'(x_P) = f'(2) = -2 \cdot 2 + 3 = -1$

$g'(x_P) = g'(2) = -\frac{4}{2^2} = -1$

Der Punkt P liegt auf beiden Graphen und die Steigungen beider Graphen stimmen in P überein. Daher ist P ein Berührpunkt.

Veranschaulichung

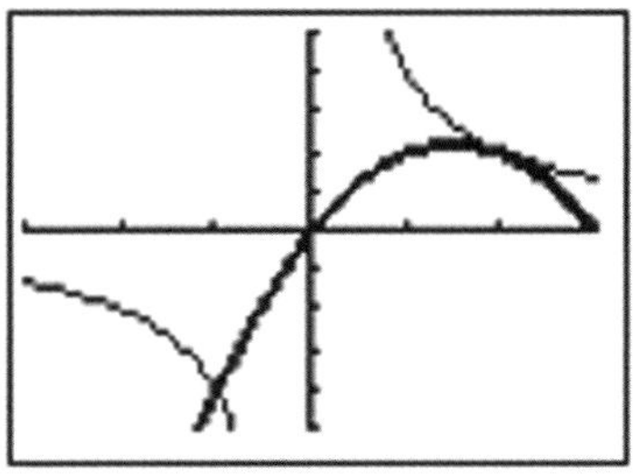

b) Bestimmung des Schnittpunkts Q
Bedingung: $f(x) = g(x)$

$$-x^2 + 3x = \frac{4}{x} \quad | \cdot x$$
$$-x^3 + 3x^2 = 4$$
$$-x^3 + 3x^2 - 4 = 0$$

Diese Gleichung wird mit dem GTR gelöst.
Es ergibt sich die Schnittstelle $x_Q = -1$.
Mit $f(-1) = -4$ erhält man den Schnittpunkt $Q(-1|-4)$.

Alternativen
Man erkennt im GTR-Display, dass sich die beiden Graphen an einer Stelle mit negativem x-Wert schneiden. Im Menü CALC *kann man den Menüpunkt „intersect" zur Bestimmung des Schnittpunkts verwenden. Man erhält $Q(-1|-4)$.*

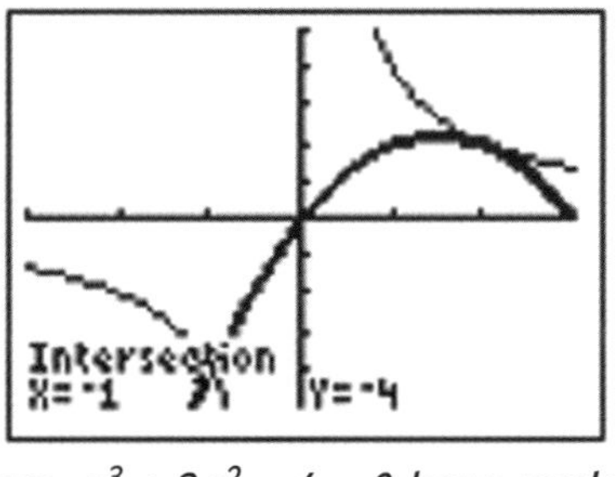

Die Gleichung $-x^3 + 3x^2 - 4 = 0$ kann auch mit Polynomdivision gelöst werden. Aus Teilaufgabe a) kennt man die Lösung $x_P = 2$ als Doppellösung (Berührstelle).
Somit ist die Division $(-x^3 + 3x^2 - 4):(x - 2)^2$ erforderlich:

$$(-x^3 + 3x^2 - 4):(x^2 - 4x + 4) = -x - 1$$
$$\underline{-(-x^3 + 4x^2 - 4x)}$$
$$-x^2 + 4x - 4$$
$$\underline{-(-x^2 + 4x - 4)}$$
$$0$$

Aus der Gleichung $-x - 1 = 0$ folgt $x_Q = -1$.
Man kann allerdings auch durch scharfes Hinsehen erkennen, dass die Gleichung $-x^3 + 3x^2 - 4 = 0$ die Lösung -1 hat.

Tangentensteigungen in Q
Tangente t_1 in Q an G_f
$f'(x) = -2x + 3, \ x \in \mathbb{R}$
$f'(x_Q) = f'(-1) = -2 \cdot (-1) + 3 = 5$
Tangente t_2 in Q an G_g
$g'(x) = -\frac{4}{x^2}, \ x \in \mathbb{R}^*$
$g'(x_Q) = g'(-1) = -\frac{4}{(-1)^2} = -4$
Schnittwinkel δ der Tangenten
Aus der Tangentensteigung m kann der Winkel α zwischen Tangente und x-Achse berechnet werden:
$m = \tan(\alpha)$
Somit ergibt sich: $\tan(\alpha_1) = 5$
$\alpha_1 \approx 78{,}69°$
$\tan(\alpha_2) = -4$
$\alpha_2 \approx -75{,}96°$
Die beiden Tangenten schließen etwa einen Winkel der Weite 154,7° ein.

Bemerkungen
Wenn man grundsätzlich den kleineren der beiden Winkel zwischen Geraden als Schnittwinkel angeben will, muss man die Weite 25,3° des Nebenwinkels als Lösung notieren.
Man achte darauf, dass beim GTR das Gradmaß eingestellt ist und nicht das Bogenmaß.

5 (1 + 3 VP)
a) $f(x) = 2^x, \ x \in [-2; 3]$
Graph G_f

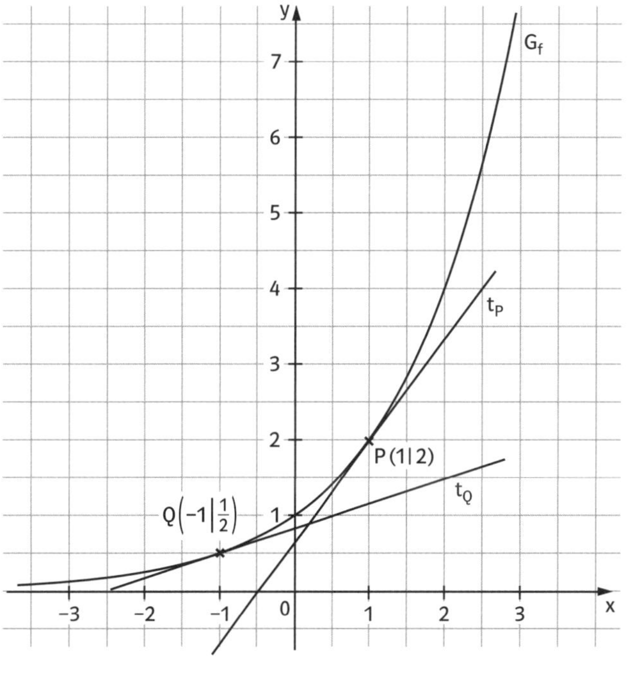

b) Gleichungen der Tangenten an G_f

Da für die Funktion f mit $f(x) = 2^x$, $x \in \mathbb{R}$, noch keine Ableitungsregel bekannt ist, muss man für diese Aufgabe zwingend den GTR einsetzen und die Tangenten näherungsweise berechnen lassen.

Tangente in P(1 | 2)
Der Graph G_f liegt im GTR-Display gezeichnet vor.
Veranschaulichung

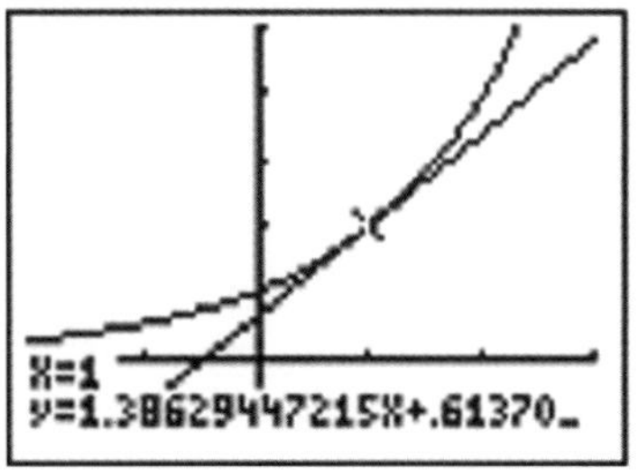

Im Menü [DRAW], Menüpunkt „Tangent(" gibt man den x-Wert des Punktes P ein. Die Tangente wird gezeichnet und eine Näherungsgleichung angegeben.

$t_P(x) = 1{,}386x + 0{,}614$

Tangente in $Q\left(-1 \,\middle|\, \frac{1}{2}\right)$

Entsprechend erhält man näherungsweise:

$t_Q(x) = 0{,}347x + 0{,}847$

Die beiden Tangenten sind im Koordinatensystem in Teilaufgabe a) eingetragen.

6 (4 VP)

Berechnung des Berührpunkts B

Der noch nicht bekannte Berührpunkt auf dem Graphen G_f sei $B(u \mid u^2)$, $u \in \mathbb{R}^+$.

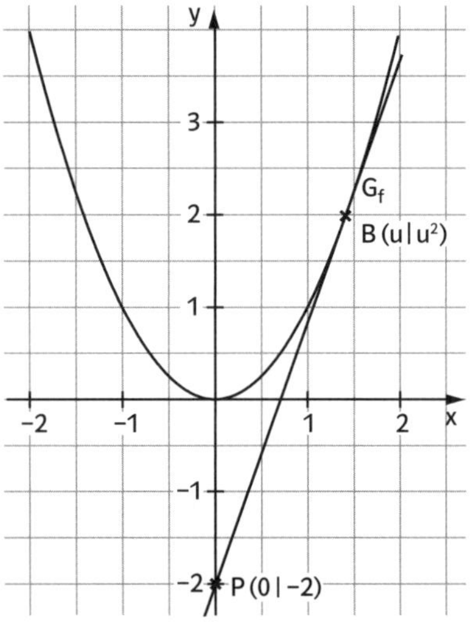

Dann gilt für die Steigung der Tangenten durch die Punkte $B(u \mid u^2)$ und $P(0 \mid -2)$:

$m = \frac{y_B - y_P}{x_B - x_P}$

$m = \frac{u^2 - (-2)}{u - 0}$

$m = \frac{u^2 + 2}{u}$

Diese Steigung lässt sich auch mithilfe der Ableitung berechnen:

$m = f'(u) = 2u$

Durch Gleichsetzen erhält man die Bedingung für u:

$\frac{u^2 + 2}{u} = 2u$

$u^2 + 2 = 2u^2$

$u^2 = 2$

$u_1 = \sqrt{2} \in \mathbb{R}^+, \quad u_2 = -\sqrt{2} \notin \mathbb{R}^+$

$f(u_1) = 2$

Der Berührpunkt ist $B(\sqrt{2} \mid 2)$.

Tangentengleichung

Die Tangente hat nach der vorherigen Rechnung die Steigung $m = f'(\sqrt{2}) = 2\sqrt{2}$ und den y-Achsenabschnitt $y_P = -2$.

Die Gleichung der Tangente lautet somit:

$t(x) = 2\sqrt{2} \cdot x - 2, \quad x \in \mathbb{R}$

Diese Tangente ist im Koordinatensystem oben bereits eingetragen.

Alternative

Die Tangente t hat die Gleichung $t(x) = m \cdot x - 2$, $x \in \mathbb{R}$, mit noch unbekannter Steigung m.

Man berechnet nun die Schnittstellen der Geraden t und des Graphen G_f.

Bedingung:

$f(x) = t(x)$

$x^2 = m \cdot x - 2$

$x^2 - m \cdot x + 2 = 0$

Wenn die Gerade t eine Tangente sein soll, die G_f im 1. Feld berührt, dann darf diese Gleichung nur eine Lösung besitzen und die Steigung m muss positiv sein. Eine quadratische Gleichung hat genau eine Lösung, wenn ihre Diskriminante den Wert 0 hat.

$D = (-m)^2 - 4 \cdot 1 \cdot 2$

$D = m^2 - 8$

Mit D = 0 folgt:

$m^2 - 8 = 0$

$m_1 = 2\sqrt{2} \in \mathbb{R}^+, \quad m_2 = -2\sqrt{2} \notin \mathbb{R}^+$

Die gesuchte Gerade hat folglich die Gleichung $t(x) = 2\sqrt{2} \cdot x - 2$, $x \in \mathbb{R}$.

Klassenarbeit 1.4

1 (1 + 3 + 2 VP)

a) Graph G_f zu f mit $f(x) = \frac{2}{x}$, $x \in \mathbb{R}^*$

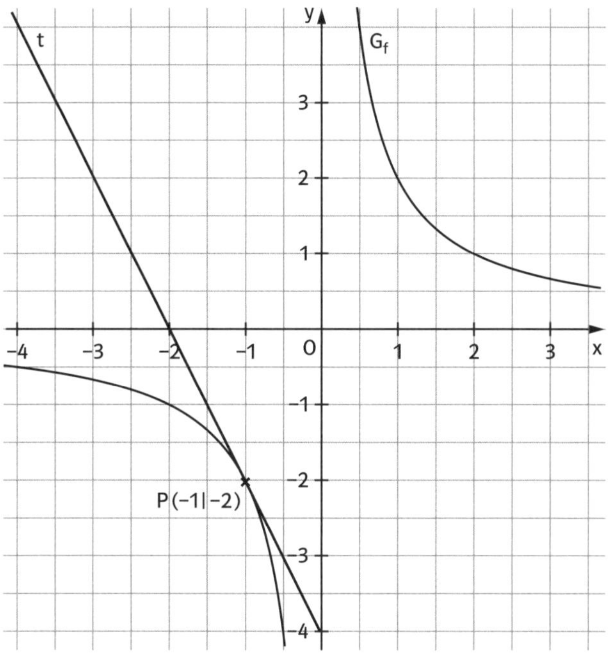

b) Steigung der Tangente in $P(-1 \mid f(-1))$

Es gilt: $f'(x) = -\frac{2}{x^2}$, $x \in \mathbb{R}^*$

$m = f'(-1)$

$m = -\frac{2}{(-1)^2}$

$m = -2$

y-Koordinate des Punktes P

$y_P = f(-1)$

$y_P = \frac{2}{-1}$

$y_P = -2$

Tangentengleichung

Allgemein gilt: Die Tangente an den Graphen G_f im Punkt $X_0(x_0 \mid f(x_0))$ hat die Gleichung $t(x) = f'(x_0) \cdot (x - x_0) + f(x_0)$.

Folglich:

$t(x) = -2 \cdot (x - (-1)) + (-2)$

$t(x) = -2x - 4$, $x \in \mathbb{R}$

Die Tangente ist im Koordinatensystem in Teilaufgabe a) eingezeichnet.

c) Tangentensteigung und Berührpunkte

Da die Tangenten parallel zu g mit $g(x) = -x$, $x \in \mathbb{R}$, sind, haben sie ebenfalls die Steigung $m = -1$. Für die Berührstelle x_Q muss daher gelten:

$f'(x_Q) = m$

Folglich:

$-\frac{2}{x_Q^2} = -1$

$\frac{2}{x_Q^2} = 1$

$x_Q^2 = 2$

$x_{Q1} = \sqrt{2}$, $\qquad x_{Q2} = -\sqrt{2}$

$f(\sqrt{2}) = \frac{2}{\sqrt{2}} \qquad f(-\sqrt{2}) = \frac{2}{-\sqrt{2}}$

$f(\sqrt{2}) = \sqrt{2} \qquad f(-\sqrt{2}) = -\sqrt{2}$

Die Berührpunkte sind $Q_1(\sqrt{2} \mid \sqrt{2})$ und $Q_2(-\sqrt{2} \mid -\sqrt{2})$.

Tangentengleichungen

t_1 in Q_1:

$t_1(x) = -1 \cdot (x - \sqrt{2}) + \sqrt{2}$

$t_1(x) = -x + 2\sqrt{2}$

t_2 in Q_2:

$t_2(x) = -1 \cdot (x - (-\sqrt{2})) + (-\sqrt{2})$

$t_2(x) = -x - 2\sqrt{2}$

2 (1 + 1 + 1 + 1 VP)

a) $f(x) = ax^3 + bx^2$, $x \in \mathbb{R}$

$f'(x) = 3ax^2 + 2bx$, $x \in \mathbb{R}$

b) $f(x) = \frac{a}{x} + b = a \cdot x^{-1} + b$, $x \in \mathbb{R}^*$

$f'(x) = -a \cdot x^{-2} = -\frac{a}{x^2}$, $x \in \mathbb{R}^*$

c) $f(x) = \frac{a^2}{b \cdot x} + \frac{b \cdot x}{a^2} = \frac{a^2}{b} \cdot x^{-1} + \frac{b}{a^2} \cdot x$, $x \in \mathbb{R}^*$

$f'(x) = -\frac{a^2}{b} \cdot x^{-2} + \frac{b}{a^2} = -\frac{a^2}{b \cdot x^2} + \frac{b}{a^2}$, $x \in \mathbb{R}^*$

d) $f(x) = a(x + b)(x + c) = a(x^2 + bx + cx + bc)$, $x \in \mathbb{R}$

$f'(x) = a \cdot (2x + b + c)$, $x \in \mathbb{R}$

3 (1 + 1 + 1 + 1 + 1 VP)

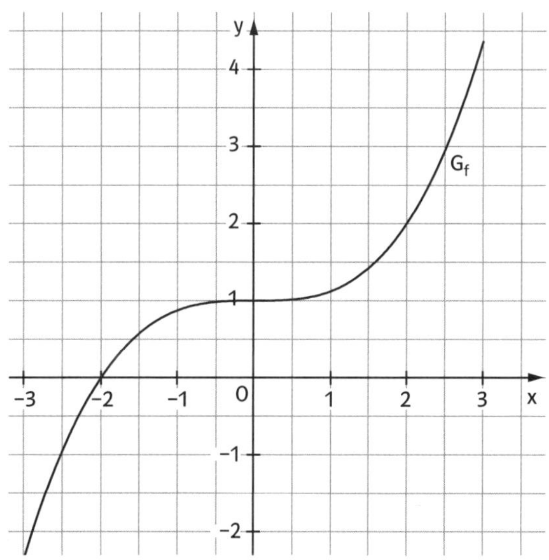

a) Der Graph G_f der Funktion f hat an der Stelle $x_0 = 0$ eine waagrechte Tangente (die Steigung 0). Daher gilt $f'(0) = 0$.

Der Graph $G_{f'}$ der Ableitungsfunktion f′ geht somit durch den Koordinatenursprung.
Die Behauptung ist wahr.

b) Der Graph G_f der Funktion f hat für alle $x \in [-3; 3]$ positive Steigung oder die Steigung 0. Daher gilt für alle $x \in [-3; 3]$: $f'(x) \geqq 0$.
Die Funktionswerte der Ableitungsfunktion f′ sind also nicht negativ. Der Graph $G_{f'}$ hat also keinen Punkt unterhalb der x-Achse.
Die Behauptung ist wahr.

c) Die Funktionswerte der Ableitungsfunktion f′ nehmen im Intervall [−3; −2] ab, da die Steigung des Graphen G_f abnimmt. Der Abbildung kann man näherungsweise entnehmen, dass $f'(-3) \approx 3{,}5$, $f'(-2) \approx 1{,}5$ gilt. Der Graph der Ableitungsfunktion f′ fällt somit auf diesem Intervall. Er fällt jedoch noch weiter auf dem Intervall [−2; 0], da $f'(0) = 0$ gilt. Der Graph $G_{f'}$ fällt also nicht nur im Intervall [−3; 2].
Die Behauptung ist falsch.

d) Wenn man den Graphen G_f um eine Einheit in Richtung der y-Achse verschiebt, dann heißt die neue Funktion g mit $g(x) = f(x) + 1$ oder g mit $g(x) = f(x) - 1$.
In beiden Fällen gilt mit der Ableitungsregel:
$g'(x) = f'(x)$
Der Graph $G_{f'}$ der Ableitungsfunktion f′ ändert sich also nicht.
Die Behauptung ist wahr.

e) Wenn man den Graphen G_f um eine Einheit nach rechts verschiebt, dann verschieben sich auch alle Tangenten an den Graphen um eine Einheit nach rechts. Der Graph $G_{f'}$ verschiebt sich daher ebenfalls um eine Einheit nach rechts.
Die Behauptung ist wahr.

4 (2 + 2 + 2 VP)
a) Mittlere Änderungsraten
In der zweiten Millisekunde gilt:

$$\frac{\Delta Q}{\Delta t} = \frac{Q(2\,s) - Q(1\,s)}{2\,ms - 1\,ms} \approx \frac{0{,}9 \cdot 10^{-9}\,C}{1\,ms} = 0{,}9 \cdot 10^{-9}\,\frac{C}{ms}$$

In der siebten Millisekunde gilt:

$$\frac{\Delta Q}{\Delta t} = \frac{Q(7\,s) - Q(6\,s)}{7\,ms - 6\,ms} \approx \frac{-2{,}5 \cdot 10^{-9}\,C}{1\,ms} = -2{,}5 \cdot 10^{-9}\,\frac{C}{ms}$$

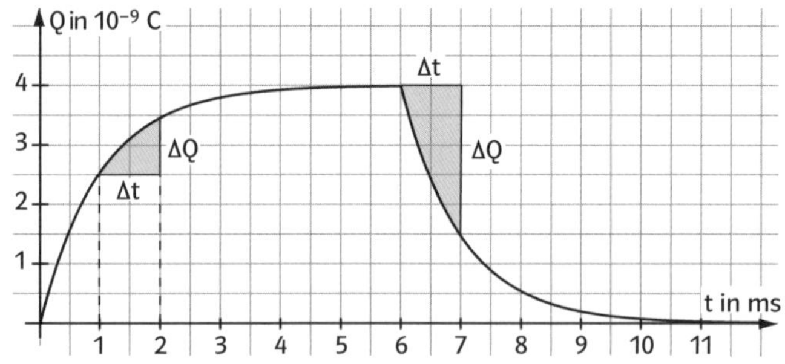

b) Momentane Änderungsraten
Bei Beginn des Aufladevorgangs gilt mit nach Augenmaß eingezeichneter Tangente:
$Q'(0) \approx 4 \cdot 10^{-9}\,\frac{C}{ms}$
Entsprechend ergibt sich bei Beginn des Entladevorgangs:
$Q'(6\,ms) \approx -4 \cdot 10^{-9}\,\frac{C}{ms}$

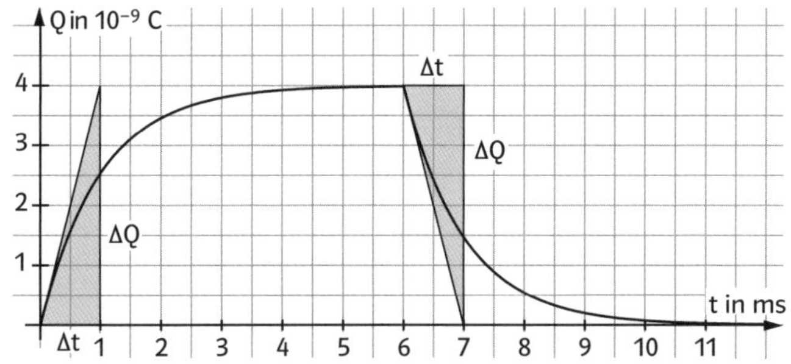

c) Ab etwa 3 ms ist die momentane Änderungsrate beim Aufladevorgang kleiner als $0{,}2 \cdot 10^{-9}\,\frac{C}{ms}$.
Nach etwa 8 ms ist die momentane Änderungsrate beim Entladevorgang $-0{,}5 \cdot 10^{-9}\,\frac{C}{ms}$.

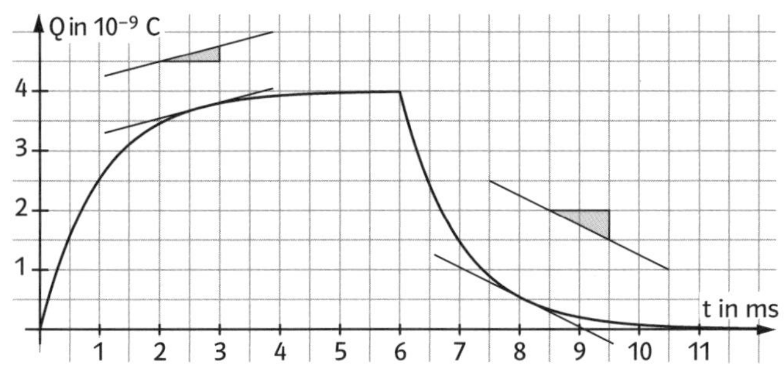

Hier muss man nach Augenmaß Stellen des Graphen finden, in denen die Steigung $0{,}2 \cdot 10^{-9}\,\frac{C}{ms}$ bzw. $-0{,}5 \cdot 10^{-9}\,\frac{C}{ms}$ beträgt. Dies gelingt am einfachsten durch separates Zeichnen von kleinen Steigungsdreiecken mit den Steigungen $0{,}2 \cdot 10^{-9}\,\frac{C}{ms}$ bzw. $-0{,}5 \cdot 10^{-9}\,\frac{C}{ms}$.
Mit dem Geodreieck kann man dann leicht Parallelen zu den Hypotenusen dieser Steigungsdreiecke zeichnen, die näherungsweise Tangenten an den Graphen sind. Die ersten Koordinaten der Berührpunkte geben die zugehörigen Zeitpunkte an.

5 (1 + 2 VP)
a) Tangentensteigung in $P(3\,|\,-1)$
Es gilt:
$m = f'(3)$
$m = 3^2 - 2 \cdot 3$
$m = 3$
Tangentengleichung
Mit $t(x) = m \cdot (x - x_P) + f(x_P)$ folgt:
$t(x) = 3 \cdot (x - 3) + (-1)$
$t(x) = 3x - 10$

b) *Man leitet eine Summe von Funktionen ab, indem man die einzelnen Summanden ableitet. Daher kann man aus der Ableitungsfunktion f′ die ursprüngliche Funktion f rekonstruieren, indem man die einzelnen Summanden „aufleitet“.*
Dieser Vorgang des „Aufleitens“ ist jedoch nicht eindeutig. Man muss bei f einen konstanten Summanden c, $c \in \mathbb{R}$, hinzufügen. Warum?
Durch geeignete Wahl von c kann man dann erreichen, dass f die gewünschte Eigenschaft hat.
Funktionsgleichung
Es gilt: $f'(x) = x^2 - 2x,\ x \in \mathbb{R}$
Daraus folgt:
$f(x) = \frac{1}{3}x^3 - x^2 + c,\ x \in \mathbb{R},\ c \in \mathbb{R}$
Da $P(3\,|\,-1)$ auf dem Schaubild von f liegt, hat man für c die Bedingung:
$f(3) = -1$
Somit:
$\frac{1}{3} \cdot 3^3 - 3^2 + c = -1$
$c = -1$
Die Funktionsgleichung lautet also
$f(x) = \frac{1}{3}x^3 - x^2 - 1,\ x \in \mathbb{R}$.

Pinboard – Eigenschaften von Funkti

Nullstellen einer Funktion

Definition

Wenn es im Definitionsbereich einer Funktion f eine Stelle x_0 gibt, für die $f(x_0) = 0$ gilt, dann heißt diese Stelle Nullstelle von f.

Bemerkung

Zur Bestimmung von Nullstellen muss die Gleichung $f(x) = 0$ gelöst werden.
Für lineare oder quadratische Gleichungen hat man eine Lösungsformel.
Bei Gleichungen höheren Grades denke man an Ausklammern des Faktors x, an Substitution oder an Polynomdivision.
Für manche Funktionen lässt sich die Gleichung $f(x) = 0$ nicht exakt lösen. In diesen Fällen verwendet man den GTR zur näherungsweisen Ermittlung der Nullstellen.

Beispiele

$f(x) = x - 3$ hat die Nullstelle $x_1 = 3$.
$f(x) = x^2 + x - 2$ hat die Nullstellen $x_1 = -2$ und $x_2 = 1$.
$f(x) = x(x+3)\left(x - \frac{1}{2}\right)$ hat die Nullstellen $x_1 = 0,\ x_2 = -3,\ x_3 = \frac{1}{2}$.
$f(x) = 2 \cdot (x-1)^3$ hat nur die Nullstelle $x_1 = 1$.
$f(x) = \frac{1}{x}$ hat keine Nullstelle.

Vorgehensweise mit dem GTR
Eingabe des Funktionsterms im [Y=]-Editor, Menu [CALC], Menüpunkt „zero". Nach Eingabe einer linken und rechten Grenze für die zu bestimmende Nullstelle gibt der GTR die Lösung an.

Folgerungen für Figuren

Wenn x_0 eine Nullstelle von f ist, dann ist der Punkt $X(x_0 | 0)$ ein gemeinsamer Punkt des Graphen G_f und der x-Achse.
Wenn die Funktionswerte auf verschiedenen Seiten der Nullstelle verschiedene Vorzeichen haben, dann spricht man von einem Schnittpunkt. Haben sie gleiches Vorzeichen und gilt zugleich $f'(x_0) = 0$, dann spricht man auch von einem Berührpunkt.

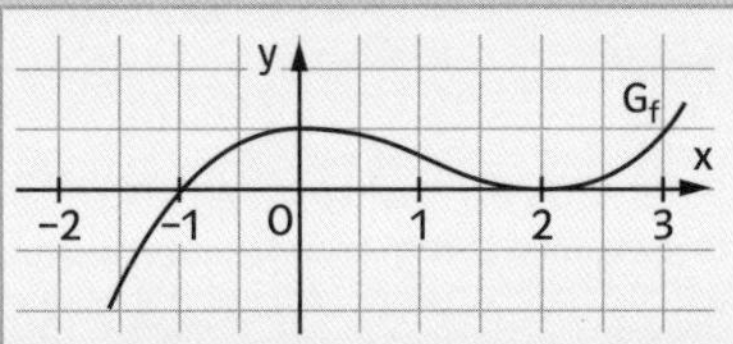

Der Punkt $X_1(-1|0)$ ist ein Schnittpunkt von G_f und der x-Achse. Der Punkt $X_2(2|0)$ ist ein Berührpunkt von G_f und der x-Achse.

Monotonie

Definition

Eine Funktion f sei auf einem Intervall I definiert.
Wenn für alle x_1, x_2 aus I gilt:
Aus $x_1 < x_2$ folgt $f(x_1) < f(x_2)$, dann heißt f streng monoton wachsend im Intervall I.
Wenn für alle x_1, x_2 aus I gilt:
Aus $x_1 < x_2$ folgt $f(x_1) > f(x_2)$, dann heißt f streng monoton fallend im Intervall I.

Monotoniesatz

Die Funktion f sei im Intervall I differenzierbar.
Wenn für alle x aus I gilt $f'(x) > 0$, dann ist f streng monoton wachsend in I.
Wenn für alle x aus I gilt $f'(x) < 0$, dann ist f streng monoton fallend in I.

Bemerkung

Die Umkehrung des Monotoniesatzes gilt nicht.
Gegenbeispiel: Obwohl $f(x) = x^3$ streng monoton wachsend ist für alle $x \in \mathbb{R}$, gilt $f'(0) = 0$.

Beispiele

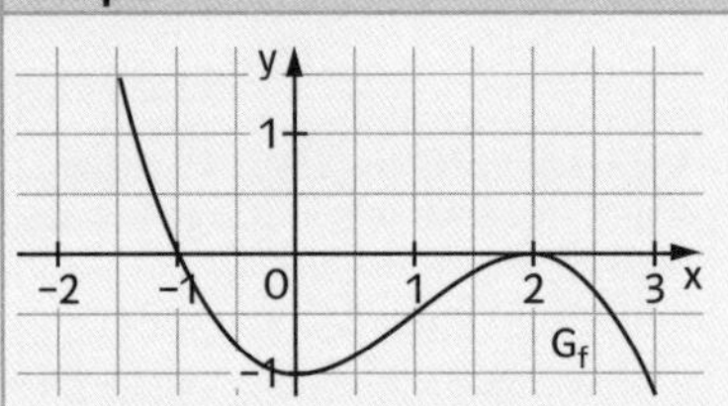

Die Funktion f ist im Intervall [−1,5; 0] und im Intervall [2; 3] streng monoton fallend und im Intervall [0; 2] streng monoton wachsend.

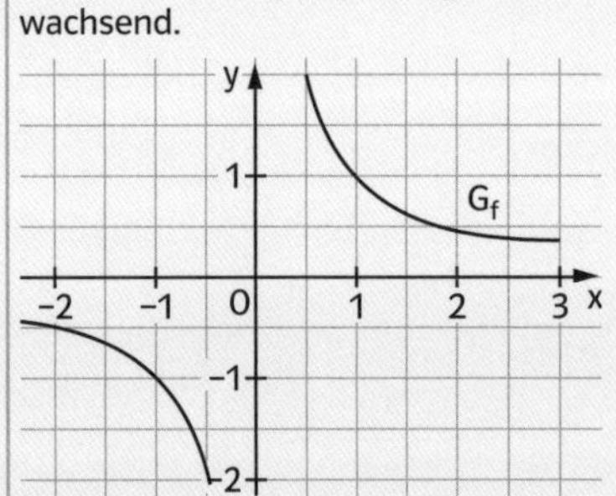

Die Funktion f ist für alle x mit $x < 0$ und für alle x mit $x > 0$ streng monoton fallend.

Strategien zum Monotonienachweis

Monotonienachweis

$f(x) = x^3 - 3x^2 + 4,\ x \in \mathbb{R}$

Betrachten der Nullstellen von f′

$f'(x) = 3x^2 - 6x = 3 \cdot x \cdot (x-2),\ x \in \mathbb{R}$
Die Funktion f′ hat die Nullstellen $x_1 = 0$ und $x_2 = 2$. Zwischen benachbarten Nullstellen ändert sich das Vorzeichen der Funktionswerte von f′ nicht. Daher bestimmt man an einer beliebigen Stelle $x_0 < x_1$ den Wert $f'(x_0)$. Entsprechend verfährt man an einer beliebigen Stelle x_0 mit $x_1 < x_0 < x_2$ und an einer beliebigen Stelle x_0 mit $x_0 > x_2$.

Für $x_0 = -1$ folgt: $f'(-1) = 9 > 0$
Für alle x mit $x < 0$ ist f daher streng monoton wachsend.
Für $x_0 = 1$ folgt: $f'(1) = -3 < 0$
Für alle x mit $0 < x < 2$ ist f daher streng monoton fallend.
Für $x_0 = 3$ folgt: $f'(3) = 9 > 0$
Für alle x mit $x > 2$ ist f daher streng monoton wachsend.

Lösen von Ungleichungen

Wenn $x > 0$ und zugleich $x - 2 > 0$, dann $x \cdot (x-2) > 0$, also auch $f'(x) > 0$.

$x > 0$ und $x - 2 > 0$
$\Leftrightarrow x > 0$ und $x > 2$
$\Leftrightarrow x > 2$

Die Funktion f ist daher für alle x mit $x > 2$ streng monoton wachsend.

Entsprechend untersucht man den Fall, dass $x < 0$ und zugleich $x - 2 > 0$ gilt. Diese beiden Bedingungen sind unerfüllbar.

Wenn $x > 0$ und zugleich $x - 2 < 0$, dann $x \cdot (x-2) < 0$, also auch $f'(x) < 0$.

$x > 0$ und $x - 2 < 0$
$\Leftrightarrow x > 0$ und $x < 2$
$\Leftrightarrow 0 < x < 2$

Die Funktion f ist daher für alle x mit $0 < x < 2$ streng monoton fallend.

Entsprechend untersucht man den Fall, dass $x < 0$ und zugleich $x - 2 < 0$ gilt. Man erhält: Für alle $x < 0$ gilt $f'(x) > 0$.
Die Funktion f ist daher für alle x mit $x < 0$ streng monoton wachsend.

Verwendung des GTR

In Fällen, in denen nur eine näherungsweise Angabe der Monotonieintervalle erforderlich ist oder die entsprechenden Ungleichungen nicht gelöst bzw. die Nullstellen von f′ nicht exakt ermittelt werden können, muss man auf den GTR zurückgreifen.
Am Graphen von f lassen sich die Maximum- bzw. Minimumstellen näherungsweise ablesen und damit die Monotonieintervalle angeben.

Most people would rather die than think. Many do. B. Russell

nen

Extrempunkte

Definitionen

Die Funktion f sei auf dem Definitionsbereich D_f definiert.
Wenn es eine Stelle x_0 aus D_f gibt, so dass $f(x_0) \geqq f(x)$ für alle $x \in D_f$, dann heißt $f(x_0)$ globales Maximum.
Wenn es eine Stelle x_0 aus D_f gibt, so dass $f(x_0) \leqq f(x)$ für alle $x \in D_f$, dann heißt $f(x_0)$ globales Minimum.

Wenn es eine Umgebung U einer Stelle x_0 gibt, die ganz in D_f liegt, so dass $f(x_0) \geqq f(x)$ für alle $x \in U$, dann heißt $f(x_0)$ lokales Maximum.
Wenn es eine Umgebung U einer Stelle x_0 gibt, die ganz in D_f liegt, so dass $f(x_0) \leqq f(x)$ für alle $x \in U$, dann heißt $f(x_0)$ lokales Minimum.

Wenn $f(x_0)$ ein Maximum oder Minimum ist, dann heißt die Stelle x_0 Extremstelle der Funktion f. Der Funktionswert $f(x_0)$ heißt dann Extremwert oder Extremum von f.

Wenn $f(x_0)$ ein Maximum ist, dann heißt der Punkt $H(x_0 | f(x_0))$ Hochpunkt des Graphen G_f.
Wenn $f(x_0)$ ein Minimum ist, dann heißt der Punkt $T(x_0 | f(x_0))$ Tiefpunkt des Graphen G_f.

Beispiel

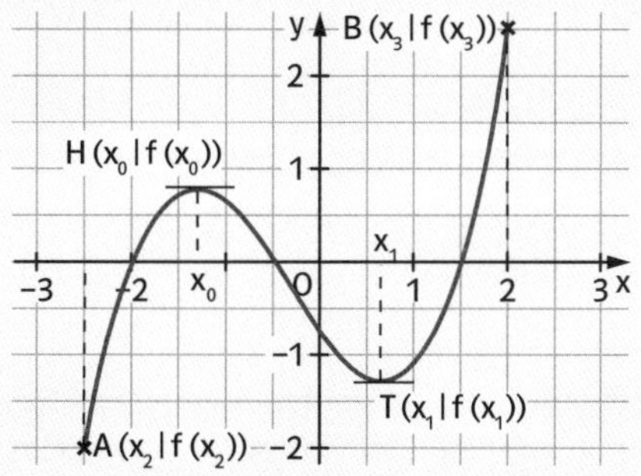

Links und rechts von der Stelle x_0 sind die Funktionswerte kleiner als $f(x_0)$. Daher ist x_0 eine Maximumstelle und der Graph hat den Hochpunkt $H(x_0 | f(x_0))$.

Links und rechts von der Stelle x_1 sind die Funktionswerte größer als $f(x_1)$. Daher ist x_1 eine Minimumstelle und der Graph hat den Tiefpunkt $T(x_1 | f(x_1))$.

An der Stelle x_2 ist der Funktionswert $f(x_2)$ der kleinste im gesamten Definitionsbereich $[-2{,}5;\ 2]$. Daher ist $f(x_2)$ ein globales Minimum.

An der Stelle x_3 ist der Funktionswert $f(x_3)$ der größte im gesamten Definitionsbereich $[-2{,}5;\ 2]$. Daher ist $f(x_3)$ ein globales Maximum.

Lehrsätze

Eine Funktion f sei an einer Stelle x_0 ihres Definitionsbereichs differenzierbar.
Wenn f an der Stelle x_0 ein lokales Extremum besitzt, dann gilt $f'(x_0) = 0$.

Eine Funktion f sei in einer Umgebung der Stelle x_0 differenzierbar und es gelte $f'(x_0) = 0$.
Wenn f′ an der Stelle x_0 einen Vorzeichenwechsel von positiven zu negativen Funktionswerten hat, dann hat f an der Stelle x_0 ein lokales Maximum.
Wenn f′ an der Stelle x_0 einen Vorzeichenwechsel von negativen zu positiven Funktionswerten hat, dann hat f an der Stelle x_0 ein lokales Minimum.

Bemerkung
Falls $f'(x_0) = 0$ gilt und kein Vorzeichenwechsel der Ableitung vorliegt, dann ist der Punkt $S(x_0 | f(x_0))$ ein sogenannter Sattelpunkt.

Englisch und Französisch für Mathematiker

Funktion	function	fonction
Ableitung	derivative	dérivée
$f(x)$	f of x	f de x
$f'(x)$	f prime of x	f prime de x
x^2	x squared	x (au) carré; x (à la) puissance deux
x^3	x cubed	x (au) cube; x (à la) puissance trois
x^n	x to the n'th	x (à la) puissance n

Bist du sicher?

1 a) Bestimme die Extrempunkte des Graphen der Funktion f mit $f(x) = \frac{1}{3}x^3 + \frac{5}{4}x^2 - \frac{3}{2}x + 1,\ x \in \mathbb{R}$
b) Gib die Monotoniebereiche an.

2 Gegeben ist die Funktion f mit $f(x) = x^4 - 5x^2 + 4,\ x \in \mathbb{R}$. Ihr Graph heißt G_f.
a) Berechne die Schnittpunkte des Graphen mit der x-Achse.
b) Berechne die Extrempunkte des Graphen und gib jeweils die Art des Extremums an.

3 Untersuche, ob die Stelle $x_0 = 0$ eine Extremstelle von f ist und gib gegebenenfalls die Art des Extremums an.
a) $f(x) = x^3 - 2,\ x \in \mathbb{R}$
b) $f(x) = \frac{1}{4}x^3 - \frac{3}{2}x^2,\ x \in \mathbb{R}$

4 Gegeben ist die Funktion f mit $f(x) = 4x + \frac{1}{x},\ x \in \mathbb{R}^*$. Ihr Graph heißt G_f.
a) Untersuche den Graphen auf Schnittpunkte mit der x-Achse.
b) Berechne die Extrempunkte des Graphen und gib die Art des Extremums an.
c) Bestimme die Monotonieintervalle.

5 Gib Werte für die Parameter a, b und c so an, dass für die Funktion f gilt:
a) $f(x) = ax^2 + 3x$ und die Nullstellen sind 0 und −4.
b) $f(x) = ax^3 + bx^2 + cx$ und der Graph hat an den Stellen 0 und 1 waagrechte Tangenten.
c) $f(x) = ax^3 + cx$ und der Graph hat keine Stellen mit waagrechten Tangenten.

Lösungen

1 a) $T\left(\frac{1}{2} \middle| \frac{29}{48}\right)$, $H\left(-3 \middle| \frac{31}{4}\right)$ b) streng monoton fallend für $-3 < x < \frac{1}{2}$, streng monoton wachsend für $x < -3$ bzw. $x > \frac{1}{2}$ **2** a) $X_1(-2|0)$, $X_2(-1|0)$, $X_3(1|0)$, $X_4(2|0)$ b) $H(0|4)$, $T_1\left(-\frac{1}{2}\sqrt{10} \middle| -\frac{9}{4}\right)$, $T_2\left(\frac{1}{2}\sqrt{10} \middle| -\frac{9}{4}\right)$ **3** a) keine Extremstelle von f, da f′ keinen Vorzeichenwechsel bei $x_0 = 0$ hat. b) lokales Maximum an der Stelle $x_0 = 0$. **4** a) Keine Schnittpunkte mit der x-Achse b) Tiefpunkt $T\left(\frac{1}{2} \middle| 4\right)$, $H\left(-\frac{1}{2} \middle| -4\right)$ c) streng monoton wachsend für $x < -\frac{1}{2}$ und für $x > \frac{1}{2}$; streng monoton fallend für $-\frac{1}{2} < x < 0$ und für $0 < x < \frac{1}{2}$ **5** a) $a = \frac{3}{4}$ b) z.b. a = 2, b = −3, c = 0 (allgemein: $3a + 2b = 0,\ c = 0$) c) z.B. a = 1, c = 3 (allgemein: $\frac{c}{3a} > 0$)

Anfangszeit: ____________________ + 60 Minuten → Abgabe: ____________________

Die Aufgaben 1, 2 und 3 sind ohne Taschenrechner zu bearbeiten.

1 (1 + 1 + 2 VP)

Berechne die Nullstellen der Funktion f.

a) $f(x) = \frac{1}{2}x^3 - 2x,\ x \in \mathbb{R}$

b) $f(x) = x^2 - 3x - 10,\ x \in \mathbb{R}$

c) $f(x) = 4x^4 - 3x^2 - 1,\ x \in \mathbb{R}$

2 (1 + 1 VP)

Lies am Graphen $G_{f'}$ der Ableitungsfunktion f′ die Monotoniebereiche von f ab.

a)

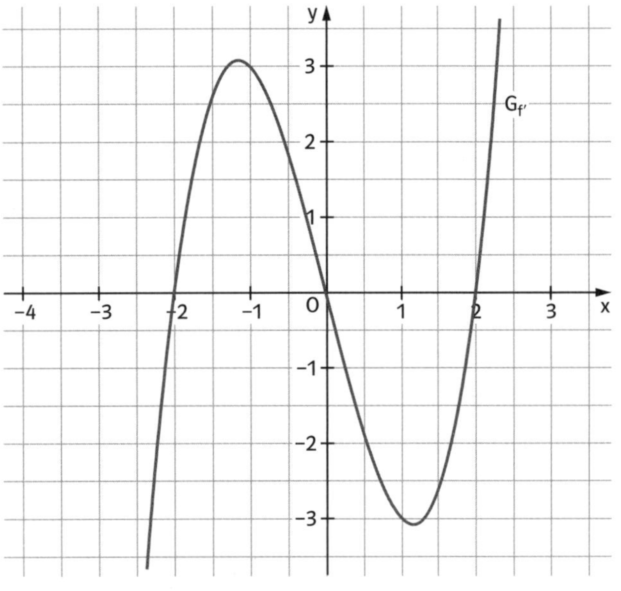

b)

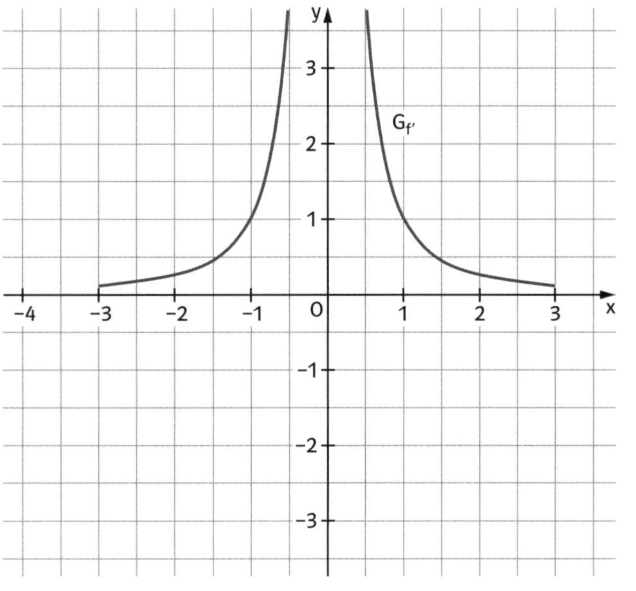

3 (1 + 1 + 1 + 1 VP)

Erläutere, was es für den Graphen G_f einer Funktion f, $D_f = \mathbb{R}$, bedeutet, wenn gilt:

a) $f(-1) = 0$ und $f(3) = 0$

b) $f(2) = 4$ und $f'(2) = -1$

c) $f(1) = 3$ und $f'(1) = 0$ und Vorzeichenwechsel von f′ bei $x_0 = 1$ von positiven zu negativen Werten.

d) $f'(x_0) = -1$ für alle $x_0 \in \mathbb{R}$

Für die folgenden Aufgaben darf der Taschenrechner benutzt werden.

4 (1 + 4 + 1 VP)
Gegeben ist die Funktion f mit $f(x) = x^3 - 3x + 2$, $x \in \mathbb{R}$. Ihr Graph heißt G_f.
a) Bestimme die gemeinsamen Punkte des Graphen G_f mit den Koordinatenachsen.
b) Untersuche die Funktion f auf Monotonie.
c) Berechne die Extrempunkte des Graphen G_f.

5 (2 + 2 VP)
a) Ermittle die Gleichung der Tangenten an den Graphen G_f der Funktion f mit $f(x) = x^2$, $x \in \mathbb{R}$, im Punkt $P(x_P | f(x_P))$.
In welchem Punkt Y schneidet diese Tangente die y-Achse?
b) Erläutere, wie man mit dem Ergebnis aus der vorherigen Teilaufgabe diese Tangente schnell und exakt zeichnen kann.

6 (2 + 2 VP)
Gegeben sind die Funktionen f_t mit $f_t(x) = x^3 + tx$, $x \in \mathbb{R}$, $t \in \mathbb{R}^*$. Die Graphen heißen G_t.
Beurteile die folgenden Behauptungen mithilfe einer geeigneten Rechnung.
a) Es gibt Parameterwerte t, für die der Graph G_t die x-Achse genau einmal schneidet.
b) Für alle Parameterwerte t besitzt der Graph G_t zwei Punkte mit waagrechter Tangente.

Lerntipps

zu Aufgabe 1
a) Denke an Ausklammern. Die Division einer Gleichung durch x ist nicht immer eine Äquivalenzumformung. Die Lösung 0 kann verloren gehen.
b) Die quadratische Gleichung $ax^2 + bx + c = 0$, $a, b, c \in \mathbb{R}$, $a \neq 0$, hat die Diskriminante $D = b^2 - 4ac$.
Die Gleichung hat
keine Lösung, falls $D < 0$,
genau eine Lösung $x_1 = -\frac{b}{2a}$, falls $D = 0$,
zwei Lösungen $x_{1;2} = \frac{-b \pm \sqrt{D}}{2a}$, falls $D > 0$.
c) Mit der Substitution $x^2 = u$ kommt man weiter.
zu Aufgabe 2
Verwende den Monotoniesatz:
Eine Funktion f sei im Innern eines Intervalls I differenzierbar.
Wenn $f'(x) > 0$ für alle x aus dem Intervallinneren, dann ist f streng monoton wachsend auf I.
Wenn $f'(x) < 0$ für alle x aus dem Intervallinneren, dann ist f streng monoton fallend auf I.
zu Aufgabe 3
Beachte, dass $f'(x_P)$ die Steigung der Tangenten an den Graphen von f im Punkt $P(x_P | f(x_P))$ angibt.
zu Aufgabe 5
Die Tangente im Punkt $P(x_P | f(x_P))$ eines Graphen G_f hat die Gleichung $t(x) = f'(x_P) \cdot (x - x_P) + f(x_P)$.
Vergleiche die Koordinaten der Punkte P und Y. Was fällt auf?

Anfangszeit: ______________ + 60 Minuten → Abgabe: ______________

Die Aufgaben 1, 2 und 3 sind ohne Taschenrechner zu bearbeiten.

1 (1 + 1 VP)

Lies am Graphen G_f der Funktion f die Monotoniebereiche ab.

a)

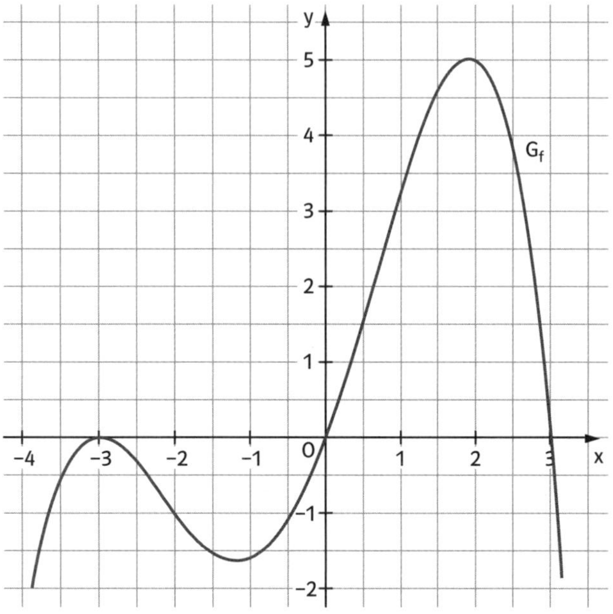

b)

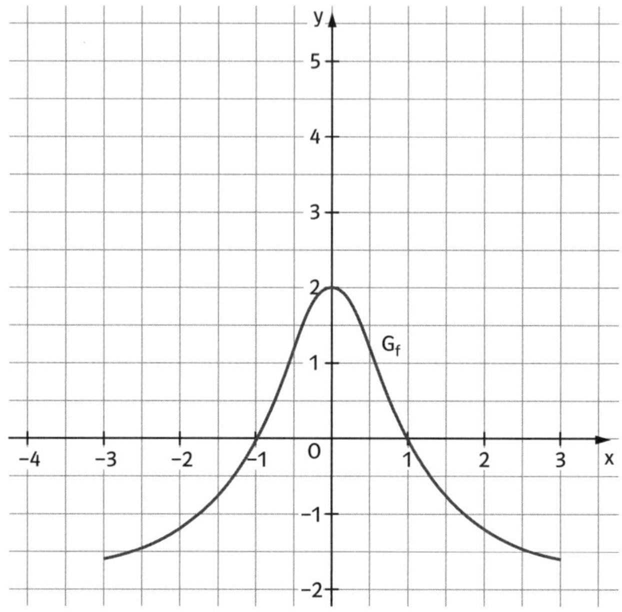

2 (1 + 0,5 + 0,5 VP)

Gib je eine Funktion f an, welche

a) nur die drei Nullstellen -3, $\frac{1}{2}$ und 2 hat.

b) nur die Nullstelle 0 hat.

c) keine Nullstelle hat.

3 (1 + 1 VP)

Skizziere Graphen G_f mit den genannten Eigenschaften.

a) G_f hat den Hochpunkt $H(0\,|\,0)$ und schneidet die x-Achse im Punkt $X(3\,|\,0)$.

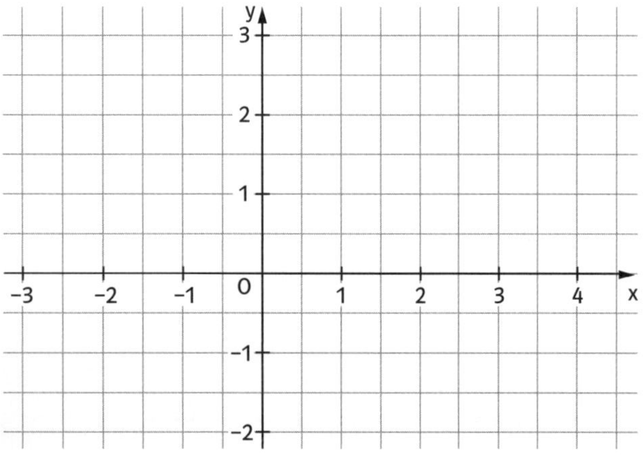

b) G_f schneidet die x-Achse an den Stellen $x_1 = -2$, $x_2 = 1$, $x_3 = 4$ und hat einen Tiefpunkt T im 4. Quadranten.

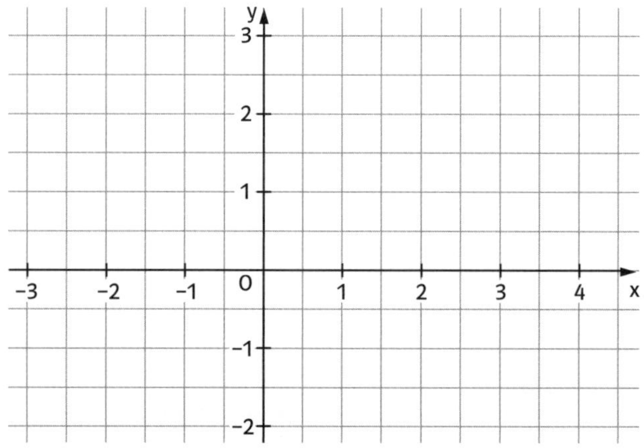

Für die folgenden Aufgaben darf der Taschenrechner benutzt werden.

4 (2 + 5 + 2 VP)

Gegeben ist die Funktion f mit $f(x) = -\frac{1}{2}x^4 + 3x^2 - \frac{5}{2}$, $x \in \mathbb{R}$. Ihr Graph heißt G_f.

a) Berechne die gemeinsamen Punkte des Graphen G_f mit der x-Achse.

b) Ermittle die Monotoniebereiche von f und damit die Extrempunkte von G_f.

c) In welchen Punkten des Graphen G_f hat die Tangente die Steigung −2?

5 (5 VP)

Gegeben ist der Parabelbogen mit der Gleichung $f(x) = -\frac{1}{2}x^2 + 2$, $x \in [-2; 2]$ sowie der Punkt $A(-2\,|\,0)$.

P ist ein Punkt auf dem Parabelbogen, B der bei senkrechter Projektion von P auf die x-Achse entstehende Punkt.

Für welche Lage von P hat das Dreieck ABP maximalen Flächeninhalt? Gib diesen Inhalt an.

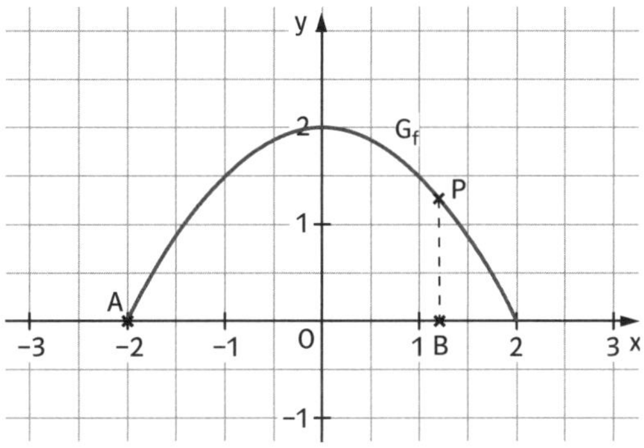

6 (4 VP)

Gib die Gleichung einer Ableitungsfunktion f′ an, so dass die auf ganz $\mathbb{R}$ definierte Funktion f nur auf dem Intervall [0; 2] monoton fallend ist. Zeichne die Graphen G_f und $G_{f'}$ in das Koordinatensystem ein.

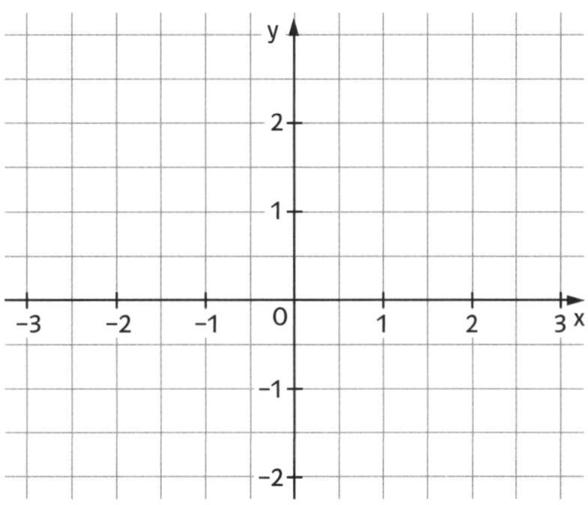

Lerntipps

zu Aufgabe 5

Gib zuerst den Flächeninhalt des Dreiecks mithilfe der x-Koordinate des Punktes $P(u\,|\,f(u))$ an.

zu Aufgabe 6

Wähle eine quadratische Funktion für f′.

Wo muss der Graph von f′ im Intervall [0; 2] liegen, wenn f monoton fallend sein soll?

Anfangszeit: ______________________ + 60 Minuten → Abgabe: ______________________

Die Aufgaben 1 und 2 sind ohne Taschenrechner zu bearbeiten.

1 (2 + 2 + 1 VP)
Berechne die Nullstellen der Funktion f.

a) $f(x) = 6x^3 - x^2 - x,\ x \in \mathbb{R}$

b) $f(x) = x^4 - \frac{5}{2}x^2 + \frac{9}{16},\ x \in \mathbb{R}$

c) $f(x) = 3x - \frac{6}{x},\ x \in \mathbb{R}^*$

2 (6 VP)
Ordne die angegebenen Funktionsgleichungen den richtigen Graphen zu. Kreuze dazu in der Tabelle entsprechend an.
Beachte: In allen Ansichten sind die Einheitsstrecken auf beiden Koordinatenachsen gleich lang.

Graph 1

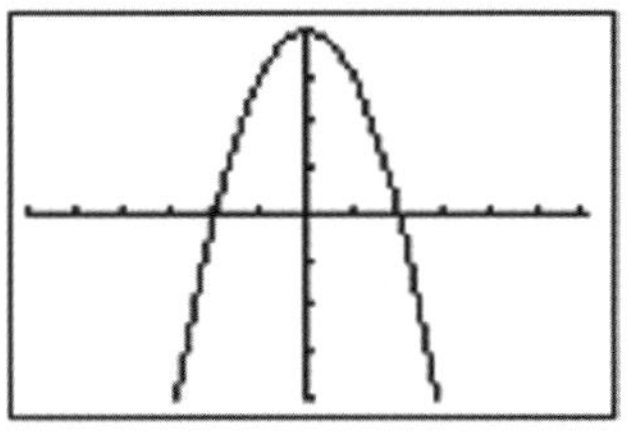

Graph 2

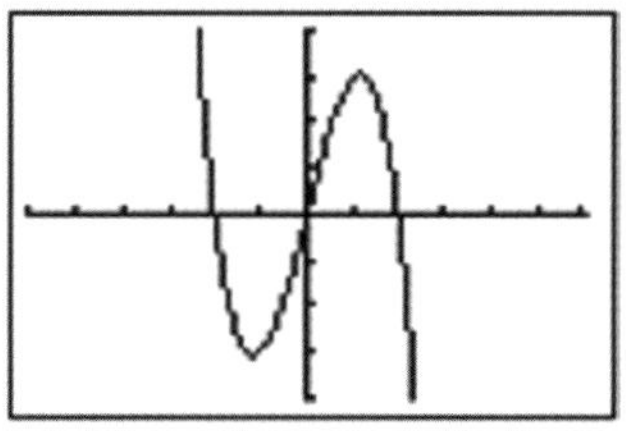

Graph 3

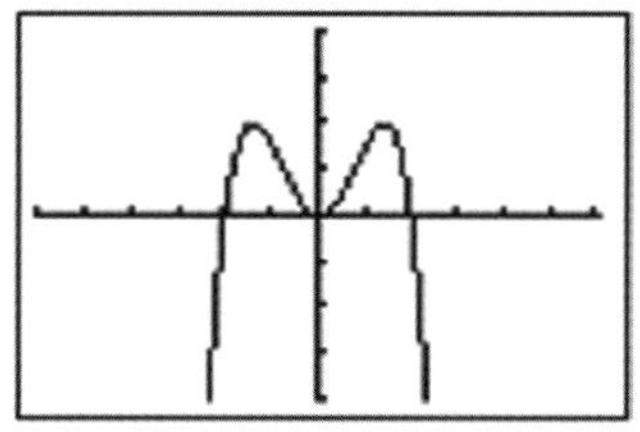

Graph 4

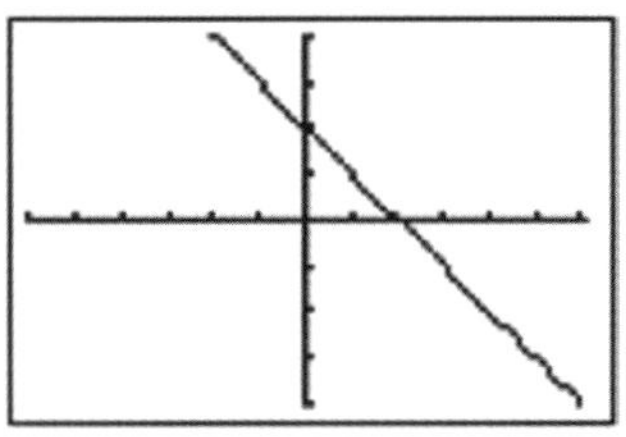

Graph 5

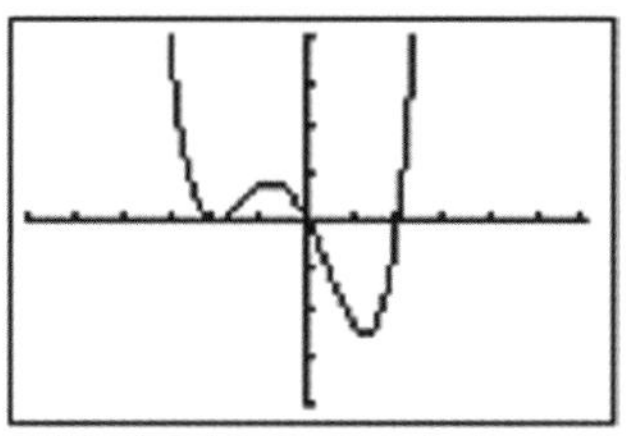

Graph 6

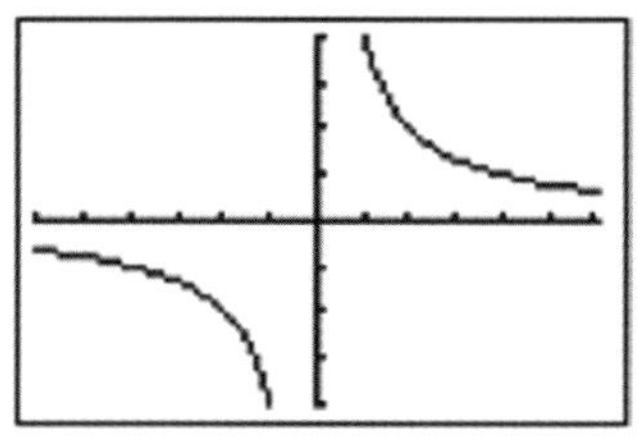

Die Gleichung gehört zu	Graph 1	Graph 2	Graph 3	Graph 4	Graph 5	Graph 6	keinem der Graphen
$f(x) = -x + 2$							
$f(x) = -x^2 + 4$							
$f(x) = -x \cdot (x^2 - 4)$							
$f(x) = (x - 2)^3$							
$f(x) = -\frac{1}{2} \cdot x^2 \cdot (x^2 - 4)$							
$f(x) = \frac{1}{4} \cdot x \cdot (x + 2)^2 \cdot (x - 2)$							
$f(x) = \frac{4}{x}$							

Lerntipps

zu Aufgabe 2
Stelle die Nullstellen bei jedem Graphen fest und prüfe dann nach, welche der Funktionen genau diese Nullstellen haben.
Auch der Kurvenverlauf für $x \to +\infty$ bzw. $x \to -\infty$ kann eine Information über den Grad der ganzrationalen Funktionen liefern.
Beachte außerdem: $x^2 - 4 = (x + 2) \cdot (x - 2)$

Für die folgenden Aufgaben darf der Taschenrechner benutzt werden.

3 (4 VP)
Gegeben ist die Funktion f mit $f(x) = x^4 + 0{,}1x^3 - 6{,}8x^2 - 4{,}3x$, $x \in \mathbb{R}$. Ihr Graph heiße G_f.
Bestimme mithilfe des GTR Näherungswerte für die gemeinsamen Punkte von G_f und der x- bzw. y-Achse, sowie die Extrempunkte.

4 (2 + 2 VP)
Gegeben ist die Funktion f mit $f(x) = \frac{1}{4}x \cdot (x^2 - 9)$, $x \in \mathbb{R}$. Ihr Graph heiße G_f.
a) Gib Näherungswerte für die Koordinaten des Hochpunkts H an.
b) Die Tangente im Hochpunkt H schneidet den Graphen G_f ein weiteres Mal in einem Punkt S. Bestimme näherungsweise die Koordinaten dieses Schnittpunkts S.

5 (2 + 3 VP)
Für jedes $t \in \mathbb{R}$ ist die Funktion f_t gegeben durch $f_t(x) = x^2 - 4 \cdot tx - t^2 - 2t$, $x \in \mathbb{R}$.
Der Graph heißt G_t.
a) Berechne den Tiefpunkt T_t des Graphen G_t.
b) Wie muss man t wählen, damit der Tiefpunkt T_t des zugehörigen Graphen am höchsten liegt?
Gib diesen Tiefpunkt an.

Lerntipps

Ortskurve

Es kommt vor, dass sowohl x- als auch y-Koordinate eines Punktes vom gleichen Parameter abhängen. Setzt man Zahlen für den Parameter ein, so erhält man Punkte eines Graphen.
Die Gleichung dieses Graphen kann man ermitteln, indem man z.B. die Gleichung für die x-Koordinate nach t auflöst und dieses Ergebnis dann in die Gleichung für die y-Koordinate einsetzt. Auf diese Weise entsteht ein funktionaler Zusammenhang zwischen x und y, also die Gleichung eines Graphen.
Die Vorgehensweise wird am Beispiel der Aufgabe 5 in Kurzfassung vorgestellt.
Für alle $t \in \mathbb{R}$ haben die Graphen G_t in Aufgabe 5 einen Tiefpunkt $T_t(2t \mid -5t^2 - 2t)$, dessen Koordinaten vom Parameterwert t abhängen. Die Abbildung zeigt einige dieser Graphen. Um die Gleichung des Graphen G_T zu ermitteln, auf dem alle Tiefpunkte liegen, kann man folgendermaßen vorgehen. Die Gleichung $x_T = 2t$ löst man nach t auf: $t = \frac{1}{2}x_T$
Diesen Wert setzt man in die y-Koordinate des Tiefpunkts ein:

$y_T = -5 \cdot \left(\frac{1}{2}x_T\right)^2 - 2 \cdot \left(\frac{1}{2}x_T\right)$

$y_T = -\frac{5}{4}x_T^2 - x_T$

Diese Gleichung beschreibt den Zusammenhang zwischen den Koordinaten des Tiefpunkts.
Der Graph G_T hat somit die Gleichung $g(x) = -\frac{5}{4}x^2 - x$, $x \in \mathbb{R}$.

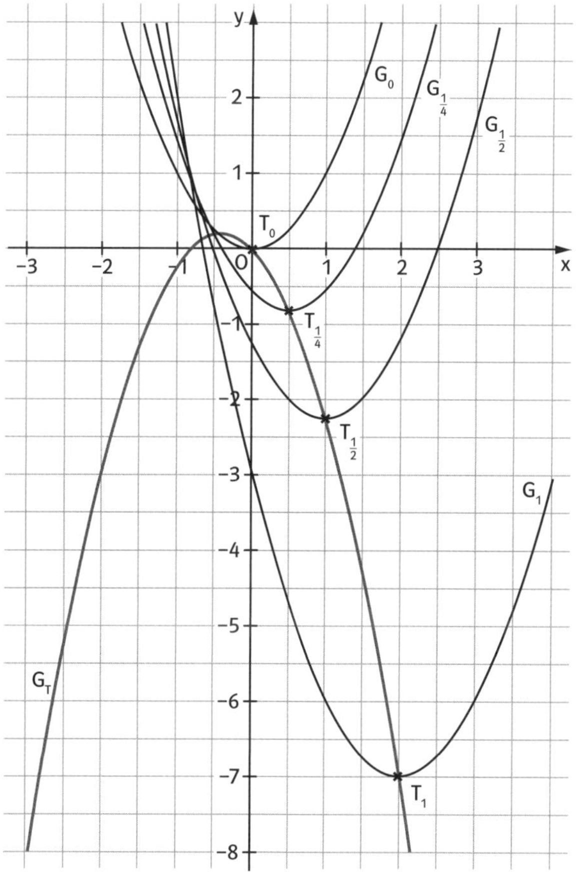

Anfangszeit: ______________ + 60 Minuten → Abgabe: ______________

Die Aufgaben 1, 2 und 3 sind ohne Taschenrechner zu bearbeiten.

1 (5 VP)
Untersuche den Graphen der Funktion f mit $f(x) = \frac{1}{6}x^6 - \frac{1}{4}x^4$, $x \in \mathbb{R}$, auf gemeinsame Punkte mit der x-Achse und Extrempunkte.

2 (1 VP)
Skizziere den Graphen einer Funktion f, für die alle vier folgenden Bedingungen zugleich erfüllt sind:
1. $f(0) = 0$ 2. $f'(0) > 0$ 3. $f(4) = 0$ 4. $f'(4) = 0$

3 (5 VP)
Die Abbildungen zeigen die Graphen G_f, G_g und G_h von Funktionen f, g und h mit Definitionsbereich $\mathbb{R}$.
Welche der zugehörigen Funktionen f, g, h erfüllen die angegebenen Bedingungen?
Kreuze jeweils alle zutreffenden Spalten in der Tabelle an.

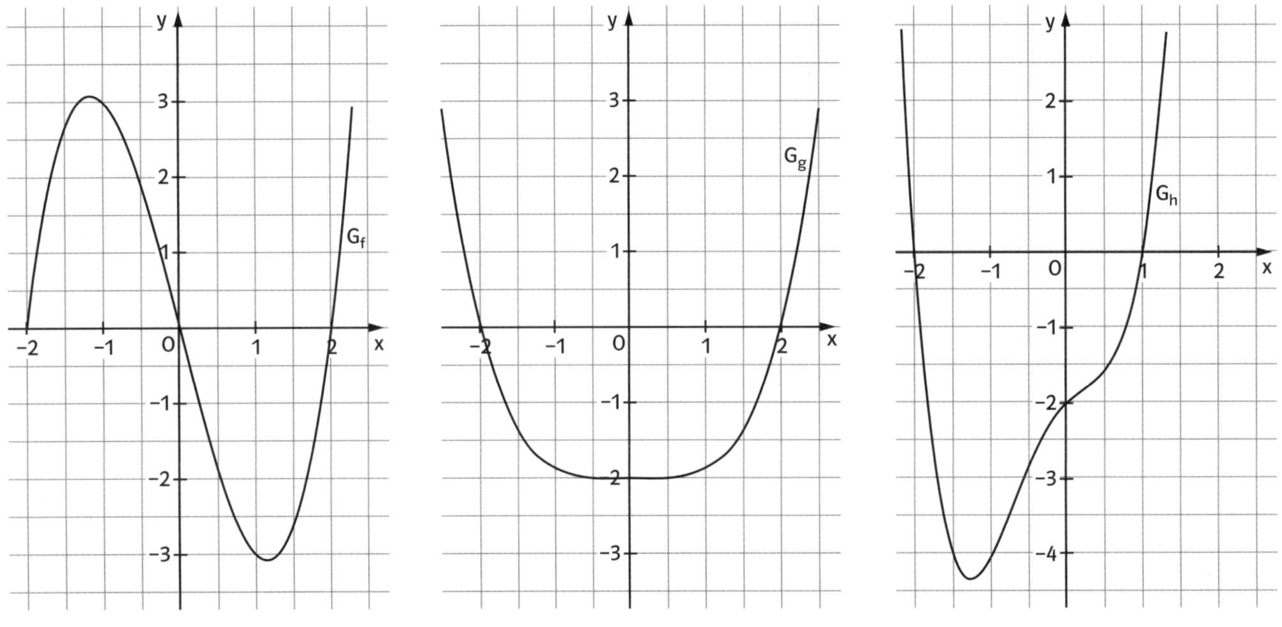

Bedingungen	f	g	h	keine
$f(-2) = 0$ und $f(2) = 0$				
$f(0) = -2$ und $f'(0) \neq 0$				
$f(-1) < 0$ und $f'(-1) < 0$				
$f'(0) > 0$				
Für alle $x \in [-2; 0]$ gilt: $f'(x) > 0$				
Für alle $x \in [0; 2]$ gilt: $f(x) \leqq 0$				
Für alle $x \in \mathbb{R}$ gilt: $f(x_0) = -f(-x_0)$				
Für alle $x \in \mathbb{R}$ gilt: $f(x_0) = f(-x_0)$				
Für alle $x \in \mathbb{R}$ gilt: $f'(x_0) = f'(-x_0)$				
Für genau ein Wert x_0 gilt: $f'(x_0) = 0$				

Für die folgenden Aufgaben darf der Taschenrechner benutzt werden.

4 (6 VP)
Gegeben ist die Funktion f mit $f(x) = -\frac{1}{9}x^4 + 2x^2$, $x \in \mathbb{R}$. Ihr Graph heißt G_f.
Überprüfe mit dem GTR, dass G_f wie abgebildet aussieht und die Punkte $H_1(3|9)$ und $H_2(-3|9)$ Hochpunkte sind.

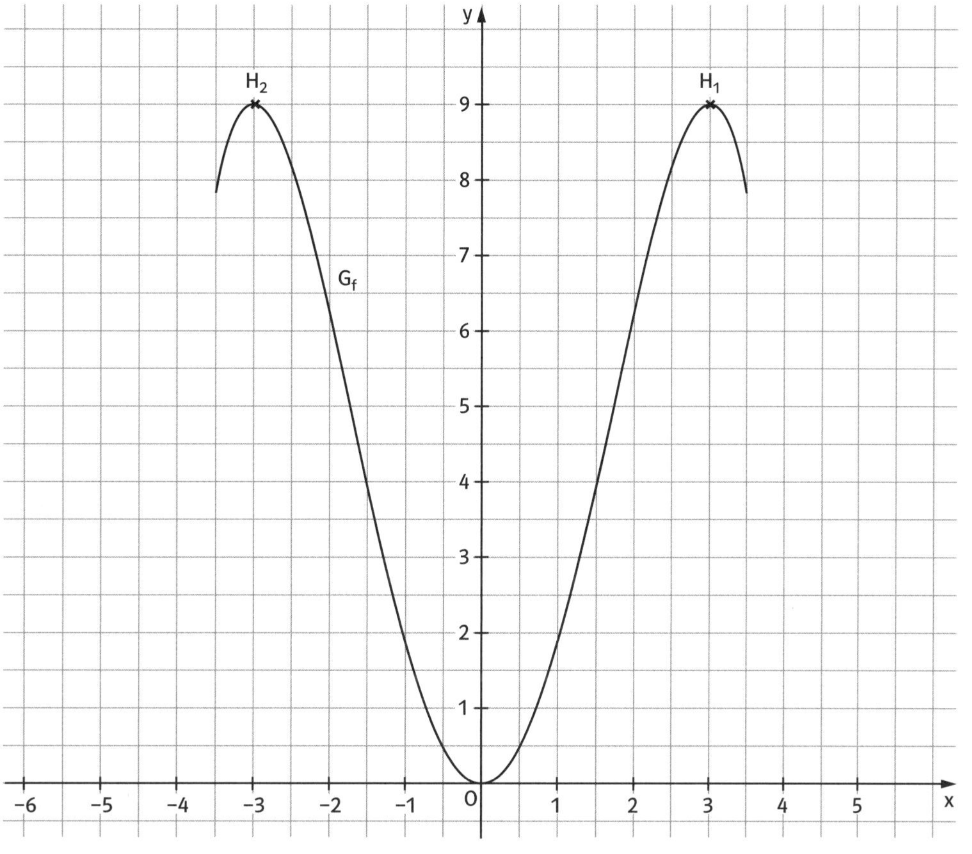

Ein zur y-Achse symmetrisches gleichschenkliges Dreieck ABC hat seine Spitze in $C(0|9)$. Die Ecken A und B liegen auf dem Graphen G_f im Intervall $[-3; 3]$. Dieses Dreieck rotiert um die y-Achse und erzeugt einen Drehkörper.
Berechne die Koordinaten der Punkte A und B, damit dieser Drehkörper maximales Volumen hat.
Wie groß ist dieses Volumen?

5 (1 + 1 VP)
Gegeben sind die Funktionen f_t mit $f_t(x) = tx^3 - x^2$, $x \in \mathbb{R}$, $t \in \mathbb{R}^*$ und $g_t(x) = x^2 + x^3 + tx^4$, $x \in \mathbb{R}$, $t \in \mathbb{R}^*$.
a) Wie muss man t wählen, damit gilt: Wenn $x \to +\infty$, dann $f_t(x) \to -\infty$.
b) Kann man t so wählen, dass gilt: Wenn $x \to \pm\infty$, dann $g_t(x) \to +\infty$.

6 (5 VP)
Gegeben sind die Funktionen f_t durch $f_t(x) = x^3 + x^2(1 - 2t) - 2tx$, $x \in \mathbb{R}$, $t \in \mathbb{R}$.
Für welche Werte von t hat die Funktion f_t zwei Nullstellen?
Wie heißen diese Nullstellen?

Klassenarbeit 2.1

1 (1 + 1 + 2 VP)

Eine Stelle x_0 heißt Nullstelle der Funktion f, wenn $f(x_0) = 0$ gilt. Es sind also alle Lösungen der Gleichung $f(x) = 0$ zu ermitteln.

a) $\frac{1}{2}x^3 - 2x = 0$

$x \cdot \left(\frac{1}{2}x^2 - 2\right) = 0$

$x_1 = 0;\qquad \frac{1}{2}x^2 - 2 = 0$

$x^2 = 4$

$x_2 = 2,\ x_3 = -2$

Die Nullstellen von f sind −2, 0 und 2.

b) $x^2 - 3x - 10 = 0$

$D = (-3)^2 - 4 \cdot 1 \cdot (-10)$

$D = 49 > 0$

$x_{1;2} = \frac{-(-3) \pm \sqrt{49}}{2 \cdot 1}$

$x_{1;2} = \frac{3 \pm 7}{2}$

$x_1 = 5,\ x_2 = -2$

Die Nullstellen von f sind −2 und 5.

c) $4x^4 - 3x^2 - 1 = 0$

Substitution: $x^2 = u$

$4u^2 - 3u - 1 = 0$

$D = (-3)^2 - 4 \cdot 4 \cdot (-1)$

$D = 25 > 0$

$u_{1;2} = \frac{-(-3) \pm \sqrt{25}}{2 \cdot 4}$

$u_{1;2} = \frac{3 \pm 5}{8}$

$u_1 = 1,\ u_2 = -\frac{1}{4}$

Resubstitution:

$x^2 = 1,\qquad x^2 = -\frac{1}{4} < 0$

$x_1 = 1\qquad$ keine weiteren Lösungen

$x_2 = -1$

Die Nullstellen von f sind −1 und 1.

2 (1 + 1 VP)

Wegen des Monotoniesatzes muss man feststellen, in welchen Intervallen f′(x) positiv bzw. negativ ist, d.h. der Graph $G_{f'}$ oberhalb bzw. unterhalb der x-Achse verläuft. Wenn der Graph $G_{f'}$ oberhalb der x-Achse verläuft, ist f (streng) monoton wachsend; verläuft er unterhalb, dann ist f (streng) monoton fallend.

a) Die Funktion f ist (streng) monoton wachsend, für $x \in [-2; 0]$ oder $x \geqq 2$ und (streng) monoton fallend für $x \leqq -2$ oder $x \in [0; 2]$.

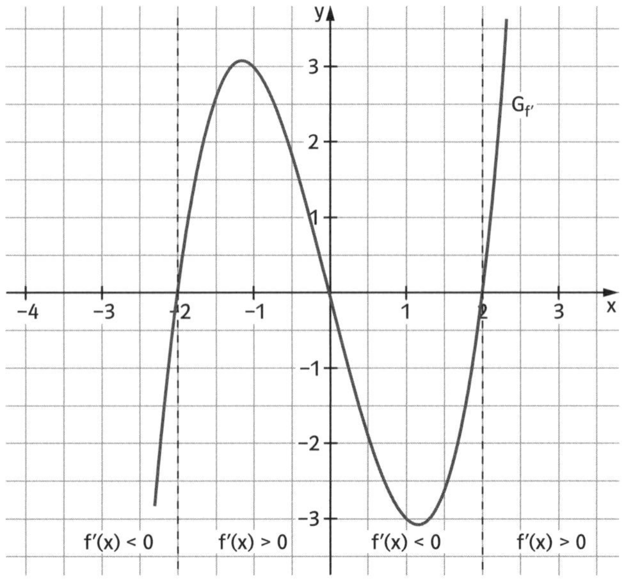

Zur Veranschaulichung wird hier ein geeigneter Graph G_f abgebildet.

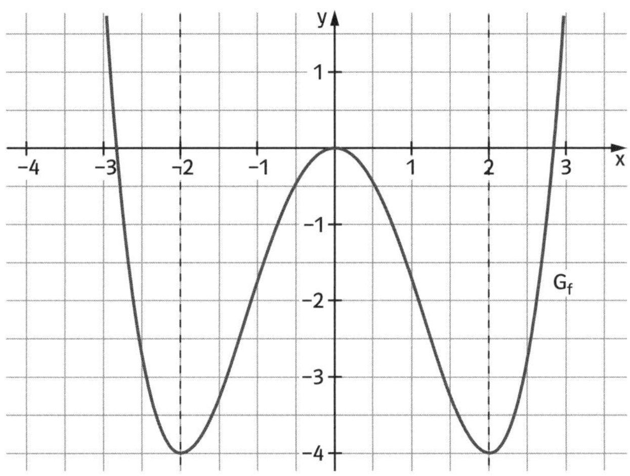

b) Die Funktion f ist (streng) monoton wachsend, falls x < 0 und ebenfalls (streng) monoton wachsend, falls x > 0

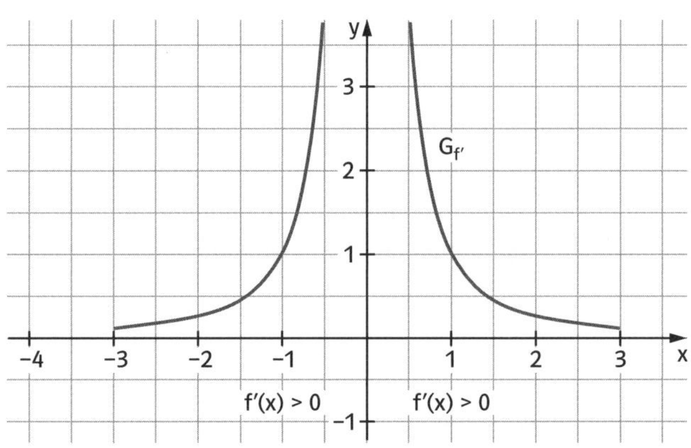

Zur Veranschaulichung wird hier ein geeigneter Graph G_f abgebildet.

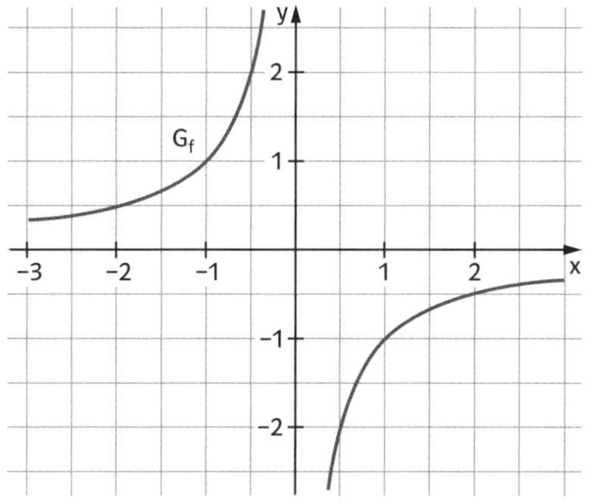

3 (1 + 1 + 1 + 1 VP)

a) Wenn $f(-1) = 0$ und $f(3) = 0$ gilt, dann hat die Funktion f die Nullstellen −1 und 3. Der Graph G_f der Funktion f hat also mit der x-Achse die Punkte $X_1(-1 \mid 0)$ und $X_2(3 \mid 0)$ gemeinsam.

b) Wenn $f(2) = 4$ und $f'(2) = -1$ gilt, dann hat der Graph G_f der Funktion f im Punkt $P(2 \mid 4)$ eine Tangente mit der Steigung $m = -1$.

c) Wenn $f(1) = 3$ und $f'(1) = 0$ gilt, dann hat der Graph G_f der Funktion f im Punkt $E(1 \mid 3)$ eine waagrechte Tangente. Da ein Vorzeichenwechsel von f' beim Überschreiten der Stelle $x_0 = 1$ von positiven zu negativen Werten auftritt, ist die Tangentensteigung für x-Werte kleiner als x_0 positiv, der Graph G_f steigt also, und für x-Werte größer als x_0 negativ und der Graph G_f fällt. Somit ist der Punkt $E(1 \mid 3)$ ein Hochpunkt des Graphen G_f.

d) Wenn $f'(x_0) = -1$ für alle $x_0 \in \mathbb{R}$ gilt, dann hat die Tangentensteigung in jedem Punkt des Graphen G_f den Wert $m = -1$. Dies kann nur bedeuten, dass die Funktion eine lineare Funktion ist, beispielsweise f mit $f(x) = -x$, $x \in \mathbb{R}$ (oder allgemein: $f(x) = -x + n$, $x \in \mathbb{R}$, $n \in \mathbb{R}$).

4 (1 + 4 + 1 VP)

a) Nullstellen von f

Mit dem GTR kann man den Graphen G_f zeichnen lassen und die Nullstellen sofort ablesen: $x_1 = -2$, $x_2 = 1$.

Der Graph G_f hat also die Punkte $X_1(-2 \mid 0)$ und $X_2(1 \mid 0)$ mit der x-Achse gemeinsam.

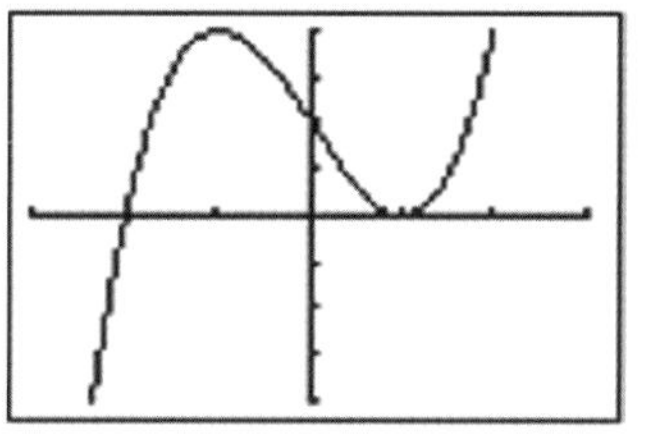

Bemerkungen

Eine rechnerische Bestätigung kann durch Berechnung von $f(-2)$ bzw. $f(1)$ erfolgen. In beiden Fällen ergibt sich der Funktionswert 0. Die genannten Nullstellen sind also genaue Werte und nicht nur Näherungswerte.

Beim Rechnen per Hand muss man eine Nullstelle raten. Man erkennt sofort, dass $x_1 = 1$ Nullstelle ist. Die Polynomdivision ergibt:

$(x^3 - 3x + 2):(x - 1) = x^2 + x - 2$

Die quadratische Gleichung $x^2 + x - 2 = 0$ hat die Lösungen $x_2 = 1$ und $x_3 = -2$. Die Nullstellen von f sind daher −2 und 1. Die Nullstelle $x_1 = x_2 = 1$ ist eine so genannte doppelte Nullstelle.

b) *Bei der Untersuchung einer Funktion f auf Monotonie verwendet man den Monotoniesatz:*

Wenn eine Funktion f auf einem Intervall I im Innern ihres Definitionsbereichs differenzierbar ist und $f'(x) > 0$ gilt für alle $x \in I$, dann ist f streng monoton wachsend auf I. Gilt $f'(x) < 0$ für alle $x \in I$, dann ist f streng monoton fallend auf I.

Nullstellen der Ableitung

$$f'(x) = 3x^2 - 3$$
$$3x^2 - 3 = 0$$
$$3x^2 = 3$$
$$x^2 = 1$$
$$x_1 = -1;\ x_2 = 1$$

Bestimmung der Monotonieintervalle

Da sich zwischen zwei benachbarten Nullstellen von f' das Vorzeichen von f'(x) und damit das Monotonieverhalten von f nicht ändert, reicht es aus, das Vorzeichen von f' an einer einzigen Stelle in jedem Intervall zu bestimmen. Dazu muss nur jeweils ein Wert f'(x) berechnet werden.

x	f'(x)	Monotonieverhalten von f
$x < -1$	$f'(-2) = 9 > 0$	streng monoton wachsend
$x = -1$	0	
$-1 < x < 1$	$f'(0) = -3 < 0$	streng monoton fallend
$x = 1$	0	
$x > 1$	$f'(2) = 9 > 0$	streng monoton wachsend

c) Extrempunkte des Graphen
Aufgrund des Monotonieverhaltens ist bekannt, dass $x_1 = -1$ eine Maximumstelle und $x_2 = 1$ eine Minimumstelle ist.
Mit $f(-1) = 4$ und $f(1) = 0$ ergibt sich: Der Punkt $H(-1|4)$ ist Hochpunkt, der Punkt $T(1|0)$ ist Tiefpunkt des Graphen G_f.

5 (2 + 2 VP)
a) Tangentengleichung
Die Tangente an den Graphen G_f einer Funktion f im Punkt $P(x_P|f(x_P))$ hat die Gleichung
$t(x) = f'(x_P) \cdot (x - x_P) + f(x_P),\ x \in \mathbb{R}$.
Es gilt: $f'(x) = 2x,\ x \in \mathbb{R}$
Daher: $f'(x_P) = 2x_P$
Mit $f(x_P) = x_P^2$ ergibt sich die Tangentengleichung:
$t(x) = 2x_P \cdot (x - x_P) + x_P^2$
$t(x) = 2x_P \cdot x - x_P^2,\ x \in \mathbb{R}$
Schnittpunkt der Tangente mit der y-Achse
Für $x = 0$ folgt $t(0) = -x_P^2$.
Der Schnittpunkt der Tangente mit der y-Achse ist $Y\left(0|-x_P^2\right)$.

b) Zeichnung der Tangente
Man erkennt, dass sich die y-Koordinate des Punktes Y aus der y-Koordinate des Tangentenberührpunkts P durch Multiplikation mit −1 ergibt. Dies bedeutet, dass man lediglich von O aus die y-Koordinate von P auf der y-Achse nach unten abtragen muss, um den zweiten Tangentenpunkt Y zu erhalten. Damit kann die Tangente durch P und Y gezeichnet werden.

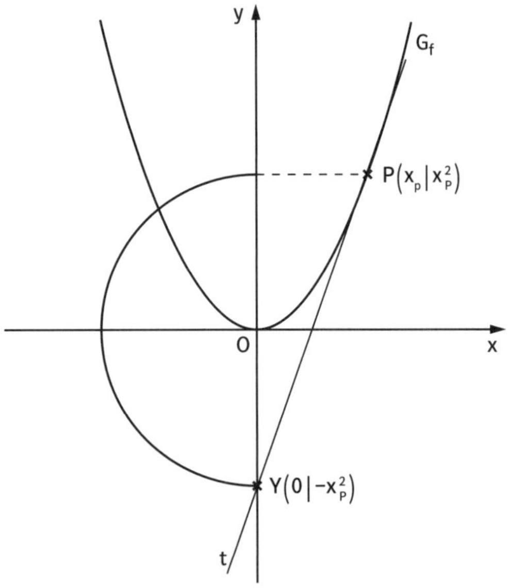

Bemerkungen
Man kann also an die Normalparabel Tangenten allein mit Zirkel und Lineal konstruieren.

6 (2 + 2 VP)
a) Nullstellen von f_t
Bedingung: $f_t(x) = 0$
Daher:
$x^3 + tx = 0$
$x \cdot (x^2 + t) = 0$
$x_1 = 0, \quad x^2 + t = 0$
$x^2 = -t$
Man erkennt, dass unabhängig vom gewählten Parameterwert t die Nullstelle $x_1 = 0$ immer existiert. Es gibt genau dann keine weiteren Nullstellen, wenn die quadratische Gleichung $x^2 - t$ keine Lösungen hat. Dies ist für positive Werte von t der Fall.
Für alle $t \in \mathbb{R}^+$ schneidet der Graph G_t die x-Achse genau einmal. Die Behauptung ist also wahr.

b) Stellen mit waagrechter Tangente
Es gilt: $f_t'(x) = 3x^2 + t$
Bedingung: $f_t'(x) = 0$
Daher:
$3x^2 + t = 0$
$x^2 = -\frac{t}{3}$
Diese quadratische Gleichung hat genau dann zwei Lösungen, wenn t negativ gewählt wird. Nur in diesen Fällen hat der Graph G_t zwei Punkte mit waagrechten Tangenten. In allen anderen Fällen nicht. Die Behauptung ist also falsch.

Klassenarbeit 2.2

1 (1 + 1 VP)

Im Graphen G_f kann man die Monotoniebereiche näherungsweise ablesen, indem man feststellt, in welchen Intervallen der Graph steigt oder fällt: Links von einem Hochpunkt steigt der Graph, nach einem Hoch- und vor einem Tiefpunkt fällt der Graph, nach einem Tiefpunkt und vor einem Hochpunkt steigt der Graph, nach einem Hochpunkt fällt der Graph.

a) Die Funktion f ist (streng) monoton wachsend, falls $x \leqq -3$ oder $x \in [-1{,}2;\ 1{,}9]$. Die Funktion ist (streng) monoton fallend für $x \in [-3;\ -1{,}2]$ oder $x \geqq 1{,}9$.

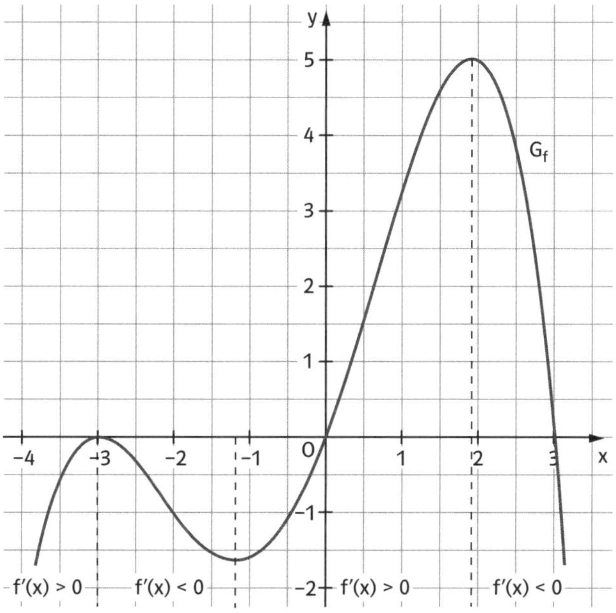

b) Die Funktion f ist (streng) monoton wachsend für $x \leqq 0$ und (streng) monoton fallend für $x \geqq 0$.

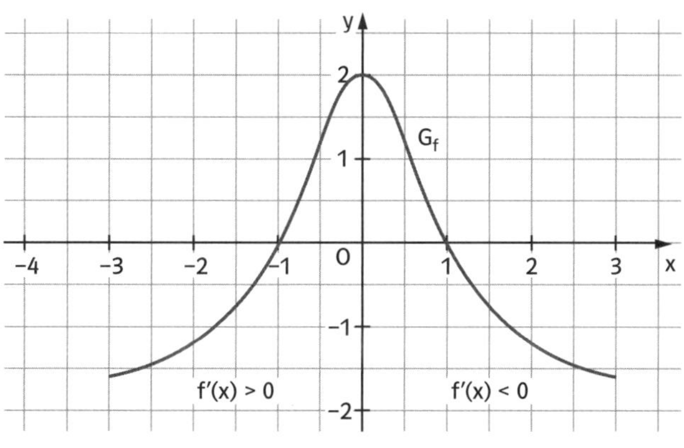

2 (1 + 0,5 + 0,5 VP)

a) $f(x) = (x + 3) \cdot \left(x - \frac{1}{2}\right) \cdot (x - 2),\ x \in \mathbb{R}$

Bemerkungen

Jede Funktion f mit $f(x) = a \cdot (x + 3) \cdot \left(x - \frac{1}{2}\right) \cdot (x - 2)$, $x \in \mathbb{R}$, $a \in \mathbb{R}^*$, hat nur die drei genannten Lösungen. Man kann auch f mit $f(x) = a \cdot (x + 3)^2 \cdot \left(x - \frac{1}{2}\right) \cdot (x - 2)$, $x \in \mathbb{R}$, $a \in \mathbb{R}^*$, angeben, wenn man die doppelte Nullstelle −3 nicht doppelt zählt. Erkennst du weitere Möglichkeiten?

b) $f(x) = x,\ x \in \mathbb{R}$

Bemerkungen

Hier kann man viele Funktionen angeben. Alle Funktionen f mit $f(x) = a \cdot x^n$, $x \in \mathbb{R}$, $a \in \mathbb{R}^*$, $n \in \mathbb{N}^*$, haben die Nullstelle 0. Aber auch andere Funktionen wie z. B. f mit $f(x) = \frac{1}{x - 1} + 1$, $x \in \mathbb{R}$, $x \neq 1$ oder $f(x) = \sqrt{x}$, $x \in \mathbb{R}_0^+$ sind mögliche Antworten.

c) $f(x) = x^2 + 1,\ x \in \mathbb{R}$

Bemerkungen

Auch hier sind viele andere ganzrationale Funktionen als Lösungen denkbar. Die Funktion f mit $f(x) = \frac{a}{x}$, $x \in \mathbb{R}^*$, $a \in \mathbb{R}^*$, hat keine Nullstelle, ebenso die Funktion f mit $f(x) = \sqrt{x} + 1$, $x \in \mathbb{R}_0^+$.

3 (1 + 1 VP)

a)

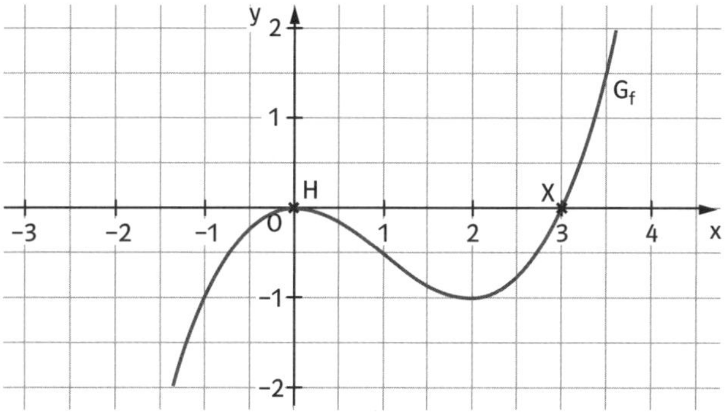

b)

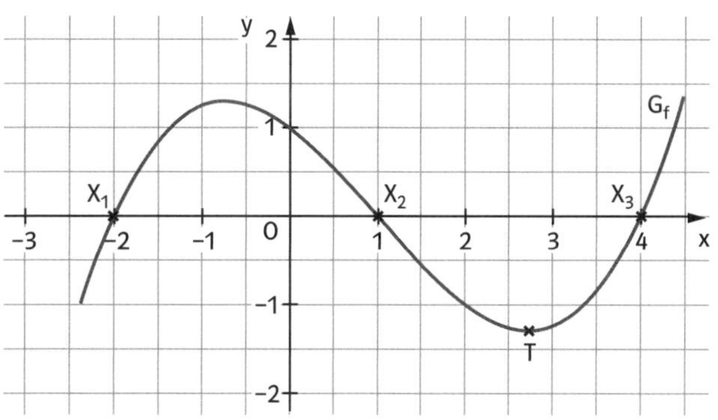

4 (2 + 5 + 2 VP)

a) Nullstellen von f

Bedingung: $f(x) = 0$

Daher: $-\frac{1}{2}x^4 + 3x^2 - \frac{5}{2} = 0$

Substitution: $x^2 = u$

$-\frac{1}{2}u^2 + 3u - \frac{5}{2} = 0$

$D = 3^2 - 4 \cdot \left(-\frac{1}{2}\right) \cdot \left(-\frac{5}{2}\right)$

$D = 4 > 0$

$u_{1;2} = \frac{-3 \pm \sqrt{4}}{2 \cdot \left(-\frac{1}{2}\right)}$

$u_{1;2} = \frac{-3 \pm 2}{-1}$

$u_1 = 1, \quad u_2 = 5$

Resubstitution:

$x^2 = 1, \qquad x^2 = 5$

$x_1 = 1 \qquad x_3 = \sqrt{5}$

$x_2 = -1 \qquad x_4 = -\sqrt{5}$

Der Graph G_f schneidet die x-Achse in den Punkten $X_1(1\,|\,0)$, $X_2(-1\,|\,0)$, $X_3(\sqrt{5}\,|\,0)$ und $X_4(-\sqrt{5}\,|\,0)$.

Bemerkungen

Die Aufgabenstellung verlangt eine genaue Berechnung der Nullstellen. Eine Kontrolle kann mit dem GTR nach Eingabe des Funktionsterms im Menü [CALC] *mit dem Menüpunkt „zero" erfolgen.*

b) Nullstellen der Ableitung

Es gilt: $f'(x) = -2x^3 + 6x, \ x \in \mathbb{R}$

Daher:

$-2x^3 + 6x = 0$

$2x \cdot (-x^2 + 3) = 0$

$x_1 = 0, \qquad -x^2 + 3 = 0$

$x^2 = 3$

$x_2 = \sqrt{3}, \qquad x_3 = -\sqrt{3}$

Bestimmung der Monotonieintervalle

x	f'(x)	Monotonieverhalten von f
$x < -\sqrt{3}$	$f'(-2) = 4 > 0$	streng monoton wachsend
$x = -\sqrt{3}$	0	
$-\sqrt{3} < x < 0$	$f'(-1) = -4$	streng monoton fallend
$x = 0$	0	
$0 < x < \sqrt{3}$	$f'(1) = 4$	streng monoton wachsend
$x = \sqrt{3}$	0	
$x > \sqrt{3}$	$f'(2) = -4$	streng monoton fallend

Da sich zwischen zwei benachbarten Nullstellen von f' das Vorzeichen von f'(x) und damit das Monotonieverhalten von f nicht ändert, reicht es aus, das Vorzeichen von f' an einer einzigen Stelle in jedem Intervall zu bestimmen. Dazu muss nur jeweils ein Wert f'(x) berechnet werden.

Extrempunkte des Graphen

Aufgrund des Monotonieverhaltens ist bekannt, dass $x_3 = -\sqrt{3}$ eine Minimumstelle ist, da für $x < x_3$ der Graph streng monoton wächst und für $x > x_3$ streng monoton fällt.

Es gilt: $f(-\sqrt{3}) = \frac{1}{2} \cdot (-\sqrt{3})^4 + 3 \cdot (-\sqrt{3})^2 - \frac{5}{2}$

$f(-\sqrt{3}) = -\frac{9}{2} + 9 - \frac{5}{2}$

$f(-\sqrt{3}) = 1$

Daher ist $H_1(-\sqrt{3}\,|\,2)$ ein Hochpunkt des Graphen G_f. Entsprechendes gilt für die Stelle $x_2 = \sqrt{3}$. Daraus ergibt sich der Hochpunkt $H_2(\sqrt{3}\,|\,2)$.

Die Stelle $x_1 = 0$ ist dagegen eine Minimumstelle, da für $x < x_1$ der Graph streng monoton fällt und für $x > x_1$ streng monoton wächst. Wegen $f(0) = -\frac{5}{2}$ hat der Graph den Tiefpunkt $T\left(0\,\middle|\,-\frac{5}{2}\right)$.

Veranschaulichung

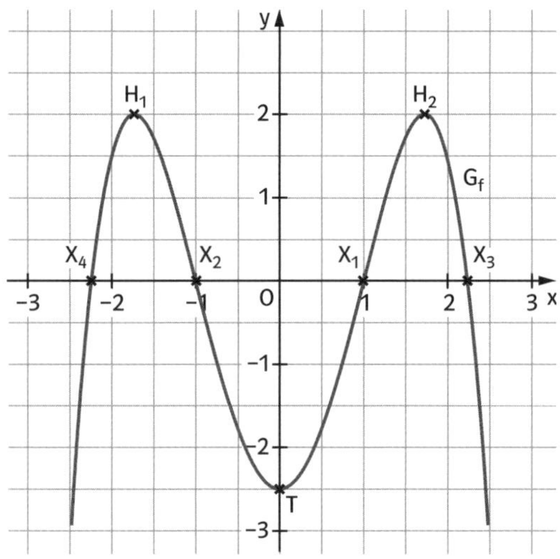

c) Punkte mit Steigung −2

Bedingung: $f'(x) = -2$

Somit: $-2x^3 + 6x = -2$

$2x^3 - 6x - 2 = 0$

$x^3 - 3x - 1 = 0$

Diese Gleichung wird näherungsweise mit dem GTR gelöst.

Wenn man den Graphen zu $g(x) = x^3 - 3x - 1$ zeichnen lässt, erkennt man, dass es drei Nullstellen gibt. Im Menü [CALC] lassen sich mit Menüpunkt „zero" nacheinander alle drei Stellen ermitteln.

Man erhält: $x_1 \approx -1{,}53$, $x_2 \approx -0{,}35$, $x_3 \approx 1{,}88$

Im Menü [CALC] erhält man nach Eingabe des Funktionsterms von f mit Menüpunkt „value" die zugehörigen y-Werte.

$y_1 \approx 1{,}78$, $y_2 \approx -2{,}41$, $y_3 \approx 1{,}86$

Die Punkte des Graphen mit Steigung −2 sind näherungsweise $P_1(-1{,}53\,|\,1{,}78)$, $P_2(-0{,}35\,|\,-2{,}14)$ und $P_3(1{,}88\,|\,1{,}86)$.

Bemerkungen
Eine Kontrolle kann auch über die Berechnung der Tangentengleichungen an den Stellen x_1, x_2 und x_3 erfolgen. Im Menü DRAW *kann beim Menüpunkt „Tangent(" z.B. −1,53 eingegeben werden. Dann zeichnet der GTR die Tangente an der entsprechenden Stelle ein und gibt näherungsweise die Tangentengleichung an: y = −2,01684 x − 1,30297*
Entsprechend verfährt man mit x_2 und x_3.

5 (5 VP)

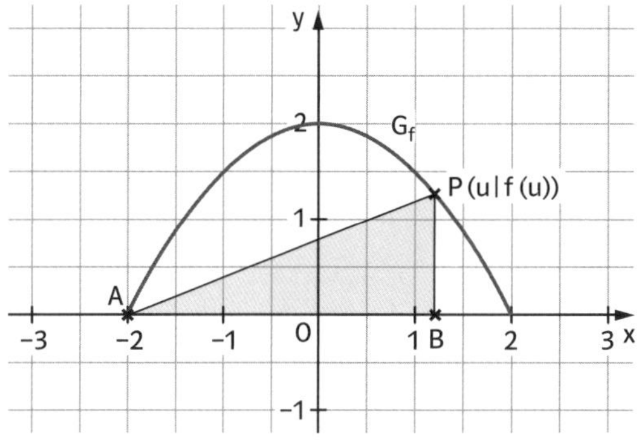

Flächeninhalt des Dreiecks
Der Punkt auf dem Parabelbogen sei P(u | f(u)). Da das Dreieck ABP rechtwinklig bei B ist, gilt für seinen Flächeninhalt:
$A = \frac{1}{2} \cdot \overline{AB} \cdot \overline{BP}$
Damit erhält man
$A(u) = \frac{1}{2} \cdot (2 + u) \cdot f(u)$
$A(u) = \frac{1}{2} \cdot (2 + u) \cdot \left(-\frac{1}{2}u^2 + 2\right), \quad u \in [-2; 2]$
Extremwertermittlung
$A(u) = \frac{1}{2} \cdot \left(-u^2 + 4 - \frac{1}{2}u^3 + 2u\right)$
$A(u) = \frac{1}{2} \cdot \left(-\frac{1}{2}u^3 - u^2 + 2u + 4\right)$
$A'(u) = \frac{1}{2} \cdot \left(-\frac{3}{2}u^2 - 2u + 2\right)$
Bedingung: A'(u) = 0
Folglich:
$-\frac{3}{2}u^2 - 2u + 2 = 0 \qquad | \cdot (-2)$
$3u^2 + 4u - 4 = 0$
$D = 4^2 - 4 \cdot 3 \cdot (-4)$
$D = 64 > 0$
$u_{1;2} = \frac{-4 \pm \sqrt{64}}{2 \cdot 3}$
$u_{1;2} = \frac{-4 \pm 8}{6}$
$u_1 = \frac{2}{3}, \quad u_2 = -2$
Für $u_2 = -2$ ergibt sich P = A und daher sicher ein minimaler Dreiecksinhalt A(−2) = 0.
Zwischen benachbarten Nullstellen von A' ändert sich das Vorzeichen von A'(u) und damit das Monotonieverhalten von A nicht. Links von der Stelle $u_1 = \frac{2}{3}$, etwa bei $u_0 = 0$, erhält man A'(0) = 1 > 0, rechts von der Stelle $u_1 = \frac{2}{3}$, etwa bei $u_0 = 1$, ergibt sich $A'(1) = -\frac{3}{4} < 0$. Daher ist u_1 eine Maximumstelle.

Für $u_1 = \frac{2}{3}$ erhält man:
$A\left(\frac{2}{3}\right) = \frac{1}{2} \cdot \left(-\frac{1}{2} \cdot \left(\frac{2}{3}\right)^3 - \left(\frac{2}{3}\right)^2 + 2 \cdot \frac{2}{3} + 4\right)$
$A\left(\frac{2}{3}\right) = \frac{1}{2} \cdot \left(-\frac{4}{27} - \frac{4}{9} + \frac{4}{3} + 4\right)$
$A\left(\frac{2}{3}\right) = \frac{64}{27}$
Bestimmung der y-Koordinate von P
$f\left(\frac{2}{3}\right) = -\frac{1}{2} \cdot \left(\frac{2}{3}\right)^2 + 2 = \frac{16}{9}$
Randextremwerte
Wenn u → −2, dann A(u) → 0.
Wenn u → +2, dann A(u) → 0.
Daher ist das berechnete lokale Maximum für den Flächeninhalt sogar ein globales Maximum.
Wenn man den Punkt $P\left(\frac{2}{3} \middle| \frac{16}{9}\right)$ auf dem Parabelbogen wählt, dann hat das Dreieck ABP den maximalen Flächeninhalt $A = \frac{64}{27}$ Flächeneinheiten.

6 (4 VP)
Da f nur auf dem Intervall [0; 2] monoton fallend sein soll, darf f'(x) ≦ 0 nur für x ∈ [0; 2] gelten.
Beispiel: $f'(x) = x \cdot (x - 2) = x^2 - 2x$
Der Graph von f' ist eine nach oben offene Parabel mit dem Scheitel S(1 | −1) und den x-Achsenschnittpunkten $X_1(0 | 0)$ und $X_2(2 | 0)$. Daher gilt:
Wenn x ∈ [0; 2], dann f'(x) ≦ 0.
Es gibt beliebig viele Funktionen f, deren Ableitung $f'(x) = x^2 - 2x$ ist. Alle diese Funktionen lassen sich durch eine Gleichung der Form $f(x) = \frac{1}{3}x^3 - x^2 + c$, x ∈ ℝ, c ∈ ℝ, beschreiben. Für die Zeichnung wurde c = 0 gesetzt.

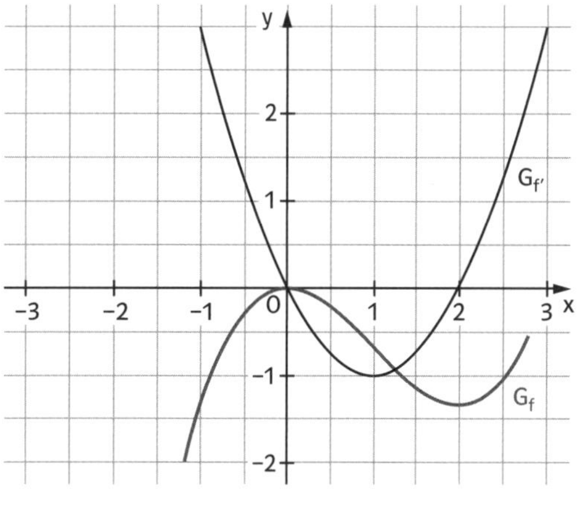

Klassenarbeit 2.3

1 (2 + 2 + 1 VP)

Wenn für einen Wert x_0 aus dem Definitionsbereich einer Funktion f gilt $f(x_0) = 0$, dann heißt x_0 eine Nullstelle von f.
Es sind daher diejenigen x-Werte zu berechnen, die der Bedingung $f(x) = 0$ genügen.

a) $6x^3 - x^2 - x = 0$

$x \cdot (6x^2 - x - 1) = 0$

$x_1 = 0; \quad 6x^2 - x - 1 = 0$

$D = (-1)^2 - 4 \cdot 6 \cdot (-1)$

$D = 25 > 0$

$x_{2;3} = \frac{-(-1) \pm \sqrt{25}}{2 \cdot 6}$

$x_{2;3} = \frac{1 \pm 5}{12}$

$x_2 = \frac{1}{2}$

$x_3 = -\frac{1}{3}$

Die Nullstellen von f sind $-\frac{1}{3}$, 0 und $\frac{1}{2}$.

Bemerkungen
Ein häufig gemachter Fehler besteht darin, dass die Gleichung in der ersten Zeile durch x dividiert wird. Dies ist erkennbar nicht zulässig, weil dadurch die Lösung $x_1 = 0$ verloren ginge. Die Division einer Gleichung durch x ist nicht immer eine Äquivalenzumformung.

b) $x^4 - \frac{5}{2}x^2 + \frac{9}{16} = 0$

Substitution: $x^2 = u$

$u^2 - \frac{5}{2}u + \frac{9}{16} = 0$

$D = \left(-\frac{5}{2}\right)^2 - 4 \cdot 1 \cdot \frac{9}{16}$

$D = \frac{25}{4} - \frac{9}{4}$

$D = 4 > 0$

$u_{1;2} = \frac{-\left(-\frac{5}{2}\right) \pm \sqrt{4}}{2 \cdot 1}$

$u_{1;2} = \frac{\frac{5}{2} \pm 2}{2}$

$u_1 = \frac{9}{4}, \quad u_2 = \frac{1}{4}$

Resubstitution: $x^2 = \frac{9}{4} \quad x^2 = \frac{1}{4}$

$x_1 = \frac{3}{2} \quad x_3 = \frac{1}{2}$

$x_2 = -\frac{3}{2} \quad x_4 = -\frac{1}{2}$

Die Nullstellen von f sind $-\frac{3}{2}, -\frac{1}{2}, \frac{1}{2}$ und $\frac{3}{2}$.

c) $3x - \frac{6}{x} = 0 \quad | \cdot x, x \neq 0$

$3x^2 - 6 = 0$

$3x^2 = 6$

$x^2 = 2$

$x_1 = \sqrt{2}, \quad x_2 = -\sqrt{2}$

Die Nullstellen von f sind $-\sqrt{2}$ und $\sqrt{2}$.

2 (5 VP)

Die Funktionsgleichung gehört zum Graph mit Nr.	1	2	3	4	5	6	k
$f(x) = -x + 2$				X			
$f(x) = -x^2 + 4$	X						
$f(x) = -x \cdot (x^2 - 4)$		X					
$f(x) = (x - 2)^3$							X
$f(x) = -\frac{1}{2} \cdot x^2 \cdot (x^2 - 4)$			X				
$f(x) = \frac{1}{4} \cdot x \cdot (x + 2)^2 \cdot (x - 2)$					X		
$f(x) = \frac{4}{x}$						X	

Bemerkungen
Graph 1 hat nur die Nullstellen −2 und 2. Er kann daher nur zu f mit $f(x) = -x^2 + 4$ passen.
Graph 2 hat die einfachen Nullstellen −2, 0 und 2 und verläuft von links oben nach rechts unten. Er kann daher nur zu f mit
$f(x) = -x \cdot (x^2 - 4) = -x \cdot (x + 2) \cdot (x - 2)$ passen.
Graph 3 gehört zu einer ganzrationalen Funktion mit Grad 4 (oder höher), hat die einfachen Nullstellen −2 und 2 und die doppelte Nullstelle (Berührstelle) 0. Er kann daher nur zu f mit
$f(x) = -\frac{1}{2}x^2 \cdot (x^2 - 4) = -\frac{1}{2}x^2 \cdot (x + 2) \cdot (x - 2)$ passen.
Graph 4 gehört zu einer linearen Funktion. Der Graph hat die Steigung −1 und den y-Achsenabschnitt 2. Daher kann er nur zur Funktion f mit $f(x) = -x + 2$ passen.
Graph 5 gehört zu einer ganzrationalen Funktion mit Grad 4 (oder höher), hat die einfachen Nullstellen 0 und 2 und die doppelte Nullstelle (Berührstelle) −2. Er kann daher nur zu f mit
$f(x) = \frac{1}{4} \cdot x \cdot (x + 2)^2 \cdot (x - 2)$ passen.
Graph 6 ist der typische Graph zu einer Kehrwertfunktion (Hyperbel) mit den Koordinatenachsen als Asymptoten. Er kann daher nur zur Funktion f mit $f(x) = \frac{4}{x}$ passen.
Zu keinem Graphen passt f mit $f(x) = (x - 2)^3$. Diese Funktion hat eine einzige dreifache Nullstelle 2 und ist keine lineare Funktion. Diese Eigenschaften hat keiner der abgebildeten Graphen.

3 (4 VP)

Gegeben ist f mit $f(x) = x^4 + 0{,}1x^3 - 6{,}8x^2 - 4{,}3x$, $x \in \mathbb{R}$.
Gemeinsame Punkte des Graphen mit der y-Achse
Es gilt: $f(0) = 0$
Daher ist $O(0|0)$ der einzige gemeinsame Punkt mit der y-Achse.
Gemeinsame Punkte des Graphen mit der x-Achse
Der GTR zeigt vier Nullstellen an. Mehr als vier

Nullstellen kann es bei einer ganzrationalen Funktion vierten Grades nicht geben.

Veranschaulichung

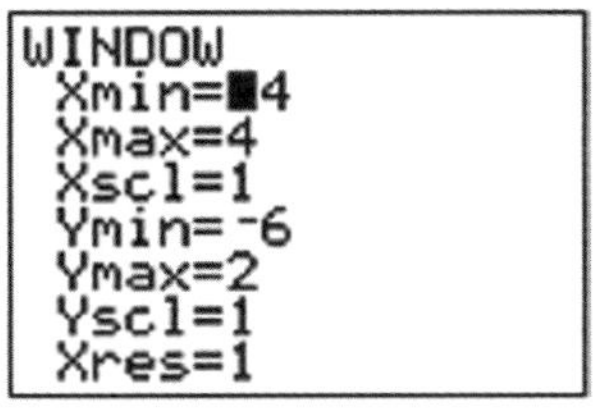

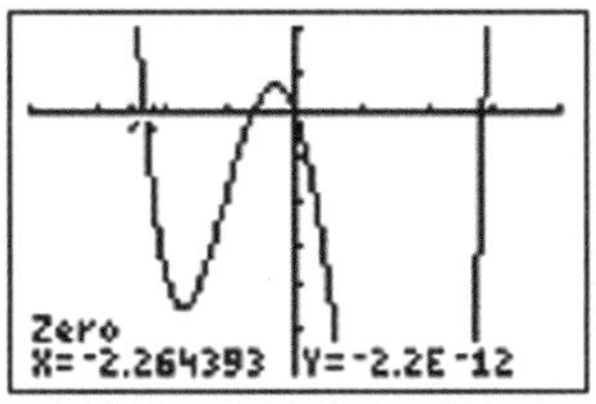

Mithilfe des Menüpunkts „zero" im Menü CALC werden die von null verschiedenen Nullstellen näherungsweise bestimmt und hier auf zwei Nachkommastellen gerundet angegeben.
$x_1 \approx -2{,}26$; $x_2 \approx -0{,}67$; $x_3 = 0$; $x_4 \approx 2{,}83$
Die gemeinsamen Punkte des Graphen und der x-Achse sind näherungsweise $X_1(-2{,}26\,|\,0)$, $X_2(-0{,}67\,|\,0)$, $X_3(0\,|\,0)$ und $X_4(2{,}83\,|\,0)$.

Extrempunkte des Graphen
Der GTR zeigt zwei Tiefpunkte und einen Hochpunkt an.

Veranschaulichung

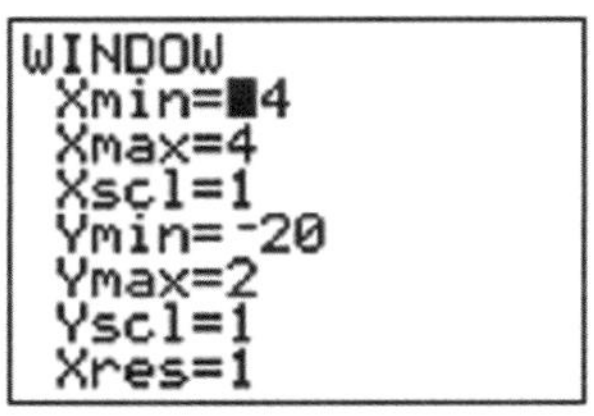

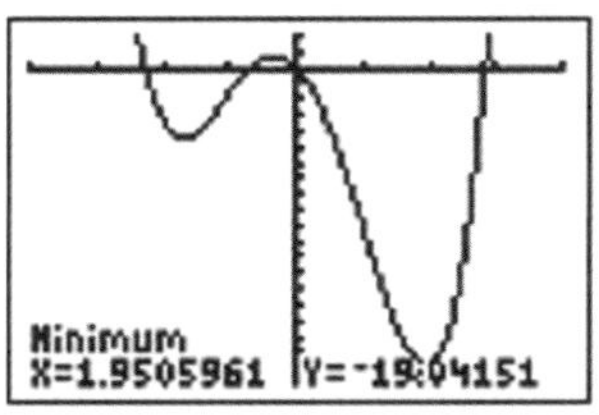

Mithilfe des Menüpunkts „minimum" bzw. „maximum" im Menü CALC können die Koordinaten der drei Punkte näherungsweise bestimmt werden. Die Koordinaten sind hier auf zwei Nachkommastellen gerundet angegeben:
$T_1(-1{,}70\,|\,-4{,}48)$, $T_2(1{,}95\,|\,-19{,}04)$, $H(-0{,}32\,|\,0{,}69)$

Bemerkungen
Ein rechnerischer Nachweis dafür, dass es sich um Tief- bzw. Hochpunkte handelt, muss hier aufgrund des dargestellten Graphen nicht mehr erfolgen.

4 (2 + 2 VP)
Gegeben ist f mit $f(x) = \frac{1}{4}x \cdot (x^2 - 9)$, $x \in \mathbb{R}$.
a) Näherungsweise Bestimmung des Hochpunkts
Mit dem GTR erhält man im Menü CALC und Menüpunkt „maximum" die Näherungswerte für die Koordinaten des Hochpunkts. Auf zwei Nachkommastellen gerundet ergibt sich: $H(-1{,}73\,|\,2{,}60)$

b) Tangente im Hochpunkt
Diese Tangente hat näherungsweise die Gleichung $g(x) = 2{,}60$. Sie kann mit dem GTR gezeichnet werden. Der Schnittpunkt S mit dem Graphen G_f ergibt sich näherungsweise im Menü CALC mit Menüpunkt „intersect": $S(3{,}46\,|\,2{,}60)$

Veranschaulichung

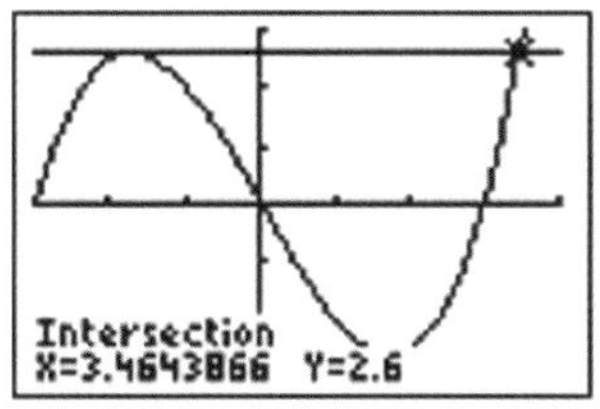

Alternative
Man kann auch in der Wertetabelle nach dem Funktionswert 2,60 suchen und den zugehörigen x-Wert 3,46 ablesen.

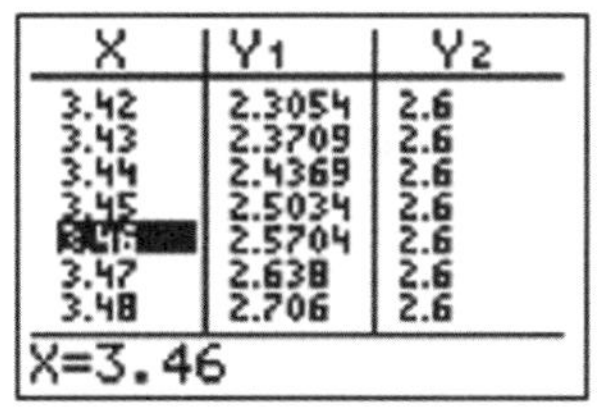

Bemerkungen
Der Hochpunkt des Graphen kann auch genau ermittelt werden.
Mit $f(x) = \frac{1}{4}x \cdot (x^2 - 9) = \frac{1}{4} \cdot (x^3 - 9x)$ *ergibt sich*
$f'(x) = \frac{1}{4} \cdot (3x^2 - 9) = \frac{3}{4} \cdot (x^2 - 3)$.
Aus $f'(x) = 0$ *folgt:*
$x^2 - 3 = 0$
$x_1 = \sqrt{3}$, $x_2 = -\sqrt{3}$
Da man am Graphen x_2 *als Maximumstelle erkennt, kann man den Funktionswert an dieser Stelle berechnen.*

$$f(-\sqrt{3}) = \frac{1}{4} \cdot (-\sqrt{3}) \cdot ((-\sqrt{3})^2 - 9) = \frac{1}{4} \cdot (-\sqrt{3}) \cdot (-6) = \frac{3}{2}\sqrt{3}$$

Somit gilt: $H\left(-\sqrt{3}\,\middle|\,\frac{3}{2}\sqrt{3}\right)$

5 (2 + 3 VP)
Gegeben ist f mit $f_t(x) = x^2 - 4 \cdot tx - t^2 - 2t,\ x \in \mathbb{R},$ $t \in \mathbb{R}$.

a) Tiefpunkt des Graphen G_t
Die Ableitung heißt $f_t'(x) = 2x - 4t$.
Bedingung: $f_t'(x) = 0$
Folglich:

$$2x - 4t = 0$$
$$2x = 4t$$
$$x_1 = 2t$$
$$f_t(2t) = (2t)^2 - 4 \cdot t \cdot 2t - t^2 - 2t$$
$$f_t(2t) = 4t^2 - 8t^2 - t^2 - 2t$$
$$f_t(2t) = -5t^2 - 2t$$

Da der Graph G_t für jedes $t \in \mathbb{R}$ eine nach oben offene Parabel ist, kann die Stelle x_1 nur eine Minimumstelle sein. Der Tiefpunkt ist demzufolge $T_t(2t \mid -5t^2 - 2t)$.

b) Höchster Tiefpunkt
Der Tiefpunkt T_t liegt am höchsten, wenn t so gewählt wird, dass seine y-Koordinate $y(t) = -5t^2 - 2t$ maximal ist.
Die Ableitung heißt $y'(t) = -10t - 2$.
Bedingung: $y'(t) = 0$
Folglich:

$$-10t - 2 = 0$$
$$-10t = 2$$
$$t_1 = -\tfrac{1}{5}$$

Der Graph der Funktion y ist in einem t-y-Koordinatensystem eine nach unten offene Parabel zweiter Ordnung. Die Stelle $t_1 = -\frac{1}{5}$ ist daher eine Maximumstelle.
Der höchstliegende Tiefpunkt $T_t(2t \mid -5t^2 - 2t)$ hat also die x-Koordinate $2 \cdot t_1 = -\frac{2}{5}$ und die y-Koordinate $-5t_1^2 - 2t_1 = -5 \cdot \left(-\frac{1}{5}\right)^2 - 2 \cdot \left(-\frac{1}{5}\right) = \frac{1}{5}$.
Der extremale Tiefpunkt ist somit $T\left(-\frac{2}{5} \middle| \frac{1}{5}\right)$.

Bemerkungen
Vergleiche dazu die Abbildung und die Anregungen in den Lerntipps der Klassenarbeit.

Klassenarbeit 2.4

1 (5 VP)
Gegeben ist f mit $f(x) = \frac{1}{6}x^6 - \frac{1}{4}x^4,\ x \in \mathbb{R}$.
Gemeinsame Punkte des Graphen und der x-Achse
Bedingung: $f(x) = 0$
Somit:

$$\tfrac{1}{6}x^6 - \tfrac{1}{4}x^4 = 0$$
$$x^4 \cdot \left(\tfrac{1}{6}x^2 - \tfrac{1}{4}\right) = 0$$
$$x^4 = 0 \quad \text{oder} \quad \tfrac{1}{6}x^2 - \tfrac{1}{4} = 0$$
$$x_1 = 0 \qquad \tfrac{1}{6}x^2 = \tfrac{1}{4}$$
$$x^2 = \tfrac{3}{2}$$
$$x_2 = \sqrt{\tfrac{3}{2}}, \quad x_3 = -\sqrt{\tfrac{3}{2}}$$
$$x_2 = \tfrac{1}{2}\sqrt{6}, \quad x_3 = -\tfrac{1}{2}\sqrt{6}$$

Die gemeinsamen Punkte des Graphen und der x-Achse sind $X_1(0 \mid 0)$, $X_2\left(\frac{1}{2}\sqrt{6} \mid 0\right)$ und $X_3\left(-\frac{1}{2}\sqrt{6} \mid 0\right)$.

Nullstellen der Ableitung
Es gilt: $f'(x) = x^5 - x^3,\ x \in \mathbb{R}$
Bedingung: $f'(x) = 0$
Daher:

$$x^5 - x^3 = 0$$
$$x^3 \cdot (x^2 - 1) = 0$$
$$x^3 = 0 \quad \text{oder} \quad x^2 - 1 = 0$$
$$x_4 = 0 \qquad x^2 = 1$$
$$x_5 = 1, \quad x_6 = -1$$

Untersuchung auf Vorzeichenwechsel von f'
Falls $x < x_4 = 0$ und nahe bei $x_4 = 0$,
dann $x^3 < 0$ und $x^2 - 1 < 0$, also $x^3 \cdot (x^2 - 1) > 0$.
Falls $x > x_4 = 0$ und x nahe bei $x_4 = 0$,
dann $x^3 > 0$ und $x^2 - 1 < 0$, also $x^3 \cdot (x^2 - 1) < 0$.
An der Stelle $x_4 = 0$ liegt daher ein Vorzeichenwechsel von f' von positiven zu negativen Werten vor.
Die Stelle $x_4 = 0$ ist demnach Maximumstelle.

Falls $x < x_5 = 1$ und x nahe bei $x_5 = 1$,
dann $x^3 > 0$ und $x^2 - 1 < 0$, also $x^3 \cdot (x^2 - 1) < 0$.
Falls $x > x_5 = 1$ und x nahe bei $x_5 = 1$,
dann $x^3 > 0$ und $x^2 - 1 > 0$, also $x^3 \cdot (x^2 - 1) > 0$.
An der Stelle $x_5 = 1$ liegt daher ein Vorzeichenwechsel von f' von negativen zu positiven Werten vor.
Die Stelle $x_5 = 1$ ist demnach Minimumstelle.

Falls $x < x_6 = -1$ und x nahe bei $x_6 = -1$,
dann $x^3 < 0$ und $x^2 - 1 > 0$, also $x^3 \cdot (x^2 - 1) < 0$.
Falls $x > x_6 = -1$ und x nahe bei $x_6 = -1$,
dann $x^3 < 0$ und $x^2 - 1 < 0$, also $x^3 \cdot (x^2 - 1) > 0$.
An der Stelle $x_6 = -1$ liegt daher ein Vorzeichenwechsel von f' von negativen zu positiven Werten vor. Die Stelle $x_6 = -1$ ist demnach Minimumstelle.

Veranschaulichung

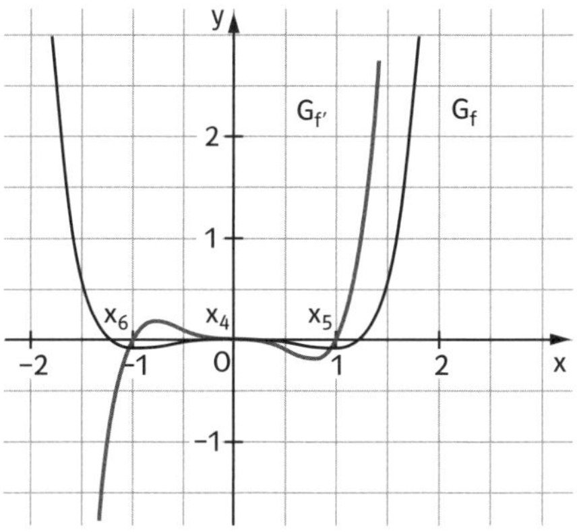

Extrempunkte
Mit $f(x_4) = f(0) = 0$ folgt:
Der Hochpunkt ist $H(0 \mid 0)$.
Mit $f(x_5) = f(1) = -\frac{1}{12}$ folgt:
Der erste Tiefpunkt ist $T_1\left(1 \middle| -\frac{1}{12}\right)$.
Mit $f(x_6) = f(-1) = -\frac{1}{12}$ folgt:
Der zweite Tiefpunkt ist $T_2\left(-1 \middle| -\frac{1}{12}\right)$.

2 (1 VP)
Setzt man die vier Bedingungen in einen Graphen um, so erhält man etwa folgendes Bild:

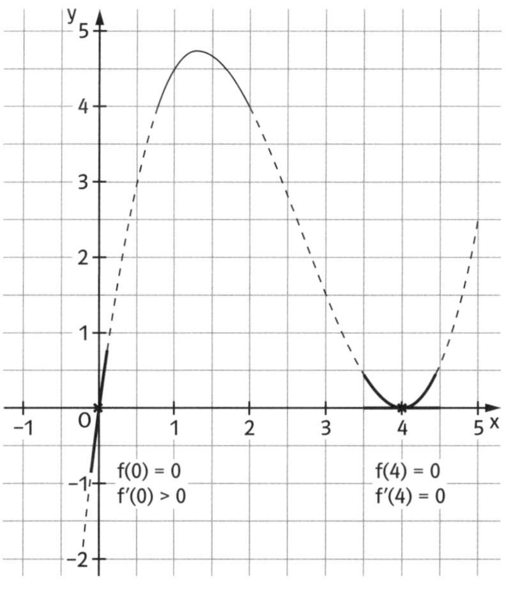

Bemerkungen
Eine Funktionsgleichung könnte daher sein:
$f(x) = a \cdot x \cdot (x - 4)^2$, $x \in \mathbb{R}$, $a \in \mathbb{R}^+$.
In der Abbildung wurde $a = \frac{1}{2}$ gewählt.

3 (5 VP)

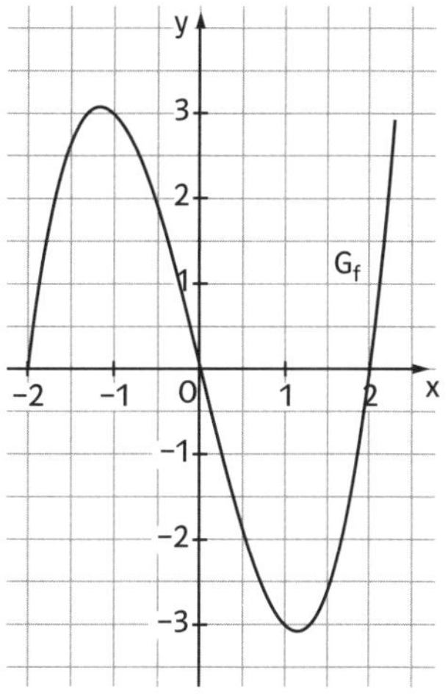

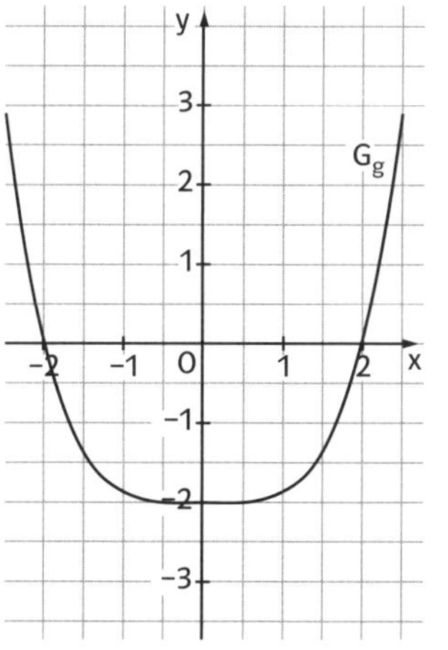

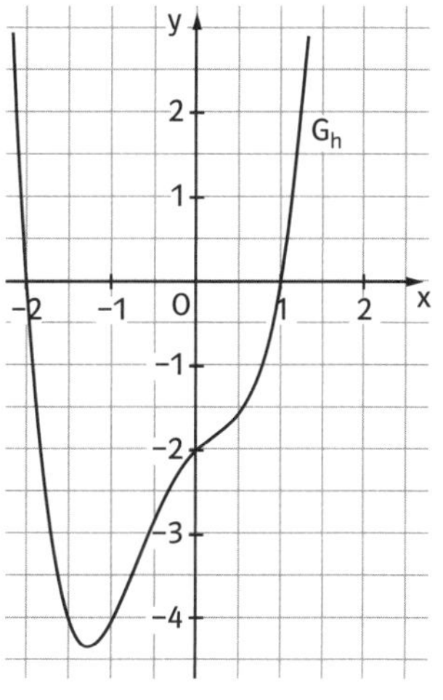

Bedingungen	f	g	h	k
$f(-2) = 0$ und $f(2) = 0$	X	X		
$f(0) = -2$ und $f'(0) \neq 0$			X	
$f(-1) < 0$ und $f'(-1) < 0$		X		
$f'(0) > 0$			X	
Für alle $x \in [-2; 0]$ gilt: $f'(x) > 0$				X
Für alle $x \in [0; 2]$ gilt: $f(x) \leqq 0$	X	X		
Für alle $x \in \mathbb{R}$ gilt: $f(x_0) = -f(-x_0)$	X			
Für alle $x \in \mathbb{R}$ gilt: $f(x_0) = f(-x_0)$		X		
Für alle $x \in \mathbb{R}$ gilt: $f'(x_0) = f'(-x_0)$	X			
Für genau ein Wert x_0 gilt: $f'(x_0) = 0$		X	X	

4 (6 VP)
Gegeben ist f mit $f(x) = -\frac{1}{9}x^4 + 2x^2$, $x \in \mathbb{R}$.
Wenn das Dreieck ABC um die y-Achse rotiert, entsteht ein Kegel mit dem Grundkreisradius $r = \overline{BD}$ und der Höhe $h = \overline{CD}$. Für das Volumen eines Kegels mit dem Radius r und der Höhe h gilt:
$V = \frac{1}{3} \cdot \pi \cdot r^2 \cdot h$.

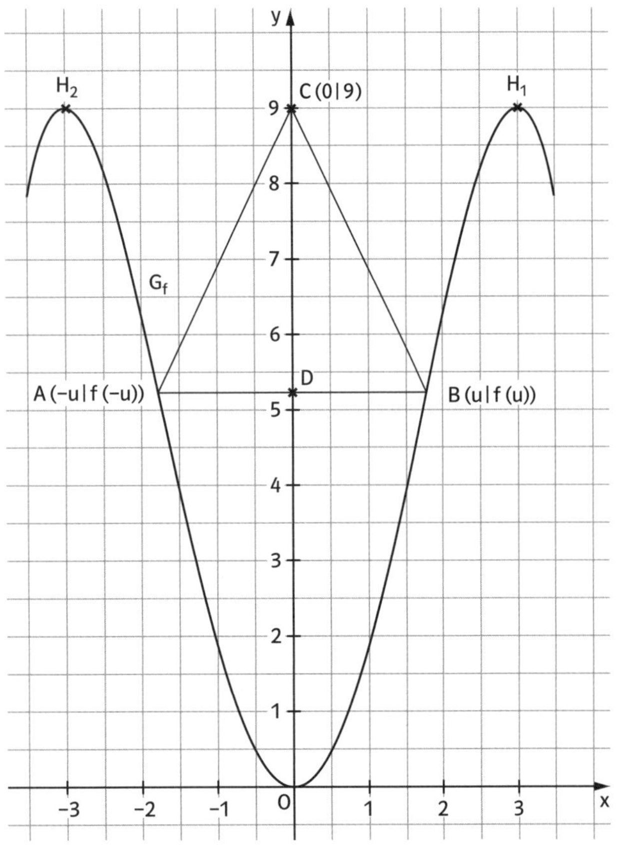

Der Punkt B wird auf dem Graphen G_f zunächst beliebig mit einer x-Koordinate u zwischen 0 und 3 gewählt. Seine y-Koordinate entspricht dem Funktionswert f(u). Daher gilt für die Volumenfunktion V:

$V(u) = \frac{1}{3} \cdot \pi \cdot u^2 \cdot (9 - f(u)),\ u \in [0; 3]$

$V(u) = \frac{1}{3} \cdot \pi \cdot u^2 \cdot \left(9 - \left(-\frac{1}{9}u^4 + 2u^2\right)\right)$

$V(u) = \frac{1}{3} \cdot \pi \cdot u^2 \cdot \left(\frac{1}{9}u^4 - 2u^2 + 9\right)$

Mit dem GTR wird nach Eingabe des Funktionsterms im Menü CALC mit dem Menüpunkt „maximum" die Maximumstelle u_{max} und das zugehörige Volumen V_{max} ermittelt.

Man erhält:

$u_{max} \approx 1{,}732$

$V_{max} \approx 12{,}566$

Man erkennt:

Wenn $u \to 0$, dann $V(u) \to 0$.

Wenn $u \to 3$, dann $V(u) \to 0$.

Das lokale Maximum ist also auch ein globales Maximum auf dem Intervall [0; 3].

Nach Eingabe der Funktionsgleichung von f kann im Menü CALC mit dem Menüpunkt „value" der Funktionswert $f(u_{max})$ bestimmt werden.

Es ergibt sich:

$f(u_{max}) \approx 5{,}000$

Die gesuchten Punkte sind etwa A(−1,732 | 5,000) und B(1,732 | 5,000). Das maximale Drehkörpervolumen ist etwa 12,566 Volumeneinheiten.

Bemerkungen

Trotz des nicht sehr angenehmen Funktionsterms der Zielfunktion V kann man die Koordinaten von A und B auch per Hand bestimmen.

Es gilt:

$V(u) = \frac{1}{3} \cdot \pi \cdot \left(\frac{1}{9}u^6 - 2u^4 + 9u^2\right)$

$V'(u) = \frac{1}{3} \cdot \pi \cdot \left(\frac{2}{3}u^5 - 8u^3 + 18u\right)$

$V'(u) = \frac{1}{3} \cdot \pi \cdot u \cdot \left(\frac{2}{3}u^4 - 8u^2 + 18\right)$

Bedingung: $V'(u) = 0$

Damit ergibt sich $u_1 = 0$, *was nicht zum maximalen Volumen führen kann, da* $V(0) = 0$.

Ferner: $\frac{2}{3}u^4 - 8u^2 + 18 = 0$

Substitution: $u^2 = w$

$\frac{2}{3}w^2 - 8w + 18 = 0 \quad | \cdot \frac{3}{2}$

$w^2 - 12w + 27 = 0$

$D = (-12)^2 - 4 \cdot 1 \cdot 27$

$D = 36 > 0$

$w_{1;2} = \frac{-(-12) \pm \sqrt{36}}{2 \cdot 1}$

$w_{1;2} = \frac{12 \pm 6}{2}$

$w_1 = 9, \quad w_2 = 3$

Resubstitution:

$u^2 = 9, \quad u^2 = 3$

$u_2 = 3, \quad u_4 = \sqrt{3}$

$u_3 = -3, \quad u_5 = -\sqrt{3}$

Die Werte $u_2 = 3$ *bzw.* $u_3 = -3$ *führen ebenfalls zum Volumen 0. Damit bleiben* $u_4 = \sqrt{3}$ *bzw.* $u_5 = -\sqrt{3}$ *als x-Koordinaten der Punkte B bzw. A.*

Man erkennt dann auch, dass $f(u_4) = f(\sqrt{3}) = 5$ *die genaue y-Koordinate der Punkte A und B ist. Für das Kegelvolumen erhält man dann* $V_{max} = 4\pi$ *Volumeneinheiten.*

5 (1 + 1 VP)

a) $f_t(x) = tx^3 - x^2,\ x \in \mathbb{R},\ t \in \mathbb{R}^*$

Es gilt: $f_t(x) = tx^3 \cdot \left(1 - \frac{1}{tx}\right)$

Wenn $x \to +\infty$, dann $1 - \frac{1}{tx} \to 1$, da $\frac{1}{tx}$ gegen 0 geht.

Wenn $x \to +\infty$, dann $x^3 \to +\infty$.

Damit tx^3 und damit $f_t(x)$ gegen $-\infty$ strebt, muss t negativ gewählt werden.

b) $g_t(x) = x^2 + x^3 + tx^4,\ x \in \mathbb{R},\ t \in \mathbb{R}^*$

Es gilt: $g_t(x) = tx^4 \cdot \left(1 + \frac{1}{tx} + \frac{1}{tx^2}\right)$

Wenn $x \to \pm\infty$, dann $1 + \frac{1}{tx} + \frac{1}{tx^2} \to 1$, da der zweite und dritte Summand in der Klammer gegen 0 gehen.

Wenn $x \to \pm\infty$, dann $x^4 \to +\infty$.

Damit tx^4 gegen $+\infty$ strebt, muss t positiv gewählt werden.

6 (5 VP)

Nullstellen in Abhängigkeit von t

Bedingung: $f_t(x) = 0$

Somit gilt:

$$x^3 + x^2(1 - 2t) - 2tx = 0$$
$$x \cdot (x^2 + x(1 - 2t) - 2t) = 0$$
$$x_1 = 0 \text{ oder } x^2 + x(1 - 2t) - 2t = 0$$

Die Funktion f_t hat unabhängig von t immer die Nullstelle $x_1 = 0$.

Anzahl der Nullstellen

Eine zweite Nullstelle gibt es nur dann, wenn die quadratische Gleichung $x^2 + x(1 - 2t) - 2t = 0$ genau eine Lösung hat, die von 0 verschieden ist, oder aber zwei Lösungen, von denen die eine Lösung 0 ist.

1. Fall:

Für die Diskriminante D gilt:

$$D = (1 - 2t)^2 - 4 \cdot 1 \cdot (-2t)$$
$$D = 1 - 4t + 4t^2 + 8t$$
$$D = 1 + 4t + 4t^2$$
$$D = (1 + 2t)^2$$

Wählt man $t = -\frac{1}{2}$, so gilt $D = 0$ und die quadratische Gleichung hat die zweite Lösung

$$x_2 = \frac{-\left(1 - 2 \cdot \left(-\frac{1}{2}\right)\right)}{2 \cdot 1} = -1$$

2. Fall:

Wenn die Gleichung $x^2 + x(1 - 2t) - 2t = 0$ eine Lösung 0 haben soll, dann muss man auf der linken Seite x ausklammern können. Dies ist jedoch nur für $t = 0$ der Fall.

Die Gleichung heißt dann

$$x^2 + x = 0$$
$$x \cdot (x + 1) = 0$$

Ihre Lösungen sind $x_1 = 0$ und $x_2 = -1$.

Ergebnis

Die Funktion f_t hat nur für $t = 0$ bzw. $t = -\frac{1}{2}$ zwei Nullstellen. Diese Nullstellen sind $x_1 = 0$ und $x_2 = -1$.

Bemerkungen

Wenn man erkennt, dass sich der Funktionsterm auch als Produkt $x \cdot (x + 1) \cdot (x - 2t)$ schreiben lässt, sieht man sofort, dass unabhängig von t die beiden Nullstellen $x_1 = 0$ und $x_2 = -1$ vorhanden sind. Die dritte Nullstelle $x_3 = 2t$ fällt nur für $t = 0$ oder $t = -\frac{1}{2}$ mit x_1 oder x_2 zusammen.

Pinboard – Geraden im Raum – Vekto

Vektoren

Definitionen

Wenn der Punkt P $(p_1|p_2|p_3)$ gegeben ist, dann nennt man den Vektor, der durch einen Pfeil vom Koordinatenursprung O zum Punkt P dargestellt werden kann,

den Ortsvektor $\vec{p} = \begin{pmatrix} p_1 \\ p_2 \\ p_3 \end{pmatrix}$ des Punktes P.

Wenn Vektoren $\vec{a} = \begin{pmatrix} a_1 \\ a_2 \\ a_3 \end{pmatrix}$ und $\vec{b} = \begin{pmatrix} b_1 \\ b_2 \\ b_3 \end{pmatrix}$

gegeben sind, dann nennt man den

Vektor $\vec{a} + \vec{b} = \begin{pmatrix} a_1 \\ a_2 \\ a_3 \end{pmatrix} + \begin{pmatrix} b_1 \\ b_2 \\ b_3 \end{pmatrix} = \begin{pmatrix} a_1 + b_1 \\ a_2 + b_2 \\ a_3 + b_3 \end{pmatrix}$

die Summe der Vektoren $\vec{a}$ und $\vec{b}$.

Wenn eine reelle Zahl r und ein Vektor $\vec{a} = \begin{pmatrix} a_1 \\ a_2 \\ a_3 \end{pmatrix}$ gegeben sind, dann nennt

man den Vektor $r \cdot \vec{a} = r \cdot \begin{pmatrix} a_1 \\ a_2 \\ a_3 \end{pmatrix} = \begin{pmatrix} r \cdot a_1 \\ r \cdot a_2 \\ r \cdot a_3 \end{pmatrix}$

das r-fache des Vektors $\vec{a}$.

Der Pfeil zum Vektor $r \cdot \vec{a}$ hat die gleiche Richtung wie der Pfeil zum Vektor $\vec{a}$, ist aber r-mal so lang, wenn r positiv ist.
Der Pfeil zum Vektor $r \cdot \vec{b}$ hat die entgegengesetzte Richtung wie der Pfeil zum Vektor $\vec{b}$, ist aber (-r)-mal so lang, wenn r negativ ist.

Der Vektor $-\vec{a} = -1 \cdot \vec{a}$ heißt Gegenvektor zum Vektor $\vec{a}$.

Der Vektor $\vec{o} = \begin{pmatrix} 0 \\ 0 \\ 0 \end{pmatrix}$ heißt Nullvektor.

Wenn zwei Punkte A $(a_1|a_2|a_3)$ und B $(b_1|b_2|b_3)$ gegeben sind, dann nennt man den Vektor, der durch einen Pfeil von A nach B dargestellt werden kann, den Vektor $\overrightarrow{AB}$.

Der Vektor $r \cdot \vec{a} + s \cdot \vec{b} + t \cdot \vec{c}$ heißt Linearkombination der Vektoren $\vec{a}$, $\vec{b}$ und $\vec{c}$.

Beispiele

Der Punkt P (3|1|−2) hat den Ortsvektor $\vec{p} = \begin{pmatrix} 3 \\ 1 \\ -2 \end{pmatrix}$.

Der Vektor $\vec{p}$ hat die x_1-Koordinate 3, die x_2-Koordinate 1 und die x_3-Koordinate −2.

Aus $\vec{a} = \begin{pmatrix} 2 \\ 0 \\ 5 \end{pmatrix}$ und $\vec{b} = \begin{pmatrix} -4 \\ 3 \\ 1 \end{pmatrix}$ folgt:

$\vec{a} + \vec{b} = \begin{pmatrix} 2 \\ 0 \\ 5 \end{pmatrix} + \begin{pmatrix} -4 \\ 3 \\ 1 \end{pmatrix} = \begin{pmatrix} -2 \\ 3 \\ 6 \end{pmatrix}$

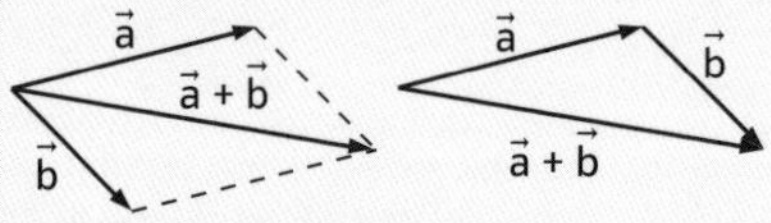

Aus r = 2 und $\vec{a} = \begin{pmatrix} 2 \\ 0 \\ -1 \end{pmatrix}$ folgt:

$2 \cdot \vec{a} = 2 \cdot \begin{pmatrix} 2 \\ 0 \\ -1 \end{pmatrix} = \begin{pmatrix} 4 \\ 0 \\ -2 \end{pmatrix}$

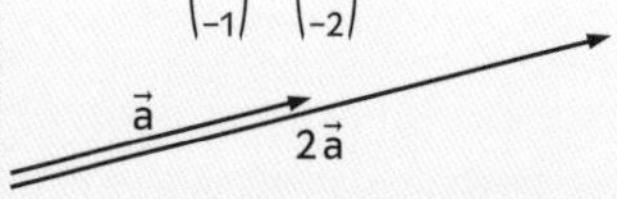

Aus r = −0,5 und $\vec{b} = \begin{pmatrix} -1 \\ 3 \\ 2 \end{pmatrix}$ folgt:

$-0{,}5 \cdot \vec{b} = -0{,}5 \cdot \begin{pmatrix} -1 \\ 3 \\ 2 \end{pmatrix} = \begin{pmatrix} 0{,}5 \\ -1{,}5 \\ -1 \end{pmatrix}$

Der Gegenvektor zu $\vec{a} = \begin{pmatrix} -1 \\ 0{,}5 \\ 2 \end{pmatrix}$ ist $-\vec{a} = \begin{pmatrix} 1 \\ -0{,}5 \\ -2 \end{pmatrix}$.

Für A (1|−3|5) und B (4|2|3) gilt:

$\overrightarrow{AB} = \vec{b} - \vec{a} = \begin{pmatrix} 4 \\ 2 \\ 3 \end{pmatrix} - \begin{pmatrix} 1 \\ -3 \\ 5 \end{pmatrix} = \begin{pmatrix} 3 \\ 5 \\ -2 \end{pmatrix}$

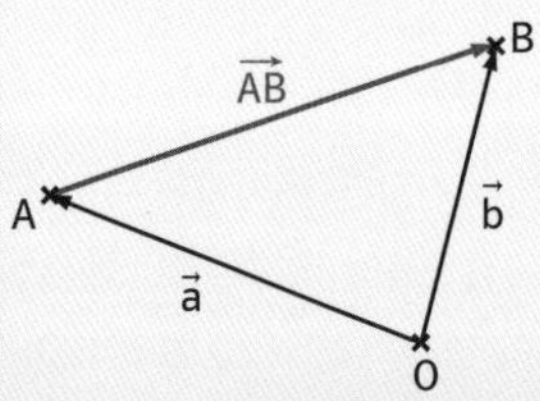

Hermann Grassmann (1809 – 1877)

Er benutzte als einer der ersten die Symbolik der heutigen Vektorrechnung.

Geraden

Lehrsatz

Parameterform der Geradengleichung
Jede Gerade lässt sich durch eine Gleichung der Form $\vec{x} = \vec{p} + r \cdot \vec{u}$, $r \in \mathbb{R}$, beschreiben.
Dabei ist der Vektor $\vec{p}$ der Ortsvektor zu einem Punkt P auf der Geraden (Stützvektor) und der Vektor $\vec{u}$ legt die Laufrichtung auf der Geraden fest (Richtungsvektor).

Beispiel

Gerade durch A (1|2|3) und B (−4|0|5):

Stützvektor: $\vec{a} = \begin{pmatrix} 1 \\ 2 \\ 3 \end{pmatrix}$

Richtungsvektor:

$\overrightarrow{AB} = \vec{b} - \vec{a} = \begin{pmatrix} -4 \\ 0 \\ 5 \end{pmatrix} - \begin{pmatrix} 1 \\ 2 \\ 3 \end{pmatrix} = \begin{pmatrix} -5 \\ -2 \\ 2 \end{pmatrix}$.

Gleichung der Geraden:

$\vec{x} = \begin{pmatrix} 1 \\ 2 \\ 3 \end{pmatrix} + r \cdot \begin{pmatrix} -5 \\ -2 \\ 2 \end{pmatrix}$, $r \in \mathbb{R}$

Ein wichtiger Spezialfall

Wechsel zwischen Koordinaten- und Vektorform der Geradengleichung

Wenn eine Gerade in einer Koordinatenebene liegt, etwa in der x_1x_2-Ebene, dann sind die jeweils dritten Koordinaten aller Geradenpunkte 0 und man schreibt oft kürzer:

g: $\vec{x} = \begin{pmatrix} p_1 \\ p_2 \end{pmatrix} + r \cdot \begin{pmatrix} u_1 \\ u_2 \end{pmatrix}$, $r \in \mathbb{R}$

In diesem Fall kann die Gerade auch in der Koordinatenform $x_2 = m \cdot x_1 + n$, $x_1 \in \mathbb{R}$ angegeben werden.
Umgekehrt kann aus der Koordinatenform auch die Vektorform hergeleitet werden.

Beispiele

g: $\vec{x} = \begin{pmatrix} 2 \\ -1 \end{pmatrix} + r \cdot \begin{pmatrix} -3 \\ 4 \end{pmatrix}$, $r \in \mathbb{R}$

Die Koordinatenform dieser Geraden kann man folgendermaßen erhalten:
(1) $x_1 = 2 - 3r$
(2) $x_2 = -1 + 4r$
Aus (1) folgt $r = \frac{2}{3} - \frac{1}{3}x_1$.
Einsetzen in (2) ergibt nach Zusammenfassung: $x_2 = -\frac{4}{3}x_1 + \frac{5}{3}$, $x_1 \in \mathbb{R}$.

g: $x_2 = 3x_1 - 4$, $x_1 \in \mathbb{R}$.
Die Parameterform ergibt sich folgendermaßen:
Man wählt man z. B. $x_1 = t$, $t \in \mathbb{R}$. Dann gilt: $x_2 = 3t - 4$.
Somit: (1) $x_1 = 0 + 1t$
(2) $x_2 = -4 + 3t$
Man erkennt unmittelbar die Vektorform der Geradengleichung:
$\vec{x} = \begin{pmatrix} 0 \\ -4 \end{pmatrix} + t \cdot \begin{pmatrix} 1 \\ 3 \end{pmatrix}$, $t \in \mathbb{R}$

Lagebeziehung zwischen zwei Geraden

Strategie

Die Geraden g_1 und g_2 sind durch ihre Gleichungen gegeben:

$g_1: \vec{x} = \vec{p_1} + r \cdot \vec{u_1}, r \in \mathbb{R}$ $\quad g_2: \vec{x} = \vec{p_2} + s \cdot \vec{u_2}, s \in \mathbb{R}$

Bestimme die gegenseitige Lage der Geraden nach folgendem Flussdiagramm:

Ist $\vec{u_2}$ Vielfaches von $\vec{u_1}$?

- Ja → Liegt P_1 auf g_2?
  - Ja → g_1 und g_2 sind identisch
  - Nein → g_1 und g_2 sind parallel und verschieden
- Nein → Haben g_1 und g_2 einen gemeinsamen Punkt?
  - Ja → g_1 und g_2 schneiden sich in einem Punkt
  - Nein → g_1 und g_2 sind windschief zueinander

Zum Weiterdenken!

$\vec{x} = \begin{pmatrix} \sin^3(t) \\ \cos(t) - \cos^4(t) \end{pmatrix}$

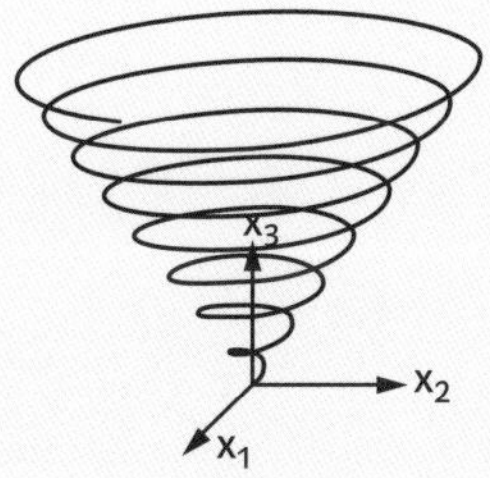

$\vec{x} = \begin{pmatrix} t \cdot \cos(t) \\ t \cdot \sin(t) \\ (t) \end{pmatrix}$

Besondere Punktmengen

Bei der Vektorform der Geradengleichung ist entscheidend, dass der Parameter r alle reellen Zahlen durchläuft, da anderenfalls nur Teilmengen von Punkten auf der Geraden beschrieben werden.

Beispiele

$\vec{x} = \vec{p} + r \cdot \vec{u}$, $r \in [0; 2]$, beschreibt die Menge aller Punkte der Strecke AB mit $\vec{a} = \vec{p}$ und $\vec{b} = \vec{p} + 2 \cdot \vec{u}$.

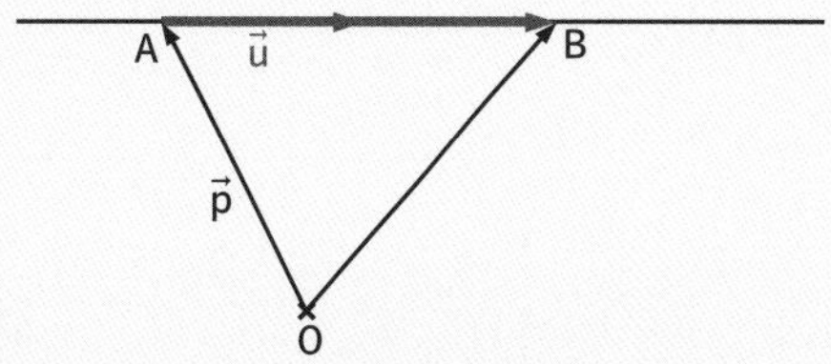

$\vec{x} = \vec{p} + r^2 \cdot \vec{u}$, $r \in \mathbb{R}$, beschreibt die Menge aller Punkte auf der von P ausgehenden Halbgeraden durch den Punkt Q mit $\vec{q} = \vec{p} + \vec{u}$, da r^2 nicht negativ ist.

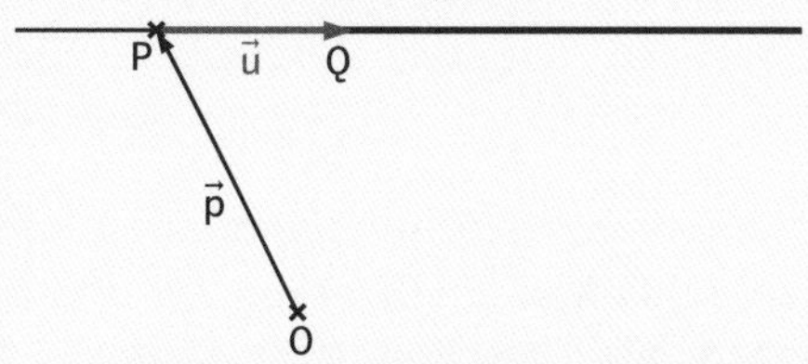

$\vec{x} = \vec{p} + r \cdot \vec{u}$, $r \in \mathbb{Z}$, beschreibt die Menge aller Punkte auf der Geraden, die einen Abstand voneinander haben, der der Länge des zum Richtungsvektor gehörenden Pfeils entspricht.

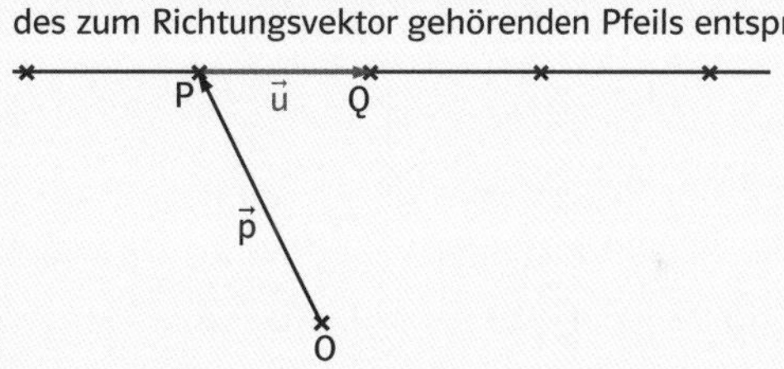

Bist du sicher?

1 Gegeben sind die Punkte A (2 | 3 | −1), B (4 | −3 | 0) und C (5 | −1 | 2).
a) Gib die Vektoren $\overrightarrow{AB}$ und $\overrightarrow{BC}$ an.
b) Bestimme einen Punkt D so, dass gilt: $\overrightarrow{AD} = \overrightarrow{BC}$
c) Berechne: $\vec{x} = 2 \cdot \overrightarrow{AB} - \frac{1}{2} \cdot \overrightarrow{BC}$
d) Gib den Ortsvektor $\vec{m}$ zum Mittelpunkt M der Strecke AB an.

2 Gegeben sind die Vektoren $\vec{a} = \begin{pmatrix} -6 \\ 2 \\ 3 \end{pmatrix}$, $\vec{b} = \begin{pmatrix} 4 \\ 0 \\ 1 \end{pmatrix}$ und $\vec{c} = \begin{pmatrix} -5 \\ 1 \\ 1 \end{pmatrix}$.
a) Bestimme den Vektor $\vec{d}$ mit $\vec{d} = 2\vec{a} - \vec{b} - \vec{c}$.
b) Gib $\vec{c}$ als Linearkombination der Vektoren $\vec{a}$ und $\vec{b}$ an.

3 Gegeben sind die Punkte A (−1 | −2 | 5), B (3 | 4 | −2) und C (11 | 16 | −16).
a) Gib eine Gleichung der Geraden g durch A und B an.
b) Prüfe nach, ob der Punkt C auf der Geraden g liegt.
c) Gib eine Gleichung der Geraden h an, die parallel ist zu g und durch O geht.

4 Gegeben sind die Geraden g, h, m und n.

$g: \vec{x} = \begin{pmatrix} 2 \\ 0 \\ 1 \end{pmatrix} + r \cdot \begin{pmatrix} -2 \\ 2 \\ 3 \end{pmatrix}, r \in \mathbb{R}$ $\qquad h: \vec{x} = \begin{pmatrix} 1 \\ 4 \\ 1 \end{pmatrix} + s \cdot \begin{pmatrix} 5 \\ -8 \\ -6 \end{pmatrix}, s \in \mathbb{R}$

$m: \vec{x} = \begin{pmatrix} 6 \\ -4 \\ -5 \end{pmatrix} + t \cdot \begin{pmatrix} 2 \\ -2 \\ -3 \end{pmatrix}, t \in \mathbb{R}$ $\qquad n: \vec{x} = \begin{pmatrix} -1 \\ 6 \\ 2 \end{pmatrix} + u \cdot \begin{pmatrix} 4 \\ 4 \\ 1 \end{pmatrix}, u \in \mathbb{R}$

a) Berechne den Schnittpunkt der Geraden g und h.
b) Untersuche die gegenseitige Lage der Geraden g und m.
c) Untersuche die gegenseitige Lage der Geraden h und n.

Lösungen

1 a) $\overrightarrow{AB} = \begin{pmatrix} 2 \\ -6 \\ 1 \end{pmatrix}$, $\overrightarrow{BC} = \begin{pmatrix} 1 \\ 2 \\ 2 \end{pmatrix}$ b) D (3 | 5 | 1) c) $\vec{x} = \begin{pmatrix} 3{,}5 \\ -13 \\ 1 \end{pmatrix}$ d) $\vec{m} = \begin{pmatrix} 3 \\ 0 \\ -0{,}5 \end{pmatrix}$ **2** a) $\vec{d} = \begin{pmatrix} -11 \\ 3 \\ 4 \end{pmatrix}$ b) $\vec{c} = \frac{1}{2}\vec{a} - \frac{1}{2}\vec{b}$ **3** a) $\vec{x} = \begin{pmatrix} -1 \\ -2 \\ 5 \end{pmatrix} + r \cdot \begin{pmatrix} 4 \\ 6 \\ -7 \end{pmatrix}$, $r \in \mathbb{R}$
b) C liegt auf g (Wähle r = 3). c) $\vec{x} = s \cdot \begin{pmatrix} 4 \\ 6 \\ -7 \end{pmatrix}$, $s \in \mathbb{R}$ **4** a) S (6 | −4 | −5) b) g und m sind identisch. c) h und n sind windschief.

Anfangszeit: ____________ + 60 Minuten → Abgabe: ____________

1 (2 + 2 + 2 + 1 VP)

Der abgebildete Quader hat die Seitenlängen a = 6,0 cm, b = 4,0 cm und c = 3,0 cm.

a) In einem geeignet gewählten Koordinatensystem gilt: A = O, B (0 | 6 | 0), F (0 | 6 | 3).
Zeichne ein solches Koordinatensystem ein und gib die Koordinaten der Punkte C, D, E, G und H an.

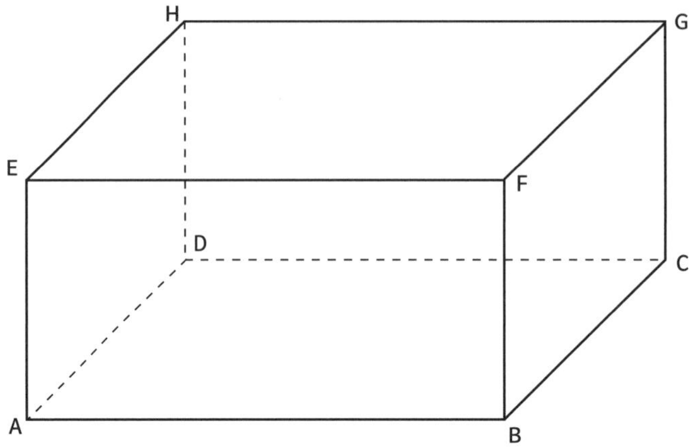

b) Berechne die Längen der Flächendiagonale AC und der Raumdiagonale CE.

c) Welchen Winkel schließen die Strecken AH und AD ein?

d) Spiegele den Quader an der Ebene des Vierecks ABFE.
Gib die Koordinaten aller Eckpunkte des Bildquaders an.

2 (3 + 3 VP)

Die Vektoren $\vec{a}$ und $\vec{b}$ spannen ein Parallelogramm auf.

a) Ergänze die Abbildung durch Punkte D_1, D_2 und D_3 mit den Ortsvektoren $\vec{d_1}$, $\vec{d_2}$, $\vec{d_3}$ so, dass gilt:
$\vec{d_1} = -\vec{a} + \frac{1}{2}\vec{b}$; $\vec{d_2} = 2\vec{a} + \frac{3}{4}\vec{b}$; $\vec{d_3} = \frac{2}{3} \cdot (\vec{b} - \vec{a})$

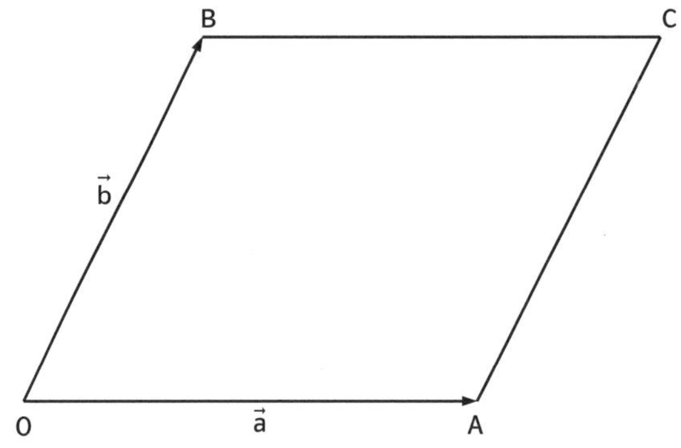

b) Schreibe die Vektoren $\vec{x_1}$, $\vec{x_2}$ und $\vec{x_3}$ als Linearkombinationen von $\vec{a}$ und $\vec{b}$.
Dabei gilt: $\overrightarrow{BX_1} = \overrightarrow{X_1C}$, $\overrightarrow{AX_2} = 3 \cdot \overrightarrow{X_2C}$, $\overrightarrow{BD} = 4 \cdot \overrightarrow{DC}$

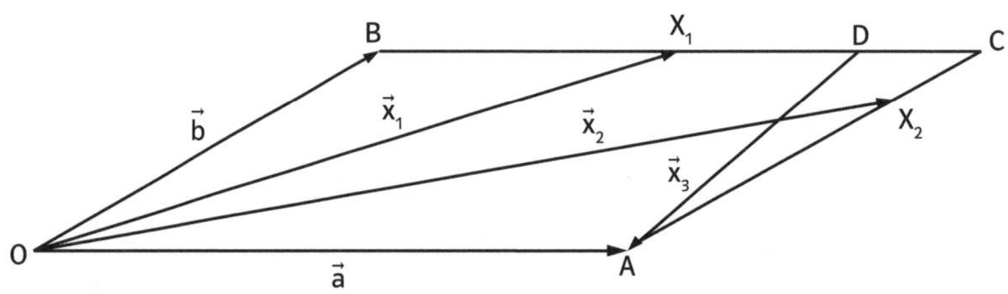

3 (3 + 2 VP)
Die Punkte A(1 | 0 | −1) und B(4 | 2 | 4) sind Eckpunkte eines Parallelogramms mit dem Diagonalenschnittpunkt S(2 | −1 | −2).
a) Berechne die Koordinaten der Eckpunkte C und D.
b) Wie lang sind die Diagonalen des Parallelogramms?

4 (4 + 2 VP)
a) Zeichne die Geraden g_1, g_2, g_3 und g_4 in das Koordinatensystem ein.

$g_1: \vec{x} = \begin{pmatrix} 1 \\ 0 \end{pmatrix} + s \cdot \begin{pmatrix} 2 \\ 1 \end{pmatrix}, s \in \mathbb{R}$ $g_2: \vec{x} = \begin{pmatrix} 2 \\ -1 \end{pmatrix} + t \cdot \begin{pmatrix} -3 \\ 1 \end{pmatrix}, t \in \mathbb{R}$

$g_3: \vec{x} = \begin{pmatrix} 4 \\ 3 \end{pmatrix} + u \cdot \begin{pmatrix} 0 \\ -4 \end{pmatrix}, u \in \mathbb{R}$ $g_4: \vec{x} = v \cdot \begin{pmatrix} 3 \\ 3 \end{pmatrix}, v \in \mathbb{R}$

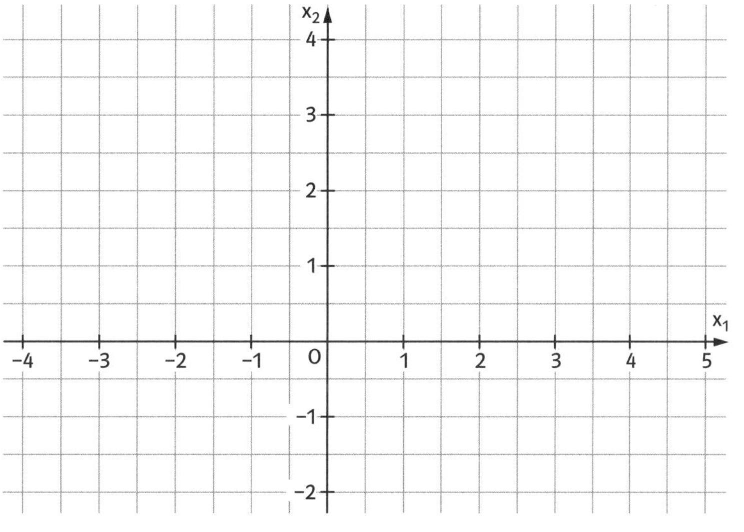

b) Gib für jede der vier Geraden eine andere Vektorgleichung an.

Lerntipps

zu Aufgabe 1
Unterscheide die Bezeichnungen AB und $\overline{AB}$. AB ist der Name für die Strecke mit den Endpunkten A und B, $\overline{AB}$ bezeichnet die Länge der Strecke.

zu Aufgabe 2
a) Der Vektor $r \cdot \vec{a}$, kann durch einen Pfeil dargestellt werden, der r-mal so lang ist wie der zu $\vec{a}$ gehörende Pfeil. Er weist in dieselbe Richtung wie $\vec{a}$, wenn r positiv ist und in die entgegengesetzte Richtung wie $\vec{a}$, wenn r negativ ist.

zu Aufgabe 3
a) Der Diagonalenschnittpunkt S ist Mittelpunkt der Strecke mit den Endpunkten A und C. Daher gilt: $\vec{s} = \frac{1}{2}(\vec{a} + \vec{c})$.
b) Denke an den Satz von Pythagoras.

zu Aufgabe 4
a) Trage den zum jeweiligen Stützvektor gehörenden Punkt ein und gehe dann in x_1-und x_2-Richtung so weit, wie der Richtungsvektor angibt. Damit erhält man einen zweiten Geradenpunkt.
b) Wie darf man den Richtungsvektor verändern?
Man kann auch den Stützvektor ändern. Wie findet man einen neuen Stützvektor?

Anfangszeit: ______________________ + 60 Minuten → Abgabe: ______________________

1 (3 + 3 VP)

a) Ergänze in der Abbildung die Vektoren $\vec{x} = \vec{a} + \frac{1}{2} \cdot \vec{b}$, $\vec{y} = \frac{3}{2} \cdot \vec{a} - \vec{b}$ und $\vec{z} = \frac{3}{4} \cdot \vec{a} - \frac{2}{3} \cdot \vec{b}$.

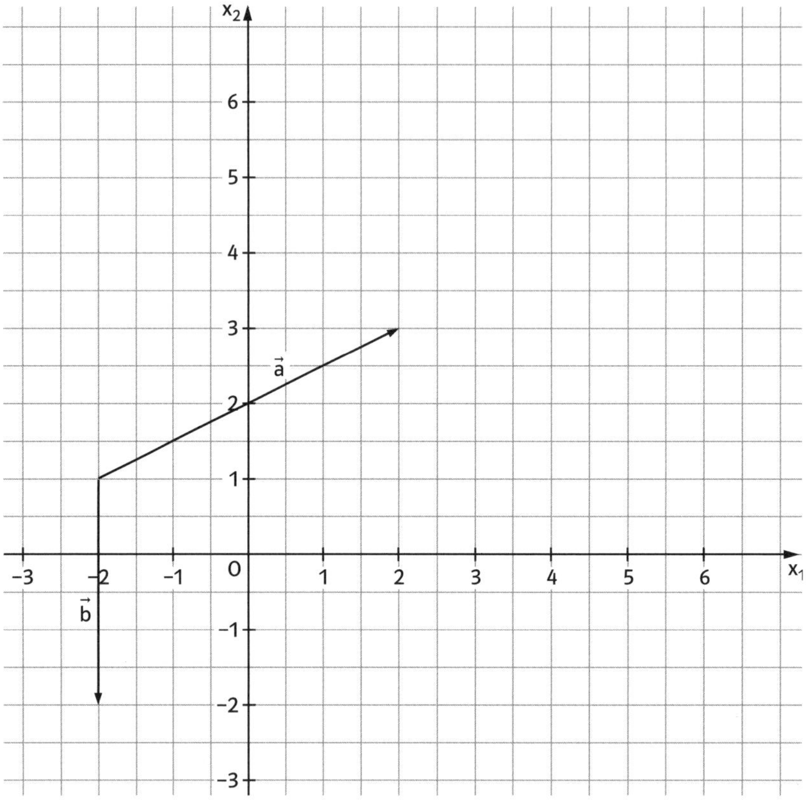

b) Trage im Koordinatensystem jeweils zwei verschiedene Pfeile zu den Vektoren $\vec{a} = \begin{pmatrix} -1 \\ 2 \end{pmatrix}$, $\vec{b} = \begin{pmatrix} 4 \\ 1 \end{pmatrix}$ und $\vec{c} = \vec{a} + \vec{b}$ ein.

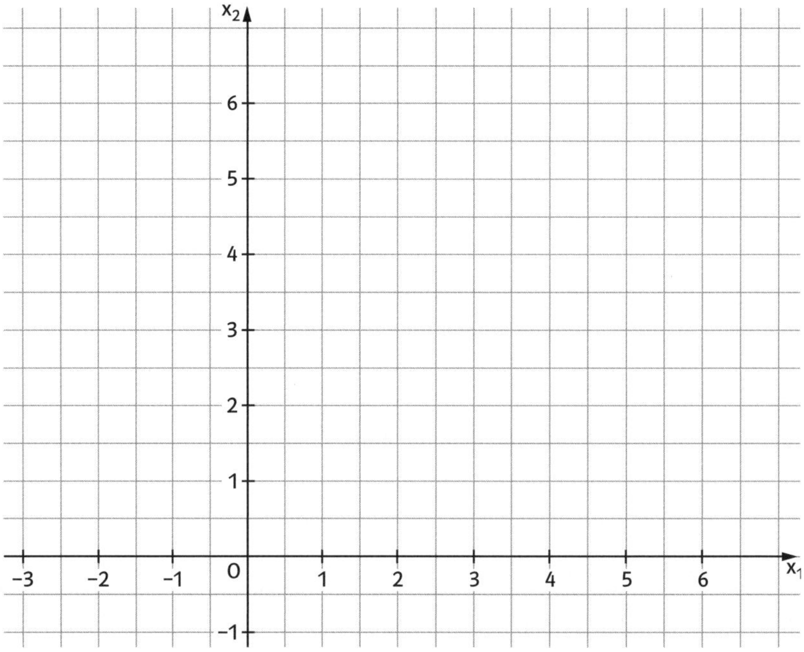

2 (2 + 2 VP)

Die Vektoren $\vec{a} = \begin{pmatrix} 2 \\ 3 \\ 1 \end{pmatrix}$, $\vec{b} = \begin{pmatrix} 1 \\ 2 \\ 0 \end{pmatrix}$, $\vec{c} = \begin{pmatrix} -1 \\ 0 \\ -2 \end{pmatrix}$ und $\vec{o} = \begin{pmatrix} 0 \\ 0 \\ 0 \end{pmatrix}$ sind gegeben.

a) Stelle den Vektor $\vec{c}$ als Linearkombination der Vektoren $\vec{a}$ und $\vec{b}$ dar.
b) Lässt sich der Nullvektor $\vec{o}$ als Linearkombination von $\vec{a}$ und $\vec{b}$ darstellen?

3 (1 + 1 + 1 + 1 VP)

Gib mögliche Koordinaten der genannten Punkte A, B, C, D und E an.
a) Die Punkte A und B liegen auf der x_3-Achse und ihr Abstand beträgt 4 Längeneinheiten.
b) Der Punkt C liegt in der x_2x_3-Ebene und hat von O den Abstand 5 Längeneinheiten.
c) Der Punkt D liegt auf der Winkelhalbierenden des Winkels zwischen der x_1- und der x_3-Achse.
d) Der Punkt E hat von $P(2\,|\,1\,|\,-1)$ den Abstand 5 Längeneinheiten und PE ist parallel zur x_1-Achse.

4 (3 + 3 VP)

a) In welchen Punkten schneidet die Gerade g mit der Gleichung $\vec{x} = \begin{pmatrix} -2 \\ 3 \\ 5 \end{pmatrix} + t \cdot \begin{pmatrix} 4 \\ 1 \\ 2 \end{pmatrix}$, $t \in \mathbb{R}$, die Koordinatenebenen?

b) Die Gerade h mit der Gleichung $\vec{x} = \begin{pmatrix} -9 \\ 2 \\ 4 \end{pmatrix} + s \cdot \begin{pmatrix} 1 \\ 1 \\ 3 \end{pmatrix}$, $s \in \mathbb{R}$, schneidet die Gerade g.
Ermittle den Schnittpunkt.

5 (1 + 3 VP)

a) Zeichne in das Koordinatensystem ein gleichschenkliges Dreieck ABC mit der Basislänge $\overline{AB} = c = 6{,}0\,\text{cm}$ und der Höhe $h = 4{,}0\,\text{cm}$ ein.
Gib die Koordinaten der Punkte A, B und C an.

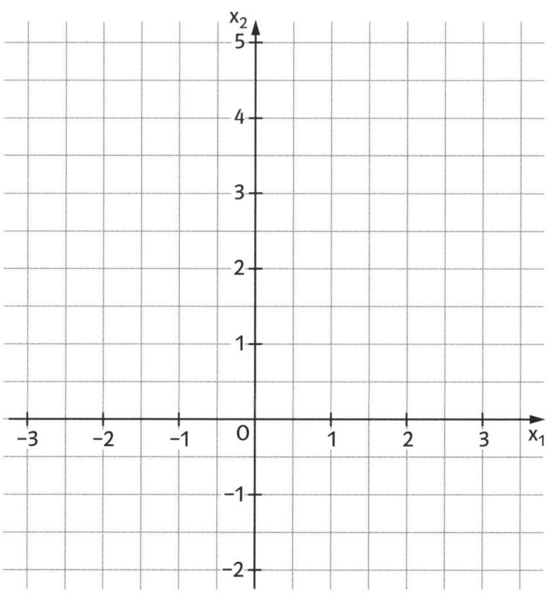

b) Zeichne in das Koordinatensystem eine Raute ABCD mit der Seitenlänge $\overline{AB} = a = 4{,}0\,\text{cm}$ und Innenwinkeln der Weite 45° bzw. 135° ein.
Gib die Koordinaten der Punkte A, B, C und D an.

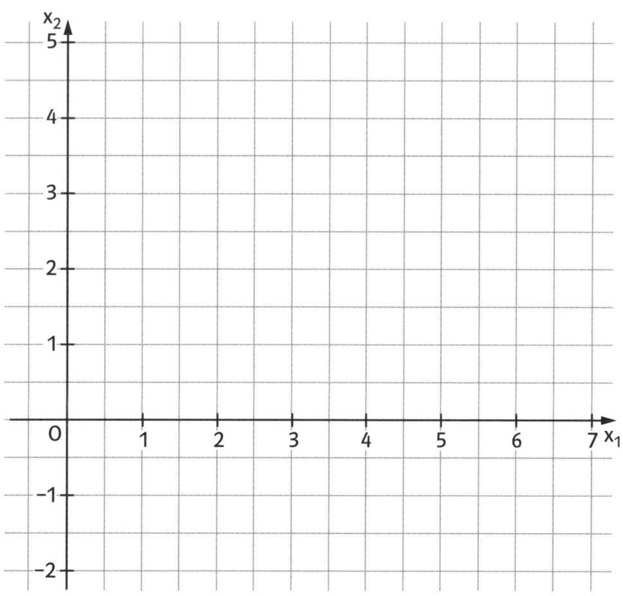

Anfangszeit: ______________ + 60 Minuten → Abgabe: ______________

1 (2 + 2 VP)

Im gezeichneten Quader ist M der Mittelpunkt der Strecke AT und N der Mittelpunkt des Rechtecks SBVU.

a) Schreibe die Ortsvektoren der Punkte S, U, M und N als Linearkombinationen der gegebenen Vektoren $\vec{a}$, $\vec{b}$ und $\vec{c}$ auf.

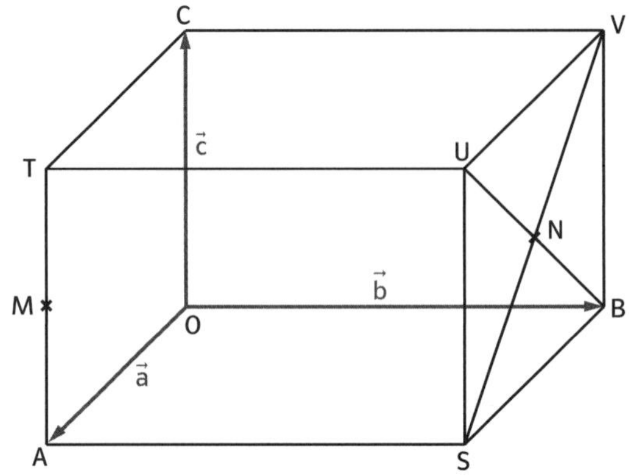

b) Markiere in der Abbildung die Punkte D, E und F, wenn gilt:

$\overrightarrow{OD} = \vec{a} + \frac{1}{2}\vec{b}$

$\overrightarrow{VE} = \vec{a} - \vec{b}$

$\overrightarrow{NF} = -\vec{b}$

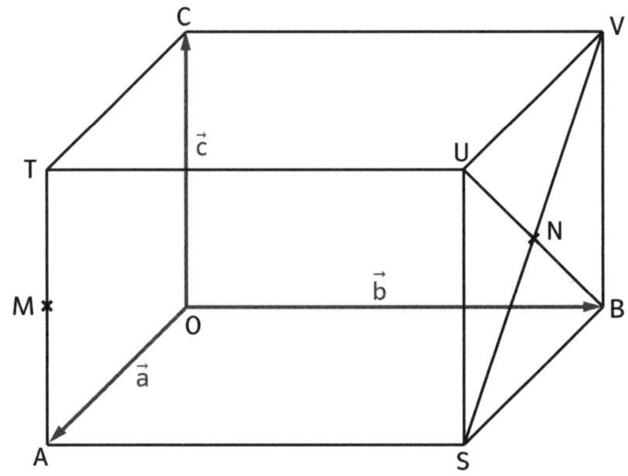

2 (2 + 3 VP)

Die senkrechte quadratische Pyramide ABCDS mit der Höhe 5 Längeneinheiten liegt so in einem Koordinatensystem, dass A(2 | 0 | 0), S(0 | 0 | 5) gilt.

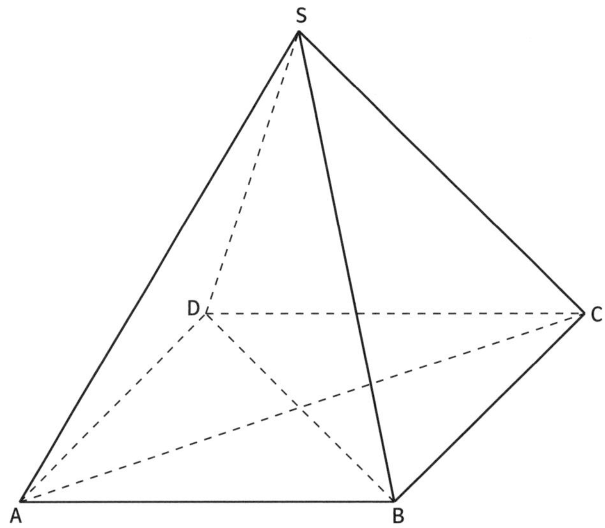

a) Zeichne dieses Koordinatensystem ein.
Gib die Koordinaten der Punkte B, C und D an.

b) Berechne die Länge aller Pyramidenkanten.

3 (3 + 2 VP)

a) Berechne den Diagonalenschnittpunkt S im Viereck ABCD mit A(1|0|−1), B(9|2|7), C(7|4|5) und D(3|2|1).

b) Ist das Viereck ABCD ein Parallelogramm?

4 (3 + 3 VP)

a) Gib die Gleichungen der Geraden g, h und k in Vektorform an.

g: $x_2 = 2x_1 - 3$

h: $4x_1 + 3x_2 = 0$

k: $\frac{1}{2}x_1 + \frac{2}{3}x_2 - 1 = 0$

b) Gib die Gleichungen der Geraden g, h und k in Koordinatenform an.

g: $\vec{x} = \begin{pmatrix} 3 \\ 4 \end{pmatrix} + s \cdot \begin{pmatrix} -1 \\ 1 \end{pmatrix}$, $s \in \mathbb{R}$

h: $\vec{x} = \begin{pmatrix} 0 \\ 1 \end{pmatrix} + t \cdot \begin{pmatrix} 1 \\ 0 \end{pmatrix}$, $t \in \mathbb{R}$

k: $\vec{x} = u \cdot \begin{pmatrix} -1 \\ 2 \end{pmatrix}$, $u \in \mathbb{R}$

5 (1 + 1 + 1 + 1 VP)

Gib jeweils die Gleichung einer Geraden h an, die

a) die Gerade g mit der Gleichung $\vec{x} = \begin{pmatrix} 2 \\ -1 \\ 3 \end{pmatrix} + s \cdot \begin{pmatrix} 1 \\ 0 \\ 4 \end{pmatrix}$, $s \in \mathbb{R}$, im Punkt P(−1|−1|−9) schneidet.

b) zur Geraden g mit der Gleichung $\vec{x} = \begin{pmatrix} 0 \\ 1 \\ 2 \end{pmatrix} + s \cdot \begin{pmatrix} 2 \\ -4 \\ 3 \end{pmatrix}$, $s \in \mathbb{R}$, parallel ist und durch Q(4|5|0) geht.

c) in der x_2x_3-Ebene liegt und durch R(0|2|−3) geht.

d) orthogonal zur x_1-Achse ist und durch S(−3|1|5) geht.

Lerntipps

zu Aufgabe 2

a) Die x_2-Achse weist nun auf dem Zeichenblatt nicht nach rechts!

zu Aufgabe 3

b) Beim Parallelogramm sind gegenüberliegende Seiten parallel und gleich lang.
Was heißt das für die zugehörigen Vektoren?

zu Aufgabe 4

a) Man kann die Gleichungen so umformen, dass man einen Punkt auf der jeweiligen Geraden und die Geradensteigung ablesen kann. Man kann aber auch zwei Punkte der Geraden auswählen und die Vektorgleichung der Geraden durch diese beiden Punkte notieren.

b) Eine Gerade durch den Punkt $P(x_P | y_P)$ mit der Steigung m hat die Gleichung $y = m \cdot (x - x_P) + y_P$. Am Richtungsvektor kann man die Geradensteigung ablesen.

zu Aufgabe 5

c) Der Richtungsvektor muss die erste Koordinate 0 haben.

d) Hier hilft eine Skizze.
„Orthogonal zur x_1-Achse" heißt nicht notwendigerweise „Schneiden der x_1-Achse"!

Anfangszeit: ____________ + 60 Minuten → Abgabe: ____________

1 (2 + 2 VP)

Die Punkte M_a, M_b und M_c sind die Seitenmittelpunkte des Dreiecks ABC.

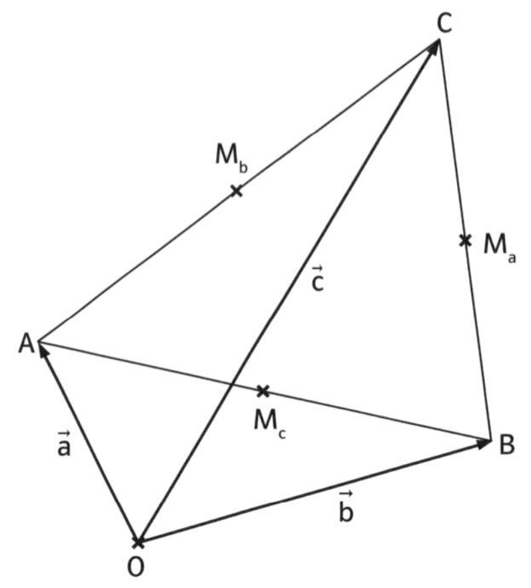

a) Berechne: $\overrightarrow{AM_a} + \overrightarrow{BM_b} + \overrightarrow{CM_c}$

b) Weise vektoriell nach, dass die Strecke M_bM_a halb so lang wie die Dreiecksseite AB und parallel zu dieser Dreiecksseite ist.

2 (2 + 1 + 1 VP)

Gegeben sind die Geraden g und h durch

$g: \vec{x} = \begin{pmatrix} 0 \\ 4 \\ 3 \end{pmatrix} + s \cdot \begin{pmatrix} 5 \\ -4 \\ -3 \end{pmatrix}, \; s \in \mathbb{R}$ $\qquad$ $h: \vec{x} = \begin{pmatrix} 0 \\ 0 \\ 3 \end{pmatrix} + t \cdot \begin{pmatrix} 5 \\ 6 \\ -3 \end{pmatrix}, \; t \in \mathbb{R}$

a) Untersuche die gegenseitige Lage der Geraden g und h.

b) Gib eine zur Geraden g parallele Gerade p an, die nicht durch den Koordinatenursprung O geht.

c) Gib die Gleichung einer Geraden w an, die windschief zur Geraden g ist.

3 (4 VP)

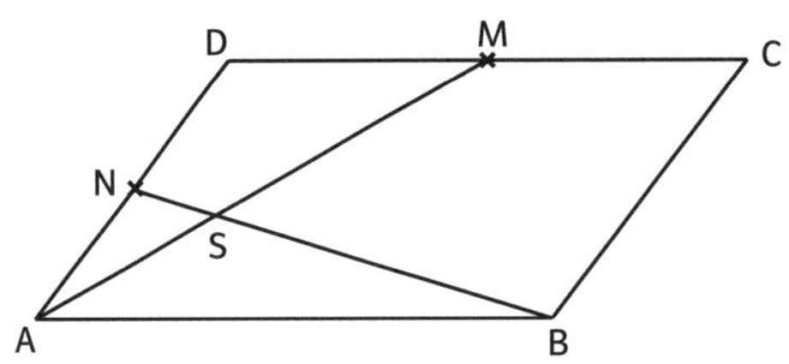

Im Parallelogramm ABCD sind M bzw. N die Mittelpunkte der Seiten CD bzw. AD.
In welchem Verhältnis teilt der Punkt S die Strecken AM bzw. BN?

4 (2 VP)

Eine Gerade in der x_1x_2-Ebene, welche die x_1-Achse in $A(a\,|\,0)$ und die x_2-Achse in $B(0\,|\,b)$ schneidet, kann mit der Gleichung $\frac{x_1}{a} + \frac{x_2}{b} = 1$, $a \neq 0$, $b \neq 0$, beschrieben werden. Zeige dies.

Wie groß ist die Steigung dieser Geraden?

Gib eine Vektorgleichung für diese Gerade an.

5 (3 + 4 VP)

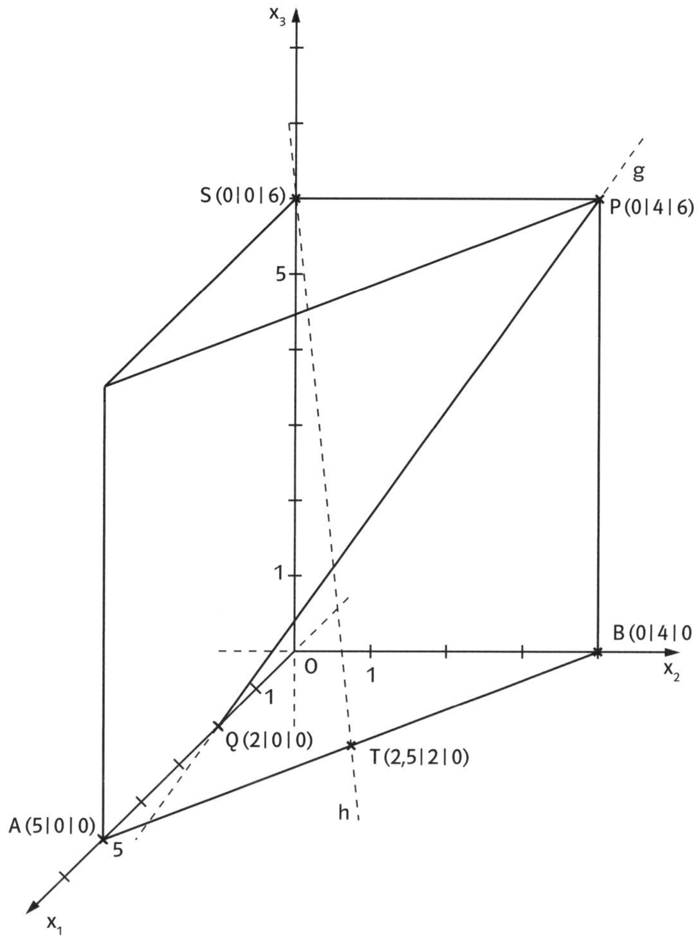

a) Zeige, dass sich die Geraden g und h nicht schneiden.
b) Kann man den Punkt U auf AB so wählen, dass die Gerade durch S und U die Gerade g schneidet?

6 (1 + 1 + 1 VP)
Beschreibe die durch die angegebenen Gleichungen dargestellten Punktmengen möglichst genau und zeichne sie in das Koordinatensystem ein.

a) $\vec{x} = \begin{pmatrix} 3 \\ 0 \\ 0 \end{pmatrix} + r \cdot \begin{pmatrix} 0 \\ 1 \\ 0 \end{pmatrix}$, $r \in [-2; 2]$

b) $\vec{x} = s^2 \cdot \begin{pmatrix} 0 \\ -1 \\ 1 \end{pmatrix}$, $s \in \mathbb{R}$

c) $\vec{x} = \begin{pmatrix} 0 \\ 2 \\ 0 \end{pmatrix} + \frac{1}{t} \cdot \begin{pmatrix} 0 \\ 1 \\ 2 \end{pmatrix}$, $t \in \mathbb{R}^*$

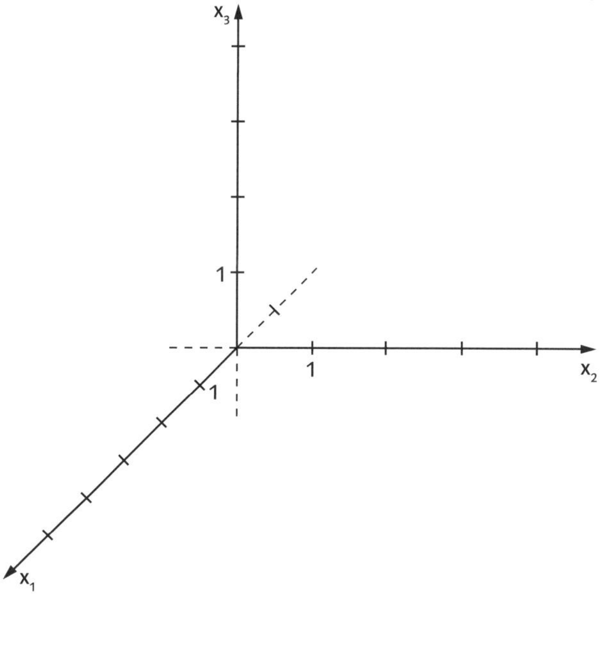

Klassenarbeit 3.1

1 (2 + 2 + 2 + 1 VP)

a) *Die Richtungen der Quaderkanten geben die Richtungen der Koordinatenachsen vor. Insbesondere legen A = O und B die x_2-Achse fest.*

Koordinaten der Eckpunkte des Quaders

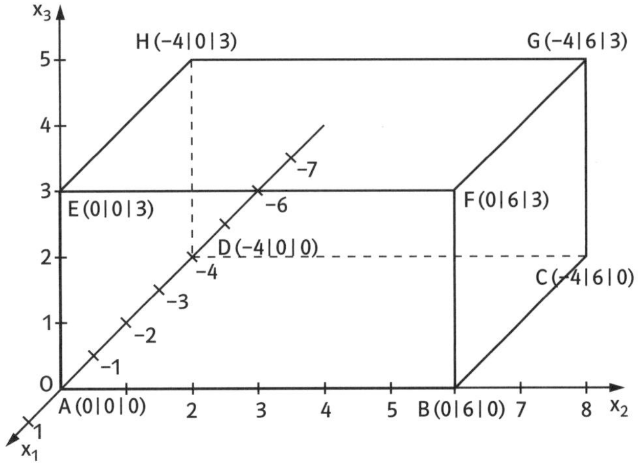

b) *Wenn man rechtwinklige Dreiecke finden kann, dann lässt sich der Satz von Pythagoras anwenden.*

Länge der Flächendiagonale AC

AC ist die Hypotenuse des rechtwinkligen Dreiecks ABC. Mit dem Satz von Pythagoras erhält man:

$\overline{AC}^2 = \overline{AB}^2 + \overline{BC}^2$

$\overline{AC} = \sqrt{\overline{AB}^2 + \overline{BC}^2}$

$\overline{AC} = \sqrt{(6\,\text{cm})^2 + (4\,\text{cm})^2}$

$\overline{AC} = \sqrt{52}\,\text{cm}$

$\overline{AC} = 2\sqrt{13}\,\text{cm}$

Die Diagonale AC ist etwa 7,2 cm lang.

Länge der Raumdiagonale CE

CE ist die Hypotenuse des rechtwinkligen Dreiecks ACE. Mit dem Satz von Pythagoras erhält man:

$\overline{CE}^2 = \overline{AC}^2 + \overline{AE}^2$

$\overline{CE} = \sqrt{\overline{AC}^2 + \overline{AE}^2}$

$\overline{CE} = \sqrt{52\,\text{cm}^2 + (3\,\text{cm})^2}$

$\overline{CE} = \sqrt{61}\,\text{cm}$

Die Diagonale CE ist etwa 7,8 cm lang.

c) *Grundsätzlich kann jede Winkelfunktion zur Berechnung verwendet werden. Warum ist die Verwendung der Tangensfunktion geschickt?*

Weite α des Winkels ∢ DAH

Das Dreieck ADH ist rechtwinklig bei D. Der Winkel ∢ DAH liegt der Kathete DH gegenüber.

Daher gilt:

$\tan(\alpha) = \frac{\overline{DH}}{\overline{AD}}$

$\tan(\alpha) = \frac{3\,\text{cm}}{4\,\text{cm}}$

$\tan(\alpha) = \frac{3}{4}$

$\alpha \approx 36{,}9°$

Der Winkel ∢ DAH hat näherungsweise die Weite 36,9°.

d) *Wenn ein Punkt $P(p_1|p_2|p_3)$ an der x_2x_3-Ebene gespiegelt wird, dann bleiben die zweite und dritte Koordinate unverändert und die erste wird mit −1 multipliziert. Daher ist der Bildpunkt $P_{23}(-p_1|p_2|p_3)$.*

Koordinaten der Bildpunkte

Die Koordinaten der Punkte in der Spiegelebene bleiben unverändert: A′ = A(0|0|0), B′(0|6|0), F′(0|6|3), E′ = E(0|0|3).

Bei den anderen vier Eckpunkten werden lediglich die x_1-Koordinaten mit −1 multipliziert. Die anderen Koordinaten bleiben unverändert:

C′(4|6|0), D′(4|0|0), G′(4|6|3), H′(4|0|3)

2 (3 + 3 VP)

a) *Da die Vektoren $\vec{d_1}$, $\vec{d_2}$ und $\vec{d_3}$ Ortsvektoren zu den Punkten D_1, D_2 und D_3 sein sollen, müssen die entsprechenden Pfeile alle im Punkt O beginnen.*

Die Summe zweier Vektoren ergibt sich zeichnerisch durch Aneinanderhängen der entsprechenden Pfeile: An die Spitze des ersten Pfeils legt man den Anfangspunkt des zweiten Pfeils. Der zur Summe gehörende Pfeil beginnt dann am Anfangspunkt des ersten Pfeils und hat seine Spitze an der Spitze des zweiten Pfeils.

Schreibe gegebenenfalls Differenzen als Summen:

$\vec{x} - 2 \cdot \vec{y} = \vec{x} + (-2 \cdot \vec{y})$

Bestimmung der Punkte D_1, D_2 und D_3

(Grafik siehe nächste Seite).

Grafik zu 2a)

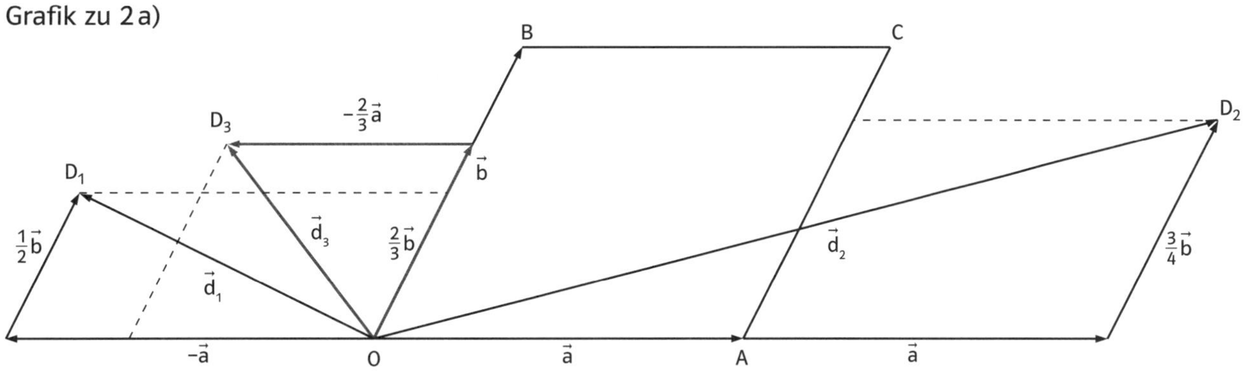

b) *Wenn man einen Vektor $\vec{x}$ als Linearkombination von gegebenen Vektoren $\vec{y}$ und $\vec{z}$ darstellen möchte, sucht man zuerst eine Pfeilkette, die vom Anfangspunkt des zu $\vec{x}$ gehörenden Pfeils bis zu dessen Spitze führt. Die Pfeile dieser Pfeilkette drückt man dann als Vielfache der zu $\vec{y}$ und zu $\vec{z}$ gehörenden Pfeile aus.*
Bestimmung der Vektoren $\vec{x_1}$, $\vec{x_2}$ und $\vec{x_3}$

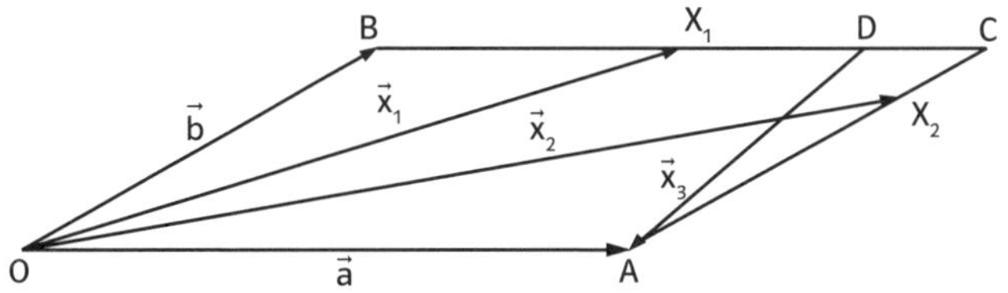

X_1 ist Mittelpunkt der Strecke BC, daher gilt:
$\vec{x_1} = \vec{b} + \frac{1}{2}\overrightarrow{BC} = \vec{b} + \frac{1}{2}\vec{a}$
Wegen $\overrightarrow{AX_2} = 3 \cdot \overrightarrow{X_2C}$ folgt:
$\vec{x_2} = \vec{a} + \frac{3}{4}\overrightarrow{AC} = \vec{a} + \frac{3}{4}\vec{b}$
Wegen $\overrightarrow{BD} = 4 \cdot \overrightarrow{DC}$ folgt:
$\vec{x_3} = \overrightarrow{DA} = \overrightarrow{DC} + \overrightarrow{CA} = \frac{1}{5}\overrightarrow{BC} - \overrightarrow{AC} = \frac{1}{5}\vec{a} - \vec{b}$

3 (3 + 2 VP)
a) *Weil sich die Diagonalen eines Parallelogramms ABCD gegenseitig in S halbieren, sind die Pfeile zu $\overrightarrow{AS}$ und zu $\overrightarrow{SC}$ gleich lang und gleich gerichtet. Entsprechendes gilt für $\overrightarrow{BS}$ und $\overrightarrow{SD}$. Daher gilt: $\overrightarrow{AS} = \overrightarrow{SC}$ bzw. $\overrightarrow{BS} = \overrightarrow{SD}$. Man kann aber selbstverständlich auch ausnutzen, dass $\overrightarrow{AS} = \frac{1}{2} \cdot \overrightarrow{AC}$ bzw. $\overrightarrow{BS} = \frac{1}{2} \cdot \overrightarrow{BD}$ ist und daraus die Ortsvektoren von C und D errechnen.*

Skizze

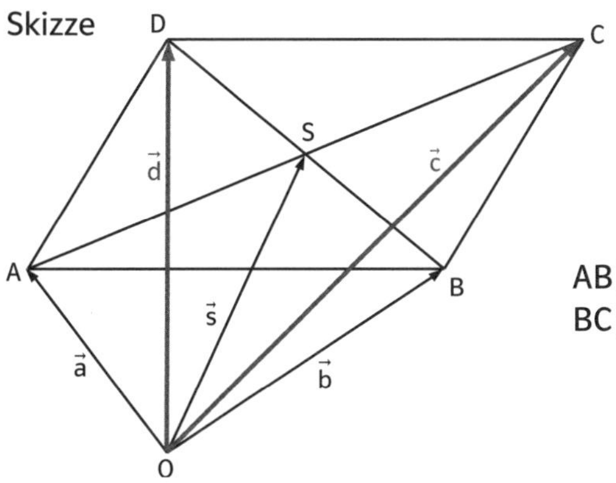

AB || CD
BC || AD

Im Parallelogramm halbieren sich die Diagonalen gegenseitig.
Daher gilt:
$\overrightarrow{AS} = \frac{1}{2}\overrightarrow{AC}$ bzw. $\overrightarrow{AC} = 2 \cdot \overrightarrow{AS}$
$\overrightarrow{BS} = \frac{1}{2}\overrightarrow{BD}$ bzw. $\overrightarrow{BD} = 2 \cdot \overrightarrow{BS}$
$\vec{c} = \overrightarrow{OC}$
$\vec{c} = \overrightarrow{OA} + \overrightarrow{AC}$
$\vec{c} = \vec{a} + 2 \cdot \overrightarrow{AS}$
$\vec{c} = \vec{a} + 2 \cdot (\vec{s} - \vec{a})$
$\vec{c} = -\vec{a} + 2 \cdot \vec{s}$
$$\vec{c} = -\begin{pmatrix} 1 \\ 0 \\ -1 \end{pmatrix} + 2 \cdot \begin{pmatrix} 2 \\ -1 \\ -2 \end{pmatrix}$$
$$\vec{c} = \begin{pmatrix} 3 \\ -2 \\ -3 \end{pmatrix}$$
$\vec{d} = \overrightarrow{OD}$
$\vec{d} = \overrightarrow{OB} + \overrightarrow{BD}$
$\vec{d} = \vec{b} + 2 \cdot \overrightarrow{BS}$
$\vec{d} = \vec{b} + 2 \cdot (\vec{s} - \vec{b})$
$\vec{d} = -\vec{b} + 2 \cdot \vec{s}$
$$\vec{d} = -\begin{pmatrix} 4 \\ 2 \\ 4 \end{pmatrix} + 2 \cdot \begin{pmatrix} 2 \\ -1 \\ -2 \end{pmatrix}$$
$$\vec{d} = \begin{pmatrix} 0 \\ -4 \\ -8 \end{pmatrix}$$
Daraus ergeben sich die Punkte $C(3\,|\,-2\,|\,-3)$ und $D(0\,|\,-4\,|\,-8)$.

b) *Jede Strecke im Raum kann als Raumdiagonale eines Quaders aufgefasst werden. Für die Länge d der Raumdiagonalen eines Quaders mit den Kantenlängen a, b und c gilt bekanntlich: $d = \sqrt{a^2 + b^2 + c^2}$. Die Längen a, b und c ergeben sich aus den Koordinaten der Quadereckpunkte.*

Länge der Parallelogrammdiagonalen

$\overline{AC}^2 = (c_1 - a_1)^2 + (c_2 - a_2)^2 + (c_3 - a_3)^2$

$\overline{AC} = \sqrt{(c_1 - a_1)^2 + (c_2 - a_2)^2 + (c_3 - a_3)^2}$

$\overline{AC} = \sqrt{(3 - 1)^2 + ((-2) - 0)^2 + ((-3) - (-1))^2}$

$\overline{AC} = \sqrt{2^2 + (-2)^2 + (-2)^2}$

$\overline{AC} = \sqrt{12}$

$\overline{AC} = 2\sqrt{3}$

Die Diagonale AC hat etwa die Länge 3,5 Längeneinheiten.

$\overline{BD}^2 = (d_1 - b_1)^2 + (d_2 - b_2)^2 + (d_3 - b_3)^2$

$\overline{BD} = \sqrt{(d_1 - b_1)^2 + (d_2 - b_2)^2 + (d_3 - b_3)^2}$

$\overline{BD} = \sqrt{(0 - 4)^2 + ((-4) - 2)^2 + ((-8) - 4)^2}$

$\overline{BD} = \sqrt{16 + 36 + 144}$

$\overline{BD} = \sqrt{196}$

$\overline{BD} = 14$

Die Diagonale BD hat die Länge 14 Längeneinheiten.

4 (4 + 2 VP)

a) *Wenn eine Gerade g die Gleichung*
$\vec{x} = \begin{pmatrix} p_1 \\ p_2 \end{pmatrix} + s \cdot \begin{pmatrix} u_1 \\ u_2 \end{pmatrix}$, *s ∈ ℝ, hat, dann zeichnet man zuerst den Punkt P mit dem Ortsvektor* $\vec{p} = \begin{pmatrix} p_1 \\ p_2 \end{pmatrix}$ *im Koordinatensystem ein. In P trägt man nun den zum Richtungsvektor* $\vec{u} = \begin{pmatrix} u_1 \\ u_2 \end{pmatrix}$ *gehörenden Pfeil an.*

Dazu geht man von P aus u_1 *Einheiten in Richtung der* x_1*-Achse,* u_2 *Einheiten in Richtung der* x_2*-Achse und markiert den jetzt erreichten Punkt Q. Durch diesen Punkt Q und den Punkt P kann dann die Gerade g gezeichnet werden.*

Zeichnung der Geraden g_1, g_2, g_3 und g_4

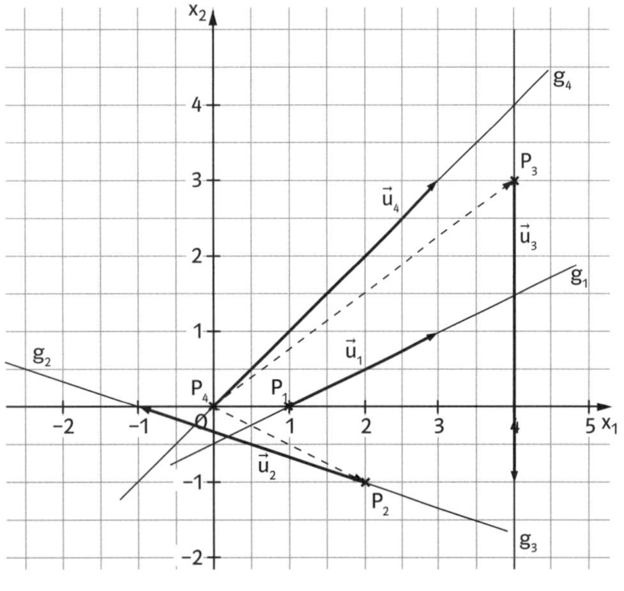

b) *Jede Gerade lässt sich durch beliebig viele Vektorgleichungen beschreiben. Will man eine andere als die gegebene Gleichung notieren, so muss man darauf achten, dass der neue Richtungsvektor ein Vielfaches des gegebenen Richtungsvektors ist und der neue Aufpunkt auf der gegebenen Geraden liegt. Den Ortsvektor eines solchen Punktes findet man, indem man in der Geradengleichung irgendeinen speziellen Parameterwert wählt.*

Andere Vektorgleichungen

g_1: $\vec{x} = \begin{pmatrix} 1 \\ 0 \end{pmatrix} + s \cdot \begin{pmatrix} -2 \\ -1 \end{pmatrix}$, $s \in \mathbb{R}$

$\vec{x} = \begin{pmatrix} 0 \\ -\frac{1}{2} \end{pmatrix} + s \cdot \begin{pmatrix} 2 \\ 1 \end{pmatrix}$, $s \in \mathbb{R}$

g_2: $\vec{x} = \begin{pmatrix} 2 \\ -1 \end{pmatrix} + t \cdot \begin{pmatrix} 3 \\ -1 \end{pmatrix}$, $t \in \mathbb{R}$

$\vec{x} = \begin{pmatrix} -1 \\ 0 \end{pmatrix} + t \cdot \begin{pmatrix} -3 \\ 1 \end{pmatrix}$, $t \in \mathbb{R}$

g_3: $\vec{x} = \begin{pmatrix} 4 \\ 3 \end{pmatrix} + u \cdot \begin{pmatrix} 0 \\ 1 \end{pmatrix}$, $u \in \mathbb{R}$

$\vec{x} = \begin{pmatrix} 4 \\ 7 \end{pmatrix} + u \cdot \begin{pmatrix} 0 \\ 1 \end{pmatrix}$, $u \in \mathbb{R}$

g_4: $\vec{x} = v \cdot \begin{pmatrix} 1 \\ 1 \end{pmatrix}$, $v \in \mathbb{R}$

$\vec{x} = \begin{pmatrix} 0 \\ 0 \end{pmatrix} + v \cdot \begin{pmatrix} 2 \\ 2 \end{pmatrix}$, $v \in \mathbb{R}$

Klassenarbeit 3.2

1 (3 + 3 VP)

a)

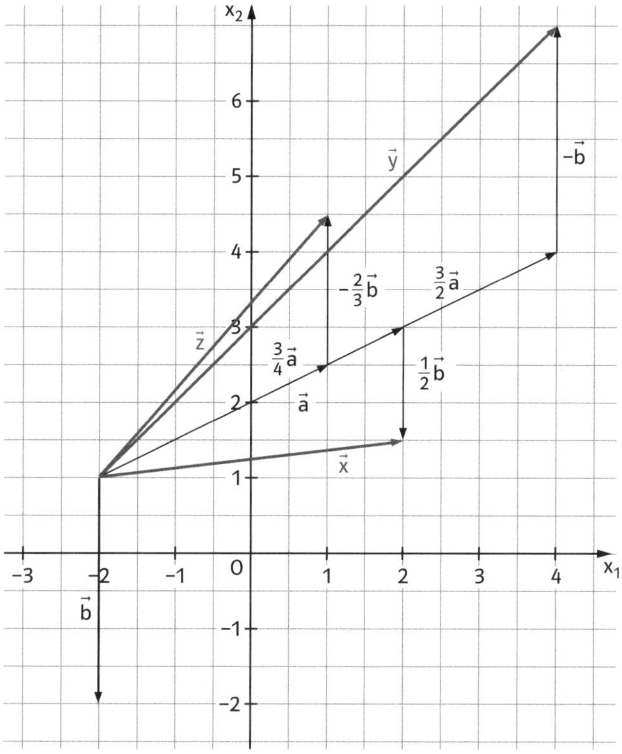

Bemerkungen

Zur Zeichenkontrolle folgen hier die Koordinaten der Pfeilspitzen. Der Pfeil für $\vec{x}$ endet im Punkt $X\left(2\,\middle|\,\frac{3}{2}\right)$, der Pfeil für $\vec{y}$ endet in $Y(4\,|\,7)$, der Pfeil für $\vec{z}$ endet in $Z\left(1\,\middle|\,\frac{9}{2}\right)$.

b)

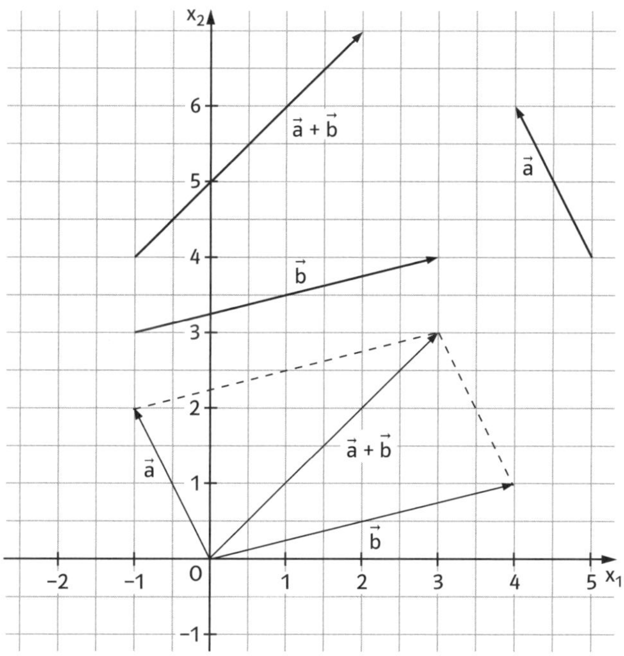

Bemerkungen

Jeder der Pfeile für $\vec{a}$, $\vec{b}$ oder $\vec{a} + \vec{b}$ kann in einem beliebigen Punkt der Ebene beginnen. Daher gibt es nur individuelle Lösungen. Um die eigene Lösung für $\vec{a} + \vec{b}$ zu prüfen, geht man vom Anfangspunkt des Pfeils drei Einheiten in Richtung der x_1-Achse und dann drei Einheiten in Richtung der x_2-Achse. An dem nun erreichten Punkt sollte sich die Pfeilspitze befinden.

2 (2 + 2 VP)

a) Darstellung von $\vec{c}$

Es müssen reelle Zahlen u und v gefunden werden, die nicht beide 0 sind, so dass gilt: $\vec{c} = u \cdot \vec{a} + v \cdot \vec{b}$

Daher:

$$\begin{pmatrix} -1 \\ 0 \\ -2 \end{pmatrix} = u \cdot \begin{pmatrix} 2 \\ 3 \\ 1 \end{pmatrix} + v \cdot \begin{pmatrix} 1 \\ 2 \\ 0 \end{pmatrix}$$

Daraus entsteht ein Gleichungssystem.

(1) $2u + 1v = -1$

(2) $3u + 2v = 0$

(3) $1u + 0v = -2$

Aus (3): $u = -2$

In (1):

$-4 + v = -1$

$v = 3$

Mit den berechneten Werten $u = -2$ und $v = 3$ wird auch die Gleichung (2) erfüllt.

Die Linearkombination ist also $\vec{c} = -2 \cdot \vec{a} + 3 \cdot \vec{b}$.

b) Darstellung des Nullvektors

Es müsste reelle Zahlen u und v geben, die nicht beide 0 sind, so dass gilt: $\vec{o} = u \cdot \vec{a} + v \cdot \vec{b}$

Daher:

$$\begin{pmatrix} 0 \\ 0 \\ 0 \end{pmatrix} = u \cdot \begin{pmatrix} 2 \\ 3 \\ 1 \end{pmatrix} + v \cdot \begin{pmatrix} 1 \\ 2 \\ 0 \end{pmatrix}$$

Das zugehörige Gleichungssystem ist:

(1) $2u + 1v = 0$

(2) $3u + 2v = 0$

(3) $1u + 0v = 0$

Aus (3): $u = 0$

Mit (1): $v = 0$

Für diese beiden Werte ist auch die Gleichung (2) erfüllt. Da nicht wenigstens eine der Zahlen u, v von 0 verschieden ist, lässt sich der Nullvektor nicht als Linearkombination von $\vec{a}$ und $\vec{b}$ darstellen.

3 (1 + 1 + 1 + 1 VP)

a) Beispiele: $A_1(0\,|\,0\,|\,0)$ und $B_1(0\,|\,0\,|\,4)$ oder $A_2(0\,|\,0\,|\,-1)$ und $B_2(0\,|\,0\,|\,3)$

b) $C_1(0\,|\,0\,|\,5)$ oder $C_2(0\,|\,5\,|\,0)$ oder $C_3(0\,|\,3\,|\,-4)$

c) $D_1(1|0|1)$ oder $D_2(-3|0|-3)$
d) $E_1(7|1|-1)$ oder $E_2(-3|1|-1)$

Bemerkungen
Alle Punkte $A(0|0|a_3)$, $B(0|0|b_3)$ mit $|a_3 - b_3| = 4$ erfüllen die Aufgabenstellung.
Alle Punkte $C(0|c_2|c_3)$ mit $c_2^2 + c_3^2 = 5$ haben die geforderten Eigenschaften.
Alle Punkte $D(d_1|0|d_3)$ mit $d_1 = d_3$ sind korrekt.
Für E gibt es nur die beiden oben genannten Punkte E_1 und E_2.
Veranschaulichung

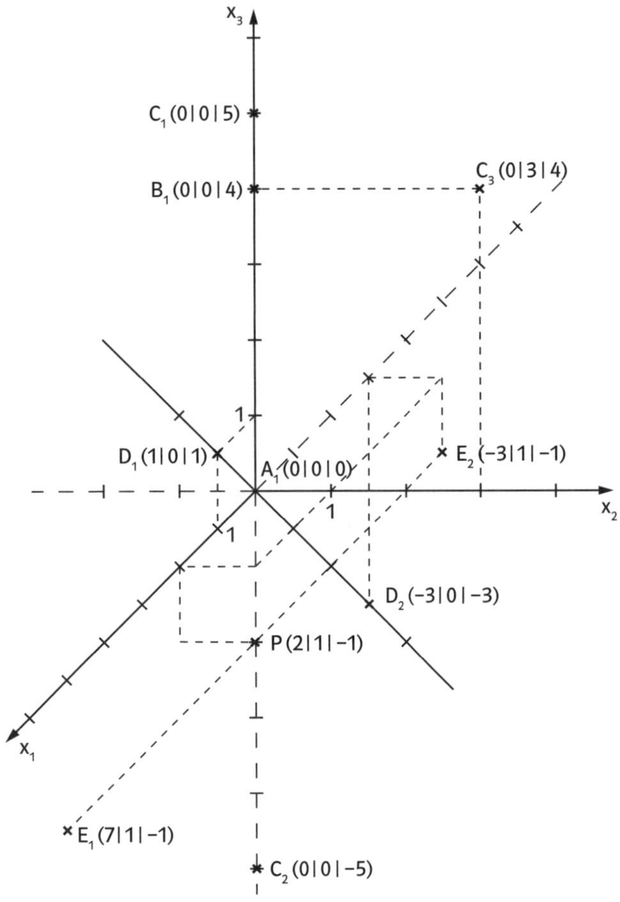

4 (3 + 3 VP)
a) Schnittpunkte mit den Koordinatenebenen
Schnittpunkt $S_{12}(s_1|s_2|0)$ mit der x_1x_2-Ebene
Es ist t so zu bestimmen, dass gilt:

$$\begin{pmatrix} s_1 \\ s_2 \\ 0 \end{pmatrix} = \begin{pmatrix} -2 \\ 3 \\ 5 \end{pmatrix} + t \cdot \begin{pmatrix} 4 \\ 1 \\ 2 \end{pmatrix}$$

Daraus ergibt sich:
(1) $s_1 = -2 + 4 \cdot t$
(2) $s_2 = 3 + 1 \cdot t$
(3) $0 = 5 + 2 \cdot t$
Aus (3): $t = -\frac{5}{2}$

In (1):
$s_1 = -2 + 4 \cdot \left(-\frac{5}{2}\right)$
$s_1 = -12$
In (2):
$s_2 = 3 + 1 \cdot \left(-\frac{5}{2}\right)$
$s_2 = \frac{1}{2}$
Die Gerade schneidet die x_1x_2-Ebene in $S_{12}\left(-12\,\middle|\,\frac{1}{2}\,\middle|\,0\right)$.
Schnittpunkt S_{13} mit der x_1x_3-Ebene
Wie oben folgt aus der mittleren Zeile der Vektorgleichung

$$\begin{pmatrix} s_1 \\ 0 \\ s_3 \end{pmatrix} = \begin{pmatrix} -2 \\ 3 \\ 5 \end{pmatrix} + t \cdot \begin{pmatrix} 4 \\ 1 \\ 2 \end{pmatrix}$$

der Parameterwert $t = -3$.
Mit der ersten Zeile erhält man $s_1 = -14$, mit der dritten Zeile $s_3 = -1$.
Die Gerade schneidet die x_1x_3-Ebene in $S_{13}(-14|0|-1)$.
Schnittpunkt S_{23} mit der x_2x_3-Ebene
Entsprechend folgt aus der ersten Zeile der Vektorgleichung

$$\begin{pmatrix} 0 \\ s_2 \\ s_3 \end{pmatrix} = \begin{pmatrix} -2 \\ 3 \\ 5 \end{pmatrix} + t \cdot \begin{pmatrix} 4 \\ 1 \\ 2 \end{pmatrix}$$

der Parameterwert $t = \frac{1}{2}$.
Mit der zweiten Zeile erhält man $s_2 = \frac{7}{2}$, mit der dritten Zeile $s_3 = 6$.
Die Gerade schneidet die x_2x_3-Ebene in $S_{23}\left(0\,\middle|\,\frac{7}{2}\,\middle|\,6\right)$.

b) Schnittpunkt von g und h
Es sind Parameterwerte s und t zu bestimmen, so dass gilt:

$$\begin{pmatrix} -9 \\ 2 \\ 4 \end{pmatrix} + s \cdot \begin{pmatrix} 1 \\ 1 \\ 3 \end{pmatrix} = \begin{pmatrix} -2 \\ 3 \\ 5 \end{pmatrix} + t \cdot \begin{pmatrix} 4 \\ 1 \\ 2 \end{pmatrix}$$

Gleichwertig dazu ist:

$$s \cdot \begin{pmatrix} 1 \\ 1 \\ 3 \end{pmatrix} - t \cdot \begin{pmatrix} 4 \\ 1 \\ 2 \end{pmatrix} = \begin{pmatrix} -2 \\ 3 \\ 5 \end{pmatrix} - \begin{pmatrix} -9 \\ 2 \\ 4 \end{pmatrix}$$

$$s \cdot \begin{pmatrix} 1 \\ 1 \\ 3 \end{pmatrix} - t \cdot \begin{pmatrix} 4 \\ 1 \\ 2 \end{pmatrix} = \begin{pmatrix} 7 \\ 1 \\ 1 \end{pmatrix}$$

Lösung des zugehörigen Gleichungssystems:
(1) $s - 4t = 7$
(2) $s - t = 1$
(3) $3s - 2t = 1$
Aus (2): $s = 1 + t$
In (1):
$1 + t - 4t = 7$
$-3t = 6$
$t = -2$

In (3):

$3 + 3t - 2t = 1$

$t = -2$

Mit (2): $s = -1$

Einsetzen des Parameterwerts $t = -2$ in die Gleichung von g ergibt den Ortsvektor des Schnittpunkts S:

$$\vec{s} = \begin{pmatrix} -2 \\ 3 \\ 5 \end{pmatrix} + (-2) \cdot \begin{pmatrix} 4 \\ 1 \\ 2 \end{pmatrix}$$

$$\vec{s} = \begin{pmatrix} -10 \\ 1 \\ 1 \end{pmatrix}$$

Der Schnittpunkt ist $S(-10\,|\,1\,|\,1)$.

Bemerkungen

Zur Kontrolle der Rechnung kann auch der berechnete Parameterwert $s = -1$ in die Gleichung von h eingesetzt werden. Es ergibt sich derselbe Punkt $S(-10\,|\,1\,|\,1)$.

Das Gleichungssystem kann auch mit dem GTR gelöst werden. Menü MATRX*, Menü EDIT, Definition einer 3x3-Matrix und Eintragen der Koeffizienten in das vorgegebene Schema.*

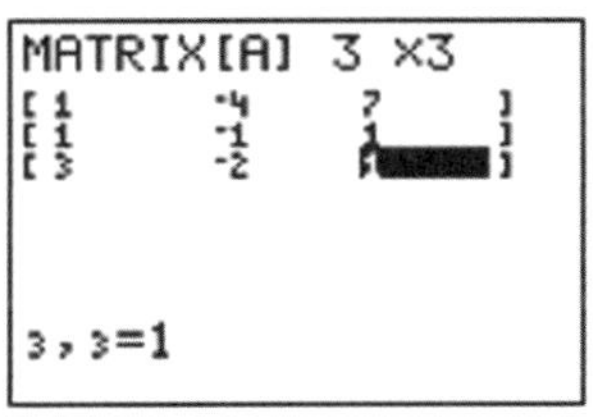

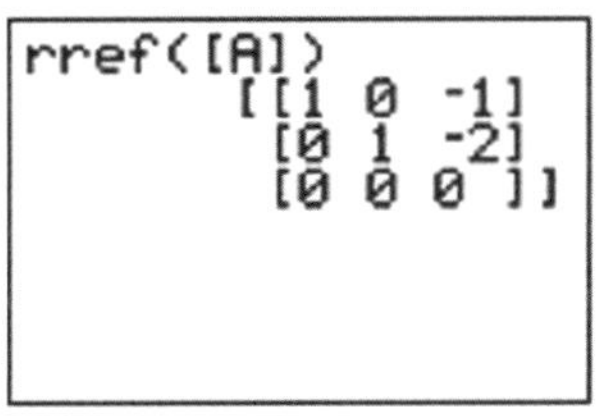

Rückkehr in den Hauptbildschirm, Menü MATRX*, Menü* MATH*, Menüpunkt „rref“, im Hauptbildschirm Menü* MATRX*, A bestätigen.*

Die Matrix wird in Diagonalform angezeigt. Die dritte Zeile zeigt, dass das Gleichungssystem lösbar ist. Die Werte $t = -2$ und $s = -1$ können aus der zweiten bzw. ersten Zeile abgelesen werden.

Bei dem angegebenen Gleichungssystem ist wohl die Lösung per Hand schneller erledigt.

5 (1 + 3 VP)

a) *Bemerkungen*

Die Abbildung zeigt die naheliegende Lösung. Selbstverständlich ist jedes Dreieck, das durch Verschieben, Spiegel oder Drehen des abgebildeten Dreiecks im Koordinatensystem entsteht, ebenfalls eine Lösung.

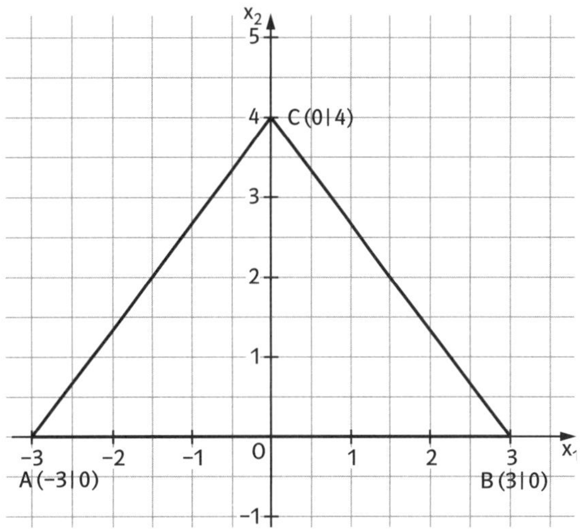

b)

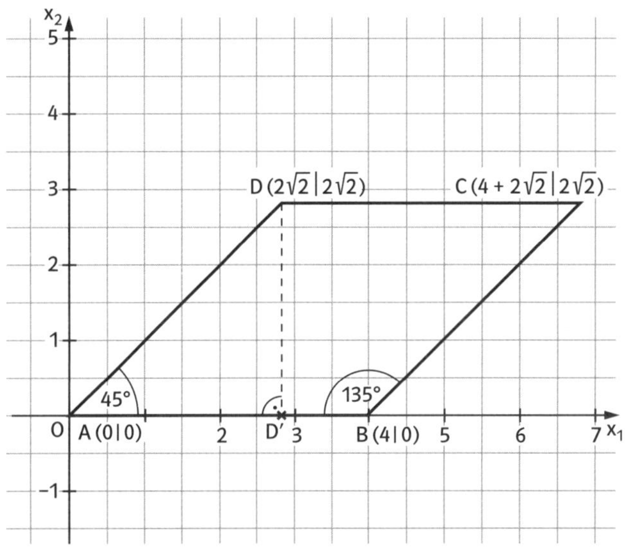

Bemerkungen

Die abgebildete Lage der Raute ist naheliegend. Da der Winkel ∢BAD die Weite 45° hat, ist das Dreieck AD'D gleichschenklig mit $\overline{AD'} = \overline{D'D}$ und rechtwinklig. Wegen $\overline{AD} = a = 4{,}0\,cm$ folgt mit dem Satz von Pythagoras:

$$\overline{AD'}^2 + \overline{D'D}^2 = \overline{AD}^2$$

$$2 \cdot \overline{AD'}^2 = \overline{AD}^2$$

$$2 \cdot \overline{AD'}^2 = 16\,cm^2$$

$$\overline{AD'}^2 = 8\,cm^2$$

$$\overline{AD'} = \sqrt{8}\,cm$$

$$\overline{AD'} = 2\sqrt{2}\,cm$$

Man kann auch an folgende Lage der Raute denken, wenn man ausnutzen will, dass deren Diagonalen zueinander orthogonal sind und sich gegenseitig halbieren.

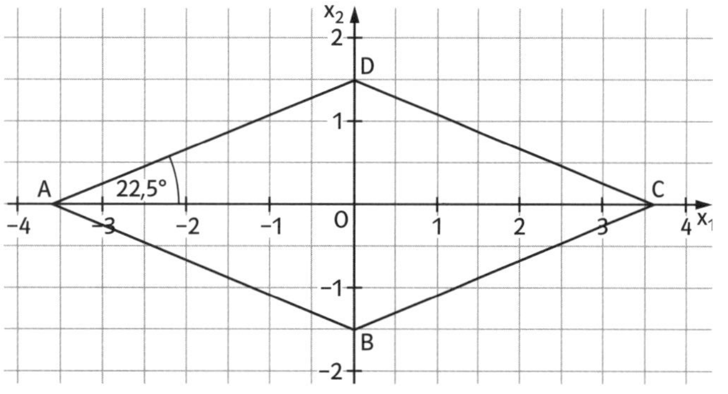

Mit dieser Figur kann man Näherungswerte für die Koordinaten der Punkte A, B, C und D ermitteln.
Im Dreieck AOD gilt:

$$\sin(22{,}5°) = \frac{\overline{OD}}{\overline{AD}}$$
$$\overline{OD} = \overline{AD} \cdot \sin(22{,}5°)$$
$$\overline{OD} \approx 1{,}53\,cm$$
$$\cos(22{,}5°) = \frac{\overline{AO}}{\overline{AD}}$$
$$\overline{AO} = \overline{AD} \cdot \cos(22{,}5°)$$
$$\overline{AO} \approx 3{,}70\,cm$$

Somit: $A(-3{,}70\,|\,0)$, $B(0\,|\,-1{,}53)$, $C(3{,}70\,|\,0)$, $D(0\,|\,1{,}53)$

Wer den Kosinussatz der Trigonometrie zur Verfügung hat, der kann die Koordinaten bei dieser Lage der Raute exakt ermitteln.
Im Dreieck ABD gilt:

$$\overline{BD}^2 = \overline{AB}^2 + \overline{AD}^2 - 2 \cdot \overline{AB} \cdot \overline{AD} \cdot \cos(45°)$$
$$\overline{BD}^2 = (4\,cm)^2 + (4\,cm)^2 - 2 \cdot 4\,cm \cdot 4\,cm \cdot \tfrac{1}{2}\sqrt{2}$$
$$\overline{BD}^2 = (32 - 16\sqrt{2})\,cm^2$$
$$\overline{BD} = 4 \cdot \sqrt{2 - \sqrt{2}}\,cm$$
$$\overline{OD} = \tfrac{1}{2} \cdot \overline{BD}$$
$$\overline{OD} = 2 \cdot \sqrt{2 - \sqrt{2}}\,cm$$

Daher gilt exakt: $D\left(0\,\middle|\,2\sqrt{2-\sqrt{2}}\right)$, $B\left(0\,\middle|\,-2\sqrt{2-\sqrt{2}}\right)$.
$\overline{AO}$ *lässt sich dann z.B. mit dem Satz von Pythagoras im Dreieck AOD ermitteln. Man erhält:*
$\overline{AO} = 2\sqrt{2+\sqrt{2}}\,cm$ *und damit* $A\left(-2\sqrt{2+\sqrt{2}}\,\middle|\,0\right)$, $C\left(2\sqrt{2+\sqrt{2}}\,\middle|\,0\right)$.

Klassenarbeit 3.3

1 (2 + 2 VP)

a) Die Abbildung zeigt die Vektoren $\vec{s} = \vec{a} + \vec{b}$, $\vec{u} = \vec{a} + \vec{b} + \vec{c}$, $\vec{m} = \vec{a} + \frac{1}{2}\vec{c}$ und $\vec{n} = \frac{1}{2}\vec{a} + \vec{b} + \frac{1}{2}\vec{c}$.

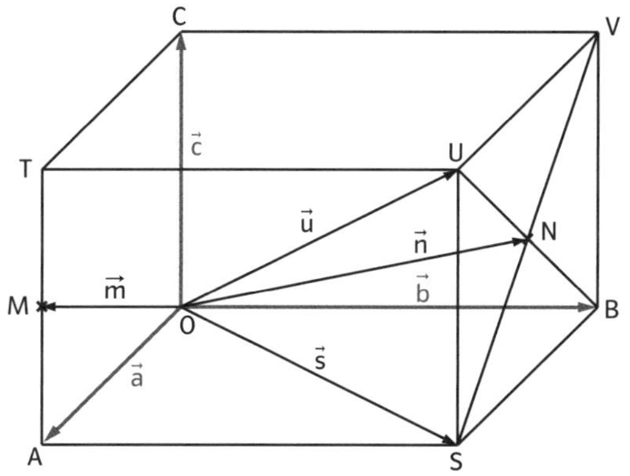

b) Die Punkte D, E und F sind in der Abbildung markiert.

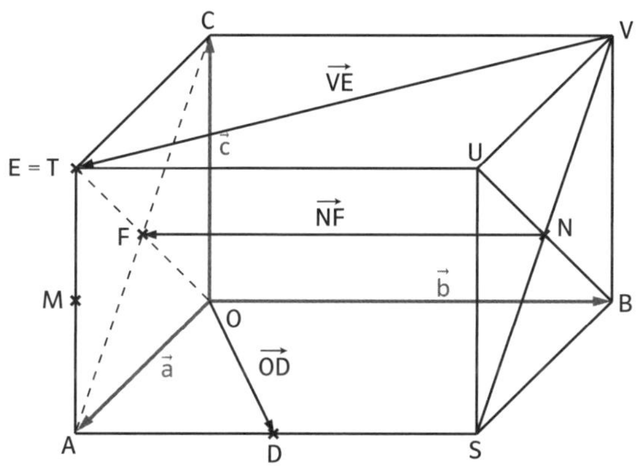

2 (2 + 3 VP)

Koordinatensystem und Punktkoordinaten

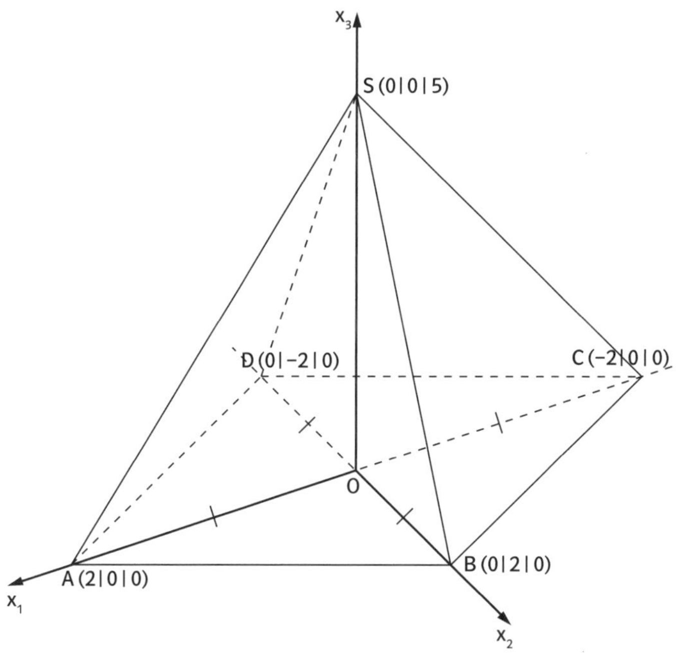

b) Da es sich um eine senkrechte quadratische Pyramide handelt, sind die Grundkanten AB, BC, CD und DA alle gleich lang und die Seitenkanten AS, BS, CS und DS ebenfalls alle gleich lang. Es reicht daher aus, lediglich $\overline{AB}$ und $\overline{AS}$ zu berechnen.

Länge von AB

Mit dem Satz von Pythagoras im Dreieck ABO gilt:

$\overline{AB}^2 = \overline{AO}^2 + \overline{BO}^2$

$\overline{AB} = \sqrt{\overline{AO}^2 + \overline{BO}^2}$

$\overline{AB} = \sqrt{2^2 + 2^2}$ LE

$\overline{AB} = \sqrt{8}$ LE

$\overline{AB} = 2\sqrt{2}$ LE

Länge von AS

Mit dem Satz von Pythagoras im Dreieck AOS gilt:

$\overline{AS}^2 = \overline{AO}^2 + \overline{OS}^2$

$\overline{AS} = \sqrt{\overline{AO}^2 + \overline{OS}^2}$

$\overline{AS} = \sqrt{2^2 + 5^2}$ LE

$\overline{AS} = \sqrt{29}$ LE

3 (3 + 2 VP)

a) Gleichung der Geraden durch A und C

$\vec{x} = \vec{a} + s \cdot (\vec{c} - \vec{a})$

$$\vec{x} = \begin{pmatrix} 1 \\ 0 \\ -1 \end{pmatrix} + s \cdot \left[\begin{pmatrix} 7 \\ 4 \\ 5 \end{pmatrix} - \begin{pmatrix} 1 \\ 0 \\ -1 \end{pmatrix}\right]$$

$$\vec{x} = \begin{pmatrix} 1 \\ 0 \\ -1 \end{pmatrix} + s \cdot \begin{pmatrix} 6 \\ 4 \\ 6 \end{pmatrix}, \quad s \in \mathbb{R}$$

Gleichung der Geraden durch B und D

$\vec{x} = \vec{b} + t \cdot (\vec{d} - \vec{b})$

$$\vec{x} = \begin{pmatrix} 9 \\ 2 \\ 7 \end{pmatrix} + t \cdot \left[\begin{pmatrix} 3 \\ 2 \\ 1 \end{pmatrix} - \begin{pmatrix} 9 \\ 2 \\ 7 \end{pmatrix}\right]$$

$$\vec{x} = \begin{pmatrix} 9 \\ 2 \\ 7 \end{pmatrix} + t \cdot \begin{pmatrix} -6 \\ 0 \\ -6 \end{pmatrix}, \quad t \in \mathbb{R}$$

Schnittpunkt der beiden Geraden

Es müssen Parameterwerte s und t so bestimmt werden, dass gilt:

$$\begin{pmatrix} 1 \\ 0 \\ -1 \end{pmatrix} + s \cdot \begin{pmatrix} 6 \\ 4 \\ 6 \end{pmatrix} = \begin{pmatrix} 9 \\ 2 \\ 7 \end{pmatrix} + t \cdot \begin{pmatrix} -6 \\ 0 \\ -6 \end{pmatrix}$$

Die Vektorgleichung ist gleichwertig zu folgendem Gleichungssystem:

(1) $1 + 6s = 9 - 6t$

(2) $0 + 4s = 2 + 0t$

(3) $-1 + 6s = 7 - 6t$

Aus (2) folgt: $s = \frac{1}{2}$

In (1):

$$1 + 6 \cdot \tfrac{1}{2} = 9 - 6t$$
$$4 = 9 - 6t$$
$$6t = 5$$
$$t = \tfrac{5}{6}$$

In (3):

$$-1 + 6 \cdot \tfrac{1}{2} = 7 - 6t$$
$$2 = 7 - 6t$$
$$6t = 5$$
$$t = \tfrac{5}{6}$$

Das Gleichungssystem hat die Lösung $s = \frac{1}{2}$, $t = \frac{5}{6}$.
Daher gibt es einen Schnittpunkt.
Mit $s = \frac{1}{2}$ erhält man den Ortsvektor $\vec{s}$ des Schnittpunkts S:

$$\vec{s} = \begin{pmatrix} 1 \\ 0 \\ -1 \end{pmatrix} + \tfrac{1}{2} \cdot \begin{pmatrix} 6 \\ 4 \\ 6 \end{pmatrix} = \begin{pmatrix} 4 \\ 2 \\ 2 \end{pmatrix}$$

Der Diagonalenschnittpunkt ist S(4 | 2 | 2).

Bemerkung
Das Gleichungssystem kann auch mit dem GTR gelöst werden.

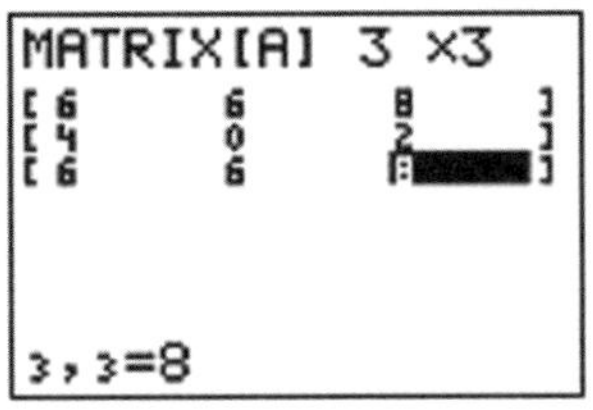

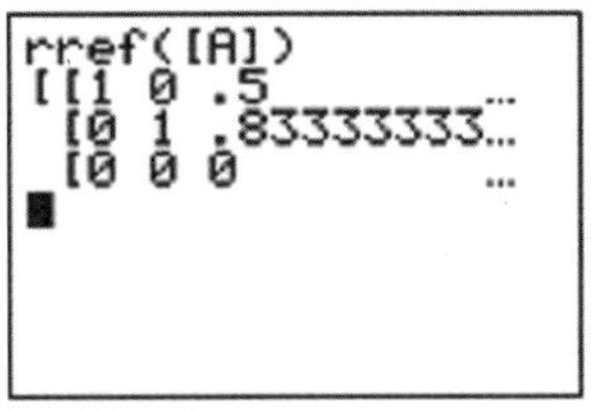

b) Untersuchung auf Parallelogrammeigenschaft
Wenn das Viereck ABCD ein Parallelogramm wäre, dann müssten die Vektoren $\overrightarrow{AB}$ und $\overrightarrow{DC}$ bzw. $\overrightarrow{BC}$ und $\overrightarrow{AB}$ jeweils gleich sein.

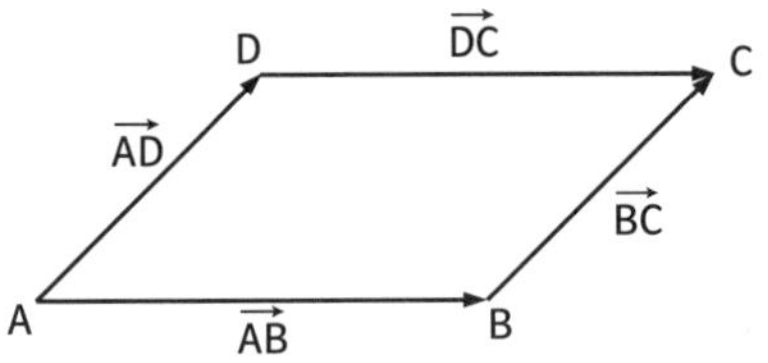

Es gilt:

$\overrightarrow{AB} = \vec{b} - \vec{a}$ $\qquad$ $\overrightarrow{DC} = \vec{c} - \vec{d}$

$$\overrightarrow{AB} = \begin{pmatrix} 9 \\ 2 \\ 7 \end{pmatrix} - \begin{pmatrix} 1 \\ 0 \\ -1 \end{pmatrix} \qquad \overrightarrow{DC} = \begin{pmatrix} 7 \\ 4 \\ 5 \end{pmatrix} - \begin{pmatrix} 3 \\ 2 \\ 1 \end{pmatrix}$$

$$\overrightarrow{AB} = \begin{pmatrix} 8 \\ 2 \\ 8 \end{pmatrix} \qquad \overrightarrow{DC} = \begin{pmatrix} 4 \\ 2 \\ 4 \end{pmatrix}$$

Da bereits $\overrightarrow{AB} \neq \overrightarrow{DC}$ gilt, kann das Viereck kein Parallelogramm sein.

Bemerkungen
Es gibt eine Reihe von Lösungsalternativen.
Da sich bei einem Parallelogramm die Diagonalen halbieren, müsste $\overrightarrow{AS} = \overrightarrow{SC}$ und $\overrightarrow{BS} = \overrightarrow{SD}$ gelten, wobei S der Diagonalenschnittpunkt aus Teilaufgabe a) ist.
Es gilt:

$\overrightarrow{AS} = \vec{s} - \vec{a}$ $\qquad$ $\overrightarrow{SC} = \vec{c} - \vec{s}$

$$\overrightarrow{AS} = \begin{pmatrix} 3 \\ 2 \\ 3 \end{pmatrix} \qquad \overrightarrow{SC} = \begin{pmatrix} 3 \\ 2 \\ 3 \end{pmatrix}$$

$\overrightarrow{BS} = \vec{s} - \vec{b}$ $\qquad$ $\overrightarrow{SD} = \vec{d} - \vec{s}$

$$\overrightarrow{BS} = \begin{pmatrix} -5 \\ 0 \\ -5 \end{pmatrix} \qquad \overrightarrow{SD} = \begin{pmatrix} -1 \\ 0 \\ -1 \end{pmatrix}$$

Wegen $\overrightarrow{BS} \neq \overrightarrow{SD}$ ist das Viereck sicher kein Parallelogramm.
Man kann auch die Längen gegenüberliegender Seiten des Vierecks berechnen.

$$\overline{AB} = \sqrt{(b_1 - a_1)^2 + (b_2 - a_2)^2 + (b_3 - a_3)^2}$$
$$\overline{AB} = \sqrt{(9 - 1)^2 + (2 - 0)^2 + (7 - (-1))^2}\ \text{LE}$$
$$\overline{AB} = \sqrt{132}\ \text{LE}$$
$$\overline{CD} = \sqrt{(d_1 - c_1)^2 + (d_2 - c_2)^2 + (d_3 - c_3)^2}$$
$$\overline{CD} = \sqrt{(3 - 7)^2 + (2 - 4)^2 + (1 - 5)^2}\ \text{LE}$$
$$\overline{CD} = \sqrt{36}\ \text{LE}$$
$$\overline{CD} = 6\ \text{LE}$$

Da $\overline{AB} \neq \overline{CD}$, kann das Viereck kein Parallelogramm sein.
Der Diagonalenschnittpunkt S eines Parallelogramms ist der Mittelpunkt jeder Diagonalen, insbesondere der Diagonalen durch B und D.
Für den Ortsvektor $\vec{s}$ müsste also gelten:

$$\vec{s} = \tfrac{1}{2} \cdot (\vec{b} + \vec{d})$$

Es gilt:

$$\tfrac{1}{2} \cdot (\vec{b} + \vec{d}) = \tfrac{1}{2} \cdot \left[\begin{pmatrix} 9 \\ 2 \\ 7 \end{pmatrix} + \begin{pmatrix} 3 \\ 2 \\ 1 \end{pmatrix}\right]$$

$$\tfrac{1}{2} \cdot (\vec{b} + \vec{d}) = \tfrac{1}{2} \cdot \begin{pmatrix} 12 \\ 4 \\ 8 \end{pmatrix}$$

$$\tfrac{1}{2} \cdot (\vec{b} + \vec{d}) = \begin{pmatrix} 6 \\ 2 \\ 4 \end{pmatrix}$$

Da man aus Teilaufgabe a) weiß, dass $\vec{s} = \begin{pmatrix} 4 \\ 2 \\ 2 \end{pmatrix}$ gilt, kann S nicht Diagonalenmittelpunkt sein und daher das Viereck ABCD kein Parallelogramm.
Beachte jedoch: Wenn S Mittelpunkt einer Vierecksdiagonalen ist, dann ist das Viereck nicht notwendigerweise ein Parallelogramm. Es könnte auch ein allgemeines Drachenviereck sein.

4 (3 + 3 VP)

a) Geradengleichungen in Parameterform

$g\colon \vec{x} = \begin{pmatrix} 0 \\ -3 \end{pmatrix} + t \cdot \begin{pmatrix} 1 \\ 2 \end{pmatrix},\ t \in \mathbb{R}$

Aus $4x_1 + 3x_2 = 0$ folgt $3x_2 = -4x_1$ bzw. $x_2 = -\frac{4}{3}x_1$.

$h\colon \vec{x} = \begin{pmatrix} 0 \\ 0 \end{pmatrix} + t \cdot \begin{pmatrix} 1 \\ -\frac{4}{3} \end{pmatrix},\ t \in \mathbb{R}$

bzw.

$h\colon \vec{x} = s \cdot \begin{pmatrix} 3 \\ -4 \end{pmatrix},\ s \in \mathbb{R}$

Aus $\frac{1}{2}x_1 + \frac{2}{3}x_2 - 1 = 0$ folgt $\frac{2}{3}x_2 = -\frac{1}{2}x_1 + 1$ bzw.

$x_2 = -\frac{3}{4}x_1 + \frac{3}{2}$.

$k\colon \vec{x} = \begin{pmatrix} 0 \\ \frac{3}{2} \end{pmatrix} + t \cdot \begin{pmatrix} 1 \\ -\frac{3}{4} \end{pmatrix},\ t \in \mathbb{R}$

bzw.

$k\colon \vec{x} = \begin{pmatrix} 0 \\ \frac{3}{2} \end{pmatrix} + s \cdot \begin{pmatrix} -4 \\ 3 \end{pmatrix},\ s \in \mathbb{R}$

b) Gleichungen in Koordinatenform

g: $g(x) = -1 \cdot (x - 3) + 4$

$g(x) = -x + 7,\ x \in \mathbb{R}$

h: $h(x) = 0 \cdot (x - 0) + 1$

$h(x) = 1,\ x \in \mathbb{R}$

k: $k(x) = -2 \cdot (x - 0) + 0$

$k(x) = -2x,\ x \in \mathbb{R}$

5 (1 + 1 + 1 + 1 VP)

a) *Jede Gerade durch P mit einem Richtungsvektor, der nicht Vielfaches des Richtungsvektors von g ist, kann angegeben werden.*

Veranschaulichung

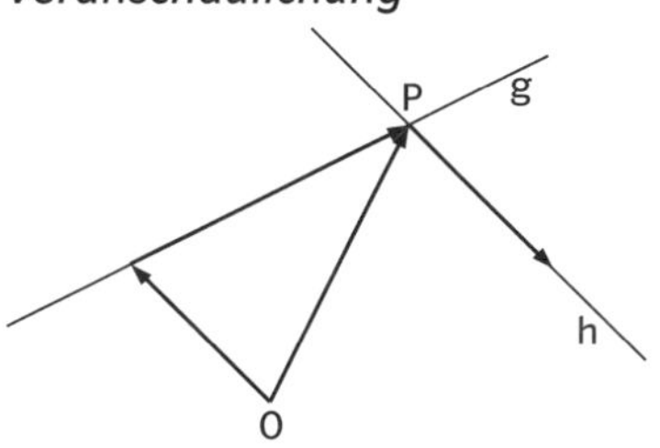

Beispiel

$\vec{x} = \begin{pmatrix} -1 \\ -1 \\ -9 \end{pmatrix} + t \cdot \begin{pmatrix} 1 \\ 3 \\ 5 \end{pmatrix},\ t \in \mathbb{R}$

b) *Jede Gerade durch Q, die denselben Richtungsvektor wie g hat oder deren Richtungsvektor ein Vielfaches des Richtungsvektors von g ist, kann angegeben werden.*

Veranschaulichung

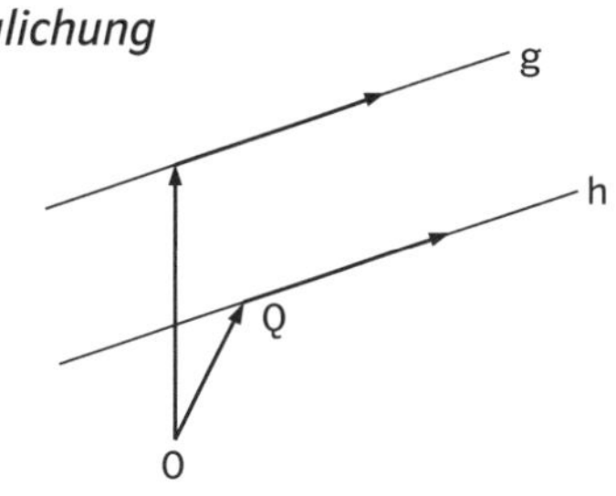

Beispiel

$h\colon \vec{x} = \begin{pmatrix} 4 \\ 5 \\ 0 \end{pmatrix} + t \cdot \begin{pmatrix} 2 \\ -4 \\ 3 \end{pmatrix},\ t \in \mathbb{R}$

c) *Jede Gerade durch R mit einem Richtungsvektor, dessen x_1-Koordinate 0 ist, kann angegeben werden.*

Veranschaulichung

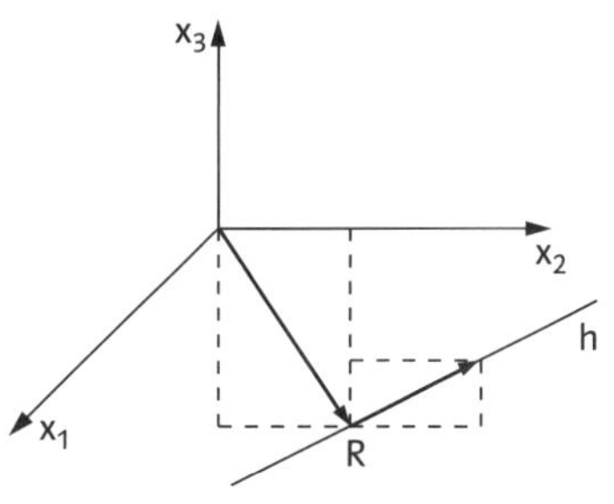

Beispiel

$h\colon \vec{x} = \begin{pmatrix} 0 \\ 2 \\ -3 \end{pmatrix} + t \cdot \begin{pmatrix} 0 \\ 1 \\ 2 \end{pmatrix},\ t \in \mathbb{R}$

d) *Jede Gerade parallel zur x_2x_3-Ebene durch S kann angegeben werden. Damit diese Gerade parallel zur x_2x_3-Ebene ist, muss der gewählte Richtungsvektor die x_1-Koordinate 0 haben.*

Veranschaulichung

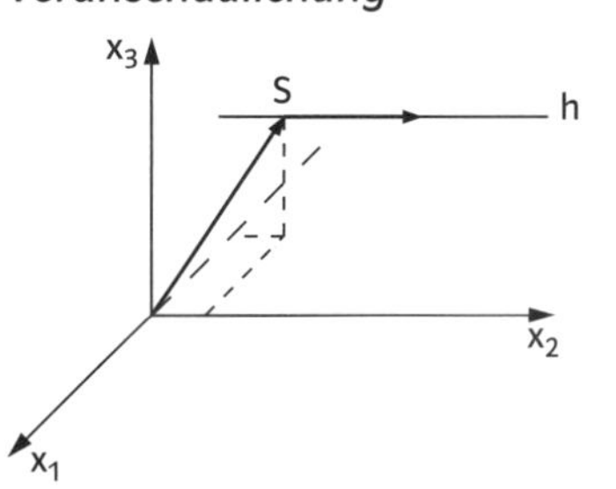

Beispiel

$h\colon \vec{x} = \begin{pmatrix} -3 \\ 1 \\ 5 \end{pmatrix} + t \cdot \begin{pmatrix} 0 \\ 1 \\ 0 \end{pmatrix},\ t \in \mathbb{R}$

Klassenarbeit 3.4

1 (2 + 2 VP)

a) Ortsvektoren der Mittelpunkte

$\vec{m_a} = \frac{1}{2} \cdot (\vec{b} + \vec{c}) = \frac{1}{2}\vec{b} + \frac{1}{2}\vec{c}$

$\vec{m_b} = \frac{1}{2} \cdot (\vec{a} + \vec{c}) = \frac{1}{2}\vec{a} + \frac{1}{2}\vec{c}$

$\vec{m_c} = \frac{1}{2} \cdot (\vec{a} + \vec{b}) = \frac{1}{2}\vec{a} + \frac{1}{2}\vec{b}$

Vektorsumme

$\overrightarrow{AM_a} + \overrightarrow{BM_b} + \overrightarrow{CM_c}$

$= (\vec{m_a} - \vec{a}) + (\vec{m_b} - \vec{b}) + (\vec{m_c} - \vec{c})$

$= \left(\frac{1}{2}\vec{b} + \frac{1}{2}\vec{c} - \vec{a}\right) + \left(\frac{1}{2}\vec{a} + \frac{1}{2}\vec{c} - \vec{b}\right) + \left(\frac{1}{2}\vec{a} + \frac{1}{2}\vec{b} - \vec{c}\right)$

$= \vec{o}$

b) Nachweis

Es reicht aus zu zeigen, dass gilt: $\overrightarrow{M_bM_a} = \frac{1}{2} \cdot \overrightarrow{AB}$

Dann sind die Pfeile zu den Vektoren $\overrightarrow{M_bM_a}$ und $\overrightarrow{AB}$ parallel und der Pfeil zu $\overrightarrow{M_bM_a}$ ist halb so lang wie der Pfeil zu $\overrightarrow{AB}$.

Mit den Ergebnissen der vorherigen Teilaufgabe folgt:

$\overrightarrow{M_bM_a} = \vec{m_a} - \vec{m_b}$

$= \frac{1}{2} \cdot (\vec{b} + \vec{c}) - \frac{1}{2} \cdot (\vec{a} + \vec{c})$

$= \frac{1}{2}\vec{b} + \frac{1}{2}\vec{c} - \frac{1}{2}\vec{a} - \frac{1}{2}\vec{c}$

$= \frac{1}{2}\vec{b} - \frac{1}{2}\vec{a}$

$= \frac{1}{2} \cdot (\vec{b} - \vec{a})$

$= \frac{1}{2} \cdot \overrightarrow{AB}$

Dies war zu zeigen.

2 (2 + 1 + 1 VP)

Gegeben sind die Geraden g und h durch

$g\colon \vec{x} = \begin{pmatrix} 0 \\ 4 \\ 3 \end{pmatrix} + s \cdot \begin{pmatrix} 5 \\ -4 \\ -3 \end{pmatrix},\ s \in \mathbb{R}$

$h\colon \vec{x} = \begin{pmatrix} 0 \\ 0 \\ 3 \end{pmatrix} + t \cdot \begin{pmatrix} 5 \\ 6 \\ -3 \end{pmatrix},\ t \in \mathbb{R}$

a) Lagebeziehung der Geraden

Die Richtungsvektoren $\begin{pmatrix} 5 \\ -4 \\ -3 \end{pmatrix}$ und $\begin{pmatrix} 5 \\ 6 \\ -3 \end{pmatrix}$ sind nicht Vielfache voneinander. Daher sind die Geraden sicher nicht parallel (und daher auch nicht identisch). Sie müssen sich also entweder in einem Punkt schneiden oder aber windschief sein.

Wenn es einen Schnittpunkt gibt, dann müssen Parameterwerte s und t existieren, so dass die

Vektorgleichung $\begin{pmatrix} 0 \\ 4 \\ 3 \end{pmatrix} + s \cdot \begin{pmatrix} 5 \\ -4 \\ -3 \end{pmatrix} = \begin{pmatrix} 0 \\ 0 \\ 3 \end{pmatrix} + t \cdot \begin{pmatrix} 5 \\ 6 \\ -3 \end{pmatrix}$

eine Lösung hat.

Lösen des Gleichungssystems

(1) $0 + 5 \cdot s = 0 + 5 \cdot t$

(2) $4 - 4 \cdot s = 0 + 6 \cdot t$

(3) $3 - 3 \cdot s = 3 - 3 \cdot t$

Aus (1): $s = t$

In (2):

$4 - 4t = 6t$

$4 = 10t$

$t = \frac{2}{5}$

In (3):

$3 - 3t = 3 - 3t$

$0t = 0$

Das Gleichungssystem hat die Lösung $s = \frac{2}{5}$, $t = \frac{2}{5}$.

Daher schneiden sich die Geraden g und h.

Bemerkungen

Der Ortsvektor $\vec{s}$ des Schnittpunkts S der Geraden g und h ergibt sich, indem man einen der berechneten Werte in die entsprechende Geradengleichung einsetzt. Mit $s = \frac{2}{5}$ folgt nach Einsetzen in die Gleichung von g:

$\vec{s} = \begin{pmatrix} 0 \\ 4 \\ 3 \end{pmatrix} + \frac{2}{5} \cdot \begin{pmatrix} 5 \\ -4 \\ -3 \end{pmatrix}$

$\vec{s} = \begin{pmatrix} 2 \\ \frac{12}{5} \\ \frac{9}{5} \end{pmatrix}$

Somit ist $S\left(2 \left| \frac{12}{5} \right| \frac{9}{5}\right)$ der Schnittpunkt von g und h.

b) Gleichung der Geraden p

Da p parallel zu g sein soll, kann der Richtungsvektor von g auch als Richtungsvektor von p gewählt werden. Als Stützvektor verwendet man einen Vektor, bei dem sofort erkennbar ist, dass p nicht durch O geht, indem man z. B. zwei der Koordinaten 0 wählt.

$p\colon \vec{x} = \begin{pmatrix} 1 \\ 0 \\ 0 \end{pmatrix} + u \cdot \begin{pmatrix} 5 \\ -4 \\ -3 \end{pmatrix},\ u \in \mathbb{R}$

c) Gleichung der Geraden w

Da w windschief zu g sein soll, wählt man den Richtungsvektor von w so, dass er nicht Vielfaches des Richtungsvektors von g ist. Man kann also z. B. $\begin{pmatrix} 0 \\ 0 \\ 1 \end{pmatrix}$ wählen. Als Stützvektor eignet sich z. B. $\begin{pmatrix} 0 \\ 0 \\ 0 \end{pmatrix}$.

$w\colon \vec{x} = \begin{pmatrix} 0 \\ 0 \\ 0 \end{pmatrix} + v \cdot \begin{pmatrix} 0 \\ 0 \\ 1 \end{pmatrix},\ v \in \mathbb{R}$

Die Geraden g und w können sich nicht schneiden, denn die zweite Zeile der entsprechenden Vektorgleichung wäre nur für s = 1 erfüllt. Dann ergäbe sich in derselben Zeile v = 0 und damit in der ersten Zeile der Widerspruch 5 = 0.

3 (4 VP)

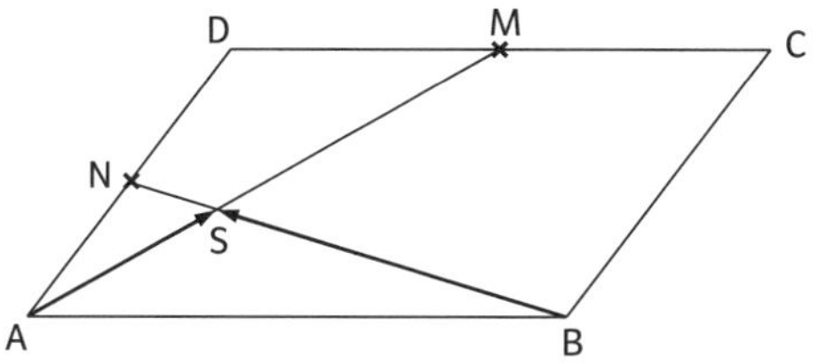

Darstellung der Vektoren $\overrightarrow{AS}$ und $\overrightarrow{BS}$

$\overrightarrow{AS} = s \cdot \overrightarrow{AM}$

$\overrightarrow{BS} = t \cdot \overrightarrow{BN}$

Vektorzug im Dreieck ABS

$$\overrightarrow{AB} + \overrightarrow{BS} - \overrightarrow{AS} = \vec{o}$$
$$\overrightarrow{AB} + t \cdot \overrightarrow{BN} - s \cdot \overrightarrow{AM} = \vec{o}$$
$$\overrightarrow{AB} + t \cdot \left(\overrightarrow{BA} + \tfrac{1}{2}\overrightarrow{AD}\right) - s \cdot \left(\overrightarrow{AD} + \tfrac{1}{2}\overrightarrow{DC}\right) = \vec{o}$$
$$\overrightarrow{AB} + t \cdot \left(-\overrightarrow{AB} + \tfrac{1}{2}\overrightarrow{AD}\right) - s \cdot \left(\overrightarrow{AD} + \tfrac{1}{2}\overrightarrow{AB}\right) = \vec{o}$$
$$\overrightarrow{AB} - t \cdot \overrightarrow{AB} + t \cdot \tfrac{1}{2} \cdot \overrightarrow{AD} - s \cdot \overrightarrow{AD} - s \cdot \tfrac{1}{2} \cdot \overrightarrow{AB} = \vec{o}$$
$$\overrightarrow{AB} \cdot \left(1 - t - \tfrac{1}{2}s\right) + \overrightarrow{AD} \cdot \left(\tfrac{1}{2}t - s\right) = \vec{o}$$

Da die Vektoren $\overrightarrow{AB}$ und $\overrightarrow{AD}$ nicht Vielfache voneinander sind, kann diese Gleichung nur bestehen, wenn die Koeffizienten beide den Wert 0 haben.

(1) $1 - t - \frac{1}{2}s = 0$

(2) $\frac{1}{2}t - s = 0$

Aus (2): $s = \frac{1}{2}t$

In (1):

$1 - t - \frac{1}{4}t = 0$

$\frac{5}{4}t = 1$

$t = \frac{4}{5}$

Mit (2): $s = \frac{2}{5}$

Teilverhältnisse

Damit gilt:

$\overrightarrow{AS} = \frac{2}{5}\overrightarrow{AM}$, $\overrightarrow{BS} = \frac{4}{5}\overrightarrow{BN}$

Der Punkt S teilt die Strecke AM von A aus im Verhältnis 2 : 3 und die Strecke BS von B aus im Verhältnis 4 : 1.

Alternative

Anwendung der Strahlensätze

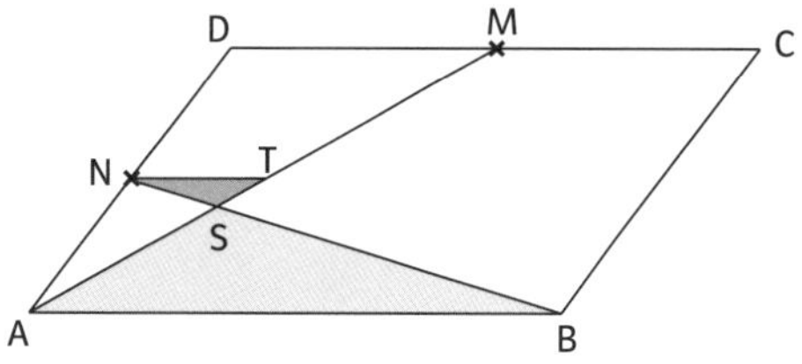

Die Parallele zu AB durch N schneidet die Strecke AM im Punkt T. T ist daher Mittelpunkt von AM.

2. Strahlensatz von A aus:

(1) $\overline{AN} : \overline{AD} = \overline{NT} : \overline{DM}$

Da N bzw. M Seitenmittelpunkte der Seiten AD bzw. DC sind, gilt:

$\overline{AN} = \frac{1}{2}\overline{AD}$

$\overline{DM} = \frac{1}{2}\overline{DC} = \frac{1}{2}\overline{AB}$

Eingesetzt in (1):

$\frac{1}{2}\overline{AD} : \overline{AD} = \overline{NT} : \frac{1}{2}\overline{AB}$

$\frac{1}{2} = \overline{NT} : \frac{1}{2}\overline{AB}$

$\overline{NT} = \frac{1}{4}\overline{AB}$

2. Strahlensatz von S aus:

$\overline{SA} : \overline{AB} = \overline{ST} : \overline{NT}$

$\overline{SA} : \overline{AB} = \overline{ST} : \frac{1}{4}\overline{AB}$

$\overline{SA} = \overline{ST} \cdot 4$

Mit $\overline{ST} = \overline{AT} - \overline{AS} = \frac{1}{2}\overline{AM} - \overline{AS}$ *folgt daraus:*

$\overline{SA} = 4 \cdot \left(\frac{1}{2}\overline{AM} - \overline{AS}\right)$

$\overline{AS} = 2 \cdot \overline{AM} - 4 \cdot \overline{AS}$

$5 \cdot \overline{AS} = 2 \cdot \overline{AM}$

$\overline{AS} = \frac{2}{5} \cdot \overline{AM}$

S teilt also die Strecke AM im Verhältnis 2 : 3. Entsprechend kann man für BS überlegen.

4 (2 VP)

Nachweis

Es reicht zu zeigen, dass die Gerade mit der gegebenen Gleichung $\frac{x_1}{a} + \frac{x_2}{b} = 1$ durch die gegebenen Punkte $A(a\,|\,0)$ und $B(0\,|\,b)$ geht.

Punktprobe für $A(a\,|\,0)$:

$\frac{a}{a} + \frac{0}{b} = 1$ ist wahr.

Punktprobe für $B(0\,|\,b)$:

$\frac{0}{a} + \frac{b}{b} = 1$ ist wahr,

Die Gerade wird durch die gegebene Gleichung beschrieben.

Steigung der Geraden

$\frac{x_1}{a} + \frac{x_2}{b} = 1 \qquad \mid -\frac{x_1}{a}$

$\frac{x_2}{b} = -\frac{x_1}{a} + 1 \qquad \mid \cdot b,\ b \neq 0$

$x_2 = -\frac{b}{a}x_1 + b$

Die Gerade hat die Steigung $-\frac{b}{a}$.
Vektorgleichung für die Gerade
Es gilt:

$\vec{x} = \vec{a} + s \cdot (\vec{b} - \vec{a}),\ s \in \mathbb{R}$

$\vec{x} = \begin{pmatrix} a \\ 0 \end{pmatrix} + s \cdot \left[\begin{pmatrix} 0 \\ b \end{pmatrix} - \begin{pmatrix} a \\ 0 \end{pmatrix}\right]$

$\vec{x} = \begin{pmatrix} a \\ 0 \end{pmatrix} + s \cdot \begin{pmatrix} -a \\ b \end{pmatrix},\ s \in \mathbb{R}$

5 (3 + 4 VP)

a) Gleichung der Geraden g durch P und Q

g: $\vec{x} = \vec{p} + s \cdot (\vec{q} - \vec{p}),\ s \in \mathbb{R}$

$\vec{x} = \begin{pmatrix} 0 \\ 4 \\ 6 \end{pmatrix} + s \cdot \left[\begin{pmatrix} 2 \\ 0 \\ 0 \end{pmatrix} - \begin{pmatrix} 0 \\ 4 \\ 6 \end{pmatrix}\right]$

$\vec{x} = \begin{pmatrix} 0 \\ 4 \\ 6 \end{pmatrix} + s \cdot \begin{pmatrix} 2 \\ -4 \\ -6 \end{pmatrix},\ s \in \mathbb{R}$

Gleichung der Geraden h durch S und T

h: $\vec{x} = \vec{s} + t \cdot (\vec{t} - \vec{s}),\ t \in \mathbb{R}$

$\vec{x} = \begin{pmatrix} 0 \\ 0 \\ 6 \end{pmatrix} + t \cdot \left[\begin{pmatrix} 2{,}5 \\ 2 \\ 0 \end{pmatrix} - \begin{pmatrix} 0 \\ 0 \\ 6 \end{pmatrix}\right]$

$\vec{x} = \begin{pmatrix} 0 \\ 0 \\ 6 \end{pmatrix} + t \cdot \begin{pmatrix} 2{,}5 \\ 2 \\ -6 \end{pmatrix},\ t \in \mathbb{R}$

Lagebeschreibung der Geraden
Wenn sich g und h nicht schneiden, dann darf es keine Parameterwerte s und t geben, welche die Vektorgleichung

$\begin{pmatrix} 0 \\ 4 \\ 6 \end{pmatrix} + s \cdot \begin{pmatrix} 2 \\ -4 \\ -6 \end{pmatrix} = \begin{pmatrix} 0 \\ 0 \\ 6 \end{pmatrix} + t \cdot \begin{pmatrix} 2{,}5 \\ 2 \\ -6 \end{pmatrix}$

erfüllen.
Lösung des Gleichungssystems:

(1) $0 + 2 \cdot s = 0 + 2{,}5 \cdot t$
(2) $4 - 4 \cdot s = 0 + 2 \cdot t$
(3) $6 - 6 \cdot s = 6 - 6 \cdot t$

Aus (1): $s = \frac{5}{4}t$
Aus (3):
$6s = 6t$
$s = t$
Dies liefert bereits einen Widerspruch.
Die Geraden g und h schneiden sich nicht.

b) Gleichung der Geraden durch A und B

(AB): $\vec{x} = \vec{a} + r \cdot (\vec{b} - \vec{a}),\ r \in \mathbb{R}$

$\vec{x} = \begin{pmatrix} 5 \\ 0 \\ 0 \end{pmatrix} + r \cdot \left[\begin{pmatrix} 0 \\ 4 \\ 0 \end{pmatrix} - \begin{pmatrix} 5 \\ 0 \\ 0 \end{pmatrix}\right]$

$\vec{x} = \begin{pmatrix} 5 \\ 0 \\ 0 \end{pmatrix} + r \cdot \begin{pmatrix} -5 \\ 4 \\ 0 \end{pmatrix},\ r \in \mathbb{R}$

Der Punkt $U(u_1 | u_2 | u_3)$ liegt auf (AB).

Daher gilt für seinen Ortsvektor $\vec{u}$:

$\vec{u} = \begin{pmatrix} 5 \\ 0 \\ 0 \end{pmatrix} + r \cdot \begin{pmatrix} -5 \\ 4 \\ 0 \end{pmatrix}$

Gerade durch S und U

(SU): $\vec{x} = \vec{s} + u \cdot (\vec{u} - \vec{s})$

$\vec{x} = \begin{pmatrix} 0 \\ 0 \\ 6 \end{pmatrix} + u \cdot \left[\begin{pmatrix} 5 \\ 0 \\ 0 \end{pmatrix} + r \cdot \begin{pmatrix} -5 \\ 4 \\ 0 \end{pmatrix} - \begin{pmatrix} 0 \\ 0 \\ 6 \end{pmatrix}\right]$

$\vec{x} = \begin{pmatrix} 0 \\ 0 \\ 6 \end{pmatrix} + u \cdot \left[\begin{pmatrix} 5 \\ 0 \\ -6 \end{pmatrix} + r \cdot \begin{pmatrix} -5 \\ 4 \\ 0 \end{pmatrix}\right],\ r, u \in \mathbb{R}$

Schnittpunkt der Geraden g und (SU)
Das Gleichungssystem

$\begin{pmatrix} 0 \\ 4 \\ 6 \end{pmatrix} + s \cdot \begin{pmatrix} 2 \\ -4 \\ -6 \end{pmatrix} = \begin{pmatrix} 0 \\ 0 \\ 6 \end{pmatrix} + u \cdot \left[\begin{pmatrix} 5 \\ 0 \\ -6 \end{pmatrix} + r \cdot \begin{pmatrix} -5 \\ 4 \\ 0 \end{pmatrix}\right]$

muss eine Lösung haben.

(1) $2 \cdot s = 5 \cdot u - 5 \cdot r \cdot u$
(2) $4 - 4 \cdot s = 4 \cdot r \cdot u$
(3) $-6 \cdot s = -6 \cdot u$

Aus (3): $s = u$
In (1):
$2u = 5u - 5ru$
$5ru = 3u \quad | :u,\ u \neq 0$
$5r = 3$
$r = \frac{3}{5}$
In (2):
$4 - 4u = 4ru$
$4 - 4u = \frac{12}{5}u$
$4 = \frac{32}{5}u$
$u = \frac{5}{8}$

Das Gleichungssystem hat die Lösung $r = \frac{3}{5}$, $u = \frac{5}{8}$, $s = \frac{5}{8}$.
Daraus folgt:

$\vec{u} = \begin{pmatrix} 5 \\ 0 \\ 0 \end{pmatrix} + \frac{3}{5} \cdot \begin{pmatrix} -5 \\ 4 \\ 0 \end{pmatrix} = \begin{pmatrix} 2 \\ \frac{12}{5} \\ 0 \end{pmatrix}$

Der gesuchte Punkt ist $U\left(2 \middle| \frac{12}{5} \middle| 0\right)$.

6 (1 + 1 + 1 VP)

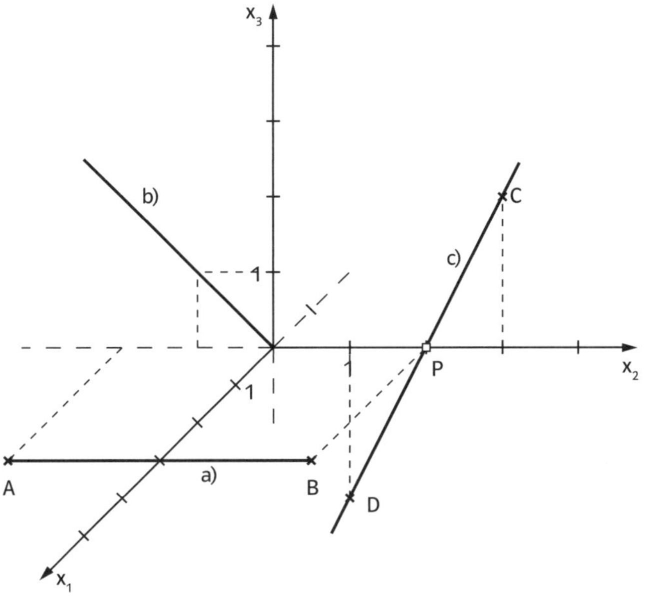

a) *Der Parameter r durchläuft nur alle reellen Zahlen zwischen −2 und +2 je einschließlich. Damit werden nur Punkte auf der Geraden erreicht, zu denen diese Parameterwerte gehören. Für r = −2 erhält man den Ortsvektor* $\begin{pmatrix} 3 \\ -2 \\ 0 \end{pmatrix}$, *für r = +2 ergibt sich* $\begin{pmatrix} 3 \\ 2 \\ 0 \end{pmatrix}$.

Die Punktmenge ist die Strecke mit den Endpunkten A(3 | −2 | 0) und B(3 | 2 | 0).

b) *Der Vektor* $\begin{pmatrix} 0 \\ -1 \\ 1 \end{pmatrix}$ *ist Richtungsvektor einer Geraden durch O in der* x_2x_3*-Ebene. Wenn der Parameter s alle reellen Zahlen durchläuft, nimmt* s^2 *nur nichtnegative Werte an.*

Die Punktmenge ist eine Halbgerade in der x_2x_3-Ebene mit dem Anfangspunkt O(0 | 0 | 0) und dem Richtungsvektor $\begin{pmatrix} 0 \\ -1 \\ 1 \end{pmatrix}$.

c) *Der Faktor* $\frac{1}{t}$ *nimmt alle Werte an mit Ausnahme des Wertes 0, wenn t die zugelassenen Werte durchläuft.*

Die Punktmenge ist eine Gerade in der x_2x_3-Ebene durch die Punkte C(0 | 3 | 2) und D(0 | 1 | −2), jedoch ohne den Punkt P(0 | 2 | 0).

Pinboard – Funktionsklassen

Ganzrationale Funktionen

Definition	Beispiele	Gegenbeispiele
Wenn sich eine Funktion f durch die Gleichung $f(x) = a_n x^n + a_{n-1} x^{n-1} + \ldots + a_a x^1 + a_0$, $x \in \mathbb{R}$ $a_n, a_{n-1}, \ldots, a_1, a_0 \in \mathbb{R}$, $a_n \neq 0$,, $n \in \mathbb{N}$, beschreiben lässt, dann heißt f ganzrationale Funktion n-ten Grades.	f mit $f(x) = 2x^4 - \frac{1}{4}x^3 + x$, $x \in \mathbb{R}$, ist ganzrational und hat den Grad 4. f mit $f(x) = -x^3 + 1$, $x \in \mathbb{R}$, ist ganzrational und hat Grad 3. f mit $f(x) = 0{,}3x + 4$, $x \in \mathbb{R}$, ist ganzrational und hat Grad 1.	f mit $f(x) = \frac{2}{x} = 2 \cdot x^{-1}$, $x \in \mathbb{R}^*$, ist keine ganzrationale Funktion. f mit $f(x) = x^{\frac{1}{2}}$, $x \in \mathbb{R}_0^+$, ist keine ganzrationale Funktion. f mit $f(x) = 3 \cdot 2^x$, $x \in \mathbb{R}$, ist keine ganzrationale Funktion

Lehrsätze	Beispiele	
Eine ganzrationale Funktion n-ten Grades hat höchstens n Nullstellen und n – 1 Extremstellen. Wenn im Funktionsterm einer ganzrationalen Funktion f nur ungerade Hochzahlen vorkommen, dann ist der Graph G_f symmetrisch zum Koordinatenursprung O. Wenn im Funktionsterm einer ganzrationalen Funktion f nur gerade Hochzahlen vorkommen, dann ist der Graph G_f symmetrisch zur y-Achse.	Graphen zu Funktionen vom Grad 3 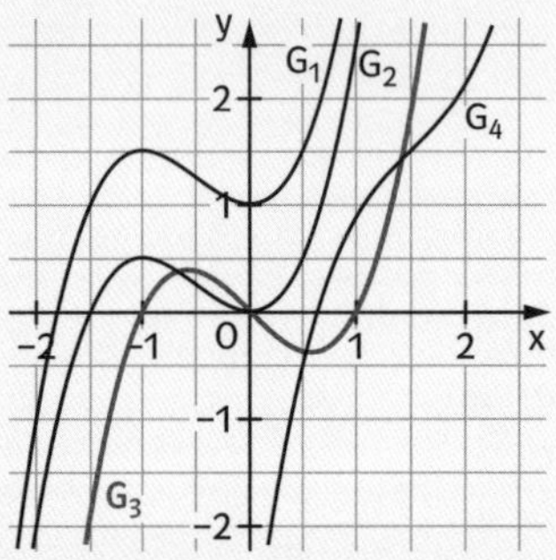	$f_1(x) = x^3 + \frac{3}{2}x^2 + 1$ f_1 hat eine Nullstelle und zwei Extremstellen und G_1 ist nicht symmetrisch zu O. $f_2(x) = \left(x + \frac{3}{2}\right) \cdot x^2 = x^3 + \frac{3}{2}x^2$ f_2 hat zwei Nullstellen und zwei Extremstellen und G_2 ist nicht symmetrisch zu O. $f_3(x) = (x + 1) \cdot x \cdot (x - 1) = x^3 - x$ f_3 hat drei Nullstellen und zwei Extremstellen und G_3 ist symmetrisch zu O. $f_4(x) = x^3 - \frac{9}{2}x^2 + \frac{31}{4}x - \frac{27}{8}$ f_4 hat eine Nullstelle und keine Extremstelle und G_4 ist nicht symmetrisch zu O.

Exponentialfunktionen

Definition	Beispiele	Gegenbeispiele
Wenn sich eine Funktion f durch die Gleichung $f(x) = c \cdot a^x$, $x \in \mathbb{R}$, $a \in \mathbb{R}^+$, $a \neq 1$, $c \in \mathbb{R}^*$, beschreiben lässt, dann heißt f Exponentialfunktion (zur Basis a).	$f(x) = 2 \cdot 3^x$, $x \in \mathbb{R}$ $f(x) = \frac{1}{4} \cdot 1{,}2^x$, $x \in \mathbb{R}$ $f(x) = -2^x$, $x \in \mathbb{R}$ $f(x) = 2^{x+1} = 2 \cdot 2^x$, $x \in \mathbb{R}$	$f(x) = 1^x$, $x \in \mathbb{R}$ (konstante Funktion) $f(x) = x^5$, $x \in \mathbb{R}$ (Potenzfunktion, ganzrationale Funktion)

Lehrsätze	Beispiele	
Für eine Exponentialfunktion f mit $f(x) = c \cdot a^x$, $x \in \mathbb{R}$, gilt: Wenn $a > 1$ und $c > 0$, dann ist f streng monoton wachsend. Wenn $a > 1$ und $c < 0$, dann ist f streng monoton fallend. Wenn $a < 1$ und $c > 0$, dann ist f streng monoton fallend. Wenn $a < 1$ und $c < 0$, dann ist f streng monoton wachsend.	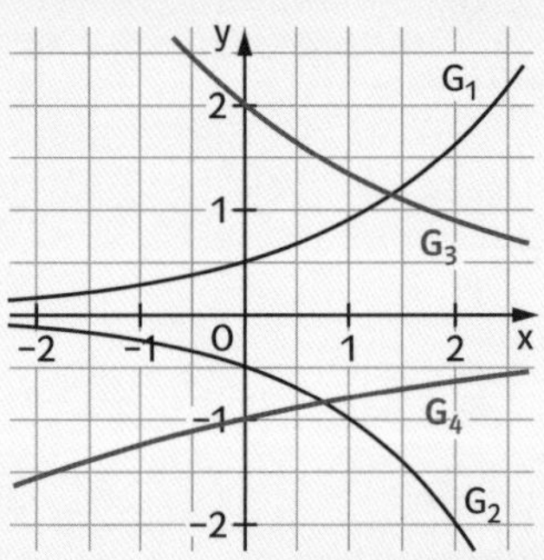	$f_1(x) = \frac{1}{2} \cdot 1{,}8^x$, $x \in \mathbb{R}$ $f_2(x) = -0{,}5 \cdot 2^x$, $x \in \mathbb{R}$ $f_3(x) = 2 \cdot \left(\frac{2}{3}\right)^x$, $x \in \mathbb{R}$ $f_4(x) = -0{,}8^x$, $x \in \mathbb{R}$

Verschiebung, Streckung und Spiegelung von Graphen

Gleichungen der Funktionen zu den Bildgraphen	Beispiele	
Die Funktion f und ihr Graph G_f sei gegeben. Der durch Verschieben, Strecken bzw. Spiegeln entstehende Graph G_g gehöre zur Funktion g.		
Verschiebung nach rechts um c Einheiten, $c > 0$: $g(x) = f(x - c)$	$f(x) = x^3 + 2x + 1$, $c = 4$	$g(x) = (x - 4)^3 + 2(x - 4) + 1$
Verschiebung nach links um c Einheiten, $c > 0$: $g(x) = f(x + c)$	$f(x) = x + \frac{2}{x}$, $c = 1$	$g(x) = (x + 1) + \frac{2}{x + 1}$
Verschiebung nach oben um d Einheiten, $d > 0$: $g(x) = f(x) + d$	$f(x) = x^4 + 2x^3 - 1$, $d = 3$	$g(x) = x^4 + 2x^3 + 2$
Verschiebung nach unten um d Einheiten, $d > 0$: $g(x) = f(x) - d$	$f(x) = 3x^2 - 2x$, $d = 5$	$g(x) = 3x^2 - 2x - 5$
Streckung in Richtung der y-Achse: $g(x) = k \cdot f(x)$, $k > 0$	$f(x) = 2x^4 - x^3 + x^2$, $k = 0{,}5$	$g(x) = 0{,}5 \cdot (2x^4 - x^3 + x^2)$
Spiegelung an der x-Achse: $g(x) = -1 \cdot f(x)$	$f(x) = -0{,}3x^3 + 4x - 1$	$g(x) = 0{,}3x^3 - 4x + 1$
Spiegelung an der y-Achse: $g(x) = f(-x)$	$f(x) = x^3 - 2x + 3$	$g(x) = (-x)^3 - 2(-x) + 3 = -x^3 + 2x + 3$

Sinus- und Kosinusfunktion

Definitionen	Veranschaulichung
Zum Bogenmaß x gehört ein Punkt X (u | v) auf dem Einheitskreis. Die erste Koordinate u dieses Punktes heißt Kosinus von x. Man schreibt dafür u = cos (x). Die zweite Koordinate v dieses Punktes heißt Sinus von x. Man schreibt dafür v = sin (x). Die Zuordnung, die jeder reellen Zahl x eine reelle Zahl sin (x) zuordnet, heißt Sinusfunktion. Die Zuordnung, die jeder reellen Zahl x eine reelle Zahl cos (x) zuordnet, heißt Kosinusfunktion.	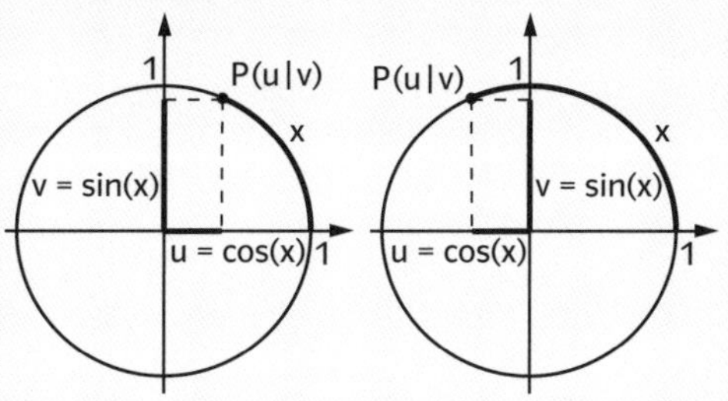

Lehrsätze	Veranschaulichung
Die Sinusfunktion und die Kosinusfunktion sind differenzierbar und es gilt für alle $x \in \mathbb{R}$: $f(x) = \sin(x)$, $f'(x) = \cos(x)$; $f(x) = \cos(x)$, $f'(x) = -\sin(x)$.	Graph der Sinusfunktion 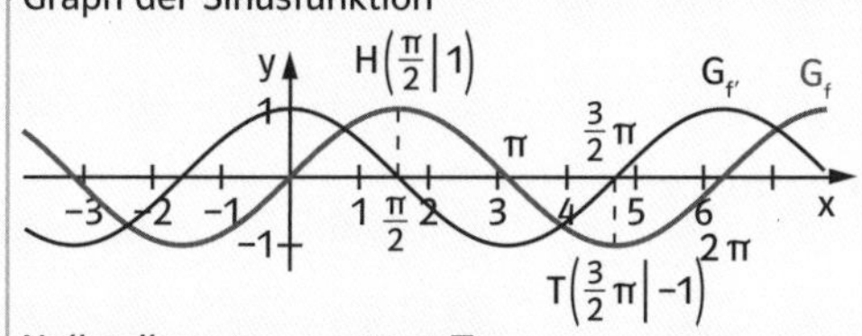
Die Sinus- und die Kosinusfunktion sind periodisch mit Periode 2π, d.h. für alle $x \in \mathbb{R}$ und $z \in \mathbb{Z}$ gilt: $\sin(x + 2\pi z) = \sin(x)$, $\cos(x + 2\pi z) = \cos(x)$.	Nullstellen: $x_z = z \cdot \pi$, $z \in \mathbb{Z}$ Maximumstellen: $x_z = \frac{1}{2}\pi + 2 \cdot z \cdot \pi$, $z \in \mathbb{Z}$ Minimumstellen: $x_z = \frac{3}{2}\pi + 2 \cdot z \cdot \pi$, $z \in \mathbb{Z}$
Der Graph der Sinusfunktion ist punktsymmetrisch zum Koordinatenursprung O.	Graph der Kosinusfunktion
Der Graph der Kosinusfunktion ist achsensymmetrisch zur y-Achse.	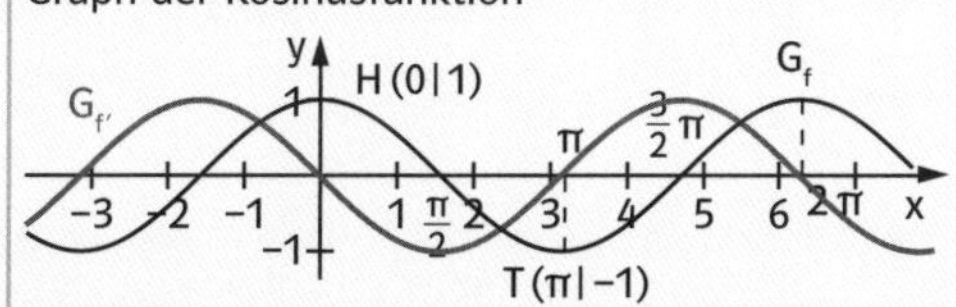
Die Funktion f mit $f(x) = a \cdot \sin(bx)$, $x \in \mathbb{R}$, $a \in \mathbb{R}$, $b \in \mathbb{R}^+$ hat die Amplitude $\lvert a \rvert$ und die Periode $\frac{2\pi}{b}$.	Nullstellen: $x_z = \frac{\pi}{2} + z \cdot \pi$, $z \in \mathbb{Z}$ Maximumstellen: $x_z = 2 \cdot z \cdot \pi$, $z \in \mathbb{Z}$ Minimumstellen: $x_z = \pi + 2 \cdot z \cdot \pi$, $z \in \mathbb{Z}$

Bogenmaß

Definition

Unter dem Bogenmaß x eines Winkels der Weite α versteht man die Maßzahl der Länge des zu diesem Winkel gehörenden Bogens im Einheitskreis.

Lehrsatz

Es gilt: $x = \alpha \cdot \frac{\pi}{180°}$

Beispiele

Wenn $\alpha = 30°$, dann $x = \frac{\pi}{6}$

Wenn $\alpha = 120°$, dann $x = \frac{2}{3}\pi$

Wenn $\alpha = 270°$, dann $x = \frac{3}{2}\pi$

Wenn $x = \pi$, dann $\alpha = 180°$

Wenn $x = \frac{2}{5}\pi$, dann $\alpha = 72°$

Wenn $x = 2$, dann $\alpha = \frac{360°}{\pi} \approx 114{,}6°$

Harte Nuss!

Wenn eine Gerade den Graphen von f mit $f(x) = 2x^4 - 4x^3 + 3x - 5$ in den vier verschiedenen Punkten $(x_1 \mid y_1)$, $(x_2 \mid y_2)$, $(x_3 \mid y_3)$ und $(x_4 \mid y_4)$ schneidet, dann hat die Summe $\frac{1}{4}(x_1 + x_2 + x_3 + x_4)$ unabhängig von der gewählten Geraden immer den gleichen Wert.

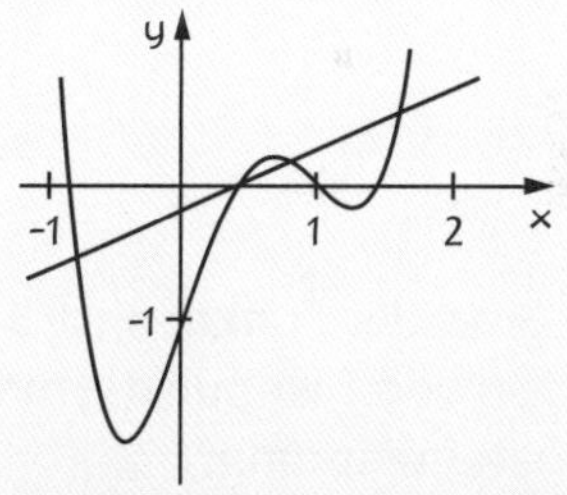

Bist du sicher?

1 Bestimme ohne GTR die Nullstellen der Funktion f.
a) $f(x) = x^3 - 3x^2 - 4x$, $x \in \mathbb{R}$ b) $f(x) = x^4 - 12x^2 + 27$, $x \in \mathbb{R}$
c) $f(x) = 3x^3 - 4x^2 - 13x - 6$, $x \in \mathbb{R}$
d) $f(x) = \frac{5}{x} - x$, $x \in \mathbb{R}^*$ e) $f(x) = 3^x - 4$, $x \in \mathbb{R}$

2 Bestimme ohne GTR die Extremstellen der Funktion f.
a) $f(x) = 2x^3 + 3x^2 - 36x + 12$, $x \in \mathbb{R}$
b) $f(x) = \frac{1}{3}x^3 + \frac{1}{x}$, $x \in \mathbb{R}^*$ c) $f(x) = -x - 2\cos(x)$, $x \in [0; 2\pi]$

3 Gib die Gleichungen der Bildgraphen an.
a) Verschiebung um 3 Einheiten in Richtung der positiven x-Achse: $f(x) = x^3 - x^2$
b) Verschiebung um 2 Einheiten in Richtung der negativen y-Achse: $f(x) = 2^x - 1$
c) Streckung mit dem Faktor 4 in Richtung der y-Achse: $f(x) = \frac{1}{2}\sin(3x)$
d) Spiegelung an der x-Achse: $f(x) = x^4 - 3x^3 + 2$

4 Gib die Gleichung einer Funktion f mit den angegebenen Eigenschaften an.
a) Ganzrational vom Grad 4, G_f ist symmetrisch zur y-Achse, beide Tiefpunkte auf der x-Achse
b) Ganzrational vom Grad 3, eine einzige Nullstelle $x_1 = 2$
c) $f(x) = c \cdot a^x$, streng monoton fallend, Y (0 | 2) liegt auf G_f
d) Periode 4π, alle Tiefpunkte liegen auf der x-Achse

5 Gib die Gleichung der Tangente an G_f im Punkt P an.
a) $f(x) = 2x - \sin(x)$, $P(\pi \mid y_P)$ b) $f(x) = x^2 - 3\cos(x)$, $P(1 \mid y_P)$

Lösungen

1 a) $x_1 = -1$, $x_2 = 0$, $x_3 = 4$ b) $x_1 = -3$, $x_2 = -\sqrt{3}$, $x_3 = \sqrt{3}$, $x_4 = 3$ c) $x_1 = -1$, $x_2 = -\frac{2}{3}$, $x_3 = 3$ d) $x_1 = -\sqrt{5}$, $x_2 = \sqrt{5}$ e) $x_1 = \log_3(4) = \frac{\log_{10}(4)}{\log_{10}(3)}$ **2** a) $x_1 = -3$, $x_2 = 2$ b) $x_1 = -1$, $x_2 = 1$ c) $x_1 = \frac{1}{6}\pi m$, $x_2 = \frac{5}{6}\pi$ **3** a) $g(x) = (x-3)^3 - (x-3)^2$ b) $g(x) = 2^x - 3$) $g(x) = 2\sin(3x)$ d) $g(x) = -x^4 + 3x^2 - 2$ **4** a) z.B. $f(x) = (x-1)^2(x+1)^2$ b) z.B. $f(x) = (x-2)^3$ c) z.B. $f(x) = 2 \cdot \left(\frac{1}{2}\right)^x$ d) z.B. $f(x) = \sin\left(\frac{1}{2}x\right) + 1$ **5** a) $t(x) = 3x - \pi$ b) Näherungsweise gilt: $t(x) = 4{,}52x + 5{,}14$

Anfangszeit: ______________ + 60 Minuten → Abgabe: ______________

Die Aufgaben 1 und 2 sind ohne Taschenrechner zu bearbeiten.

1 (2 + 2 + 2 VP)
Gib jeweils die Gleichung einer ganzrationalen Funktion mit den angegebenen Eigenschaften an. Skizziere geeignete Graphen.

a) Der Grad der Funktion ist 3.
Die einzigen Nullstellen sind $x_1 = -1$ und $x_2 = 3$.
Wenn $x \to +\infty$, dann $f(x) \to -\infty$.
Wenn $x \to -\infty$, dann $f(x) \to +\infty$.

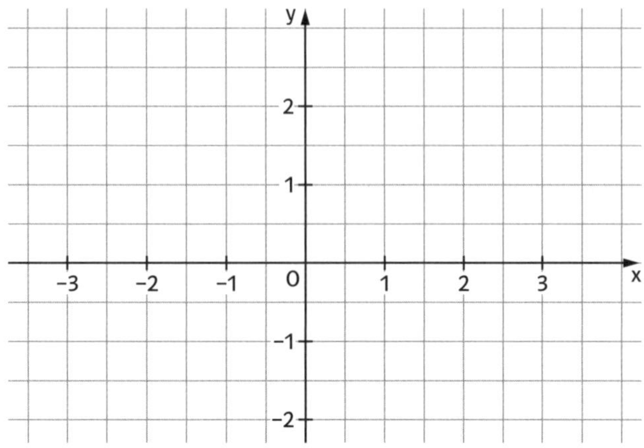

b) Der Grad der Funktion ist 4.
Der Graph von f ist symmetrisch zur y-Achse.
Die Punkte $H_1(-2|0)$ und $H_2(2|0)$ sind Hochpunkte des Graphen.

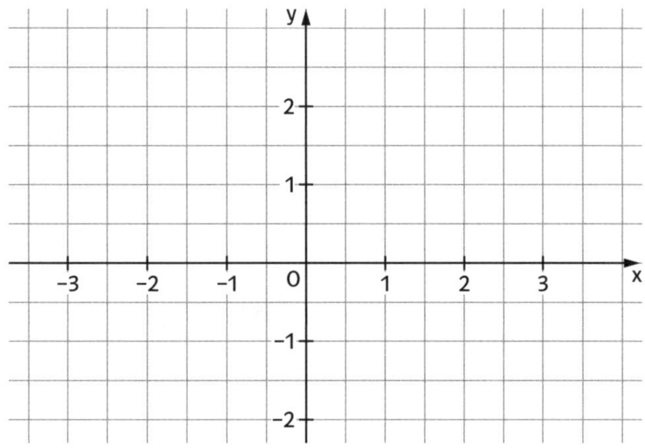

c) Der Grad der Funktion ist 3.
Der Graph von f ist punktsymmetrisch zum Koordinatenursprung.
Wenn $x \to +\infty$, dann $f(x) \to -\infty$.
Die x-Achse ist Tangente an den Graphen.

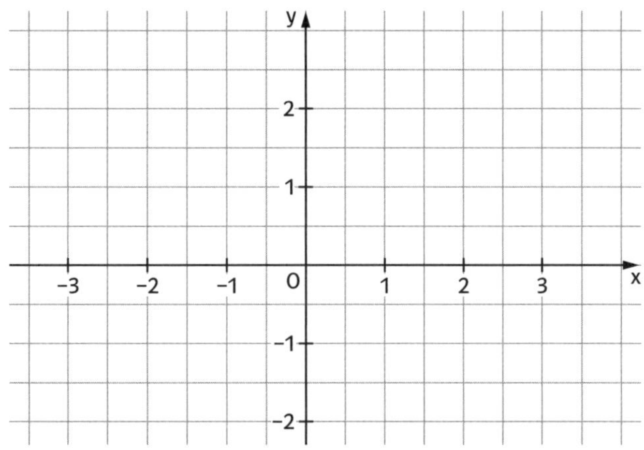

2 (1 + 3 VP)
a) Berechne die Nullstellen der Funktion f mit $f(x) = (5 - 3x) \cdot (x^2 + 4)$, $x \in \mathbb{R}$.
b) Zeige, dass $x_1 = 2$ eine Nullstelle der Funktion f mit $f(x) = x^3 - 2x^2 - 3x + 6$, $x \in \mathbb{R}$, ist.
Berechne alle weiteren Nullstellen.

Für die folgenden Aufgaben darf der Taschenrechner benutzt werden.

3 (1 + 2 + 2 VP)

a) Gib die Funktionswerte auf vier Dezimalen gerundet an.

$\sin\left(\frac{\pi}{3}\right)$; $\sin(3)$; $\cos\left(-\frac{\pi}{8}\right)$; $\cos(0{,}2)$

b) Löse die Gleichungen für $x \in [0;\ 2\pi]$.
Gib die Näherungswerte auf zwei Dezimalen gerundet an.

$\sin(x) = 0{,}7531$; $\cos(x) = -0{,}2345$

c) Löse die Gleichung $3 \cdot \sin(x) = x$ für $x \in [-\pi;\ \pi]$.
Gib die Näherungswerte auf zwei Dezimalen gerundet an.

4 (1 + 1 VP)

Berechne die Steigung der Tangenten an den Graphen G_f zur Funktion f im Punkt P.

a) $f(x) = \frac{1}{2}\cos(x) - x,\ x \in \mathbb{R}$; $P\left(\frac{\pi}{3} \,\middle|\, y_P\right)$

b) $f(x) = -\sin(x) + \sqrt{x},\ x \in \mathbb{R}_0^+$; $P(4 \,|\, y_P)$

5 (1 + 1 + 1 + 2 + 2 VP)

a) Verschiebe den Graphen G_f der Funktion f mit $f(x) = x^3,\ x \in \mathbb{R}$, um zwei Einheiten nach links und um drei Einheiten nach oben.
Wie heißt die Gleichung des neuen Graphen?

b) Wie muss man den Graphen G_f der Funktion f mit $f(x) = \frac{1}{4}x^4 - x^2 - 1,\ x \in \mathbb{R}$, verschieben, um den Graphen der Funktion g mit $g(x) = \frac{1}{4}x^4 - x^2 + 2,\ x \in \mathbb{R}$, zu erhalten?

c) Verschiebe den Graphen G_f der Funktion f mit $f(x) = x^4 - x^2,\ x \in \mathbb{R}$, um drei Einheiten nach rechts.
Wie heißt die Gleichung des neuen Graphen?

d) Wie geht der Graph G_g einer Funktion g aus dem Graphen G_f von f hervor, wenn $g(x) = \frac{1}{2} \cdot f(x + 2)$ bzw. $g(x) = 1 - f(x)$ gilt?

e) Wie muss man den Graphen G_f der Funktion f mit $f(x) = -x^4 + x^2 + \frac{1}{2}$ verschieben, damit er genau zwei gemeinsame Punkte mit der x-Achse hat?

Lerntipps

zu Aufgabe 3

a) Achte darauf, dass der Taschenrechner auf Bogenmaß (nicht Winkelmaß) eingestellt ist.

b) Im Intervall $[0;\ 2\pi]$ hat jede der beiden Gleichungen zwei Lösungen. Denke an das Aussehen des Graphen der Sinusfunktion bzw. der Kosinusfunktion. Aufgrund der Symmetrie (welcher?) kennt man mit einer Lösung auch die zweite Lösung.

zu Aufgabe 5

Die Verschiebung des Graphen der Funktion f um c, $c > 0$, nach rechts bzw. nach links führt zum Funktionsterm $f(x - c)$ bzw. $f(x + c)$.

Die Verschiebung des Graphen um d, $d > 0$, nach oben bzw. unten führt zum Funktionsterm $f(x) + d$ bzw. $f(x) - d$.

Das Spiegeln des Graphen an der x-Achse führt zum Funktionsterm $-f(x)$.

Anfangszeit: ____________ + 60 Minuten → Abgabe: ____________

Die Aufgaben 1, 2 und 3 sind ohne Taschenrechner zu bearbeiten.

1 (3 VP)
Die Abbildungen zeigen Graphen von Exponentialfunktionen f mit $f(x) = c \cdot a^x$, $x \in \mathbb{R}$, $a \in \mathbb{R}^+$, $a \neq 1$, $c \in \mathbb{R}$.
Gib die zugehörigen Funktionsgleichungen an.

Graph 1

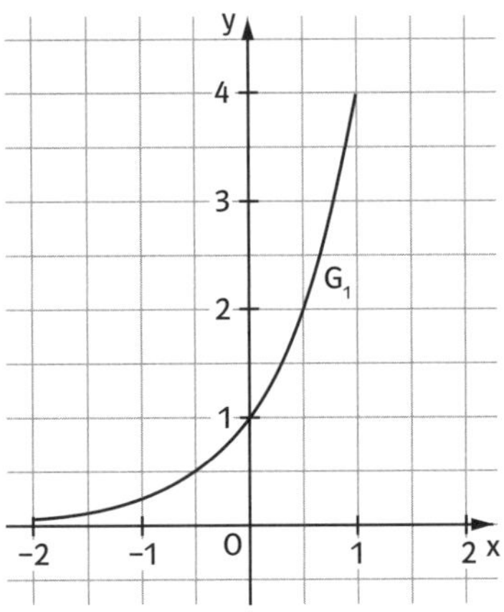

Graph 2

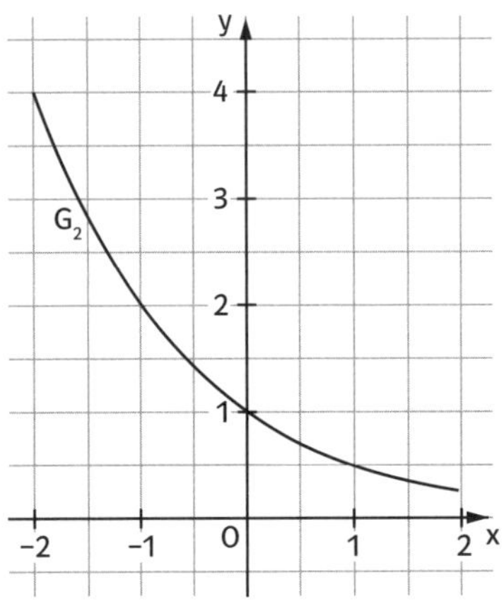

Graph 3

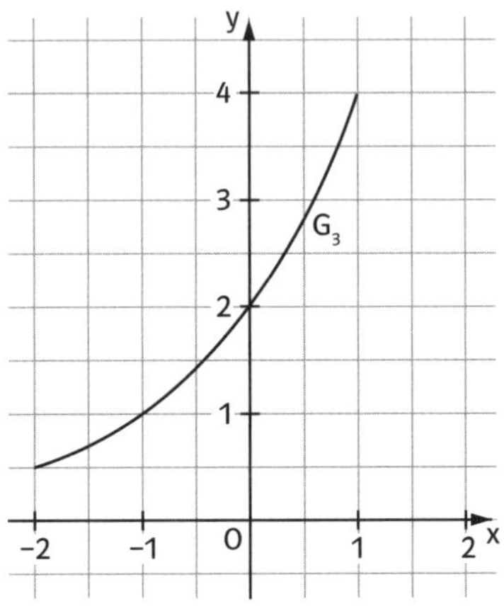

2 (4 VP)
Die Abbildungen zeigen Graphen ganzrationaler Funktionen von möglichst niedrigem Grad auf dem Display des GTR bei der abgebildeten Fenstereinstellung.

Fenstereinstellung

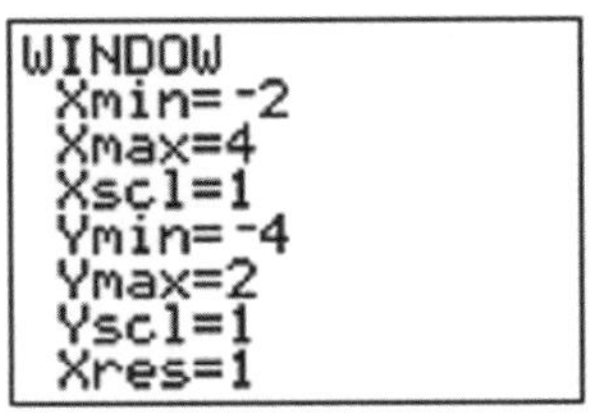

Erstes Display

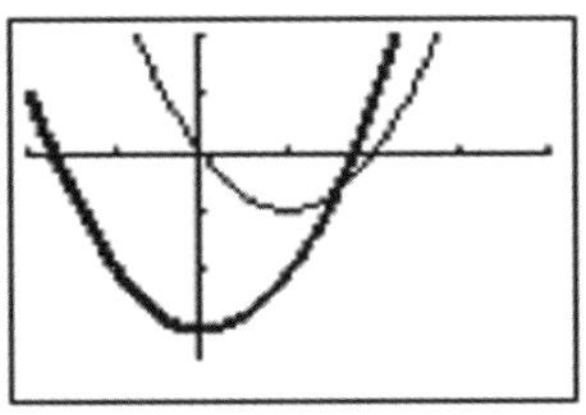

Fenstereinstellung

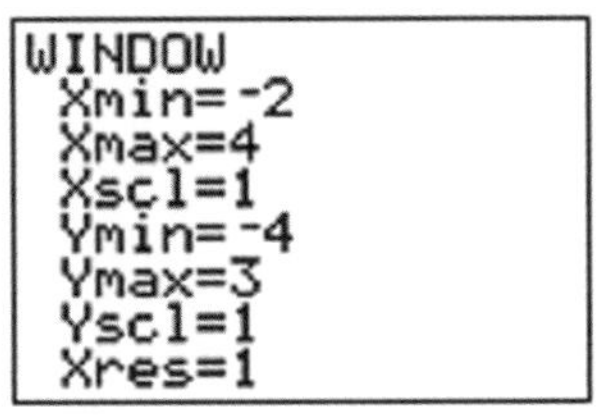

Zweites Display

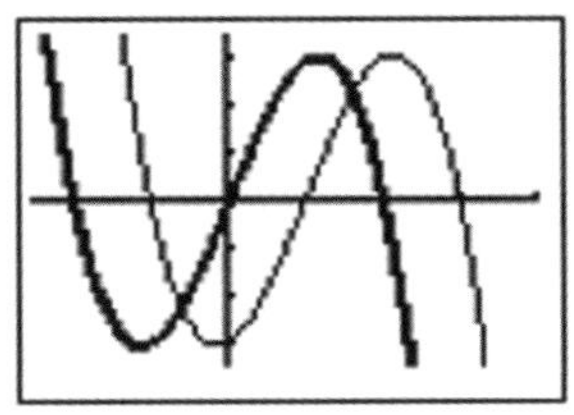

Gib mögliche Funktionsgleichungen zu den vier Graphen an.

3 (1 + 1 + 1 + 1 + 1 VP)
Gib jeweils eine Funktion mit den angegebenen Eigenschaften an.

a) f ist ganzrational vom Grad 3 und hat die Nullstellen $x_1 = -1$, $x_2 = 0$ und $x_3 = 2$.

b) f ist ganzrational vom Grad 4 , für $x \to +\infty$ gilt $f(x) \to -\infty$ und für $x \to 0$ verhält sich der Graph von f wie der Graph von g mit $g(x) = -x^2$.

c) f ist ganzrational vom Grad 4, für $x \to -\infty$ gilt $f(x) \to +\infty$ und der Graph von f ist nicht symmetrisch zur y-Achse.

d) f ist ganzrational vom Grad 3 und $f'(1) = -1$.

e) Für alle $x_0 \in \mathbb{R}$ gilt: $f'(x_0) = f'(-x_0)$

Für die folgenden Aufgaben darf der Taschenrechner benutzt werden.

4 (2 + 1 + 1 + 1 VP)
Gegeben ist die Funktion f mit $f(x) = \cos(x)$, $x \in \mathbb{R}$. Ihr Graph heißt G_f.

a) Berechne die Gleichung der Tangente im Punkt $P\left(\frac{\pi}{6} \middle| y_P\right)$ des Graphen G_f.

b) In welchen Punkten des Graphen hat die Tangentensteigung den Wert −1?

c) Verschiebe den Graphen G_f um $\frac{\pi}{4}$ Einheiten nach rechts und um eine Einheit nach unten.
Wie heißt die Gleichung der Funktion g zu dem neuen Graphen?

d) Verdopple die Amplitude und halbiere die Periode der Funktion f.
Wie heißt die Gleichung der neuen Funktion h?

5 (2 + 2 + 3 VP)
Gegeben ist die Funktion f mit $f(x) = \frac{1}{4}x^2 - 3\cos(x)$, $x \in [-6; 6]$. Ihr Graph heißt G_f.

a) Bestimme die gemeinsamen Punkte des Graphen und den Koordinatenachsen.

b) Bestimme die Punkte des Graphen G_f mit größter Steigung.

c) Wie muss man t wählen, damit die Gerade mit der Gleichung $g(x) = t$, $x \in \mathbb{R}$, $t \in \mathbb{R}$, den Graphen G_f sechsmal schneidet?

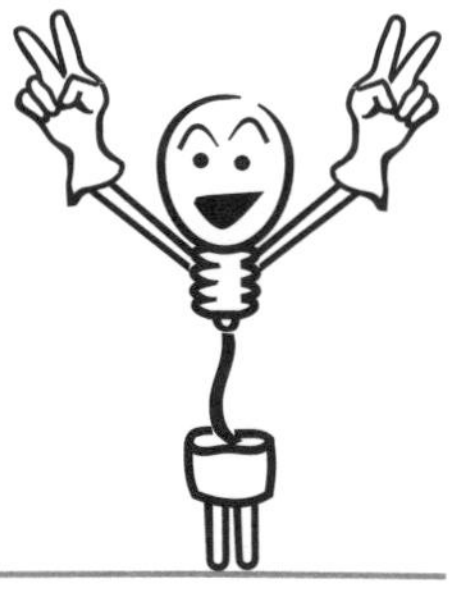

Lerntipps

zu Aufgabe 1
Wähle jeweils zwei geeignete Punkte auf dem Graphen aus, stelle das Gleichungssystem von zwei Gleichungen und zwei Variablen auf und löse dieses.

zu Aufgabe 2
Wie hoch muss der Grad der Funktion aufgrund der erkennbaren Nullstellen sein?
Verwende die Nullstellen zur Angabe der Funktionsterme.
Achte auf das Verhalten der Graphen für $x \to +\infty$ bzw. $x \to -\infty$.

zu Aufgabe 4
Die Tangente im Punkt $P(x_P | y_P)$ eines Graphen G_f zur Funktion f hat die Gleichung
$t(x) = f'(x_P) \cdot (x - x_P) + y_P$, $x \in \mathbb{R}$.
Beachte, dass hier eine genaue Rechnung erforderlich ist, da z. B. die x-Koordinate $\frac{\pi}{6}$ gegeben ist.

Anfangszeit: ______________ + 60 Minuten → Abgabe: ______________

Die Aufgaben 1, 2 und 3 sind ohne Taschenrechner zu bearbeiten.

1 (1 + 1 + 1 + 1 VP)
Gib zu jedem der Graphen die Periode, die Amplitude und eine Funktionsgleichung an.

a)

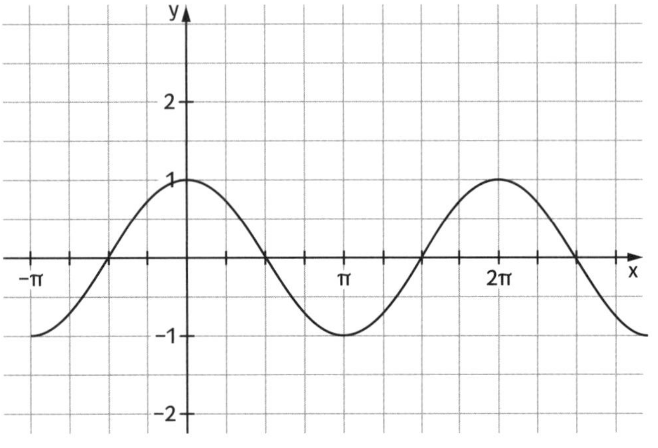

b)

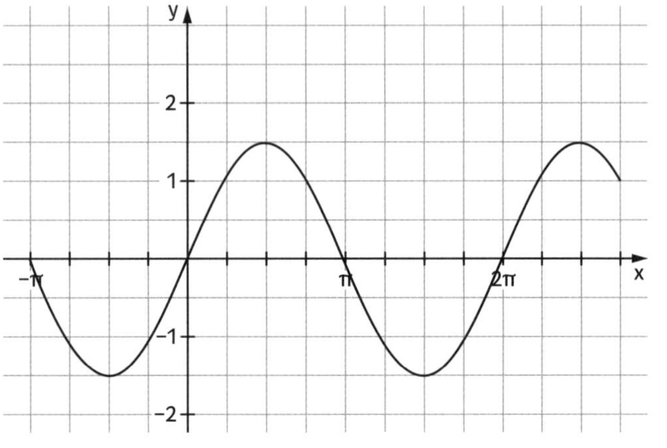

c)

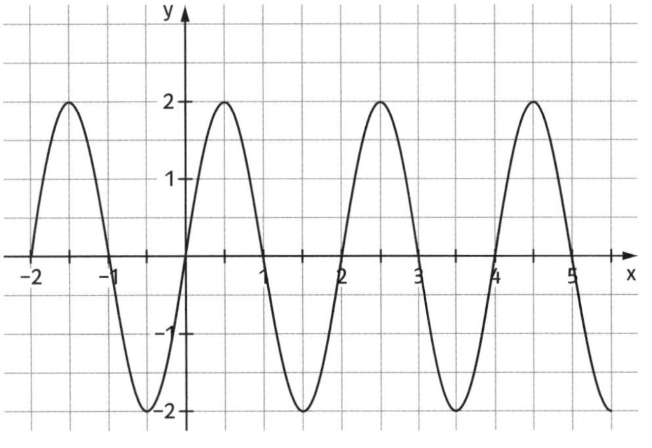

d)

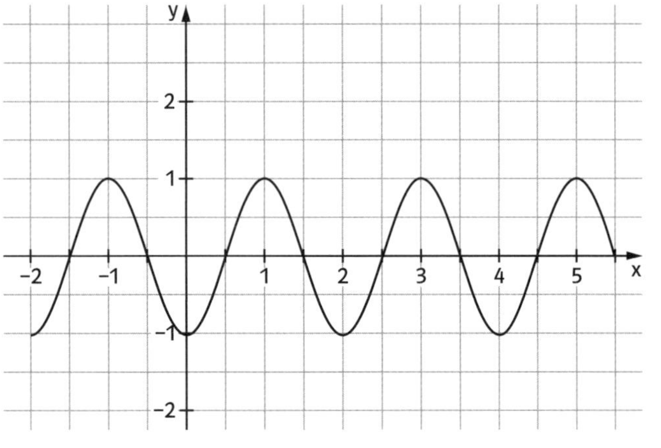

2 (2 + 2 VP)
Gib jeweils eine ganzrationale Funktion mit den drei angegebenen Eigenschaften an.
a) Der Grad der Funktion ist 3.
Der Graph G_f geht durch $Y(0\,|\,-1)$.
Der Graph G_f schneidet die x-Achse nur in $X(1\,|\,0)$.
b) Der Grad der Funktion ist 4.
Die Funktion hat vier verschiedene Nullstellen.
Der Graph G_f geht durch $Y(0\,|\,8)$.

3 (2 VP)
Begründe: Der Graph jeder ganzrationalen Funktion f mit $f(x) = a x^3 + b x^2$, $x \in \mathbb{R}$, $a \in \mathbb{R}^*$, $b \in \mathbb{R}^*$, hat zwei Punkte mit waagrechter Tangente.

Für die folgenden Aufgaben darf der Taschenrechner benutzt werden.

4 (1 + 1 VP)
Gegeben sind die Funktionen f_t durch $f_t(x) = \frac{1}{2}x^3 + 2tx^2 - x$, $x \in \mathbb{R}$, $t \in \mathbb{R}$, und g_t durch $g_t(x) = tx^4 - x^2 + (t - 3)x + 4$, $x \in \mathbb{R}$, $t \in \mathbb{R}$.
a) Wie muss man t wählen, damit der Graph von f_t punktsymmetrisch zum Ursprung ist?
b) Wie muss man t wählen, damit der Graph von g_t symmetrisch zur y-Achse ist?

5 (2 + 2 + 3 VP)
Im Jahr 1803 hat Schweden die ihm seit dem Westfälischen Frieden (1648) gehörende Stadt und Herrschaft Wismar für 1 258 000 Thaler an Mecklenburg-Schwerin verpfändet. Nach 100 Jahren sollte Schweden das Pfand bei einer Verzinsung von jährlich 3 % wieder zurückkaufen können.
a) Wie viel hätte Schweden im Jahre 1903 bezahlen müssen?
b) Nach wie vielen Jahren war das Pfand 5 000 000 Thaler wert?
c) Bei welchem Jahreszinssatz p % wären im Jahre 1903 für den Rückkauf 10 000 000 Thaler zu zahlen gewesen?

6 (2 + 3 VP)
Gegeben sind die Funktionen f und g mit $f(x) = \cos(x)$ und $g(x) = x^2$, $x \in \mathbb{R}$.
a) Berechne die Schnittpunkte der Graphen G_f und G_g.
b) Unter welchem Winkel schneiden sich die Graphen im 1. Quadranten?

Lerntipps

zu Aufgabe 1
Alle Graphen lassen sich durch Funktionen f mit $f(x) = a \cdot \sin(bx)$ oder $f(x) = a \cdot \cos(bx)$, $x \in \mathbb{R}$, beschreiben. Achte dabei insbesondere auf die Lage der Nullstellen, die sich an den Graphen ablesen lassen.
zu Aufgabe 2
Man kann systematisch vorgehen, wenn man die Funktionsterme als Produkte von geeigneten Faktoren darstellt, da in der Aufgabenstellung Vorgaben zu Nullstellen gemacht werden.
zu Aufgabe 6
Man kann die Winkelweiten der Winkel zwischen den Geraden und der x-Achse ermitteln. Aus diesen beiden Winkeln ergibt sich der Schnittwinkel der Geraden.

Anfangszeit: ____________________ + 60 Minuten → Abgabe: ____________________

Die Aufgaben 1, 2 und 3 sind ohne Taschenrechner zu bearbeiten.

1 (3 VP)
In den Displays des GTR sind zwei Graphen ganzrationaler Funktionen mit einem Grad von höchstens 4 mit allen charakteristischen Punkten angezeigt. Display 1 zeigt den Graphen G_f der Funktion f, Display 2 den Graphen G_g der Funktion g. Beurteile anhand der Graphen, welche der folgenden Behauptungen wahr oder falsch sind. Kreuze dementsprechend „wahr" oder „falsch" an.

Display 1

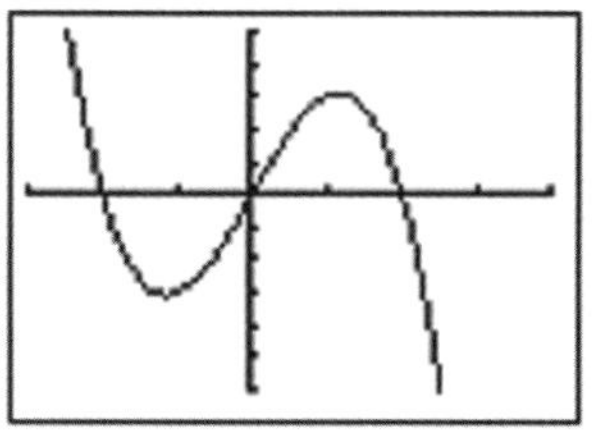

Display 2

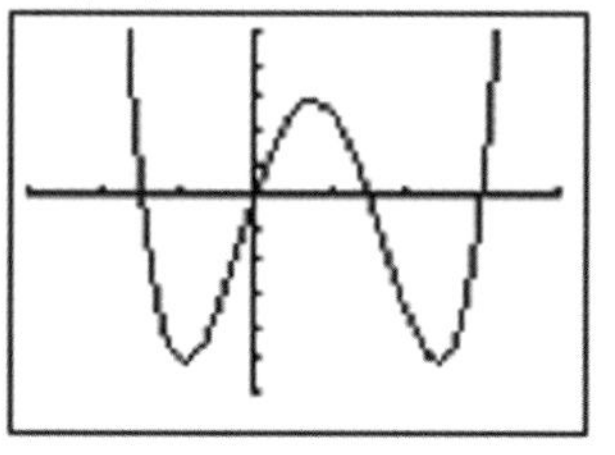

Behauptung	wahr	falsch
1. Die Funktion f ist vom Grad 3.		
2. Der Funktionsterm von f enthält nur Potenzen mit ungeraden Hochzahlen.		
3. Der Koeffizient der höchsten Potenz von x im Funktionsterm von f ist positiv.		
4. Die Funktion g hat drei Extremstellen.		
5. Im Funktionsterm von g kommen Potenzen mit geraden und ungeraden Hochzahlen vor.		
6. Der Graph der Ableitungsfunktion g′ schneidet die x-Achse dreimal.		

2 (3 VP)
Welche der Behauptungen über die Funktion f mit $f(x) = \frac{1}{2}\cos(x)$, $x \in \mathbb{R}$, sind wahr, welche falsch? Kreuze „wahr" oder „falsch" an.

Behauptung	wahr	falsch
1. Die Funktion hat eine Nullstelle bei $x_0 = \frac{\pi}{2}$.		
2. Der kleinstmögliche Funktionswert ist − 1.		
3. Die Periodenlänge ist π.		
4. Die Tangentensteigung im Punkt $P\left(\frac{3}{2}\pi \middle| y_P\right)$ ist $\frac{1}{2}$.		
5. Der Punkt $Q(\pi \mid y_Q)$ ist ein Tiefpunkt.		
6. Der Graph ist identisch mit dem Graphen von g mit $g(x) = \frac{1}{2} \cdot \sin\left(x - \frac{\pi}{2}\right)$.		

3 (1 + 1 + 1 + 1 VP)
Die Funktion f mit $f(x) = x^3$, $x \in \mathbb{R}$, ist gegeben. Gib die Gleichungen der Graphen G_g an, die aus dem Graphen G_f erhalten werden.

a) G_f wird um zwei Einheiten in Richtung der positiven y-Achse verschoben.
b) G_f wird um drei Einheiten in Richtung der negativen x-Achse verschoben.
c) G_f wird um je drei Einheiten in Richtung der positiven x-Achse und der negativen y-Achse verschoben.
d) G_f wird am Koordinatenursprung gespiegelt.

Für die folgenden Aufgaben darf der Taschenrechner benutzt werden.

4 (5 VP)
Gegeben sind die Funktionen f und g mit
$f(x) = -x^3 + 3x + 1, x \in \mathbb{R}$, und $g(x) = x^2 + 2x, x \in \mathbb{R}$.
Ihre Graphen G_f und G_g haben die gemeinsamen Punkte $S_1(-1 \mid -1)$ und $S_2(1 \mid 3)$.
Welche Gerade mit der Gleichung $x = u, u \in [-1; 1]$ schneidet aus der von beiden Graphen eingeschlossenen Fläche eine Sehne größter Länge aus?
Wie lang ist diese?

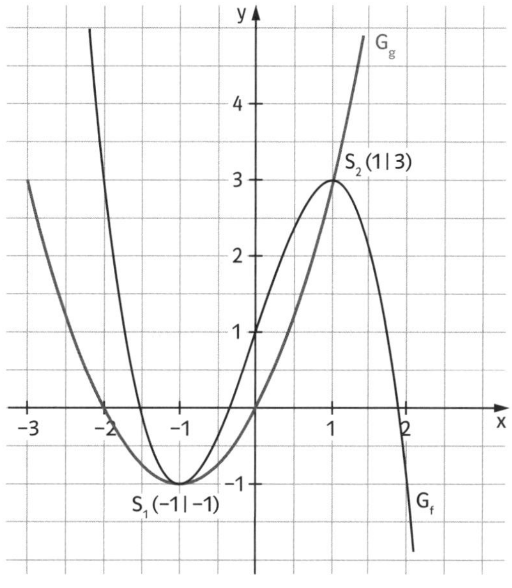

5 (3 + 3 VP)
In einem Werbespot für einen Investmentfonds schnippt ein ehemaliger Fußballstar einen kleinen Ball vom Durchmesser 6 cm mit den Fingern weg. Während der Ball im Hintergrund über Finanzmärkte hinwegrollt und dabei immer größer wird, erklärt er die Vorteile der global angelegten Vermögensberatung. Am Ende des Werbespots zeigt er stolz auf den auf etwa 1,5 m Durchmesser angewachsenen Ball, dessen Aufschrift die durchschnittliche jährliche Wertentwicklung der Anlage zeigt.

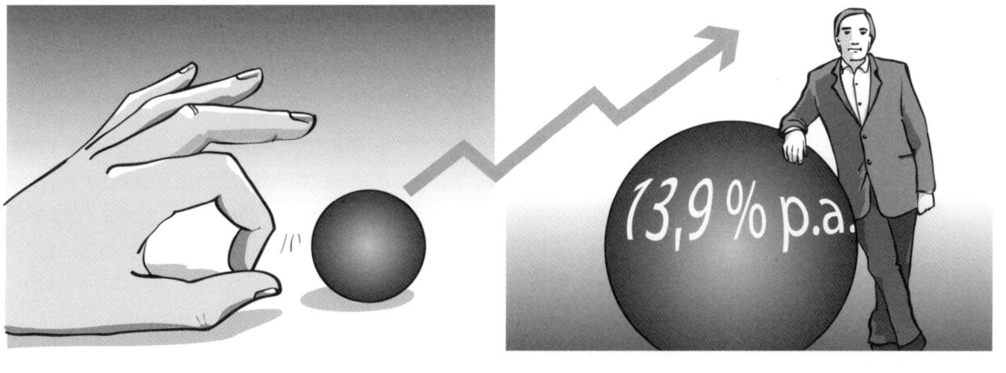

a) Angenommen, der Durchmesser der kleinen Kugel beschreibt das Anfangskapital und der Durchmesser der großen Kugel das Endkapital bei 13,9 % Wertzuwachs je Jahr.
Über welchen Zeitraum wäre das Kapital angelegt gewesen?
b) Beantworte die entsprechende Frage, wenn nicht die Durchmesser sondern die Volumina der Kugeln für das jeweilige Kapital stehen sollen.

6 (3 VP)
Untersuche, ob und gegebenenfalls wie viele Lösungen die Gleichung $x + \sin(x) = 1$ hat.

Klassenarbeit 4.1

1 (2 + 2 + 2 VP)

a) Mögliche Funktionsgleichung:
$f(x) = -(x + 1) \cdot (x - 3)^2,\ x \in \mathbb{R}$

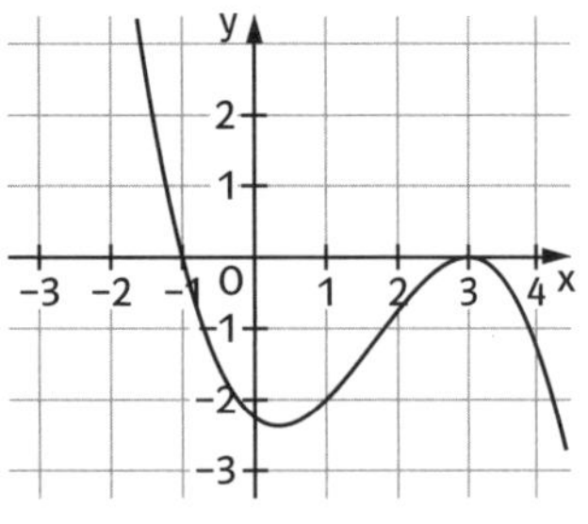

Bemerkungen
Da $x_1 = -1$ und $x_2 = 3$ Nullstellen sind, muss im Funktionsterm auf jeden Fall das Produkt $(x + 1) \cdot (x - 3)$ vorkommen. Da diese beiden Nullstellen die einzigen sein sollen, darf kein weiterer Linearfaktor auftreten. Weil aber die Funktion ganzrational vom Grad 3 sein soll, muss genau einer der beiden Linearfaktoren $x + 1$ bzw. $x - 3$ doppelt vorkommen. Da der Graph von links oben nach rechts unten verlaufen soll, muss der Koeffizient der höchsten vorkommenden Potenz x^3 negativ sein. In der Produktdarstellung des Funktionsterms muss daher a für eine negative Zahl stehen.
Jede Funktion f mit $f(x) = a \cdot (x + 1) \cdot (x - 3)^2,\ x \in \mathbb{R},\ a \in \mathbb{R}^-$, oder $f(x) = a \cdot (x + 1)^2 \cdot (x - 3),\ x \in \mathbb{R},\ a \in \mathbb{R}^-$, ist eine richtige Lösung.
Für die Skizze wurde $f(x) = -\frac{1}{4} \cdot (x + 1) \cdot (x - 3)^2$ verwendet.

b) Mögliche Funktionsgleichung:
$f(x) = -(x + 2)^2 \cdot (x - 2)^2,\ x \in \mathbb{R}$

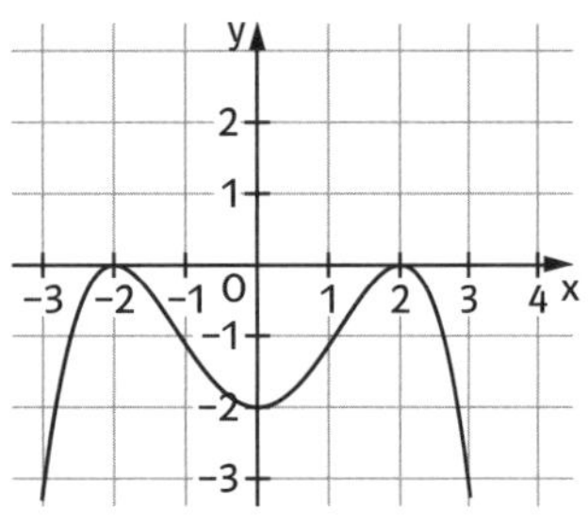

Bemerkungen
Da die Hochpunkte zugleich die gemeinsamen Punkte des Graphen und der x-Achse sind, müssen im Funktionsterm die Linearfaktoren $x + 2$ und $x - 2$ jeweils doppelt vorkommen (doppelte Nullstellen). Da die ganzrationale Funktion vom Grad 4 höchstens vier Nullstellen hat, kann es also keine weiteren Nullstellen mehr geben. Daraus folgt, dass der Graph von links unten nach rechts unten verlaufen muss. Der Koeffizient der höchsten vorkommenden Potenz x^4 muss folglich negativ sein.
Jede Funktion f mit $f(x) = a \cdot (x + 2)^2 \cdot (x - 2)^2,\ x \in \mathbb{R},\ a \in \mathbb{R}^-$, ist eine richtige Lösung.
Für die Skizze wurde $f(x) = -\frac{1}{8} \cdot (x + 2)^2 \cdot (x - 2)^2$ verwendet.

c) Mögliche Funktionsgleichung:
$f(x) = -x^3,\ x \in \mathbb{R}$

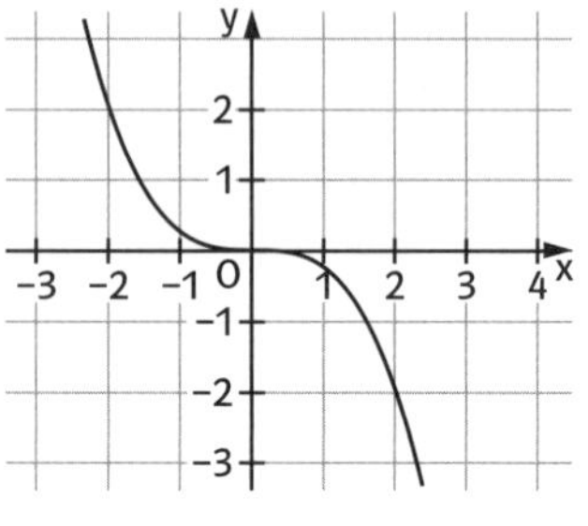

Bemerkungen
Wegen der geforderten Punktsymmetrie zum Koordinatenursprung, dürfen im Funktionsterm von f nur Summanden mit ungeraden Exponenten von x vorkommen. Daher gilt zunächst $f(x) = ax^3 + bx$. Da die x-Achse Tangente im Koordinatenursprung sein soll, muss $f'(0) = 0$ gelten. Mit $f'(x) = 3ax^2 + b$ und $f'(0) = b$ folgt daraus $b = 0$. Damit heißt die Funktionsgleichung $f(x) = ax^3$. Weil der Graph von links oben nach rechts unten verlaufen soll, muss der Koeffizient bei x^3 eine negative Zahl sein.
Jede Funktion f mit $f(x) = ax^3,\ x \in \mathbb{R},\ a \in R^-$, ist eine richtige Lösung.
Für die Skizze wurde $f(x) = -\frac{1}{4}x^3$ verwendet.

2 (1 + 3 VP)

Die Nullstellen einer Funktion f sind diejenigen x-Werte, für die der Funktionswert 0 ist. Daher bestimmt man diese x-Werte, indem man die Gleichung $f(x) = 0$ löst. Da hier der Funktionsterm als Produkt angegeben ist, reicht es aus zu berechnen, für welche x-Werte die einzelnen Faktoren den Wert 0 annehmen.

a) Nullstellen von f
Bedingung: $f(x) = 0$
Daher:
$(5 - 3x) \cdot (x^2 + 4) = 0$

$5 - 3x = 0$	oder	$x^2 + 4 = 0$
$-3x = -5$		keine weiteren
$x_1 = \frac{5}{3}$		Lösungen

Die Funktion f hat nur die Nullstelle $x_1 = \frac{5}{3}$.

b) *Um nachzuweisen, dass ein gegebener x-Wert eine Nullstelle ist, reicht es aus, diesen x-Wert in den Funktionsterm einzusetzen. Ergibt sich der Termwert 0, so ist der x-Wert als Nullstelle bestätigt. Anderenfalls handelt es sich nicht um eine Nullstelle.*

Bestätigung der Nullstelle $x_1 = 2$
Es gilt mit $f(x) = x^3 - 2x^2 - 3x + 6$:
$f(2) = 2^3 - 2 \cdot 2^2 - 3 \cdot 2 + 6$
$f(2) = 8 - 8 - 6 + 6$
$f(2) = 0$
Dies war zu zeigen.
Berechnung der weiteren Nullstellen
Es wird eine Polynomdivision durchgeführt.

$$(x^3 - 2x^2 - 3x + 6) : (x - 2) = x^2 - 3$$
$$\underline{-(x^3 - 2x^2)}$$
$$0 - 3x + 6$$
$$\underline{-(-3x + 6)}$$
$$0$$

Nun werden noch die Nullstellen von $g(x) = x^2 - 3$ bestimmt.
Bedingung: $g(x) = 0$
Folglich:

$$x^2 - 3 = 0$$
$$x^2 = 3$$
$$x_2 = \sqrt{3},\ x_3 = -\sqrt{3}$$

Die weiteren Nullstellen sind $-\sqrt{3}$ und $\sqrt{3}$.

3 (1 + 2 + 2 VP)
a) Funktionswerte
Da die Sinus- und Kosinuswerte nicht zu Winkelweiten berechnet werden, muss man darauf achten, dass der GTR auf Bogenmaß umgestellt ist: Menü [MODE], *Menüpunkt „Radian".*

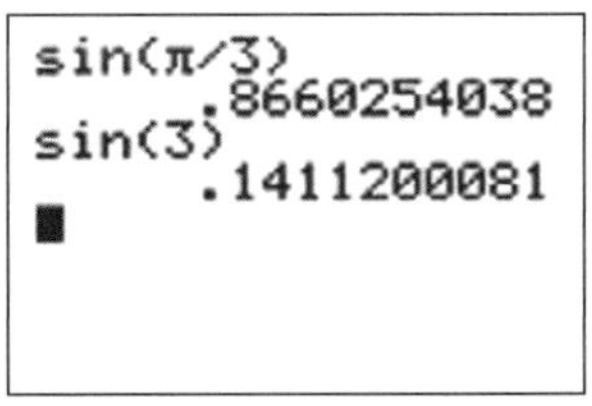

$\sin\left(\frac{\pi}{3}\right) \approx 0{,}8660$
$\sin(3) \approx 0{,}1411$

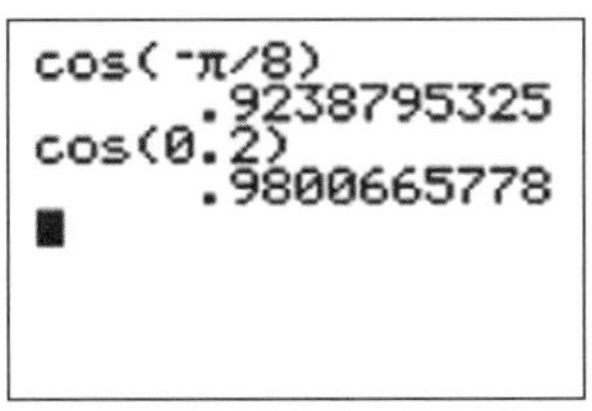

$\cos\left(-\frac{\pi}{8}\right) \approx 0{,}9239$
$\cos(0{,}2) \approx 0{,}9800$

b) Lösungen der Gleichungen
Im Intervall [0; π] sind die Sinuswerte positiv. Der Graph ist symmetrisch zur Geraden mit der Gleichung $x = \frac{\pi}{2}$. Mit der Lösung x_1 ist daher auch $x_2 = \pi - x_1$ eine Lösung.

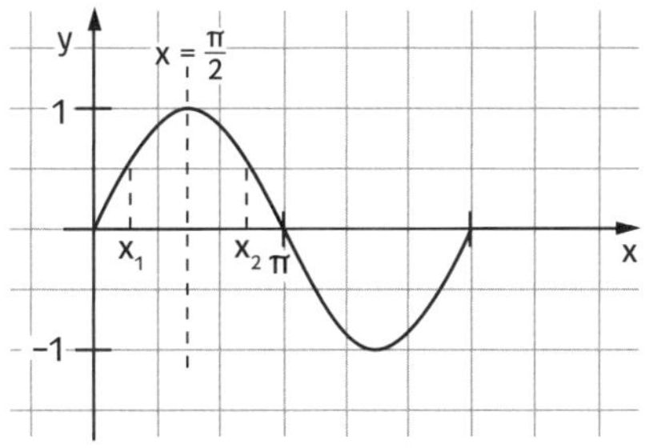

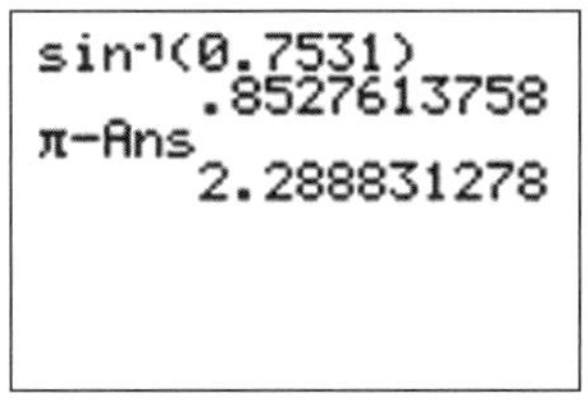

$\sin(x) = 0{,}7531$
$x_1 \approx 0{,}85$
$x_2 = \pi - x_1$
$x_2 \approx 2{,}29$

Alternative
Man zeichnet mit dem GTR die Graphen zu f mit $f(x) = \sin(x)$ und $g(x) = 0{,}7531$. Im Menü [CALC] *lassen sich mit dem Menüpunkt „intersect" die beiden Schnittstellen ermitteln.*

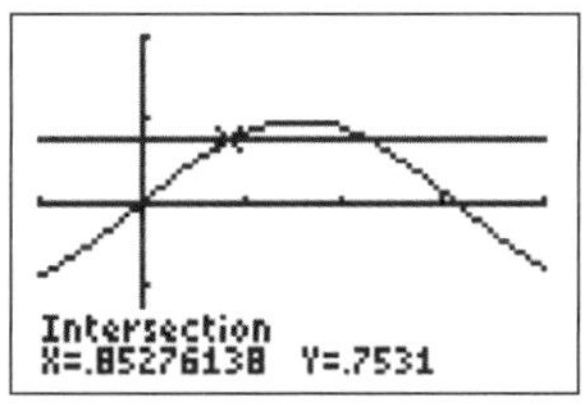

Im Intervall $\left[\frac{\pi}{2}; \frac{3}{2}\pi\right]$ sind die Kosinuswerte negativ. Der Graph ist symmetrisch zur Geraden mit der Gleichung $x = \pi$. Mit der Lösung x_1 ist daher auch $x_2 = \pi + (\pi - x_1) = 2\pi - x_1$ eine Lösung.

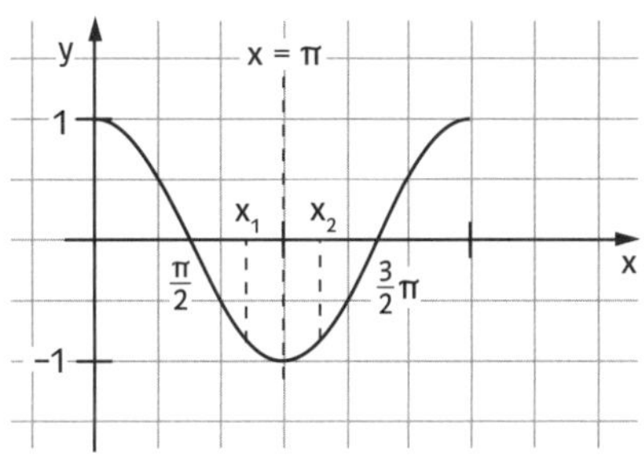

$\cos(x) = -0{,}2345$
$x_1 \approx 1{,}81$
$x_2 = 2\pi - x_1$
$x_2 \approx 4{,}48$

c) Lösung der Gleichung
Die Lösung erfolgt durch Ermittlung der Nullstellen von f mit $f(x) = 3 \cdot \sin(x) - x$ im Intervall $[-\pi; \pi]$.
Der Graph G_f lässt erkennen, dass es drei Nullstellen gibt. Die Nullstelle $x_1 = 0$ ist offensichtlich. Im Menü CALC ergibt sich mit dem Menüpunkt „zero"
$x_2 \approx -2{,}28$
$x_3 \approx 2{,}28$

Bemerkungen
Bei diesem Gleichungstyp gibt es keine Möglichkeit, die Nullstellen z.B. mithilfe einer Formel exakt zu berechnen. Hier ist man auf Näherungslösungen angewiesen.

4 (1 + 1 VP)
Zur Berechnung der Tangentensteigung in einem Punkt $P(x_P|y_P)$ des Graphen G_f, bestimmt man den Funktionswert $f'(x_P)$ der Ableitung von f an der Stelle x_P.
a) Tangentensteigung
$f(x) = \frac{1}{2}\cos(x) - x,\ x \in \mathbb{R}$
$f'(x) = \frac{1}{2} \cdot (-\sin(x)) - 1,\ x \in \mathbb{R}$
$f'\left(\frac{\pi}{3}\right) = \frac{1}{2} \cdot \left(-\sin\left(\frac{\pi}{3}\right)\right) - 1$
$f'\left(\frac{\pi}{3}\right) = -\frac{1}{2} \cdot \frac{1}{2}\sqrt{3} - 1$
$f'\left(\frac{\pi}{3}\right) = -\frac{1}{4}\sqrt{3} - 1$

Bemerkungen
Wenn man sich mit einem Näherungswert begnügen kann, dann berechnet man im Menü MATH mit Menüpunkt „nDeriv(" den Wert $f'\left(\frac{\pi}{3}\right) \approx -1{,}433$.

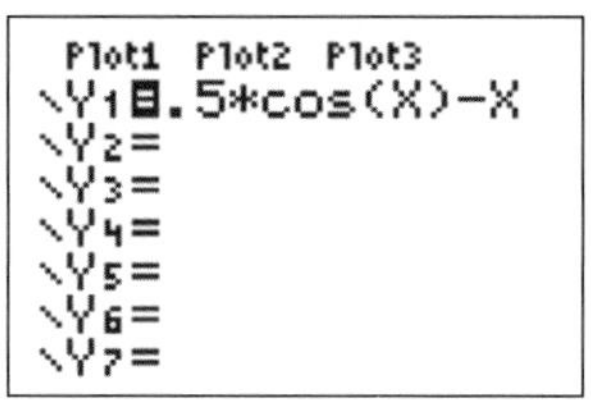

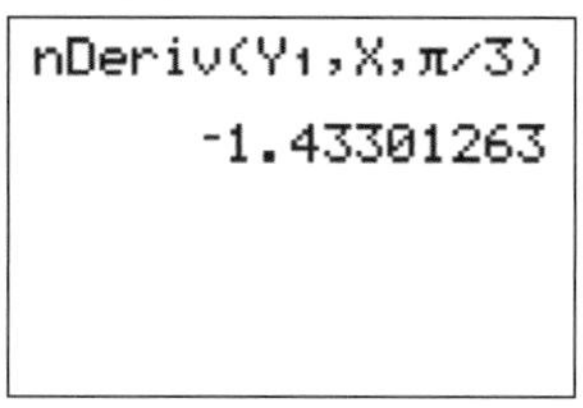

b) Tangentensteigung
$f(x) = -\sin(x) + \sqrt{x},\ x \in \mathbb{R}_0^+$
$f'(x) = -\cos(x) + \frac{1}{2\sqrt{x}},\ x \in \mathbb{R}^+$
$f'(4) = -\cos(4) + \frac{1}{2\sqrt{4}}$
$f'(4) = -\cos(4) + \frac{1}{4}$

Bemerkungen
Wie in Teilaufgabe a) erhält man auch hier den Näherungswert $f'(4) \approx 0{,}904$.

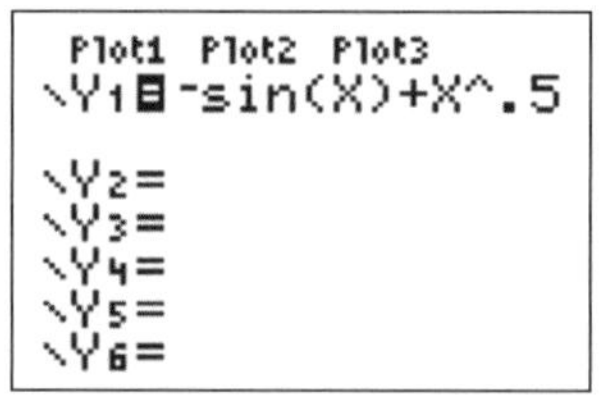

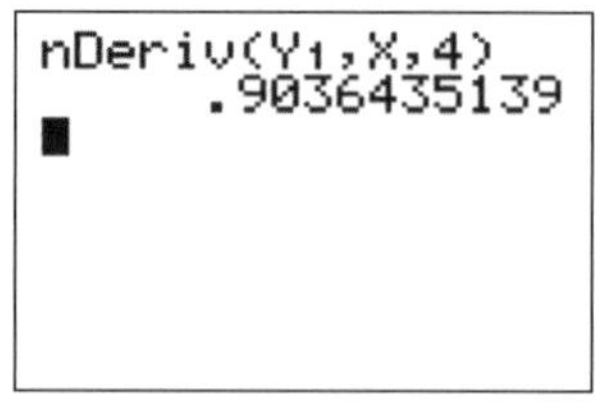

Dieser Weg ist der einzig mögliche, wenn man die Ableitung von $\sqrt{x}$ noch nicht kennen gelernt hat.

5 (1 + 1 + 1 + 2 + 2 VP)
a) Gleichung der neuen Graphen G_g
$g(x) = f(x + 2) + 3$
$g(x) = (x + 2)^3 + 3$

b) Beschreibung der Verschiebung
Es gilt: $g(x) = f(x) + 3$
Daher muss der Graph G_f um drei Einheiten nach oben verschoben werden, um den Graphen G_g zu erhalten.

c) Gleichung des neuen Graphen G_g
$g(x) = f(x - 3)$
$g(x) = (x - 3)^4 - (x - 3)^2$

d) Beschreibung der Verschiebungen
Im ersten Fall wird der Graph G_f von f um zwei Einheiten nach links verschoben und dann mit dem Streckfaktor $\frac{1}{2}$ in Richtung der y-Achse gestreckt.
Im zweiten Fall wird der Graph G_f zunächst an der x-Achse gespiegelt. Der neue Graph lässt sich dann durch $-f(x)$ beschreiben. Anschließend erfolgt noch eine Verschiebung um eine Einheit in Richtung der positiven y-Achse.

e) Beschreibung der Verschiebung
Der Graph G_f ist symmetrisch zur y-Achse. Mit dem GTR erkennt man, dass er zwei Hochpunkte hat, die oberhalb der x-Achse liegen. Der Graph muss so weit nach unten verschoben werden, dass die Hochpunkte auf der x-Achse liegen. Er muss daher um den y-Wert des Hochpunkts nach unten verschoben werden.
Im Menü CALC erkennt man mit dem Menüpunkt „maximum", dass eine Maximumstelle $x_1 \approx 0{,}707$ beträgt und dort der Funktionswert $y_1 = 0{,}75$ ist.
Der Graph G_f muss also um 0,75 Einheiten in Richtung der negativen y-Achse verschoben werden.

Klassenarbeit 4.2

1 (1 + 1 + 2 VP)

Im Funktionsterm kommen die beiden Parameter a und c vor. Daher benötigt man zur Bestimmung von a und c zwei Gleichungen. Diese Gleichungen erhält man, indem man zwei Punkte auf dem Graphen auswählt: $P(x_P \mid y_P)$ und $Q(x_Q \mid y_Q)$. Setzt man die Koordinaten von P in die Funktionsgleichung ein, so erhält man: $y_P = c \cdot a^{x_P}$. Entsprechendes macht man für Q. Lösen dieses Gleichungssystems mit zwei Variablen und zwei Gleichungen ergibt die gesuchten Werte für a und c.

Graph 1

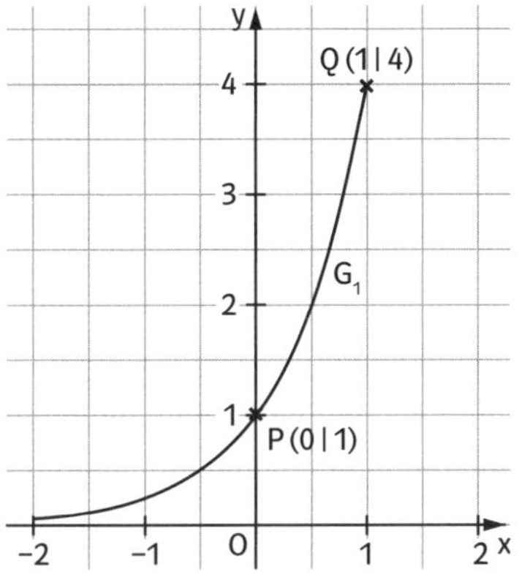

Punktproben für P und Q

Es gilt: $f(0) = 1$

$1 = c \cdot a^0$

(1) $1 = c$

Es gilt: $f(1) = 4$

(2) $4 = c \cdot a^1$

(1) in (2): $4 = 1 \cdot a$

Ergebnis: $f(x) = 1 \cdot 4^x = 4^x,\ x \in \mathbb{R}$

Bemerkungen

Man kann stattdessen auch $f(x) = 2^{2x}$ schreiben, denn es gilt: $4^x = (2^2)^x = 2^{2x}$

Graph 2

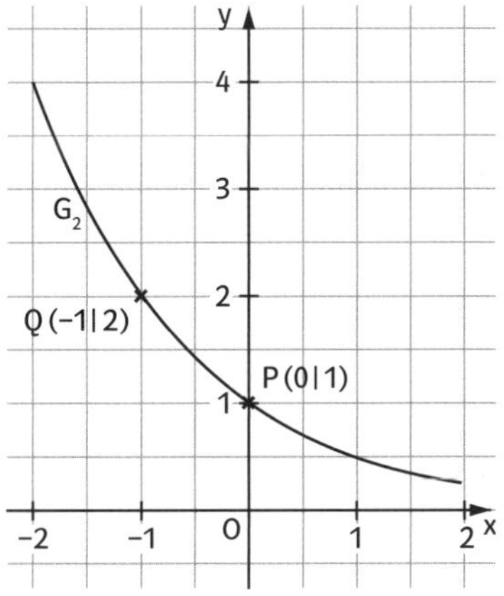

Punktproben für P und Q

Es gilt: $f(0) = 1$

$f(0) = 1$

$1 = c \cdot a^0$

(1) $1 = c$

Es gilt: $f(-1) = 2$

(2) $2 = c \cdot a^{-1}$

(1) in (2): $2 = 1 \cdot a^{-1}$ $\quad | \cdot a$

$2a = 1$

$a = \frac{1}{2}$

Ergebnis: $f(x) = 1 \cdot \left(\frac{1}{2}\right)^x = \left(\frac{1}{2}\right)^x,\ x \in \mathbb{R}$

Bemerkungen

Man kann dafür auch $f(x) = 2^{-x}$ schreiben, denn es gilt: $\left(\frac{1}{2}\right)^x = \frac{1^x}{2^x} = \frac{1}{2^x} = 2^{-x}$.

Graph 3

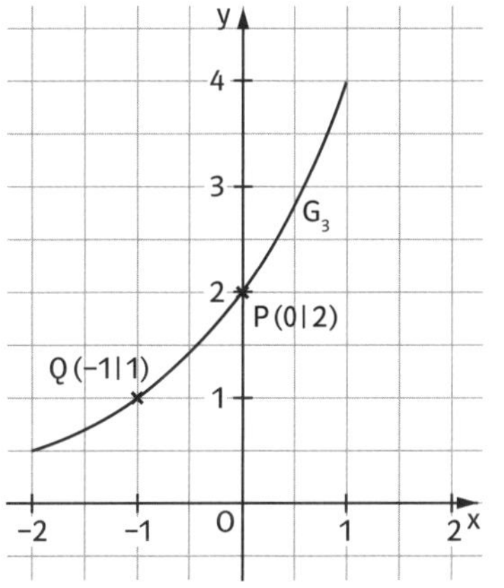

Punktproben für P und Q

Es gilt: $f(0) = 2$

$2 = c \cdot a^0$

(1) $2 = c$

Es gilt: $f(-1) = 1$

$1 = c \cdot a^{-1}$

(1) in (2): $1 = 2 \cdot a^{-1}$ $\quad | \cdot a$

$a = 2$

Ergebnis: $f(x) = 2 \cdot 2^x,\ x \in \mathbb{R}$

Bemerkungen

Man kann dafür auch $f(x) = 2^{x+1}$ schreiben, denn es gilt: $2 \cdot 2^x = 2^1 \cdot 2^x = 2^{1+x} = 2^{x+1}$.

Der Graph entsteht entweder durch Verschieben des Graphen G_g zu $g(x) = 2^x$ um eine Einheit in Richtung der negativen x-Achse oder durch Strecken von G_g mit dem Faktor 2 in Richtung der y-Achse.

2 (4 VP)
Die Graphen auf dem ersten Display können zu ganzrationalen Funktionen zweiten Grades gehören. Die Graphen auf dem zweiten Display haben jeweils drei Nullstellen, gehören also zu ganzrationalen Funktionen vom Grad 3.
Erstes Display

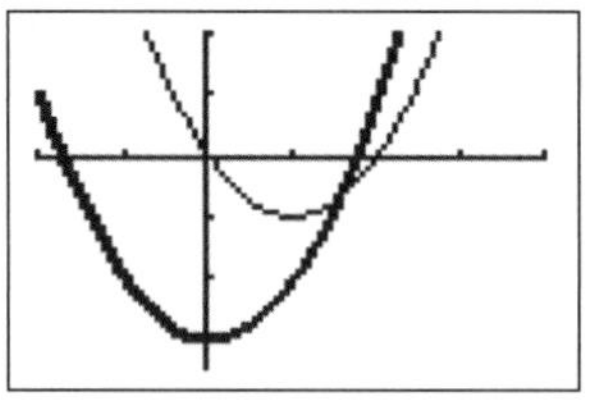

Der fett gezeichnete Graph gehört zu f mit
$f(x) = x^2 - 3,\ x \in \mathbb{R}$.
Der dünn gezeichnete Graph gehört zu g mit
$g(x) = (x-1)^2 - 1 = x^2 - 2x,\ x \in \mathbb{R}$.

Zweites Display

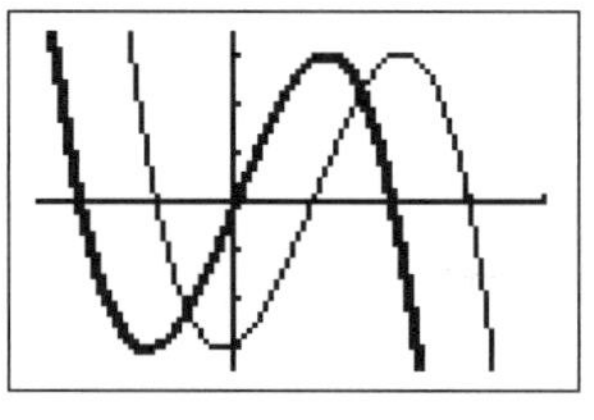

Der fett gezeichnete Graph gehört zu f mit
$f(x) = -x \cdot (x+2) \cdot (x-2) = -x \cdot (x^2 - 4),\ x \in \mathbb{R}$.
Der dünn gezeichnete Graph geht durch Verschieben des fett gezeichneten Graphen um eine Einheit nach rechts hervor. Die zugehörige Funktionsgleichung ist $g(x) = -(x-1) \cdot ((x-1)^2 - 4),\ x \in \mathbb{R}$.

3 (1 + 1 + 1 + 1 + 1 VP)
a) $f(x) = (x+1) \cdot x \cdot (x-2),\ x \in \mathbb{R}$

Bemerkungen
Jede Funktion f mit $f(x) = a \cdot (x+1) \cdot x \cdot (x-2),\ x \in \mathbb{R}$, $a \in \mathbb{R}^*$, ist geeignet.

b) $f(x) = -x^4 - x^2,\ x \in \mathbb{R}$

Bemerkungen
Durch den Koeffizienten −1 bei x^4 wird sichergestellt, dass $f(x) \to -\infty$ strebt, wenn $x \to +\infty$ strebt. Für $x \to 0$ wird x^4 sehr viel kleiner als x^2 und fällt daher kaum mehr ins Gewicht. Daher wird sich der Graph für $x \to 0$ wie der Graph zu g mit $g(x) = -x^2$ verhalten.
Jede Funktion f mit $f(x) = ax^4 + bx^3 - x^2,\ x \in \mathbb{R}$, $a \in \mathbb{R}^-$, $b \in \mathbb{R}$, ist geeignet.

c) $f(x) = x^4 + x^3,\ x \in \mathbb{R}$

Bemerkungen
Durch den Koeffizienten +1 bei x^4 wird sichergestellt, dass für $x \to -\infty$ die Funktionswerte gegen $+\infty$ streben. Da bei der Variablen x sowohl gerade als auch ungerade Hochzahlen vorkommen, liegt keine Symmetrie des Graphen zur y-Achse vor.
Jede Funktion f mit $f(x) = ax^4 + bx^3 + cx^2 + dx + e$, $x \in \mathbb{R}$, $a \in \mathbb{R}^+$, b, c, d, $e \in \mathbb{R}$, ist geeignet, wobei b und d nicht zugleich 0 sein dürfen.

d) $f(x) = -\frac{1}{3}x^3,\ x \in \mathbb{R}$

Bemerkungen
Aus $f(x) = ax^3,\ x \in \mathbb{R},\ a \in \mathbb{R}$, folgt $f'(x) = 3ax^2$ und daher $f'(1) = 3a$.
Wegen der Forderung $f'(1) = -1$ folgt daraus $a = -\frac{1}{3}$.

e) $f(x) = x^3,\ x \in \mathbb{R}$

Bemerkungen
Wegen $f'(x) = 3x^2$ ergibt sich für alle $x_0 \in \mathbb{R}$:
$f'(x_0) = 3x_0^2$
$f'(-x_0) = 3 \cdot (-x_0)^2 = 3x_0^2$

Entsprechend kann man z.B. überlegen, dass der Graph der Funktion f mit $f(x) = ax^3 + cx,\ c \in \mathbb{R}$, $a \in \mathbb{R}^*$, $c \in \mathbb{R}^*$, nur dann zwei verschiedene Stellen mit waagrechter Tangente hat, wenn a und c verschiedene Vorzeichen haben. Prüfe dies durch eine Rechnung nach.

4 (2 + 1 + 1 + 1 VP)
Gegeben ist die Funktion f mit $f(x) = \cos(x),\ x \in \mathbb{R}$.
a) Tangentengleichung
Es gilt:
$f'(x) = -\sin(x),\quad x \in \mathbb{R}$
$f'\left(\frac{\pi}{6}\right) = -\sin\left(\frac{\pi}{6}\right)$
$f'\left(\frac{\pi}{6}\right) = -\frac{1}{2}$
$y_P = f\left(\frac{\pi}{6}\right)$
$y_P = \cos\left(\frac{\pi}{6}\right)$
$y_P = \frac{1}{2}\sqrt{3}$
Damit ergibt sich die Tangentengleichung:
$t(x) = -\frac{1}{2} \cdot \left(x - \frac{\pi}{6}\right) + \frac{1}{2}\sqrt{3}$
$t(x) = -\frac{1}{2}x + \frac{\pi}{12} + \frac{1}{2}\sqrt{3},\quad x \in \mathbb{R}$

b) Punkte des Graphen mit Steigung −1
Es sind alle x-Werte zu bestimmen, für die gilt:
$-\sin(x) = -1$
$\sin(x) = 1$

Für x mit $0 \leqq x < 2\pi$ hat diese Gleichung die Lösung $x_0 = \frac{\pi}{2}$ und es gilt $f\left(\frac{\pi}{2}\right) = \cos\left(\frac{\pi}{2}\right) = 0$.
Wegen der Periodizität der Kosinusfunktion mit der Periode 2π gibt es in allen Punkten $Q_z\left(\frac{\pi}{2} + 2\pi \cdot z \,|\, 0\right)$, $z \in \mathbb{Z}$, Tangenten mit der Steigung −1.

c) Verschiebung des Graphen G_f
Die Gleichung der Funktion zum neuen Graphen G_g heißt $g(x) = \cos\left(x - \frac{\pi}{4}\right) - 1$, $x \in \mathbb{R}$.

d) Bestimmung der Funktion h
Die Gleichung heißt $h(x) = 2 \cdot \cos(2x)$, $x \in \mathbb{R}$.

5 (2 + 2 + 3 VP)
Gegeben ist f durch $f(x) = \frac{1}{4}x^2 - 3\cos(x)$, $x \in [-6; 6]$.
a) Gemeinsamer Punkt von G_f und y-Achse
Mit x = 0 folgt:
$f(0) = \frac{1}{4} \cdot 0^2 - 3\cos(0)$
$f(0) = -3$
Der Graph hat mit der y-Achse den Punkt $Y(0\,|\,-3)$ gemeinsam.
Gemeinsame Punkte von G_f und x-Achse
Bedingung: $f(x) = 0$
Daher: $\frac{1}{4}x^2 - 3\cos(x) = 0$
Die Gleichung wird mit dem GTR gelöst. Der Graph lässt erkennen, dass es nur zwei gemeinsame Punkte mit der x-Achse gibt. Im Menü CALC mit Menüpunkt „zero" erhält man die Näherungswerte $x_1 \approx -1{,}405$ und $x_2 \approx 1{,}405$.
Der Graph schneidet die x-Achse näherungsweise in $X_1(-1{,}405\,|\,0)$ und $X_2(1{,}405\,|\,0)$.

Bemerkungen

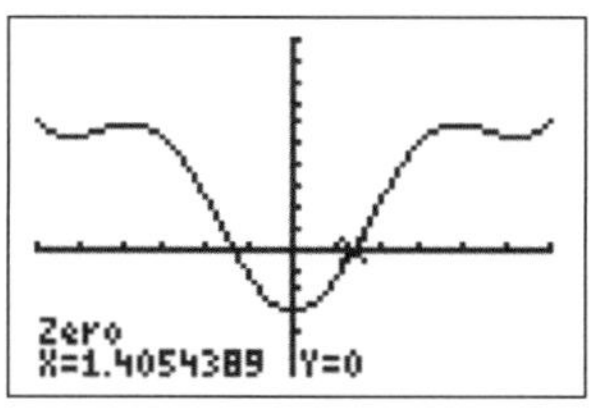

Weitere Schnittstellen kann es nicht geben, da für $x > 6$ gilt: $\frac{1}{4}x^2 > \frac{1}{4} \cdot 6^2 = 9$

$$-1 \leqq \cos(x) \leqq 1 \quad | \cdot (-3)$$
$$3 \geqq -3\cos(x) \geqq -3$$
Somit:
$$\frac{1}{4}x^2 - 3\cos(x) \geqq 9 - 3$$
$$\frac{1}{4}x^2 - 3\cos(x) \geqq 6$$
$$\frac{1}{4}x^2 - 3\cos(x) > 0$$

Entsprechendes gilt wegen der Symmetrie des Graphen zur y-Achse auch für $x \leqq -6$.

b) Punkte des Graphen mit größter Steigung
Es gilt: $f'(x) = \frac{1}{2}x - 3 \cdot (-\sin(x)) = \frac{1}{2}x + 3\sin(x)$, $x \in \mathbb{R}$.
Man gibt den Funktionsterm von f' in den GTR ein und bestimmt im Menü CALC mit dem Menüpunkt „maximum" den größtmöglichen Wert von f' auf dem Intervall [−6; 6]. Man erhält als lokale Maximumstelle $x_1 \approx 1{,}738$.

Der Funktionswert f(6) an der rechten Intervallgrenze ist kleiner als $f(x_1)$. Die berechnete lokale Maximumstelle ist also sogar globale Maximumstelle.
Mit $f(x_1) \approx 3{,}520$ ist der Punkt P mit größter Steigung vollständig näherungsweise bestimmt:
$P(1{,}738\,|\,3{,}520)$

Bemerkungen
Auch ohne Kenntnis der Ableitung der Kosinusfunktion kann man die globale Maximumstelle mit dem GTR erhalten, da man numerisch differenzieren kann. Im Y=-Editor gibt man über das Menü MATH und den Menüpunkt „nDerive(" den Term nDeriv(Y_1,X,X) ein. Der zugehörige Graph ist der Graph der Ableitungsfunktion f', dessen Maximumstelle wie oben bestimmt wird.

Alternative
Die Steigung ist an der Stelle am größten, an welcher der Graph der Ableitungsfunktion sein Maximum hat. Daher bildet man die Ableitung $(f'(x))' = f''(x)$.
Mit $f''(x) = \frac{1}{2} + 3\cos(x)$ erhält man:
$$\frac{1}{2} + 3\cos(x) = 0$$
$$\cos(x) = -\frac{1}{6}$$
$$x_1 \approx 1{,}738$$

c) Die Gerade mit der Gleichung $g(x) = t$ ist parallel zur x-Achse und geht durch $Y(0\,|\,t)$. Auf dem GTR-Display ist zu erkennen, dass diese Parallele den Graphen G_f sechsmal schneidet, wenn t so gewählt wird, dass t zwischen dem y-Wert der höchstliegenden Tiefpunkte und dem y-Wert der Hochpunkte von G_f liegt. Wegen der Symmetrie des Graphen G_f zur y-Achse reicht es, Hochpunkt und Tiefpunkt im 1. Quadranten zu ermitteln.
Im Menü CALC erhält man mit den Menüpunkten „maximum" bzw. „minimum" näherungsweise: $H_1(3{,}835\,|\,5{,}984)$, $T_1(5{,}226\,|\,5{,}354)$. Daher muss man t so wählen, dass $5{,}354 < t < 5{,}984$ gilt.

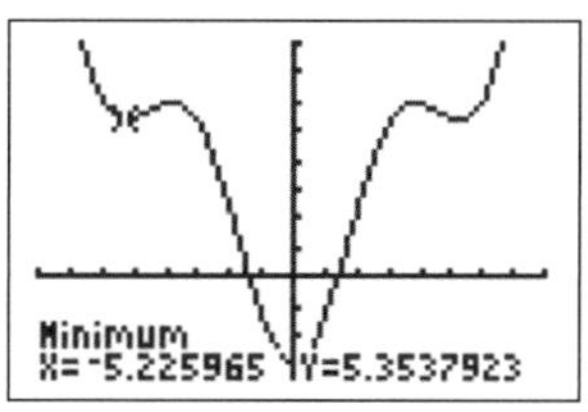

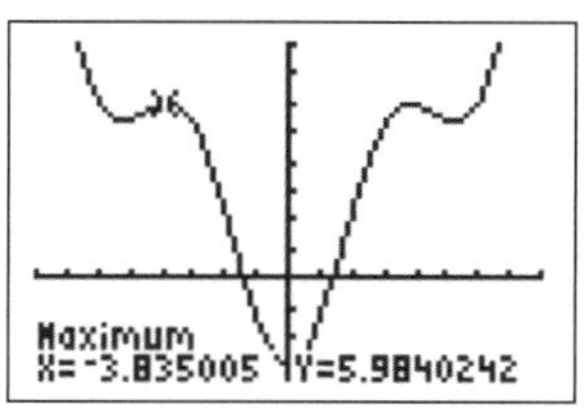

Klassenarbeit 4.3

1 (1 + 1 + 1 + 1 VP)
Wenn es eine positive Zahl p gibt, so dass für die Funktion f gilt $f(x + p) = f(x)$ für alle $x \in \mathbb{R}$, dann heißt die Funktion f periodische Funktion und p heißt Periode.
Die Funktionswerte wiederholen sich also nach $\Delta x = p$ in gleicher Folge. Am Graphen G_f erkennt man dies daran, dass der durch eine Verschiebung um p in Richtung der x-Achse entstehende Graph G_g mit dem Graphen G_f zusammenfällt.
Wenn man bei Sinusfunktionen oder Kosinusfunktionen die halbe Differenz zwischen dem größten und dem kleinsten Funktionswert bildet, dann erhält man die Amplitude a.
a) Funktionsgleichung: $f(x) = \cos(x)$, $x \in \mathbb{R}$
Periode: $p = 2\pi$
Amplitude: $a = 1$

b) Funktionsgleichung: $f(x) = \frac{3}{2} \cdot \sin(x)$, $x \in \mathbb{R}$
Periode: $p = 2\pi$
Amplitude: $a = \frac{3}{2}$

c) Funktionsgleichung: $f(x) = 2 \cdot \sin(\pi \cdot x)$
Periode: $p = 2$
Amplitude: $a = 2$

d) Funktionsgleichung: $f(x) = -\cos(\pi \cdot x)$
Periode: $p = 2$
Amplitude: $a = 1$

2 (2 + 2 VP)
a) Mögliche Lösungen:
$f(x) = (x - 1)^3$, $x \in \mathbb{R}$
$f(x) = (x^2 + 1) \cdot (x - 1)$, $x \in \mathbb{R}$

Bemerkungen
Da $x_1 = 1$ einzige Nullstelle sein soll, darf in der Produktdarstellung des Funktionsterms nur der Linearfaktor $x - 1$ vorkommen. Dies kann man z. B. dadurch erreichen, dass man den Faktor $x - 1$ dreimal verwendet und $f(x) = a \cdot (x - 1)^3$ wählt. Weil der Graph durch $Y(0\,|\,-1)$ gehen soll, muss man a so wählen, dass $f(0) = -1$ gilt.
Aus $f(0) = a \cdot (0 - 1)^3 = a \cdot (-1)$ folgt $a = 1$ und damit die angegebene Lösung.
Da es sich um eine ganzrationale Funktion dritten Grades handeln soll, kann noch ein Faktor mit x^2 auftreten, der keine weitere Nullstellen liefert. Dafür eignet sich jeder Faktor der Form $x^2 + a$, $a \in \mathbb{R}^+$.
Aus $f(x) = (x - 1) \cdot (x^2 + a)$ ergibt sich:
$f(0) = (0 - 1) \cdot (0^2 + a) = -a$
Damit erhält man wegen $f(0) = -1$ den Wert $a = 1$.

b) Mögliche Lösungen:
$f(x) = 2 \cdot (x + 2) \cdot (x + 1) \cdot (x - 1) \cdot (x - 2)$, $x \in \mathbb{R}$
$f(x) = (x - a) \cdot (x - b) \cdot (x - c) \cdot (x - d)$, $x \in \mathbb{R}$,
$a, b, c, d \in \mathbb{R}$ und a, b, c, d sind alle verschieden,
$a \cdot b \cdot c \cdot d = 8$

Bemerkungen
Da die vier Nullstellen alle verschieden sein sollen, muss man in $f(x) = (x - a) \cdot (x - b) \cdot (x - c) \cdot (x - d)$ verschiedene Zahlen a, b, c, d wählen. Da der Graph durch $Y(0\,|\,8)$ geht, muss $f(0) = 8$ gelten. Wegen $f(0) = (0 - a) \cdot (0 - b) \cdot (0 - c) \cdot (0 - d) = a \cdot b \cdot c \cdot d$ muss man also die verschiedenen Zahlen a, b, c, d so wählen, dass deren Produkt 8 ist.
Wählt man z. B. aber $a \cdot b \cdot c \cdot d = 4$, dann muss dem Funktionsterm noch der konstante Faktor $k = 2$ vorangestellt werden. Dieser ändert nichts an den Nullstellen, sorgt aber dafür, dass erneut $f(0) = 8$ gilt. Entsprechendes gilt bei anderer Wahl des Produkts $a \cdot b \cdot c \cdot d$.

3 (2 VP)
Ableitung
Mit $f(x) = ax^3 + bx^2$, $x \in \mathbb{R}$, gilt:
$f'(x) = 3ax^2 + 2bx$
Nullstellen der Ableitung
Bedingung: $f'(x) = 0$
Daher:
$3ax^2 + 2bx = 0$
$x \cdot (3ax + 2b) = 0$
$x_1 = 0$ oder $3ax + 2b = 0$
$3ax = -2b$
$x_2 = -\frac{2b}{3a}$
Da a und b nach Voraussetzung von 0 verschieden sind, existiert die zweite Lösung x_2 und es gilt $x_2 \neq 0$.
Der Graph hat somit an den Stellen $x_1 = 0$ und $x_2 = -\frac{2b}{3a}$ waagrechte Tangenten.

Bemerkungen
Entsprechend kann man z. B. überlegen, dass der Graph der Funktion f mit $f(x) = ax^3 + cx$, $x \in \mathbb{R}$, $a \in \mathbb{R}^*$, $c \in \mathbb{R}^*$, nur dann zwei verschiedene Stellen mit waagrechter Tangente hat, wenn a und c verschiedene Vorzeichen haben. Prüfe dies durch eine Rechnung nach.

4 (1 + 1 VP)
a) Es gilt: $f_t(x) = \frac{1}{2}x^3 + 2tx^2 - x$, $x \in \mathbb{R}$, $t \in \mathbb{R}$
Wenn der Graph G_t zu f_t punktsymmetrisch zum Ursprung O sein soll, dann dürfen im Funktionsterm nur ungerade Potenzen von x vorkommen. Der quadratische Term $2tx^2$ muss daher entfallen.
Dies ist nur für $t = 0$ der Fall.

b) Es gilt: $g_t(x) = tx^4 - x^2 + (t - 3)x + 4,\ x \in \mathbb{R},\ t \in \mathbb{R}$
Wenn der Graph G_t zu g_t symmetrisch zur y-Achse sein soll, dann dürfen im Funktionsterm nur gerade Potenzen von x vorkommen. Der lineare Term $(t - 3)x$ muss daher entfallen.
Dies ist für $t = 3$ der Fall.

Bemerkungen
Der Summand 4 kann als $4 \cdot x^0$ geschrieben werden. x^0 ist eine gerade Potenz von x, da 0 eine gerade Zahl ist.

5 (2 + 2 + 3 VP)
a) Modellierung
Da der jährliche Zins von 3 % auf die zum jeweiligen Jahresende fällige Schuld aufgeschlagen wird, ist die Bestandsänderung je Jahr proportional zum jeweiligen Bestand. Es liegt daher exponentielles Wachstum vor.
Wert nach 100 Jahren
Es gilt: $f(x) = f(0) \cdot a^x,\ x \in \mathbb{R}$
Dabei ist $f(0) = 1258000$ der Anfangsbestand, $a = 1 + \frac{3}{100} = 1{,}03$ der Wachstumsfaktor und x die Anzahl der Zeitschritte in Jahren.
Mit $x = 100$ folgt:
$f(100) = 1258000 \cdot 1{,}03^{100}$
$f(100) = 24177039{,}03$
Schweden hätte nach 100 Jahren etwa 24 177 000 Thaler bezahlen müssen.

b) Laufzeit beim Wert 5 000 000 Thaler
Angenommen, nach x Jahren wäre das Pfand 5 000 000 Thaler wert gewesen.
Dann gilt:

$$5000000 = 1258000 \cdot 1{,}03^x$$
$$\log_{10}\left(\frac{5000}{1258}\right) = \log_{10}(1{,}03^x)$$
$$\log_{10}\left(\frac{5000}{1258}\right) = x \cdot \log_{10}(1{,}03)$$
$$x = \log_{10}\left(\frac{5000}{1258}\right) : \log_{10}(1{,}03)$$
$$x = 46{,}68\ldots$$

Nach etwa 47 Jahren war das Pfand 5 000 000 Thaler wert.

Bemerkungen
Die Gleichung $5000000 = 1258000 \cdot 1{,}03^x$ lässt sich näherungsweise auch direkt mit dem GTR lösen. Im [Y=]-Editor gibt man den Term $1258000 \cdot 1{,}03^x - 5000000$ ein und verwendet z. B. im Menü [CALC] den Menüpunkt „zero". In diesem Fall ist auch bei extremer Fenstereinstellung allerdings nicht viel zu erkennen. Dennoch liefert der GTR bei Wahl der linken Grenze 0 und der rechten Grenze 50 das richtige Ergebnis.

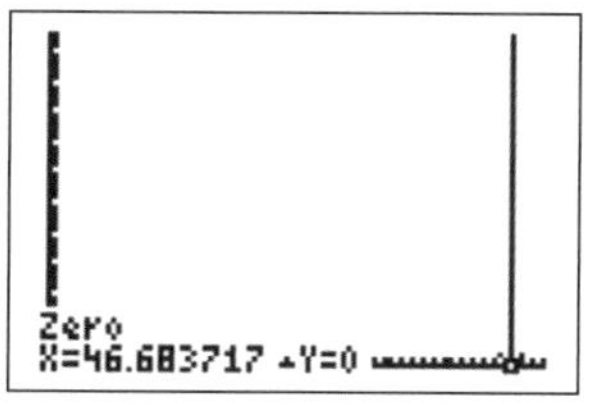

Die Gleichung kann jedoch auch nach Division durch 1 000 000 in der Form $1{,}258 \cdot 1{,}03^x - 5 = 0$ geschrieben werden. Nach Wahl einer extremen Fenstereinstellung erkennt man etwas mehr und kann die Lösung wie oben ermitteln.

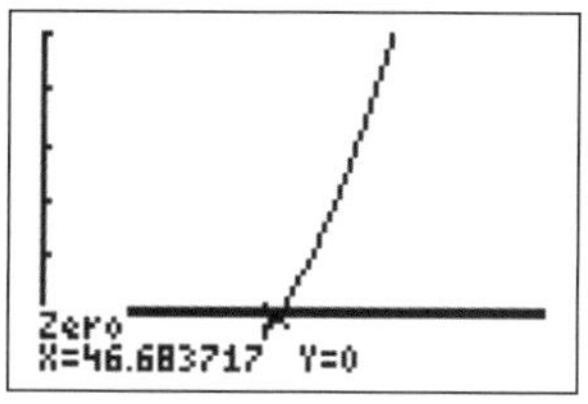

c) Jahreszinssatz p %
Es gilt: $f(100) = 10000000,\ f(0) = 1258000$
$a = \left(1 + \frac{p}{100}\right)^{100}$
Daher:

$$10000000 = 1258000 \cdot \left(1 + \frac{p}{100}\right)^{100}$$
$$\frac{10000}{1258} = \left(1 + \frac{p}{100}\right)^{100}$$
$$\left(\frac{10000}{1258}\right)^{\frac{1}{100}} = 1 + \frac{p}{100}$$
$$\frac{p}{100} = \left(\frac{10000}{1258}\right)^{\frac{1}{100}} - 1$$
$$p = 100 \cdot \left[\left(\frac{10000}{1258}\right)^{0{,}01} - 1\right]$$
$$p = 2{,}094\ldots$$

Bei einem Zinssatz von etwa 2,1 % wären nach 100 Jahren nur 10 000 000 Thaler zu zahlen gewesen.

6 (2 + 3 VP)
a) Schnittpunkte der Graphen
Bedingung: $f(x) = g(x)$
Daher: $\cos(x) = x^2$
Mit dem GTR erhält man:
$x_1 \approx -0{,}824,\ x_2 \approx 0{,}824$
Die Schnittpunkte sind näherungsweise $S_1(-0{,}824 \mid 0{,}679)$ und $S_2(0{,}824 \mid 0{,}679)$.

Veranschaulichung

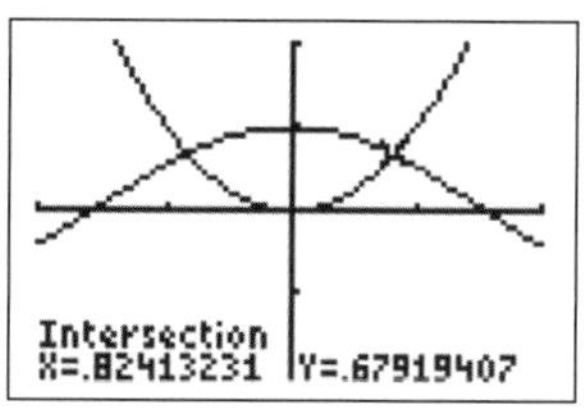

b) Schnittwinkel der Graphen
Im Menü CALC erhält man mit dem Menüpunkt „dy/dx" die Steigungen der Tangenten an G_f und an G_g an der Stelle x_2.

Veranschaulichung

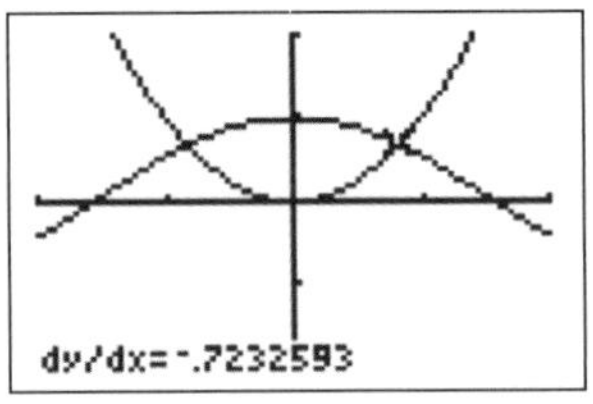

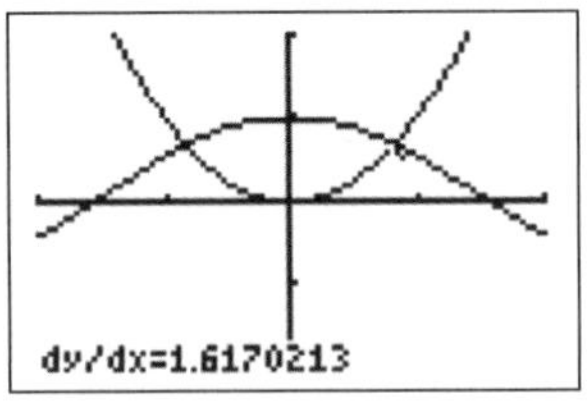

Es gilt:
$m_1 = f'(x_2) \approx -0{,}7232593$
$m_2 = g'(x_2) \approx 1{,}6170213$
Für den Winkel α zwischen einer Geraden und der x-Achse gilt: $\tan(\alpha) = m$
Folglich erhält man:
$\tan(\alpha_1) = -0{,}7232593$
$\alpha_1 \approx -35{,}877°$
$\tan(\alpha_2) = 1{,}6170213$
$\alpha_2 \approx 58{,}266°$
Die beiden Graphen schneiden sich im 1. Quadranten etwa unter einem Winkel der Weite $\delta \approx 94°$.

Veranschaulichung

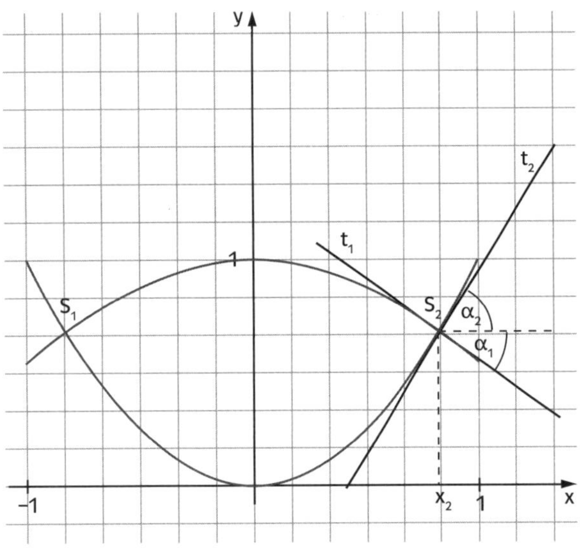

Klassenarbeit 4.4

1 (3 VP)
Veranschaulichung
Display 1

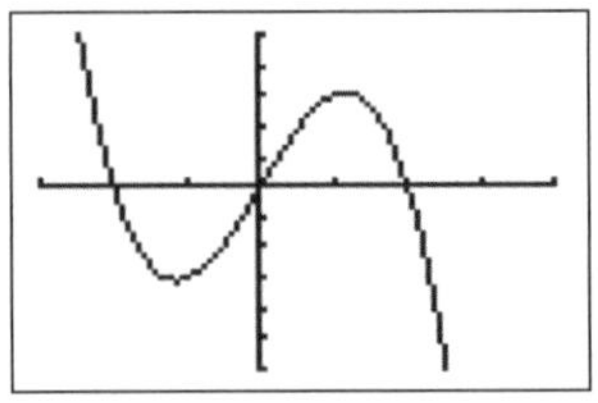

Display 2

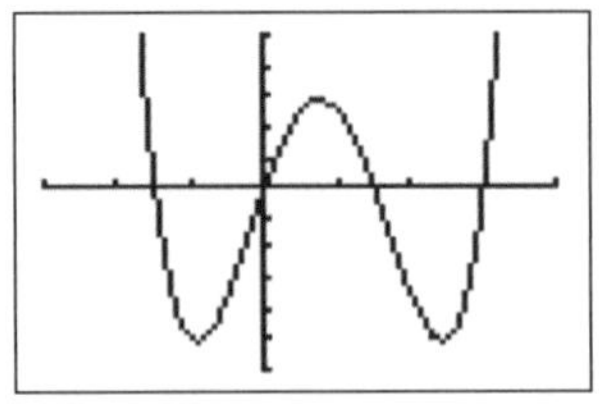

Für die Zeichnungen wurden f und g mit
$f(x) = -(x+2) \cdot x \cdot (x-2) = -x^3 + 4x,\ x \in \mathbb{R}$
und
$g(x) = (x+1{,}5) \cdot x \cdot (x-1{,}5) \cdot (x+3)$
$= x^4 - 3x^3 - 2{,}25x^2 + 6{,}75x,\ \ x \in \mathbb{R}$
verwendet.

Behauptung	wahr	falsch
1. Die Funktion f ist vom Grad 3.	X	
2. Der Funktionsterm von f enthält nur Potenzen mit ungeraden Hochzahlen.	X	
3. Der Koeffizient der höchsten Potenz von x im Funktionsterm von f ist positiv.		X
4. Die Funktion g hat drei Extremstellen.	X	
5. Im Funktionsterm von g kommen Potenzen mit geraden und ungeraden Hochzahlen vor.	X	
6. Der Graph der Ableitungsfunktion g' schneidet die x-Achse dreimal.	X	

Bemerkungen
1. Behauptung
Der Graph von f ist punktsymmetrisch zum Koordinatenursprung. Daher ist der Grad von f ungerade. Da der Grad nicht 1 sein kann, weil der Graph nicht zu einer linearen Funktion gehört, muss der Grad 3 sein.
Die Behauptung ist also wahr.
2. Behauptung
Der Graph von f ist punktsymmetrisch zum Koordinatenursprung. Daher kommen im Funktionsterm nur Potenzen mit ungeraden Hochzahlen vor.
Die Behauptung ist also wahr.
3. Behauptung
Am Graph erkennt man: Wenn $x \to -\infty$, dann $f(x) \to +\infty$ und wenn $x \to +\infty$, dann $f(x) \to -\infty$.
Daher ist der Koeffizient von x^3 eine negative Zahl.
Die Behauptung ist also falsch.
4. Behauptung
Der Graph von g besitzt drei Punkte mit waagrechter Tangente. Die x-Werte dieser Punkte sind die drei Extremstellen.
Die Behauptung ist also wahr.

5. Behauptung
Der Graph von g ist nicht symmetrisch zum Koordinatenursprung und nicht symmetrisch zur y-Achse. Daher kommen Potenzen mit geraden und ungeraden Hochzahlen vor.
Die Behauptung ist also wahr.
6. Behauptung
Der Graph der Funktion hat drei Extrempunkte. In diesen Punkten hat der Graph die Steigung 0. Daher gilt für diese drei Stellen: $g'(x) = 0$. Die Ableitungsfunktion hat demnach drei Nullstellen und ihr Graph schneidet daher die x-Achse dreimal.
Die Behauptung ist also wahr.

2 (3 VP)
Veranschaulichung

$f(x) = \frac{1}{2} \cdot \cos(x), \quad x \in \mathbb{R}$

$f'(x) = -\frac{1}{2} \cdot \sin(x)$

$f'\left(\frac{3}{2}\pi\right) = -\frac{1}{2}\sin\left(\frac{3}{2}\pi\right) = \frac{1}{2}$

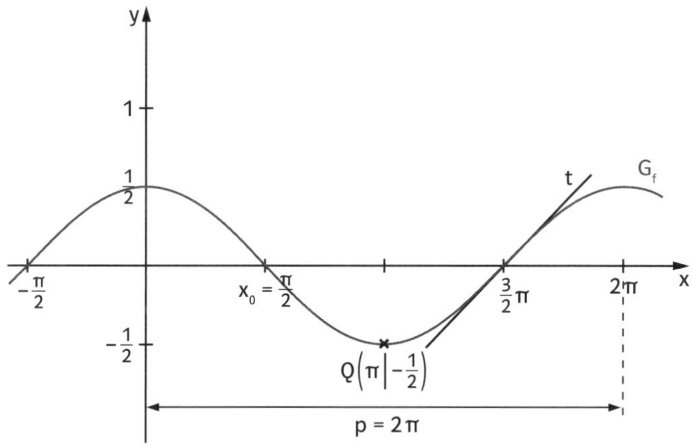

$g(x) = \frac{1}{2} \cdot \sin\left(x - \frac{\pi}{2}\right)$

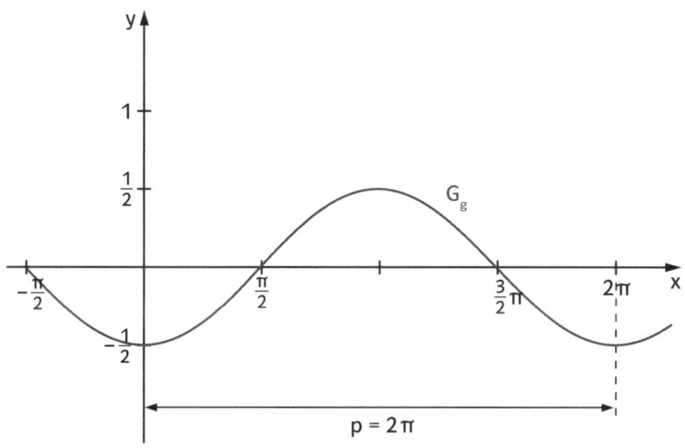

Behauptung	wahr	falsch
1. Die Funktion hat eine Nullstelle bei $x_0 = \frac{\pi}{2}$.	X	
2. Der kleinstmögliche Funktionswert ist – 1.		X
3. Die Periodenlänge ist π.		X
4. Die Tangentensteigung im Punkt $P\left(\frac{3}{2}\pi \mid y_P\right)$ ist $\frac{1}{2}$.	X	
5. Der Punkt $Q(\pi \mid y_Q)$ ist ein Tiefpunkt.	X	
6. Der Graph ist identisch mit dem Graphen von $g(x) = \frac{1}{2} \cdot \sin\left(x - \frac{\pi}{2}\right)$.		X

Die Graphen zeigen, dass die erste Behauptung und die fünfte wahr sind. Der Wert $f'\left(\frac{3}{2}\pi\right)$ zeigt, dass die vierte Behauptung wahr ist.
Die zweite Behauptung ist falsch, da der kleinstmögliche Funktionswert $-\frac{1}{2}$ ist. Die dritte Behauptung ist falsch, da die Periodenlänge 2π ist. Die sechste Behauptung ist falsch, da der Graph zu $g(x) = \frac{1}{2}\sin\left(x - \frac{\pi}{2}\right)$ aus dem Graphen der Funktion h mit $h(x) = \frac{1}{2}\sin(x)$ durch Verschieben nach rechts entsteht. Der Graph G_g entstünde durch eine Verschiebung um $\frac{\pi}{2}$ nach links.

3 (1 + 1 + 1 + 1 VP)
a) $g(x) = x^3 + 2, x \in \mathbb{R}$
b) $g(x) = (x + 3)^3, x \in \mathbb{R}$
c) $g(x) = (x - 3)^3 - 3, x \in \mathbb{R}$
d) $g(x) = -x^3, x \in \mathbb{R}$

4 (5 VP)
Veranschaulichung

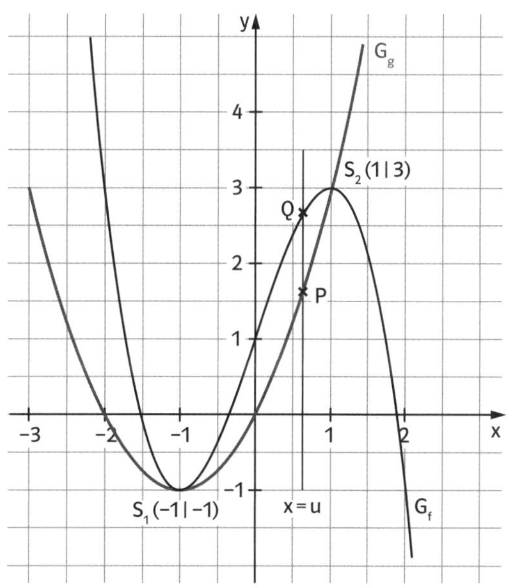

Die Gerade mit der Gleichung $x = u$, $u \in [-1; 1]$ ist eingezeichnet. Sie schneidet G_f in Q und G_g in P.

Länge der Sehne PQ
Es gilt:
$s = \overline{PQ}$
$s = y_Q - y_P$
$s(u) = f(u) - g(u)$
$s(u) = (-u^3 + 3u + 1) - (u^2 + 2u)$
$s(u) = -u^3 + 3u + 1 - u^2 - 2u$
$s(u) = -u^3 - u^2 + u + 1, \quad -1 \leqq u \leqq 1$

Extremwertermittlung
Mit dem GTR, Menü CALC und Menüpunkt „maximum", ergibt sich das Maximum der Funktionswerte von s im Intervall [–1; 1] an der Stelle $u_1 \approx 0{,}333$ und es gilt $s(u_1) \approx 1{,}185$.

Veranschaulichung
Die Abbildung zeigt den Graphen der Funktion s.

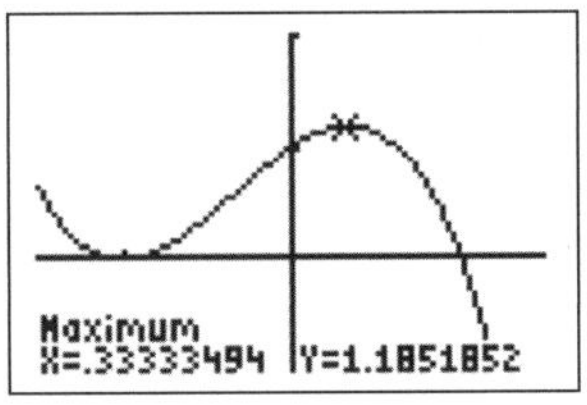

Randextremwerte
Es gilt:
$\lim\limits_{u \to -1} s(u) = \lim\limits_{u \to -1} (u^3 - u^2 + u + 1)$
$\lim\limits_{u \to -1} s(u) = 0$
$\lim\limits_{u \to +1} s(u) = \lim\limits_{u \to +1} (-u^3 - u^2 + u + 1)$
$\lim\limits_{u \to 1} s(u) = 0$
Das berechnete lokale Maximum ist daher auf dem Intervall [–1; 1] auch ein globales.
Die längste Sehne ergibt sich für $u_1 \approx 0{,}333$. Ihre Länge ist etwa 1,185 Längeneinheiten.

Bemerkungen
Die Rechnung per Hand liefert hier exakte Werte.
Nullstellen der Ableitung
Es gilt: $s'(u) = -3u^2 - 2u + 1, \; -1 < u < 1$
Bedingung: $s'(u) = 0$
Daher:
$-3u^2 - 2u + 1 = 0$
$D = (-2)^2 - 4 \cdot (-3) \cdot 1$
$D = 16 > 0$
$u_{1;2} = \frac{-(-2) \pm \sqrt{16}}{2 \cdot (-3)}$
$u_{1;2} = \frac{2 \pm 4}{-6}$
$u_1 = \frac{1}{3}$
$u_2 = -1$
Die Lösung u_2 *liegt nicht in der Definitionsmenge von* s'.

Produktdarstellung von s'
$s'(u) = -3u^2 - 2u + 1 = -3 \cdot \left(u - \frac{1}{3}\right) \cdot (u + 1)$
Daraus lässt sich erkennen:
Wenn $u < \frac{1}{3}$ *und nahe bei* $\frac{1}{3}$,
dann $u - \frac{1}{3} < 0$ *und* $u + 1 > 0$.
s'(u) ist somit positiv.
Wenn $u > \frac{1}{3}$ *und nahe bei* $\frac{1}{3}$,
dann $u - \frac{1}{3} > 0$ *und* $u + 1 > 0$.
s'(u) ist daher negativ.
Somit liegt an der Stelle $u_1 = \frac{1}{3}$ *ein lokales Maximum vor.*
Maximale Sehnenlänge
$s\left(\frac{1}{3}\right) = -\left(\frac{1}{3}\right)^3 - \left(\frac{1}{3}\right)^2 + \frac{1}{3} + 1$
$s\left(\frac{1}{3}\right) = -\frac{1}{27} - \frac{1}{9} + \frac{1}{3} + 1$
$s\left(\frac{1}{3}\right) = \frac{32}{27}$
Die längste Sehne ergibt sich für $u_1 = \frac{1}{3}$. *Ihre Länge ist* $\frac{32}{27}$ *Längeneinheiten.*

5 (3 + 3 VP)
a) Zunahme des Kugeldurchmessers
Mit $d_1 = 6\,\text{cm}$ und $d_2 = 1{,}5\,\text{m}$ ergibt sich ein Anwachsen des Durchmessers auf das 25-fache.
Wachstumsgleichung
Es handelt sich um ein exponentielles Wachstum, da der jährliche Zuwachs von 13,9 % des Kapitals zu Jahresanfang proportional zum jeweiligen Anfangsbestand ist.
Daher gilt: $f(x) = f(0) \cdot a^x, \; x \in \mathbb{R}, \; a \in \mathbb{R}^+$
Anlagezeitraum
Mit $a = 1{,}139$ und $f(x) = 25 \cdot f(0)$ folgt daraus:
$25 \cdot f(0) = f(0) \cdot 1{,}139^x$
$25 = 1{,}139^x$
$\log_{10}(25) = \log_{10}(1{,}139^x)$
$\log_{10}(25) = x \cdot \log_{10}(1{,}139)$
$x = \log_{10}(25) : \log_{10}(1{,}139)$
$x = 24{,}73\ldots$
Das Kapital wäre über einen Zeitraum von etwa 25 Jahren angelegt gewesen.

b) Zunahme des Kugelvolumens
Mit $d_1 = 6\,\text{cm}$ und $d_2 = 1{,}5\,\text{m}$ ergibt sich ein Anwachsen des Volumens auf das 25^3-fache.
Begründung
$V_1 = \frac{4}{3} \cdot \pi \cdot r_1^3 = \frac{4}{3} \cdot \pi \cdot \left(\frac{d_1}{2}\right)^3 = \frac{1}{6} \cdot \pi \cdot d_1^3$
$V_2 = \frac{4}{3} \cdot \pi \cdot r_2^3 = \frac{4}{3} \cdot \pi \cdot \left(\frac{d_2}{2}\right)^3 = \frac{1}{6} \cdot \pi \cdot d_2^3$
$V_2 : V_1 = \left(\frac{1}{6} \cdot \pi \cdot d_2^3\right) : \left(\frac{1}{6} \cdot \pi \cdot d_1^3\right) = d_2^3 : d_1^3 = \left(\frac{d_2}{d_1}\right)^3$
$V_2 : V_1 = 25^3$
Wachstumsgleichung
Wie oben gilt: $f(x) = f(0) \cdot a^x, \; x \in \mathbb{R}, \; a \in \mathbb{R}^+$

Anlagezeitraum

Mit $a = 1{,}139$ und $f(x) = 25^3 \cdot f(0)$ folgt daraus:

$$25^3 \cdot f(0) = f(0) \cdot 1{,}139^x$$
$$25^3 = 1{,}139^x$$
$$\log_{10}(25^3) = \log_{10}(1{,}139^x)$$
$$3 \cdot \log_{10}(25) = x \cdot \log_{10}(1{,}139)$$
$$x = 3 \cdot \log_{10}(25) : \log_{10}(1{,}139)$$
$$x = 74{,}19\ldots$$

In diesem Fall wäre das Kapital über einen Zeitraum von etwa 74 Jahren angelegt gewesen.

6 (3 VP)

Die Anzahl der Lösungen der gegebenen Gleichung $x + \sin(x) = 1$ ist genauso groß wie die Anzahl der Nullstellen der Funktion f mit $f(x) = x + \sin(x) - 1$, $x \in \mathbb{R}$.

Anzahl der Nullstellen

Der Graph der Funktion f zeigt, dass es nur eine Nullstelle im Intervall [0; 1] gibt. Mit dem GTR kann diese bestimmt werden.

Man erhält: $x_1 \approx 0{,}51$

Wenn gezeigt werden kann, dass die Funktion f monoton auf $\mathbb{R}$ wächst, dann ist x_1 die einzige Nullstelle.

Monotonienachweis

Es gilt: $f'(x) = 1 + \cos(x)$

Aus $-1 \leqq \cos(x) \leqq 1$, $x \in \mathbb{R}$, folgt durch Addition von 1:

$$1 - 1 \leqq \cos(x) + 1 \leqq 1 + 1$$
$$0 \leqq f'(x) \leqq 2$$

Nach dem Monotoniesatz ist f auf $\mathbb{R}$ monoton wachsend. Daher ist $x_1 \approx 0{,}51$ die einzige Nullstelle von f und daher die einzige Lösung der gegebenen Gleichung.

Veranschaulichung

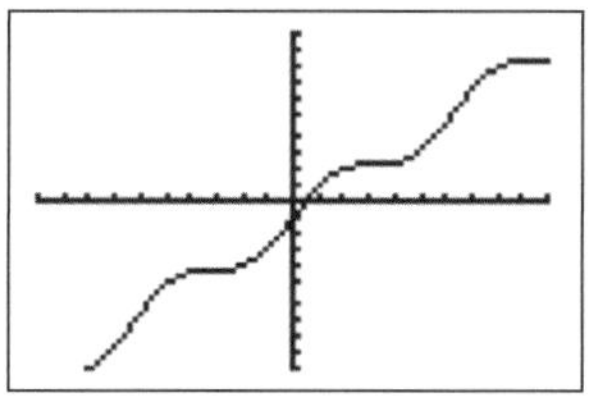

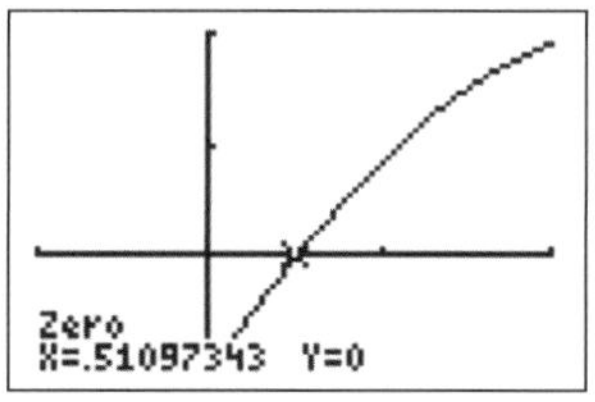

Pinboard – Wahrscheinlichkeitsrechn

Abzählen

Definitionen

Unter dem Symbol n! (gelesen: n-Fakultät) versteht man das Produkt der n ersten positiven natürlichen Zahlen:
$n! = 1 \cdot 2 \cdot 3 \cdot \ldots \cdot (n-2) \cdot (n-1) \cdot n,\ n \in \mathbb{N}^*$.
Für n = 0 wird vereinbart: $0! = 1$

Unter dem Symbol $\binom{n}{k}$ (gelesen: n über k) versteht man den folgenden Quotienten:
$\binom{n}{k} = \frac{n!}{(n-k)! \cdot k!},\ n \in \mathbb{N},\ k \in \mathbb{N},\ k \leq n$

Beispiele

$3! = 1 \cdot 2 \cdot 3 = 6$
$8! = 1 \cdot 2 \cdot 3 \cdot 4 \cdot 5 \cdot 6 \cdot 7 \cdot 8 = 40320$
$25! = 1 \cdot 2 \cdot 3 \cdot \ldots \cdot 23 \cdot 24 \cdot 25 \approx 1{,}55 \cdot 10^{25}$
GTR:
Menü [MATH], Menü [PRB], Menüpunkt „!"

$\binom{5}{2} = \frac{5!}{3! \cdot 2!} = 10 \qquad \binom{7}{3} = \frac{7!}{4! \cdot 3!} = 35$

$\binom{21}{9} = \frac{21!}{12! \cdot 9!} = 293\,930$

GTR:
Menü [MATH], Menü [PRB], Menüpunkt „nCr"

Interpretationen

Zieht man aus einer Urne mit n verschiedenen Kugeln nacheinander alle Kugeln ohne Zurücklegen, so gibt es n! verschiedene Ziehungsergebnisse, wenn es auf die Reihenfolge ankommt, in der die Kugeln gezogen werden (Permutationen).
Man spricht von geordneten Stichproben ohne Zurücklegen.

Zieht man aus einer Urne mit n verschiedenen Kugeln k Kugeln ohne Zurücklegen, so gibt es $\binom{n}{k}$ verschiedene Ziehungsergebnisse, wenn es auf die Reihenfolge nicht ankommt, in der die Kugeln gezogen werden („Ziehen mit einem Griff").
Man spricht von einer ungeordneten Stichprobe ohne Zurücklegen vom Umfang k.

Beispiele

Eine Urne enthält fünf Kugeln, die mit den Nummern 1, 2, 3, 4 und 5 beschriftet sind. Zieht man nacheinander diese fünf Kugeln aus der Urne, so gibt es 5! verschiedene Anordnungen:
12345, 12354, 12435, 12453, 12534, 12543, 13245, 13254, ..., 54123, 54132, 54213, 54231, 54312, 54321

Beim Zahlenlotto „6 aus 49" werden aus einer Urne mit 49 Kugeln sechs Kugeln gezogen. Es kommt für das Erreichen von „sechs Richtigen" nicht darauf an, in welcher Reihenfolge diese Kugeln gezogen werden.
Daher gibt es $\binom{49}{6} = 13\,983\,816$ mögliche Lottotipps. Nur einer davon ist der richtige Tipp.

Binomialverteilung

Definitionen

Bernoulli-Kette
Wenn man ein Zufallsexperiment n-mal ausführt, dann spricht man von einer Bernoulli-Kette der Länge n, falls gilt:
Bei jedem Zufallsexperiment gibt es nur zwei Ergebnisse, die mit „Treffer" bzw. „Nichttreffer" bezeichnet werden.
Die Wahrscheinlichkeiten p für einen Treffer bzw. $q = 1 - p$ für einen Nichttreffer ändern sich während der Durchführung des Zufallsexperiments nicht.

Zufallsvariable
Unter einer Zufallsvariablen X versteht man eine Zuordnung, die jedem Ergebnis eines Zufallsexperiments eine reelle Zahl als Wahrscheinlichkeit zuordnet.
Die Werte der Zufallsvariablen bezeichnet man mit $x_1, x_2, x_3, \ldots x_k$.

Wahrscheinlichkeitsverteilung
Die zu einer Zufallsvariablen X gehörende Tabelle, die zu jedem der Werte $x_1, x_2, x_3, \ldots x_k$ die entsprechenden Wahrscheinlichkeiten $P(X = x_1), P(X = x_2), P(X = x_3), \ldots, P(X = x_k)$ enthält, heißt Wahrscheinlichkeitsverteilung der Zufallsvariablen X.

Binomialverteilung
Eine Zufallsvariable X heißt binomialverteilt mit den Parametern n und p, wenn sie sich als Trefferanzahl bei einer Bernoulli-Kette der Länge n und der Trefferwahrscheinlichkeit p beschreiben lässt.
Die zugehörige Wahrscheinlichkeitsverteilung nennt man Binomialverteilung.

Beispiel

Das abgebildete Glücksrad wird 10-mal gedreht und nach dem Anhalten wird festgestellt, ob der Zeiger auf das mit „1" beschriftete Feld weist.

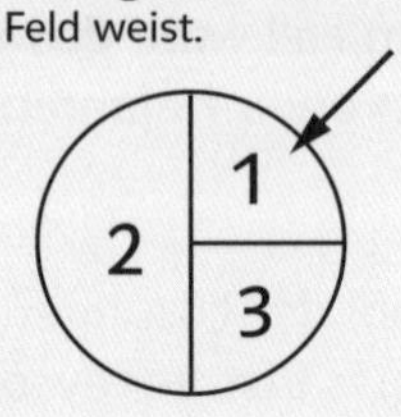

Die Zufallsvariable X bezeichne die Anzahl der Ergebnisse „1".
Das Ergebnis „1" wird als Treffer, ein anderes Ergebnis als „Nichttreffer" bezeichnet.
Die Wahrscheinlichkeit für Treffer ist $p = \frac{1}{4}$.
Da das Glücksrad 10-mal gedreht wird, gilt n = 10. Für die Zufallsvariable X sind daher die Werte 0, 1, 2, ..., 9, 10 möglich.
Das Ergebnis jeder Drehung ist vom Ergebnis der vorherigen Drehungen unabhängig. Daher ist diese Zufallsvariable binomialverteilt mit den Parametern n = 10 und $p = \frac{1}{4}$.

Wahrscheinlichkeitsverteilung
(Werte auf zwei Dezimalen gerundet.):

r	0	1	2	3	4
P(x = r)	0,06	0,19	0,28	0,25	0,15

5	6	7	8	9	10
0,06	0,02	0,00	0,00	0,00	0,00

Lehrsatz

Bei einer Bernoulli-Kette der Länge n und der Wahrscheinlichkeit p für einen Treffer zähle die Zufallsvariable X die Anzahl der Treffer.
Dann erhält man mit der Wahrscheinlichkeit
$$P(X = r) = \binom{n}{r} \cdot p^r \cdot (1-p)^{n-r}$$
r Treffer ($r \leq n$).

Bemerkung
Statt $P(X = r)$ schreibt man auch $B_{n;p}(r)$.

Beispiel

Eine faire Münze wird 100-mal geworfen. Mit welcher Wahrscheinlichkeit erhält man 25-mal Zahl?

Es handelt sich um eine Bernoullikette mit n = 100 und p = 0,5. Die Zufallsvariable X beschreibe die Anzahl der Treffer (Zahl).
$P(X = 25) = \binom{100}{25} \cdot 0{,}5^{25} \cdot (1 - 0{,}5)^{100-25}$
$P(X = 25) \approx 1{,}91 \cdot 10^{-7}$

Die aktuellen Zufallsmeldungen aus der Forschung

ng – Binomialverteilung

Berechnung von Wahrscheinlichkeiten mit dem GTR

Beispiel	GTR
Bei einer Bernoulli-Kette der Länge n beschreibe X die Anzahl der Treffer. Die Wahrscheinlichkeit für einen Treffer sei p.	Menü DISTR Befehle „binompdf(" und „binomcdf(" Format: „binompdf(n,p,r)" bzw. „binomcdf(n,p,r)"
Wahrscheinlichkeit für r Treffer $P(X = r) = \binom{n}{r} \cdot p^r \cdot (1-p)^{n-r}$, $(r \leqq n)$	Wahrscheinlichkeit für 4 Treffer binompdf(10,0.3,4) ≈ 0,2001
Wahrscheinlichkeit für höchstens r Treffer $P(X \leqq r) = P(X = 0) + P(X = 1) + \ldots + P(X = r)$	Wahrscheinlichkeit für höchstens 4 Treffer binomcdf(10,0.3,4) ≈ 0,8497
Wahrscheinlichkeit für weniger als r Treffer $P(X < r) = P(X = 0) + P(X = 1) + \ldots + P(X = r - 1)$	Wahrscheinlichkeit für weniger als 4 Treffer binomcdf(10,0.3,3) ≈ 0,6496
Wahrscheinlichkeit für mindestens r Treffer $P(X \geqq r) = P(X = r) + P(X = r + 1) + \ldots + P(X = n)$ $P(X \geqq r) = 1 - P(X \leqq r - 1)$	Wahrscheinlichkeit für mindestens 4 Treffer 1 – binomcdf(10,0.3,3) ≈ 0,3504
Wahrscheinlichkeit für mehr als r Treffer $P(X > r) = P(X = r + 1) + P(X = r + 2) + \ldots + P(X = n)$ $P(X > r) = 1 - P(X \leqq r)$	Wahrscheinlichkeit für mehr als 4 Treffer 1 – binomcdf(10,0.3,4) ≈ 0,1503
Wahrscheinlichkeit für mindestens r_1 und höchstens r_2 Treffer $P(r_1 \leqq X \leqq r_2) = P(X \leqq r_2) - P(X \leqq r_1 - 1)$	Wahrscheinlichkeit für mindestens 4 und höchstens 7 Treffer binomcdf(10,0.3,7)–binomcdf(10,0.3,3) ≈ 0,3488

Unglaublich!

Färbt man im Pascal'schen Dreieck die ungeraden Binomialkoeffizienten schwarz und die geraden weiß, so ergibt sich das abgebildete aufregende Muster!

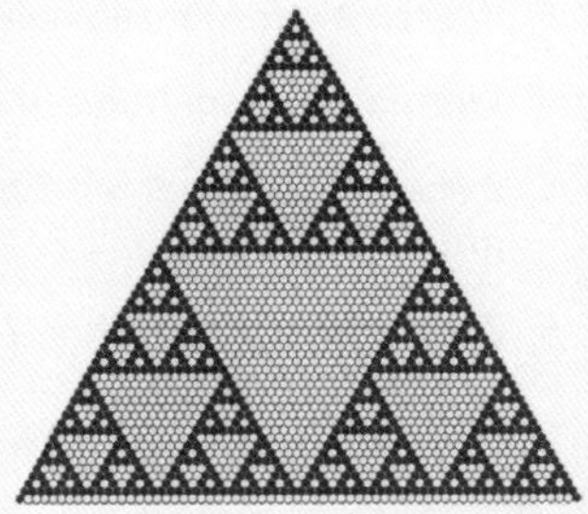

Erwartungswert

Definition

Erwartungswert
Wenn eine Zufallsvariable X die Werte $x_1, x_2, x_3, \ldots, x_k$ mit den Wahrscheinlichkeiten $P(X = x_1), P(X = x_2), P(X = x_3), \ldots, P(X = x_k)$ annimmt, dann heißt die Zahl
$E(X) = x_1 \cdot P(X = x_1) + x_2 \cdot P(X = x_2) + \ldots + x_k \cdot P(X = x_k)$
der Erwartungswert von X.

Beispiel

Wahrscheinlichkeitsverteilung:

x_k	0	1	2	3
$P(X = x_k)$	0,1	0,3	0,4	0,2

Erwartungswert:
$E(X) = 0 \cdot 0{,}1 + 1 \cdot 0{,}3 + 2 \cdot 0{,}4 + 3 \cdot 0{,}2$
$E(X) = 1{,}7$

Lehrsatz

Bei einer binomialverteilten Zufallsvariablen mit den Parametern n und p gilt:
$E(X) = n \cdot p$.

Bemerkung

Das Maximum des Graphen einer Binomialverteilung liegt beim Erwartungswert, wenn dieser ganzzahlig ist. Anderenfalls liegt es bei einer der benachbarten ganzen Zahlen.

Bist du sicher?

1 Bestimme die folgenden Zahlen.
a) $\binom{4}{0}$ $\binom{4}{1}$ $\binom{4}{2}$ $\binom{4}{3}$ $\binom{4}{4}$ b) $\binom{18}{4}$ $\binom{35}{12}$ $\binom{60}{48}$ $\binom{100}{97}$ $\binom{100}{3}$

2 Ein mit den Zahlen 1, 2, 3 und 4 beschrifteter „Tetraeder-Würfel" wird 20-mal geworfen. Gib jeweils einen Rechenausdruck an, mit dem sich die Wahrscheinlichkeit für das angegebene Ergebnis berechnen lässt.
a) Es wird 5-mal die „1" geworfen.
b) Es wird 2-mal oder 3-mal die „1" geworfen.
c) Es wird höchstens 2-mal die „1" geworfen.
d) Es wird mindestens 19-mal die „1" geworfen.

3 Eine Münze wird 50-mal geworfen. Mit welcher Wahrscheinlichkeit erhält man
a) 30-mal Zahl? b) höchstens 20-mal Zahl?
c) weniger als 10-mal Zahl? d) mindestens 40-mal Zahl?
e) mindestens 20-mal und höchstens 30-mal Zahl?

4 Ein Multiple-Choice-Test besteht aus 20 Fragen mit jeweils vier Antwortmöglichkeiten, von denen jeweils nur eine richtig ist. Mit welcher Wahrscheinlichkeit kann man nur durch Raten
a) mindestens 18 b) weniger als 6
c) genau die Hälfte d) mindestens 10 und höchstens 15
Fragen richtig beantworten?

Lösungen

1 a) 1; 4; 6; 4; 1 b) 3060; 834451800; ≈ $1{,}3994 \cdot 10^{12}$; 161700; 161700 **2** Mit n = 20, p = 0,25, q = 0,75 folgt: a) $P(X = 5) = \binom{20}{5} \cdot 0{,}25^5 \cdot 0{,}75^{15}$
b) $P(X = 2) + P(X = 3) = \binom{20}{2} \cdot 0{,}25^2 \cdot 0{,}75^{18} + \binom{20}{3} \cdot 0{,}25^3 \cdot 0{,}75^{17}$
c) $P(X \leqq 2) = P(X = 0) + P(X = 1) + P(X = 2) = \binom{20}{0} \cdot 0{,}25^0 \cdot 0{,}75^{20} + \binom{20}{1} \cdot 0{,}25^1 \cdot 0{,}75^{19} + \binom{20}{2} \cdot 0{,}25^2 \cdot 0{,}75^{18}$
d) $P(X \geqq 19) = P(X = 19) + P(X = 20) = \binom{20}{19} \cdot 0{,}25^{19} \cdot 0{,}75^1 + \binom{20}{20} \cdot 0{,}25^{20} \cdot 0{,}75^0$ **3** Mit n = 50, p = 0,5 folgt: a) $P(X = 30) \approx 0{,}0419$ b) $P(X \leqq 20) \approx 0{,}1013$
c) $P(X < 10) = P(X \leqq 9) \approx 2{,}8 \cdot 10^{-6}$ d) $P(X \geqq 40) = 1 - P(X \leqq 39) \approx 1{,}1931 \cdot 10^{-5}$ e) $P(20 \leqq X \leqq 30) = P(X \leqq 30) - P(X \leqq 19) \approx 0{,}8811$ **4** Mit n = 20, p = 0,25 folgt:
a) $P(X \geqq 18) = 1 - P(X \leqq 17) \approx 1{,}6107 \cdot 10^{-9}$ b) $P(X < 6) = P(X \leqq 5) \approx 0{,}6172$ c) $P(X = 10) \approx 0{,}0099$ d) $P(10 \leqq X \leqq 15) = P(X \leqq 15) - P(X \leqq 9) \approx 0{,}0139$

Anfangszeit: ______________ + 60 Minuten → Abgabe: ______________

1 (3 VP)
Die beschriebenen Zufallsexperimente werden jeweils viermal durchgeführt. Entscheide, ob Bernoulli-Ketten der Länge 4 vorliegen. Kreuze „ja" an, wenn dies der Fall ist. Anderenfalls kreuze „nein" an.

Zufallsexperiment	ja	nein
1. Werfen eines fairen Spielwürfels und Feststellen, ob eine Sechs oder keine Sechs geworfen wird.		
2. Werfen eines gezinkten Spielwürfels und Feststellen, ob eine Sechs oder keine Sechs geworfen wird.		
3. Werfen einer Münze und Feststellen, ob Zahl (Z) oder Wappen (W) oben liegt.		
4. Werfen von zwei Münzen und Feststellen, welches der Ergebnisse (Z; Z), (Z; W), (W; Z) oder (W; W) auftritt.		
5. Ziehen einer Kugel mit Zurücklegen und Feststellen der Kugelfarbe aus einer Urne mit drei roten und vier grünen Kugeln.		
6. Ziehen einer Kugel ohne Zurücklegen und Feststellen der Kugelfarbe aus einer Urne mit zwei roten und zwei grünen Kugeln.		

2 (0,5 + 0,5 + 0,5 + 0,5 VP)
Die Zufallsvariable X sei binomialverteilt mit den Parametern n und p.
Bestimme mit dem GTR die folgenden Wahrscheinlichkeiten.
a) $B_{5;0,2}(3)$ b) $B_{20;0,8}(10)$ c) $B_{50;\frac{1}{3}}(45)$ d) $B_{60;\frac{1}{2}}(30)$

3 (3 + 2 VP)
a) Erstelle mit dem GTR eine Tabelle für eine binomialverteilte Zufallsvariable mit den Parametern n = 10 und p = 0,2. Zeichne das zugehörige Säulendiagramm.
b) Welche Bedeutung hat in diesem Fall der zum Tabellenwert X = 3 gehörende Wert Y_1?
Gib den ausführlichen Rechenweg zur Berechnung von Y_1 an. Prüfe anschließend im Hauptbildschirm des Rechners nach, dass der Tabellenwert für X = 3 korrekt angegeben ist.

4 (2 + 1 + 1 VP)
In der Klasse 10a sind 32 Schüler.
a) Wie groß ist die Wahrscheinlichkeit dafür, dass kein Schüler am 24.12. Geburtstag hat?
Welche Annahmen machst du für deine Berechnung?
b) Wie groß ist die Wahrscheinlichkeit dafür, dass genau ein Schüler am 24.12. Geburtstag hat?
c) Mit welcher Wahrscheinlichkeit haben höchstens zwei Schüler am 24.12. Geburtstag?

5 (4 + 1 + 2 + 3 VP)
Die vier kongruenten gleichseitigen Dreiecke eines Tetraeders tragen die Zahlen 1, 2, 3 und 4. Als Wurfergebnis gilt diejenige Zahl, die auf der untenliegenden Tetraederfläche steht.
Bei einem Glücksspiel wird das Tetraeder zweimal geworfen und die Summe der beiden Zahlen gebildet. Wenn diese Summe 2 oder 8 ist, wird der Betrag von 3 € ausgezahlt. Wenn die Summe 3 oder 7 ist, werden 2 € ausgezahlt. In allen anderen Fällen ist der Einsatz e € verloren.
a) Mit welchem durchschnittlichen Verlust müsste ein Spieler rechnen, der sich auf dieses Spiel einlässt, wenn der Einsatz 1 € beträgt?
b) Bei welchem Einsatz wäre das Spiel fair?
c) Ein Spieler lässt sich auf 20 solcher Spiele ein.
Mit welcher Wahrscheinlichkeit gewinnt er mindestens die Hälfte aller Spiele?
d) Wie groß ist die Wahrscheinlichkeit dafür, bei fünf Spielen fünfmal zu gewinnen?
Wie viele solcher Serien von fünf Spielen müsste der Spieler durchführen, um mit wenigstens 80 % Wahrscheinlichkeit wenigstens einmal alle fünf Spiele zu gewinnen?

Klassenarbeit 5.2

Anfangszeit: ____________________ + 60 Minuten Abgabe: ____________________

1 (1,5 + 1,5 VP)

a) Gib die Zahlen 4!, 20! und $\frac{20!}{5! \cdot 15!}$ an.

b) Bestimme die folgenden Zahlen.

$\binom{8}{3}$ $\binom{10}{0}$ $\binom{100}{84}$

2 (0,5 + 0,5 + 0,5 + 0,5 + 0,5 + 0,5 VP)

Die Zufallsvariable X sei $B_{25;0,4}$-verteilt.
Bestimme folgende Wahrscheinlichkeiten mit dem GTR. Runde auf vier Dezimalen.

a) $P(X = 8)$ b) $P(X \leqq 9)$ c) $P(X \geqq 15)$ d) $P(12 \leqq X \leqq 24)$ e) $P(X < 20)$ f) $P(X > 22)$

3 (2 VP)

Beschreibe ein Experiment, bei dem die Zufallsvariable X binomialverteilt mit den Parametern n = 10 und p = 0,25 ist.

4 (2 VP)

Entscheide, welche der Zufallsvariablen binomialverteilt sind. Kreuze „ja" an, wenn dies der Fall ist. Anderenfalls kreuze „nein" an.

Zufallsvariable	ja	nein
1. X gibt die Augenzahl bei einmaligem Werfen eines fairen Spielwürfels an.		
2. X gibt an, wie oft bei einmaligen Werfen die Sechs geworfen wurde.		
3. X gibt an, wie oft bei zehn Würfen eines gezinkten Würfels die Sechs geworfen wurde.		
4. X gibt an, wie oft bei zehn Würfen eines fairen Würfels die Sechs nicht geworfen wurde.		

5 (3 + 2 VP)

Das Glücksrad wird gedreht und die Zahl im Sektor, auf den der Pfeil weist, nachdem das Rad zur Ruhe gekommen ist, wird notiert.

a) Wie oft muss man das Glücksrad drehen, um mit einer Wahrscheinlichkeit von mindestens 99 % wenigstens eine „5" zu erhalten?

b) Wie oft müsste man drehen, um mit der Wahrscheinlichkeit von 90 % mindestens dreimal eine „5" zu erhalten?

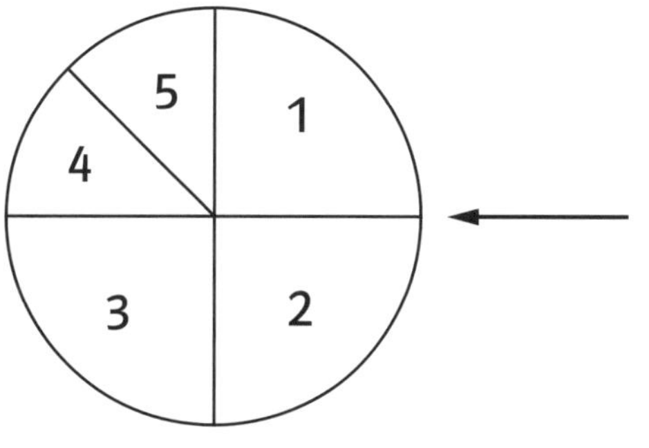

6 (4 VP)

Nach der Herstellung von Saftgläsern werden diese in Kartons zu zwölf Stück verpackt. Stichprobenartig werden solche Kartons zur Prüfung aus der Produktion entnommen und ihr Inhalt wird auf Fehlerfreiheit überprüft. Die Erfahrung zeigt, dass in mindestens 95 % der überprüften Kartons mindestens elf Gläser einwandfrei sind.
Mit welcher Wahrscheinlichkeit ist ein einziges, zufällig der Produktion entnommenes Glas fehlerfrei?

7 (5 VP)

Ein Spieler plant folgendes Glücksspiel:
Ein gewöhnlicher Spielwürfel wird geworfen. Wenn er „6" zeigt, darf man aus einer Urne mit zwei roten und einer grünen Kugel eine Kugel ziehen. Wenn der Würfel nicht „6" zeigt, muss man aus einer anderen Urne mit vier roten und einer grünen Kugel eine Kugel ziehen. Man gewinnt das Spiel, wenn die gezogene Kugel grün ist. Der Spieleinsatz soll 1 € betragen.
Wie hoch muss die Auszahlung bei gewonnenem Spiel sein, wenn das Spiel fair sein soll?

Anfangszeit: ____________ + 60 Minuten → Abgabe: ____________

1 (1 + 1 + 1 + 1 VP)
Die Zufallsvariable X sei $B_{5;0,3}$-verteilt. Schreibe jeweils eine Formel zur Berechnung der folgenden Wahrscheinlichkeiten auf. Bestimme dann diese Wahrscheinlichkeiten mit dem GTR.
a) $P(X = 2)$ b) $P(X \leqq 3)$ c) $P(4 \leqq X \leqq 5)$ d) $P(X > 4)$

2 (1 + 1 + 1 + 2 + 2 VP)
Ein fairer Würfel wird n-mal geworfen und notiert, wie oft die „6" vorkommt.
a) Mit welcher Wahrscheinlichkeit kommt bei drei Würfen zweimal die „6" vor?
b) Mit welcher Wahrscheinlichkeit wirft man bei fünf Würfen höchstens zweimal die „6"?
c) Wie groß ist die Wahrscheinlichkeit dafür, bei fünf Würfen mindestens drei und höchstens fünf Sechsen zu werfen?
d) Wie oft muss man mindestens werfen, damit mit einer Wahrscheinlichkeit von 95 % wenigstens drei Sechsen erhalten werden?
e) Wie oft muss man werfen, damit die Wahrscheinlichkeit für drei Sechsen maximal wird?

3 (3 + 2 VP)
Eine Firma stellt vollautomatisch kleine Photovoltaik-Module für Spielzeuge her. Die Erfahrung aus der bisherigen Produktion lehrt, dass dabei mit 5 % Ausschuss zu rechnen ist. Aus Kostengründen wird auf die Prüfung der Module verzichtet. Stattdessen räumt man dem weiterverarbeitenden Betrieb eine Rückgabemöglichkeit ein, wenn sich zu viele fehlerhafte Ware in einer Lieferung befindet.
a) Erster Rückgabevorschlag: Die Lieferung wird zurückgenommen, wenn sich in einer Stichprobe von 100 Modulen mindestens acht defekte Module befinden.
Zweiter Rückgabevorschlag: Die Lieferung wird zurückgenommen, wenn sich in einer Stichprobe von 50 Modulen mindestens vier defekte Module befinden.
(Wegen der sehr großen Anzahl von Modulen in einer Lieferung kann die Auswahl der zu prüfenden Module als „Ziehen mit Zurücklegen" gedacht werden.)
Welcher Rückgabevorschlag ist für den Kunden günstiger?
b) Der Hersteller möchte einen neuen Rückgabevorschlag so gestalten, dass nur höchstens 4 % der Lieferungen zurückgenommen werden müssen.
Wie groß darf jetzt die Höchstzahl der fehlerhaften Module in einer Stichprobe von 100 Stück sein?

4 (3 + 3 + 2 VP)

Glücksrad 1

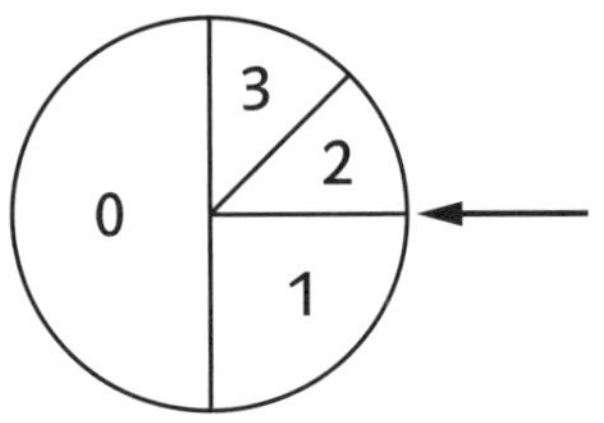

Glücksrad 2

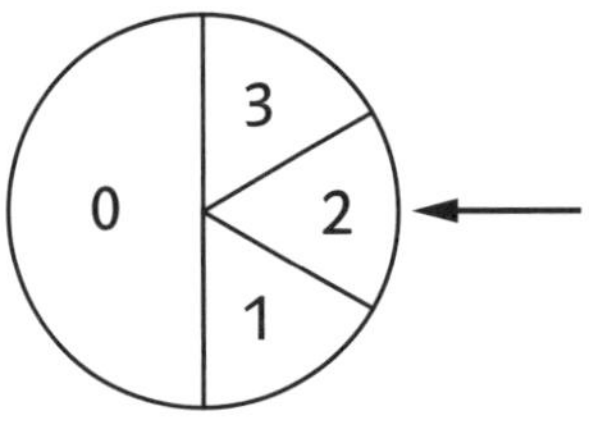

Glücksrad 3

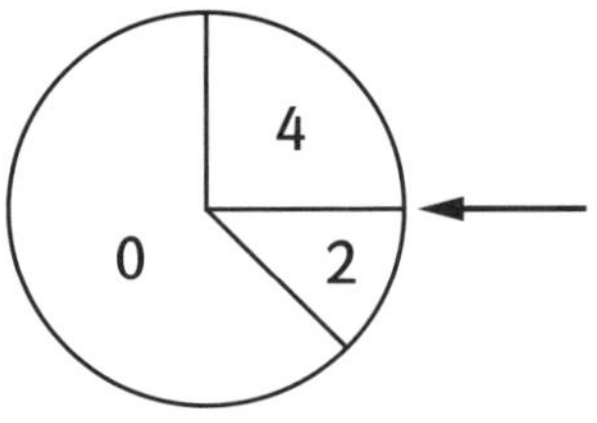

Die Klasse 10b bastelt für das Schulfest die drei abgebildeten Glücksräder. (Alle Mittelpunktswinkel sind 45°, 60°, 90°, 180° oder 225°.)
Der Einsatz je Spiel (Drehung des Glücksrades) beträgt immer 1 €. Der Spieler erhält den auf dem jeweiligen Sektor notierten Betrag ausbezahlt, wenn der Pfeil nach Stillstand des Rades auf diesen Sektor zeigt.
a) Anne schlägt vor, Glücksrad 1 zu verwenden, weil damit der durchschnittlich zu erwartende Gewinn für den Spieler kleiner ist als bei Glücksrad 2.
Untersuche durch eine geeignete Rechnung, ob dies zutrifft.
b) Bernhard meint: „Wir lassen für den Einsatz 1 € das Glücksrad 1 und das Glücksrad 2 gleichzeitig drehen und zahlen den Betrag aus, den beide Glücksräder zusammen anzeigen."
Wie groß wäre in diesem Fall der durchschnittlich zu erwartende Gewinn für den Spieler?
c) Christiane regt an, den fairen Einsatz für Glücksrad 3 zu ermitteln. Wie groß ist dieser?

Klassenarbeit 5.4

Anfangszeit: ______________________ + 60 Minuten Abgabe: ______________________

1 (2 + 2 + 2 VP)

Die Abbildungen zeigen Stabdiagramme von verschiedenen Binomialverteilungen.

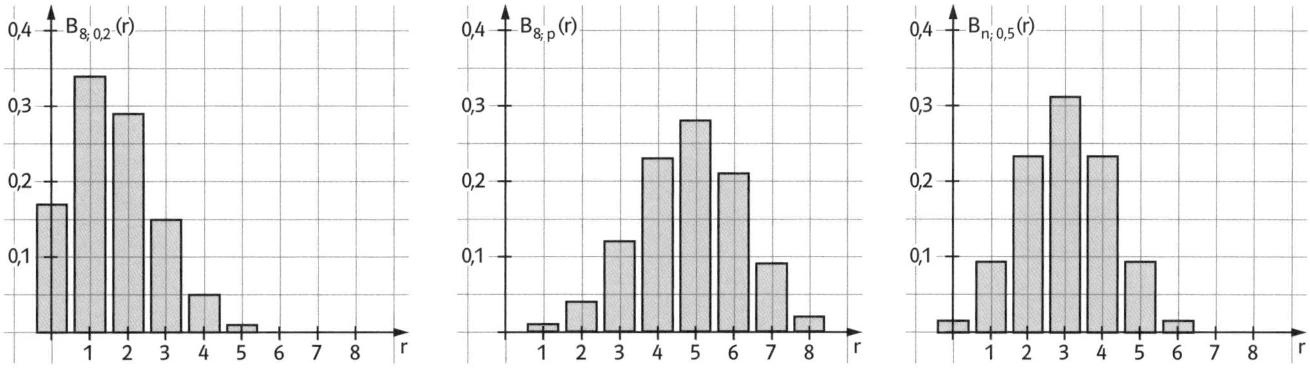

a) Erläutere, wie man die Werte $B_{n;p}(r)$ der ersten Verteilung überprüfen kann.
b) Bestimme die Wahrscheinlichkeit p, die zur zweiten Verteilung passt.
c) Welche Länge n hat die Bernoulli-Kette, die zur dritten Verteilung passt?

2 (2 + 1 + 1 + 1 VP)

Die Polizei stellt immer wieder fest, dass sich sehr viele Autofahrer nicht anschnallen. Bei vielen Kontrollen zeigte sich, dass etwa 12 % der Autofahrer nicht angegurtet waren. Es wird angenommen, dass jeder Autofahrer unabhängig vom Verhalten anderer Fahrer den Gurt anlegt oder nicht.
a) Bei einer Kontrolle werden 200 Autofahrer überprüft.
Wie groß ist die Wahrscheinlichkeit dafür, dass mindestens 30 Fahrer keinen Gurt angelegt haben?
b) Wie groß ist die Wahrscheinlichkeit dafür, dass mehr als 190 Fahrer angegurtet sind?
c) Mit welcher Wahrscheinlichkeit sind 24 Fahrer nicht angegurtet?
d) Mit welcher Wahrscheinlichkeit wird man mindestens 20 und höchstens 30 Fahrer ohne Gurt feststellen?

3 (3 + 3 + 1 VP)

Eine Münze liegt auf dem Punkt S eines Gitternetzes. Ihre Bewegung wird durch ein Zufallsexperiment gesteuert. Man zieht aus einer Urne mit zwei roten und drei grünen Kugeln eine Kugel und stellt ihre Farbe fest. Wird eine rote Kugel gezogen, so bewegt man die Münze um einen Schritt nach rechts; bei einer grünen Kugel bewegt man die Münze einen Schritt nach oben.
Die Kugel wird jedes Mal wieder in die Urne zurückgelegt.

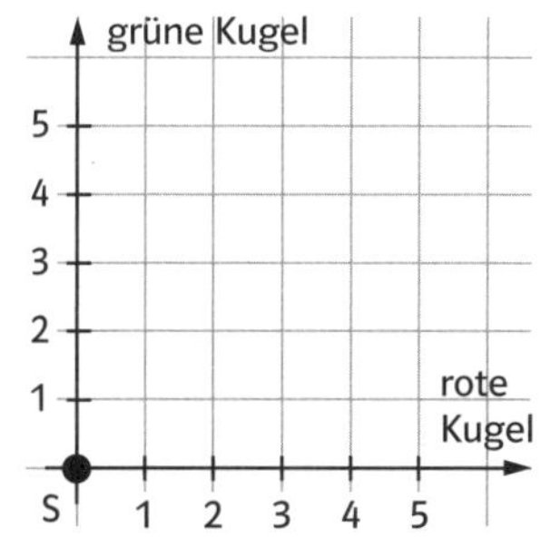

a) Welche Endpunkte im Gitternetz können nach vier Ziehungen erreicht werden? Auf wie vielen verschiedenen kürzesten Wegen können diese Endpunkte erreicht werden?
b) Gib für alle möglichen Endpunkte die Wahrscheinlichkeiten an, mit denen sie erreicht werden können. Schreibe dazu auch die entsprechenden Terme auf, mit denen diese Wahrscheinlichkeiten berechnet werden.
c) Mit welcher Wahrscheinlichkeit gelangt die Münze nach 20 Ziehungen in den Punkt F(19 | 1)?

4 (1 + 1 + 2 + 2 VP)

Eine Urne enthält vier rote und sechs grüne Kugeln. Aus der Urne wird zehnmal nacheinander mit Zurücklegen eine Kugel gezogen und die Kugelfarbe notiert.
a) Mit welcher Wahrscheinlichkeit zieht man zunächst 3-mal eine rote und dann 7-mal eine grüne Kugel?
b) Mit welcher Wahrscheinlichkeit ist nur die erste und die letzte gezogene Kugel grün?
c) Wie groß ist die Wahrscheinlichkeit dafür, höchstens vier rote Kugeln zu ziehen?
d) Wie groß ist die Wahrscheinlichkeit dafür, zuerst drei rote Kugeln und insgesamt vier grüne Kugeln zu ziehen?

Klassenarbeit 5.1

1 (3 VP)

Wenn bei einem Zufallsexperiment nur zwei Ergebnisse vorkommen können, so heißt dieses Zufallsexperiment Bernoulli-Experiment. Eine Bernoulli-Kette der Länge 4 besteht aus vier Bernoulli-Experimenten, deren Ergebnisse voneinander unabhängig sind.
Man muss also in den sechs Fällen prüfen, ob anhand der Beschreibung des Experiments sicher ist, dass es nur zwei Ergebnisse (Treffer und Nichttreffer) gibt und die Ergebnisse bei mehrmaliger Durchführung voneinander unabhängig sind.

Zufallsexperiment	ja	nein
1. Werfen eines fairen Spielwürfels und Feststellen, ob eine Sechs oder keine Sechs geworfen wird.	X	
2. Werfen eines gezinkten Spielwürfels und Feststellen, ob eine Sechs oder keine Sechs geworfen wird.	X	
3. Werfen einer Münze und Feststellen, ob Zahl (Z) oder Wappen (W) oben liegt.	X	
4. Werfen von zwei Münzen und Feststellen, welches der Ergebnisse (Z; Z), (Z; W), (W; Z) oder (W; W) auftritt.		X
5. Ziehen einer Kugel mit Zurücklegen und Feststellen der Kugelfarbe aus einer Urne mit drei roten und vier grünen Kugeln.	X	
6. Ziehen einer Kugel ohne Zurücklegen und Feststellen der Kugelfarbe aus einer Urne mit zwei roten und zwei grünen Kugeln.		X

Begründungen
Bei den ersten drei Zufallsexperimenten ist sofort klar, dass nur zwei Ergebnisse vorkommen. Es spielt dabei keine Rolle, ob der Würfel fair oder gezinkt ist. Bei jeder neuen Durchführung des Zufallsexperiments ist das Ergebnis vom vorherigen Ergebnis unabhängig. Es liegen daher in diesen Fällen Bernoulli-Ketten vor.
Beim vierten Experiment werden vier Ergebnisse betrachtet. Daher liegt kein Bernoulli-Experiment und somit auch keine Bernoulli-Kette vor.
Beim fünften Experiment kommen als Ergebnisse nur die Kugelfarben rot oder grün vor. Jede Ziehung ist also ein Bernoulli-Experiment. Da jeweils zurückgelegt wird, ändert sich an der Wahrscheinlichkeit z.B. für das Ziehen einer roten Kugel bei den folgenden Ziehungen nichts. Die Ergebnisse sind unabhängig voneinander. Es handelt sich daher um eine Bernoulli-Kette.
Beim sechsten Experiment ändert sich durch das Nichtzurücklegen der gezogenen Kugel bei der nächsten Ziehung die Wahrscheinlichkeit z. B. für das Ziehen einer roten Kugel. Daher sind die Experimente nicht unabhängig voneinander. Jede Ziehung ist also kein Bernoulli-Experiment.

2 (0,5 + 0,5 + 0,5 + 0,5 VP)

Es gilt: $B_{n;p}(r) = P(X = r) = \binom{n}{r} \cdot p^r \cdot (1 - p)^{n-r}$, $r \in \{0; 1; \ldots; n\}$
Der GTR stellt diese Funktion bereit:
Im Menü DISTR *ruft man den Menüpunkt „binompdf(" auf. Im Hauptbildschirm erscheint dann „binompdf(" und es wird die Eingabe von n, p und r in dieser Reihenfolge, durch Komma getrennt, erwartet.*
Beispiel: $B_{8;0,4}(3) \approx 0{,}2787$

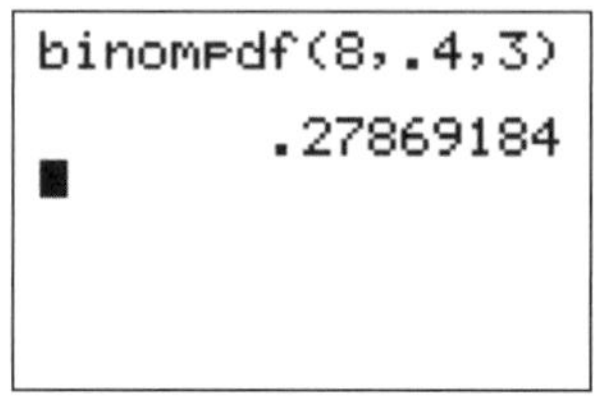

a) $B_{5;0,2}(3) = 0{,}0512$
b) $B_{20;0,8}(10) \approx 0{,}0020$
c) $B_{50;\frac{1}{3}}(45) \approx 9{,}444 \cdot 10^{-17}$
d) $B_{60;\frac{1}{2}}(30) \approx 0{,}1026$

3 (3 + 2 VP)

a) Tabellenwerte
Im Y=-Editor gibt man binompdf(n, p, X) ein und erhält die abgebildete Tabelle. Die Variable X durchläuft automatisch die Werte von 0 bis 10.

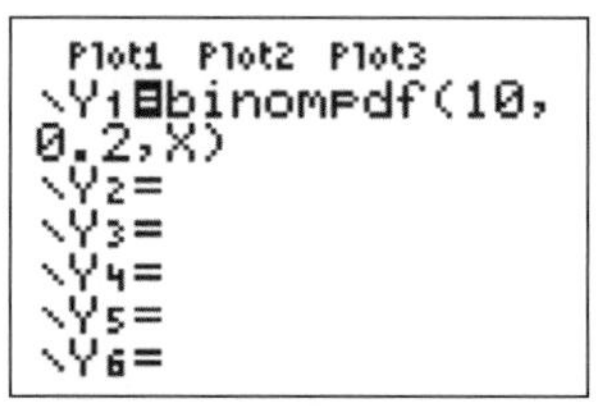

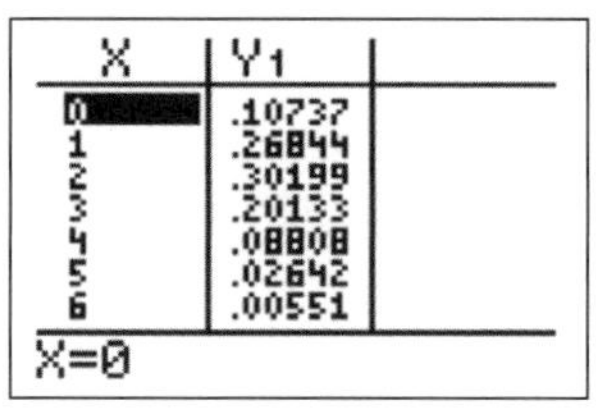

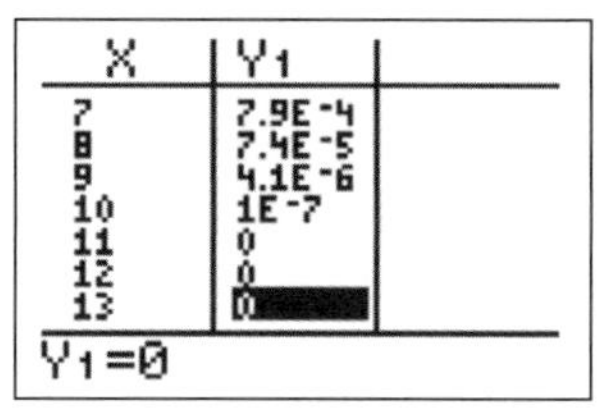

Säulendiagramm

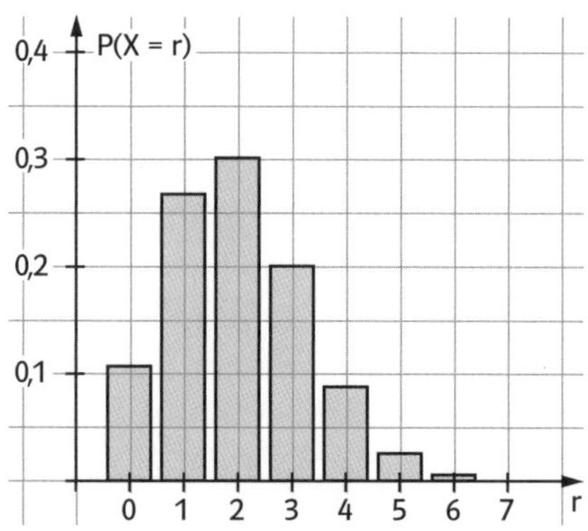

b) Bedeutung des Tabellenwerts

$X = 3$, $Y_1 = 0{,}20133$ besagt, dass bei einer Bernoullikette der Länge $n = 10$ und der Trefferwahrscheinlichkeit $p = 0{,}2$ die Wahrscheinlichkeit für drei Treffer 0,20133 beträgt.

Rechenweg zur Berechnung von Y_1

Allgemein gilt:

$$P(X = r) = \binom{n}{r} \cdot p^r \cdot (1 - p)^{n-r};\quad r \in \{0; 1; \ldots; n\}$$

Für $n = 10$, $p = 0{,}2$ und $r = 3$ ergibt sich daraus:

$$P(X = 3) = \binom{10}{3} \cdot 0{,}2^3 \cdot 0{,}8^7$$
$$= \frac{10!}{3! \cdot 7!} \cdot 0{,}2^3 \cdot 0{,}8^7$$
$$= \frac{8 \cdot 9 \cdot 10}{1 \cdot 2 \cdot 3} \cdot 0{,}2^3 \cdot 0{,}8^7$$

Eingabe des Terms der rechten Seite im Hauptbildschirm des GTR bestätigt die Richtigkeit des Tabellenwerts.

4 (2 + 1 + 1 VP)

a) Annahmen für die Berechnung

Es wird angenommen, dass sich die Geburten gleichmäßig über alle Tage eines Jahres verteilen und daher die Wahrscheinlichkeit dafür, an einem bestimmten Tag geboren zu sein, $\frac{1}{365}$ beträgt.

Dabei wird von Schaltjahren abgesehen.

Die Zufallsvariable X gibt die Anzahl der Schüler an, die am 24.12. Geburtstag haben. Die Wahrscheinlichkeit dafür, am 24.12. Geburtstag zu haben (Treffer), beträgt $p = \frac{1}{365}$. Die Wahrscheinlichkeit für einen Nichttreffer (Fehlschlag) ist daher $q = \frac{364}{365}$.

Da die Geburtstage der Schüler voneinander unabhängig sind, handelt es sich um eine Bernoulli-Kette der Länge $n = 32$.

Die Wahrscheinlichkeit für keinen Treffer beträgt daher:

$$P(X = 0) = \binom{32}{0} \cdot \left(\frac{1}{365}\right)^0 \cdot \left(\frac{364}{365}\right)^{32}$$

Mit dem GTR erhält man:

$P(X = 0) \approx 0{,}9160$

Mit einer Wahrscheinlichkeit von etwa 91,6 % hat kein Schüler der Klasse am 24.12. Geburtstag.

Veranschaulichung

Menü DISTR, *Menüpunkt „binompdf(" mit* $n = 32$, $p = \frac{1}{365}$, $r = 0$:

```
binompdf(32,1/36
5,0)
         .9159517867
■
```

b) Wahrscheinlichkeit für genau einen Treffer

Es gilt:

$$P(X = 1) = \binom{32}{1} \cdot \left(\frac{1}{365}\right)^1 \cdot \left(\frac{364}{365}\right)^{31}$$

Mit dem GTR erhält man:

$P(X = 1) \approx 0{,}0805$

Mit einer Wahrscheinlichkeit von etwa 8,1 % hat genau ein Schüler am 24.12. Geburtstag.

c) Wahrscheinlichkeit für höchstens zwei Treffer

Es gilt:

$P(X \leqq 2) = P(X = 0) + P(X = 1) + P(X = 2)$

Mit dem GTR erhält man:

$P(X \leqq 2) \approx 0{,}9999$

Mit einer Wahrscheinlichkeit von etwa 99,99 % haben höchstens zwei Schüler am 24.12. Geburtstag.

Veranschaulichung

Menü DISTR, *Menüpunkt „binomcdf(" mit* $n = 32$, $p = \frac{1}{365}$, $r = 2$:

```
binomcdf(32,1/36
5,2)
         .9999038947
■
```

Bemerkungen

Selbstverständlich könnte man auch zu den bereits in den Teilaufgaben a) und b) berechneten Wahrscheinlichkeiten $P(X = 0)$ *und* $P(X = 1)$ *noch* $P(X = 2)$ *addieren.*

5 (4 + 1 + 2 + 3 VP)

a) Wahrscheinlichkeiten

Bei einmaligem Werfen gilt:

$p(1) = p(2) = p(3) = p(4) = \frac{1}{4}$

Bei zweimaligem Werfen gilt mit den Pfadregeln:

$p(2) = p(1) \cdot p(1) = \frac{1}{16}$

$p(3) = p(1) \cdot p(2) + p(2) \cdot p(1) = \frac{2}{16} = \frac{1}{8}$

$p(7) = p(3) \cdot p(4) + p(4) \cdot p(3) = \frac{2}{16} = \frac{1}{8}$

$p(8) = p(4) \cdot p(4) = \frac{1}{16}$

Folglich:

$p(2 \text{ oder } 8) = p(2) + p(8) = \frac{1}{16} + \frac{1}{16} = \frac{1}{8}$

$p(3 \text{ oder } 7) = p(3) + p(7) = \frac{1}{8} + \frac{1}{8} = \frac{1}{4}$

$p(4 \text{ oder } 5 \text{ oder } 6) = 1 - (p(2 \text{ oder } 8) + p(3 \text{ oder } 7))$
$= 1 - \left(\frac{1}{8} + \frac{1}{4}\right) = \frac{5}{8}$

Erwartungswert für den Gewinn

Die Zufallsvariable X beschreibe den Gewinn des Spielers in Euro. Der Gewinn ist die Differenz aus Auszahlung und Einsatz.

Die Zufallsvariable kann die Werte X = −1, X = 1 oder X = 2 annehmen.
Daher gilt:

$E(X) = (-1€) \cdot \frac{5}{8} + 1€ \cdot \frac{1}{4} + 2€ \cdot \frac{1}{8}$

$E(X) = \left(-\frac{5}{8} + \frac{1}{4} + \frac{1}{4}\right)€$

$E(X) = -\frac{1}{8}€$

Der Spieler verliert durchschnittlich 0,125 € je Spiel.

b) Bedingung für ein faires Spiel
Der Einsatz e € müsste so gewählt werden, dass E(X) = 0 gilt.
Die Zufallsvariable würde die Werte X = −e, X = −e + 2 oder X = −e + 3 annehmen.
Daher:

$E(X) = -e \cdot \frac{5}{8} + (-e + 2) \cdot \frac{1}{4} + (-e + 3) \cdot \frac{1}{8}$

$E(X) = -\frac{5}{8}e - \frac{1}{4}e + \frac{1}{2} - \frac{1}{8}e + \frac{3}{8}$

$E(X) = -e + \frac{7}{8}$

Aus E(X) = 0 folgt: $e = \frac{7}{8}$

Bei einem Einsatz von 0,875 € je Spiel wäre das Spiel fair.

Bemerkung
Dies erkennt man bereits aus dem Ergebnis der Teilaufgabe a). Wenn der Spieler im Mittel bei einem Einsatz von 1 € je Spiel 0,125 € verliert, müsste man den Einsatz um 0,125 € verringern, wenn das Spiel fair sein soll. Damit erhält man unmittelbar 0,875 €.

c) Bestimmung der Wahrscheinlichkeit
Bei jedem Spiel beträgt die Wahrscheinlichkeit zu gewinnen (Treffer) $p = p(2 \text{ oder } 8) + p(3 \text{ oder } 7) = \frac{3}{8}$.
Die Wahrscheinlichkeit dafür, nicht zu gewinnen (Fehlschlag) ist daher $q = 1 - p = \frac{5}{8}$. Da die Spiele voneinander unabhängig sind, handelt es sich um eine Bernoulli-Kette der Länge n = 20 mit mindestens 10 Treffern. Die Zufallsvariable X bezeichne die Anzahl der Treffer.
Daher gilt:

$p(X \geqq 10) = 1 - P(X \leqq 9)$

Mit dem GTR erhält man:

$P(X \geqq 10) \approx 0{,}1771$

Der Spieler gewinnt mit der Wahrscheinlichkeit von etwa 17,7% die Hälfte der 20 Spiele.

Veranschaulichung
Menü DISTR*, Menüpunkt „binomcdf(“ mit n = 20,* $p = \frac{3}{8}$*, r = 9:*

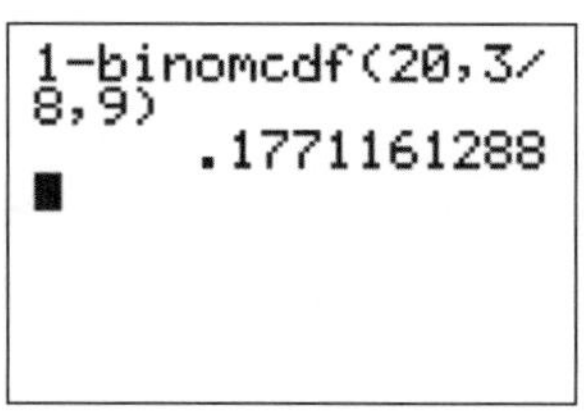

d) Wahrscheinlichkeit für fünf Gewinnspiele
Da die Wahrscheinlichkeit für den Gewinn eines Spiels $p = \frac{3}{8}$ beträgt, erhält man:

$p(5 \text{ Gewinne}) = p^5$

$p(5 \text{ Gewinne}) = \left(\frac{3}{8}\right)^5$

$p(5 \text{ Gewinne}) \approx 0{,}0074$

Mit der Wahrscheinlichkeit von etwa 0,7% gewinnt der Spieler bei fünf Spielen fünfmal.
Anzahl der Spielserien
Die Zufallsvariable X beschreibe die Anzahl der Serien mit fünf gewonnenen Spielen, wenn n Serien gespielt werden. Dann gilt für die Wahrscheinlichkeit keine solche Serie zu erhalten:

$P(X = 0) = \binom{n}{0} \cdot \left[\left(\frac{3}{8}\right)^5\right]^0 \cdot \left[1 - \left(\frac{3}{8}\right)^5\right]^n$

Die Wahrscheinlichkeit für mindestens eine solche Serie beträgt demnach:

$1 - P(X = 0) = 1 - \binom{n}{0} \cdot 1 \cdot \left[1 - \left(\frac{3}{8}\right)^5\right]^n$

Bedingung für die Anzahl n der Serien

$1 - P(X = 0) \geqq 0{,}80$

$1 - \binom{n}{0} \cdot \left[1 - \left(\frac{3}{8}\right)^5\right]^n \geqq 0{,}80$

$n \cdot \left[1 - \left(\frac{3}{8}\right)^5\right]^n \leqq 0{,}2$

(*) $n \cdot \left[1 - \left(\frac{3}{8}\right)^5\right]^n - 0{,}2 \leqq 0$

Die Funktion f mit $f(x) = x \cdot \left[1 - \left(\frac{3}{8}\right)^5\right]^x - 0{,}2$ wird in den GTR eingegeben. Mit Menü CALC und Menüpunkt „zero“ kann die Nullstelle ermittelt werden.
Man erhält: $x_1 \approx 1164{,}749$
Für $x > x_1$ sind die Funktionswerte negativ. Die Ungleichung (*) ist also für n > 1164 erfüllt. Der Spieler müsste mindestens 1165 solcher Serien spielen.

Bemerkungen
Die Funktion f erfordert eine passende Fenstereinstellung. Hier muss man ein wenig experimentieren, um die Nullstelle im Display zu erkennen.

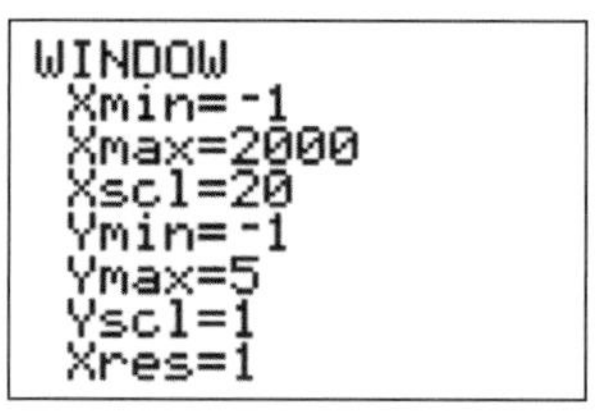

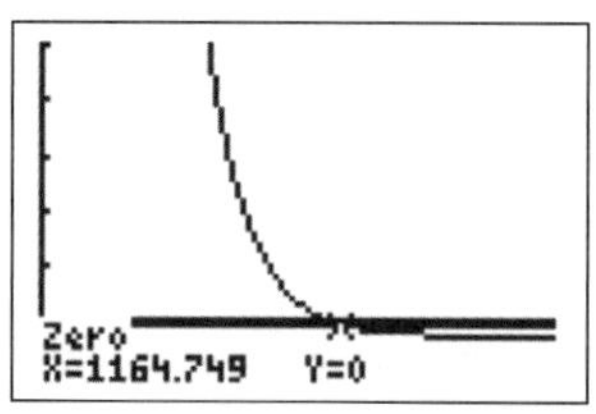

Klassenarbeit 5.2

1 (1,5 + 1,5 VP)
a) Mit der [MATH]-Taste des GTR gelangt man zum Menü [PRB]. Der Menüpunkt „!" ergibt nach Eingabe der Zahl n im Hauptbildschirm den Wert n!.

$4! = 24$
$20! \approx 2{,}433 \cdot 10^{18}$
$\frac{20!}{5! \cdot 15!} = 15\,504$

Bemerkungen
Für kleine Werte von n kann man die Fakultäten oft auch unmittelbar unter Verwendung der Definition angeben.
Für $n \in \mathbb{N}$ gilt: $n! = 1 \cdot 2 \cdot 3 \cdot \ldots \cdot (n-1) \cdot n$, $0! = 1$
Durch geschicktes Kürzen lassen sich manche Ausdrücke erheblich vereinfachen:
$\frac{10!}{2! \cdot 8!} = \frac{10 \cdot 9 \cdot 8!}{2! \cdot 8!} = \frac{10 \cdot 9}{2!} = 45$

b) Mit der [MATH]-Taste gelangt man zum Menü [PRB]. Der Menüpunkt „nCr" liefert die Ergebnisse.
$\binom{8}{3} = 56$, $\binom{10}{0} = 1$, $\binom{100}{84} \approx 1{,}346 \cdot 10^{18}$

Bemerkungen
Die Ergebnisse können bei kleinen Zahlen für n und r auch ohne Taschenrechner angegeben werden, wenn man die Definition des Binomialkoeffizienten verwendet:
$\binom{n}{r} = \frac{n!}{r! \cdot (n-r)!}$
Daraus folgt:
$\binom{8}{3} = \frac{8!}{3! \cdot 5!} = \frac{4 \cdot 5 \cdot 6 \cdot 7 \cdot 8}{1 \cdot 2 \cdot 3 \cdot 4 \cdot 5} = 7 \cdot 8 = 56$
$\binom{10}{0} = \frac{10!}{10! \cdot 0!} = \frac{1}{0!} = \frac{1}{1} = 1$

2 (0,5 + 0,5 + 0,5 + 0,5 + 0,5 + 0,5 VP)
a) binompdf(25,0.4,8) liefert die gesuchte Wahrscheinlichkeit:
$P(X = 8) \approx 0{,}1200$

b) binomcdf(25,0.4,9) ergibt:
$P(X \leqq 9) \approx 0{,}4246$

c) Es gilt: $P(X \geqq 15) = 1 - P(X \leqq 14)$
Mit 1 − binomcdf(25,0.4,14) erhält man:
$P(X \geqq 15) \approx 0{,}0344$

d) Es gilt: $P(12 \leqq X \leqq 24) = P(X \leqq 24) - P(X \leqq 11)$
Folglich erhält man mit
binomcdf(25,0.4,24) − binomcdf(25,0.4,11):
$P(12 \leqq X \leqq 24) \approx 0{,}2677$

e) Wegen $P(X < 20) = P(X \leqq 19)$ ergibt sich mit binomcdf(25,0.4,19):
$P(X < 20) \approx 0{,}9999$

f) Da $P(X > 22) = 1 - P(X \leqq 22)$ gilt, erhält man mit 1 − binomcdf(25,0.4,22):
$P(X > 22) \approx 8{,}0333 \cdot 10^{-8}$

3 (2 VP)
Hier gibt es sehr viele individuelle Lösungen. Man kann seine eigene Lösung folgendermaßen überprüfen:
1. Liegt bei jeder Durchführung des Experiments ein Bernoulli-Experiment vor (d.h. gibt es nur zwei Ergebnisse, nämlich Treffer und Fehlschlag)?
2. Ist das Zufallsgerät so eingerichtet, dass bei jeder Durchführung des Experiments Treffer mit der Wahrscheinlichkeit p = 0,25 vorkommen?
3. Sind bei mehrmaliger Durchführung des Experiments die Ergebnisse voneinander unabhängig?
4. Werden n = 10 Durchführungen des Experiments vorgenommen?
Die Modellierung kann z.B. mit Würfeln, Urnen oder Glücksrädern erfolgen.
Beispiellösung
Aus einer Urne mit einer roten und drei grünen Kugeln wird zehnmal mit Zurücklegen gezogen und die Kugelfarbe notiert.
Das Ziehen einer roten Kugel wird als Treffer bezeichnet. Die Wahrscheinlichkeit für einen Treffer ist p = 0,25. Da die gezogene Kugel vor der nächsten Ziehung in die Urne zurückgelegt wird, ändert sich an dieser Wahrscheinlichkeit bei der nächsten Ziehung nichts. Die Ergebnisse jeder Ziehung sind voneinander unabhängig.

4 (2 VP)

Zufallsvariable	ja	nein
1. X gibt die Augenzahl bei einmaligem Werfen eines fairen Spielwürfels an.		X
2. X gibt an, wie oft bei einmaligen Werfen die Sechs geworfen wurde.	X	
3. X gibt an, wie oft bei zehn Würfen eines gezinkten Würfels die Sechs geworfen wurde.	X	
4. X gibt an, wie oft bei zehn Würfen eines fairen Würfels die Sechs nicht geworfen wurde.	X	

5 (3 + 2 VP)
a) Anzahl der Drehungen
Die Wahrscheinlichkeit für das Ergebnis „5" (Treffer) ist $p = \frac{1}{8}$, für das Auftreten einer anderen Zahl (Fehlschlag) $q = \frac{7}{8}$. Die Zufallsvariable X beschreibe die Anzahl der Treffer bei n Drehungen.
Bedingung: $P(X \geqq 1) \geqq 0{,}99$

Es gilt: $P(X \geqq 1) = 1 - P(X = 0)$

$P(X \geqq 1) = 1 - \binom{n}{0} \cdot p^0 \cdot q^n$

$P(X \geqq 1) = 1 - 1 \cdot \left(\frac{7}{8}\right)^n$

Somit:

$1 - \left(\frac{7}{8}\right)^n \geqq 0{,}99$

$-\left(\frac{7}{8}\right)^n \geqq -0{,}01 \qquad | \cdot (-1)$

$\left(\frac{7}{8}\right)^n \leqq 0{,}01$

$n \cdot \log_{10}\left(\frac{7}{8}\right) \leqq \log_{10}(0{,}01) \qquad | : \log_{10}\left(\frac{7}{8}\right),\ \log_{10}\frac{7}{8} < 0$

$n \geqq \log_{10}(0{,}01) : \log_{10}\left(\frac{7}{8}\right)$

$n \geqq 34{,}48\ldots$

Man muss mindestens 35-mal drehen, um mit einer Wahrscheinlichkeit von mindestens 99 % wenigstens eine „5" zu erhalten.

b) Anzahl der Drehungen

Bedingung: $P(X \geqq 3) \geqq 0{,}90$

Es gilt: $P(X \geqq 3) = 1 - P(X \leqq 2)$

Folglich:

$1 - P(X \leqq 2) \geqq 0{,}90$

$-P(X \leqq 2) \geqq -0{,}1$

$P(X \leqq 2) \leqq 0{,}1$

Mit dem GTR erzeugt man die Wertetabelle für $P(X \leqq 2)$:

Auszug aus der Tabelle

n	$P(X \leqq 2)$
40	0,10841
41	0,09888
42	0,09011

Man muss mindestens 41-mal drehen.

Veranschaulichung

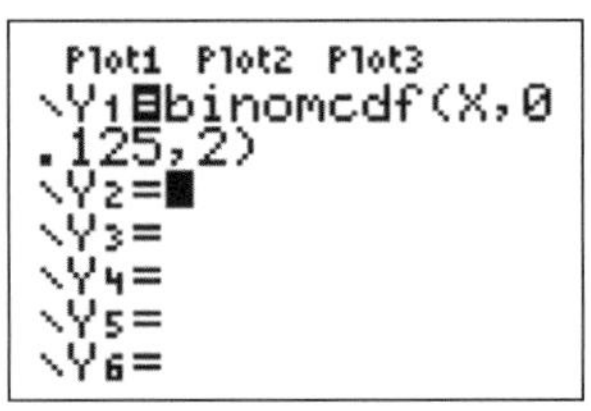

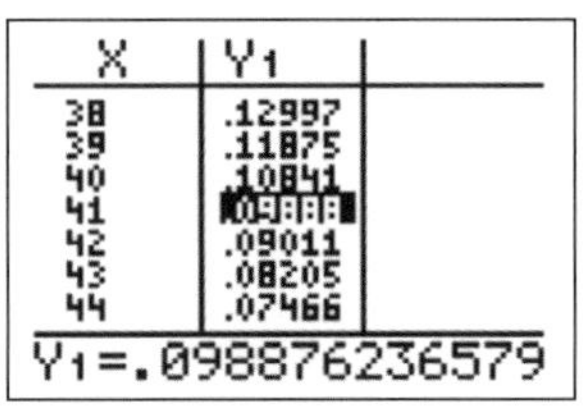

Man beachte das Format binomcdf(n,p,r). Daher bedeutet hier die Variable X die gesuchte Anzahl n.

6 (4 VP)

Da jedes entnommene Glas entweder einwandfrei oder fehlerhaft ist, ist jede Überprüfung ein Bernoulli-Experiment. Da die Überprüfungen voneinander unabhängig sind, liegt eine Bernoulli-Kette vor. Die Zufallsvariable X gibt die Anzahl der einwandfreien Gläser in einem Karton an. Die unbekannte Wahrscheinlichkeit dafür, dass ein Glas fehlerfrei ist, sei p. Da in mindestens 95 % der überprüften Kartons mindestens elf Gläser in Ordnung sind, gilt:

$P(X \geqq 11) \geqq 0{,}95$

$1 - P(X \leqq 10) \geqq 0{,}95$

Diese Ungleichung kann mit dem GTR durch Eingabe der Funktionsterme beider Seiten im [Y=]-Editor und Ermittlung des Schnittpunkts der zugehörigen Graphen gelöst werden.

Es ergibt sich $p \approx 0{,}97$.

Ein einzelnes der Produktion entnommenes Glas ist mit einer Wahrscheinlichkeit von etwa 97 % fehlerfrei.

7 (5 VP)

Wahrscheinlichkeiten

$p(6r) = p(6) \cdot p(r)$

$p(6r) = \frac{1}{6} \cdot \frac{2}{3} = \frac{1}{9}$

$p(6g) = p(6) \cdot p(g)$

$p(6g) = \frac{1}{6} \cdot \frac{1}{3} = \frac{1}{18}$

$p(\overline{6}r) = p(\overline{6}) \cdot p(r)$

$p(\overline{6}r) = \frac{5}{6} \cdot \frac{4}{5} = \frac{2}{3}$

$p(\overline{6}g) = p(\overline{6}) \cdot p(g)$

$p(\overline{6}g) = \frac{5}{6} \cdot \frac{1}{5} = \frac{1}{6}$

Mit der Pfadregel ergibt sich die Wahrscheinlichkeit für das Ziehen einer grünen Kugel:

$p(g) = p(6g) + p(\overline{6}g)$

$p(g) = \frac{1}{27} + \frac{1}{6} = \frac{2}{9}$

Keine grüne Kugel wird folglich mit der Wahrscheinlichkeit $p(\overline{g}) = \frac{7}{9}$ erhalten.

Erwartungswert

Die Zufallsvariable X beschreibt den Gewinn in Euro.

Die Auszahlung bei gewonnenem Spiel sei a Euro.

$E(X = a - 1) = (-1\,€) \cdot \frac{7}{9} + (a - 1)\,€ \cdot \frac{2}{9}$

$E(X = a - 1) = \left(-\frac{7}{9} + \frac{2}{9}a - \frac{2}{9}\right)€$

$E(X = a - 1) = \left(\frac{2}{9}a - 1\right)€$

Das Spiel ist fair, falls $E(X = a - 1) = 0$ gilt.

Somit: $\frac{2}{9}a - 1 = 0$

$\frac{2}{9}a = 1$

$a = \frac{9}{2}$

$a = 4{,}5$

Die Auszahlung muss 4,50 € betragen.

Klassenarbeit 5.3

1 (1 + 1 + 1 + 1 VP)
Die Zufallsvariable X ist $B_{5;0,3}$-verteilt.

a) $P(X = 2) = \binom{5}{2} \cdot 0{,}3^2 \cdot 0{,}7^3 = 0{,}3087$

b)
$P(X \leqq 3) = P(X = 0) + P(X = 1) + P(X = 2) + P(X = 3)$

$P(X \leqq 3) = \binom{5}{0} \cdot 0{,}3^0 \cdot 0{,}7^5 + \binom{5}{1} \cdot 0{,}3^1 \cdot 0{,}7^4$
$\quad + \binom{5}{2} \cdot 0{,}3^2 \cdot 0{,}7^3 + \binom{5}{3} \cdot 0{,}3^3 \cdot 0{,}7^2$

$P(X \leqq 3) = 0{,}96922$

c) $P(4 \leqq X \leqq 5) = P(X = 4) + P(X = 5)$
$P(4 \leqq X \leqq 5) = \binom{5}{4} \cdot 0{,}3^4 \cdot 0{,}7^1 + \binom{5}{5} \cdot 0{,}3^5 \cdot 0{,}7^0$
$P(4 \leqq X \leqq 5) = 0{,}03078$

d) $P(X > 4) = P(X = 5)$
$P(X > 4) = \binom{5}{5} \cdot 0{,}3^5 \cdot 0{,}7^0$
$P(X > 4) = 0{,}00243$

2 (1 + 1 + 1 + 2 + 2 VP)
Jeder einzelne Wurf eines Würfels ist ein Bernoulli-Experiment. Das Werfen einer „6“ wird als Treffer, das Werfen einer anderen Zahl als Fehlschlag betrachtet. Die Zufallsvariable X beschreibe die Anzahl der Treffer beim jeweiligen Experiment.

a) Wahrscheinlichkeit für zwei Treffer
Hier gilt $n = 3$, $p = \frac{1}{6}$, $X = 2$.
Mit dem GTR erhält man:
$P(X = 2) \approx 0{,}06944$
Die Wahrscheinlichkeit für zweimal „6“ bei drei Würfen beträgt etwa 7%.

b) Wahrscheinlichkeit für höchstens zwei Treffer
Hier gilt $n = 5$, $p = \frac{1}{6}$, $X = 2$.
Mit dem GTR erhält man:
$P(X \leqq 2) \approx 0{,}96451$
Die Wahrscheinlichkeit für höchstens zweimal „6“ bei fünf Würfen beträgt etwa 96%.

c) Wahrscheinlichkeit für mindestens drei und höchstens fünf Treffer
Hier gilt $n = 5$, $p = \frac{1}{6}$, $3 \leqq X \leqq 5$.
Mit dem GTR erhält man:
$P(3 \leqq X \leqq 5) = P(X \leqq 5) - P(X \leqq 2)$
$P(3 \leqq X \leqq 5) \approx 0{,}03549$
Die Wahrscheinlichkeit für höchstens fünfmal „6“ und mindestens dreimal „6“ beträgt etwa 3,5%.

d) Mindestanzahl n der Würfe
Bedingung: $P(X \geqq 3) \geqq 0{,}95$
Es gilt: $P(X \geqq 3) = 1 - P(X \leqq 2)$
Folglich:
$1 - P(X \leqq 2) = 0{,}95$
$-P(X \leqq 2) = -0{,}05$
$P(X \leqq 2) = 0{,}5$
Mit dem GTR erzeugt man die Wertetabelle für $P(X \leqq 2)$:
Auszug aus der Tabelle

n	$P(X \leqq 2)$
31	0,09057
32	0,07969
⋮	⋮
35	0,05384
36	0,04712

Man muss wenigstens 36-mal werfen, um mit einer Wahrscheinlichkeit von 95% wenigstens drei Sechsen zu erhalten.

Veranschaulichung

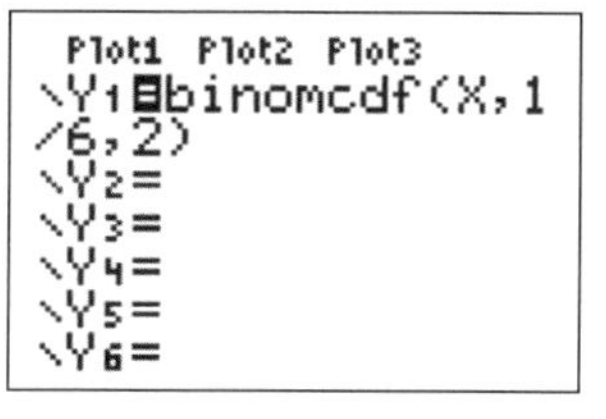

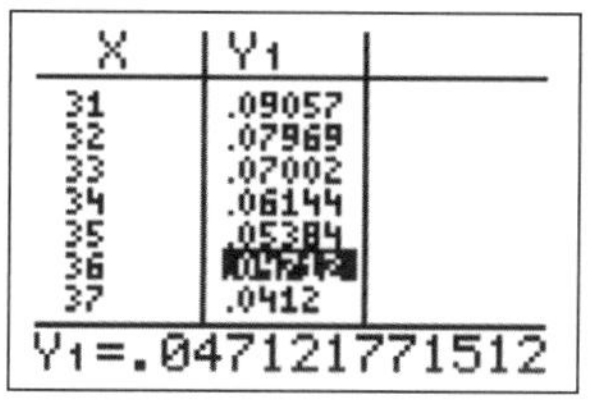

Man beachte das Format binomcdf(n,p,r). Daher bedeutet hier die Variable X die gesuchte Anzahl n.

e) Anzahl n der Würfe
Die Anzahl n soll so bestimmt werden, dass $P(X = 3)$ maximal ist für $p = \frac{1}{6}$. Der Graph der Binomialverteilung hat das Maximum beim Erwartungswert $n \cdot p$. Dieses Maximum soll für $X = 3$ erreicht werden.
Daher gilt:
$n \cdot p = 3$
$n \cdot \frac{1}{6} = 3$
$n = 18$
Die Anzahl n muss daher um 18 herum liegen.
Der GTR liefert:
binompdf(16, $\frac{1}{6}$, 3) ≈ 0,2423137603
binompdf(17, $\frac{1}{6}$, 3) ≈ 0,245198448
binompdf(18, $\frac{1}{6}$, 3) ≈ 0,245198448
binompdf(19, $\frac{1}{6}$, 3) ≈ 0,2426442975
Das Maximum der Wahrscheinlichkeit für drei Sechsen wird für n = 17 und n = 18 erreicht.

3 (3 + 2 VP)

a) Die Stichproben der Länge 100 bzw. 50 bilden eine Bernoulli-Kette der Länge n = 100 bzw. n = 50. Die Wahrscheinlichkeit für das Auftreten eines defekten Moduls beträgt p = 0,05 (Trefferwahrscheinlichkeit). Die Zufallsvariable X bezeichnet die Anzahl der defekten Module (Treffer) in der Stichprobe.

Rückgabevorschlag 1

Wahrscheinlichkeit für mindestens acht Treffer

Es gilt: $n = 100$, $p = 0{,}05$, $r \geqq 8$

$P(X \geqq 8) = 1 - P(X < 8)$

$P(X \geqq 8) = 1 - P(X \leqq 7)$

Mit dem GTR erhält man:

$P(X \geqq 8) \approx 0{,}1280$

Rückgabevorschlag 2

Wahrscheinlichkeit für mindestens vier Treffer

Es gilt: $n = 50$, $p = 0{,}05$, $r \geqq 4$

$P(X \geqq 4) = 1 - P(X < 4)$

$P(X \geqq 4) = 1 - P(X \leqq 3)$

Mit dem GTR erhält man:

$P(X \geqq 4) \approx 0{,}2396$

Beim ersten Vorschlag wird die Sendung in etwa 12,8 % aller Fälle zurückgewiesen, beim zweiten Vorschlag in etwa 24 % aller Fälle. Für den Kunden ist der zweite Vorschlag günstiger.

b) Wahrscheinlichkeit für mindestens r Treffer

$P(X \geqq r) \leqq 0{,}04$

Daher:

$1 - P(x \leqq r - 1) \leqq 0{,}04$

$P(x \leqq r - 1) \geqq 0{,}96$

Für n = 100, p = 0,05 erhält man mit dem GTR:

$P(X \leqq 8) \approx 0{,}9369$

$P(X \leqq 9) \approx 0{,}9718$

Für r − 1 = 9, d. h. r = 10, ist die Wahrscheinlichkeit erstmals größer als 0,96.

Der Hersteller könnte also erst bei mindestens zehn defekten Modulen in einer Stichprobe von 100 Modulen die Rücknahme anbieten.

4 (3 + 3 + 2 VP)

a) Die Zufallsvariable X beschreibe den Gewinn des Spielers in Euro. Der Gewinn ergibt sich als Differenz aus Auszahlung abzüglich Einsatz.

Die Zufallsvariable kann bei Glücksrad 1 und Glücksrad 2 die Werte X = −1, X = 0, X = 1 oder X = 2 annehmen.

Glücksrad 1

Wegen der Mittelpunktswinkel von 180°, 90°, 45° und 45° gilt:

$P_1(X = -1) = \frac{1}{2}$

$P_1(X = 0) = \frac{1}{4}$

$P_1(X = 1) = \frac{1}{8}$

$P_1(X = 2) = \frac{1}{8}$

Erwartungswert

$E_1(X) = (-1)€ \cdot P_1(X = -1) + 0€ \cdot P_1(X = 0) + 1€ \cdot P_1(X = 1) + 2€ \cdot P_1(X = 2)$

$E_1(X) = \left(-1 \cdot \frac{1}{2} + 0 \cdot \frac{1}{4} + 1 \cdot \frac{1}{8} + 2 \cdot \frac{1}{8}\right)€$

$E_1(X) = -\frac{1}{8}€$

Glücksrad 2

Wegen der Mittelpunktswinkel von 180°, 60°, 60° und 60° gilt:

$P_2(X = -1) = \frac{1}{2}$

$P_2(X = 0) = \frac{1}{6}$

$P_2(X = 1) = \frac{1}{6}$

$P_2(X = 2) = \frac{1}{6}$

Erwartungswert

$E_2(X) = (-1)€ \cdot \frac{1}{2} + 0€ \cdot \frac{1}{6} + 1€ \cdot \frac{1}{6} + 2€ \cdot \frac{1}{6}$

$E_2(X) = 0€$

Der durchschnittlich zu erwartende Gewinn für den Spieler ist bei Glücksrad 1 kleiner als bei Glücksrad 2.

Anne hat recht.

b) Wahrscheinlichkeiten

Die Zufallsvariable X beschreibe wieder den Gewinn des Spielers in Euro.

X kann die Werte −1, 0, 1, 2, 3, 4 oder 5 annehmen.

Wegen der Mittelpunktswinkel bei beiden Glücksrädern und den Pfadregeln gilt:

$P(X = -1) = p(00)$

$P(X = -1) = \frac{1}{2} \cdot \frac{1}{2} = \frac{1}{4}$

$P(X = 0) = p(01) + p(10)$

$P(X = 0) = \frac{1}{2} \cdot \frac{1}{6} + \frac{1}{4} \cdot \frac{1}{2} = \frac{5}{24}$

$P(X = 1) = p(02) + p(11) + p(20)$

$P(X = 1) = \frac{1}{2} \cdot \frac{1}{6} + \frac{1}{4} \cdot \frac{1}{6} + \frac{1}{8} \cdot \frac{1}{2} = \frac{9}{48} = \frac{3}{16}$

$P(X = 2) = p(03) + p(12) + p(21) + p(30)$

$P(X = 2) = \frac{1}{2} \cdot \frac{1}{6} + \frac{1}{4} \cdot \frac{1}{6} + \frac{1}{8} \cdot \frac{1}{6} + \frac{1}{8} \cdot \frac{1}{2} = \frac{10}{48} = \frac{5}{24}$

$P(X = 3) = p(13) + p(22) + p(31)$

$P(X = 3) = \frac{1}{4} \cdot \frac{1}{6} + \frac{1}{8} \cdot \frac{1}{6} + \frac{1}{8} \cdot \frac{1}{6} = \frac{4}{48} = \frac{1}{12}$

$P(X = 4) = p(23) + p(32)$

$P(X = 4) = \frac{1}{8} \cdot \frac{1}{6} + \frac{1}{8} \cdot \frac{1}{6} = \frac{2}{48} = \frac{1}{24}$

$P(X = 5) = p(33)$

$P(X = 5) = \frac{1}{8} \cdot \frac{1}{6} = \frac{1}{48}$

Erwartungswert

$E(X) = (-1€) \cdot P(X = -1) + 0€ \cdot P(X = 0)$
$+ 1€ \cdot P(X = 1) + 2€ \cdot P(X = 2) + 3€ \cdot P(X = 3)$
$+ 4€ \cdot P(X = 4) + 5€ \cdot P(X = 5)$

$E(X) = \left(-1 \cdot \frac{1}{4} + 0 \cdot \frac{5}{24} + 1 \cdot \frac{3}{16} + 12 \cdot \frac{5}{24} + 3 \cdot \frac{1}{12} + 4 \cdot \frac{1}{24}\right.$
$\left. + 5 \cdot \frac{1}{48}\right)€$

$E(X) = \frac{21}{24}€$

Der Spieler würde jetzt im Mittel 0,875 € gewinnen.

c) Wahrscheinlichkeiten

Die Zufallsvariable X beschreibe den Gewinn des Spielers in Euro.

Der Einsatz sei e Euro. X kann die Werte −e, −e + 2, −e + 4 annehmen.

$P(X = -e) = \frac{5}{8}$

$P(X = -e + 2) = \frac{1}{8}$

$P(X = -e + 4) = \frac{1}{4}$

Erwartungswert

$E(X) = -e \cdot \frac{5}{8} + (-e + 2) \cdot \frac{1}{8} + (-e + 4) \cdot \frac{1}{4}$

$E(X) = -\frac{5}{8}e - \frac{1}{8}e + \frac{1}{4} - \frac{1}{4}e + 1$

$E(X) = -e + \frac{5}{4}$

Bedingung für ein faires Spiel

$E(X) = 0$

Somit:

$-e + \frac{5}{4} = 0$

$e = \frac{5}{4}$

Der faire Einsatz für das Glücksrad 3 ist 1,25 €.

Klassenarbeit 5.4

1 (2 + 2 + 2 VP)

a) Überprüfung der Werte

Man gibt im [Y=]-Editor als Funktionsterm binompdf(8,0.2,X) ein. Die berechneten Werte lassen sich mit [TABLE] tabellieren. Dabei ergibt sich:

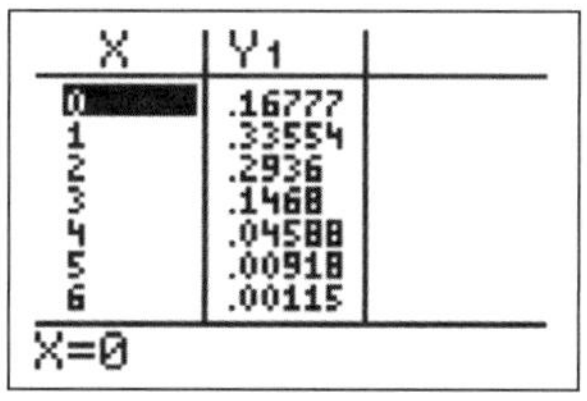

X	Y1
0	.16777
1	.33554
2	.2936
3	.1468
4	.04588
5	.00918
6	.00115

X=0

Man erkennt, dass die berechneten Werte mit den im ersten Diagramm dargestellten Werten übereinstimmen.

b) Wahrscheinlichkeit p

Bekannt ist n = 8. Der Erwartungswert μ liegt wohl im Intervall [4; 6], da der Graph sein Maximum bei r = 5 hat.

Wegen $\mu = n \cdot p$ folgt: $p = \frac{\mu}{n}$

Daher:

$\frac{4}{8} \leqq p \leqq \frac{6}{8}$

$0{,}5 \leqq p \leqq 0{,}75$

Mit dem GTR prüft man jetzt für verschiedene Werte von p, wann sich der angegebene Graph ergibt. Mit Y_1=binompdf(8,0.6,X) erhält man eine Wertetabelle, die vollständig mit dem Graphen in Einklang ist.

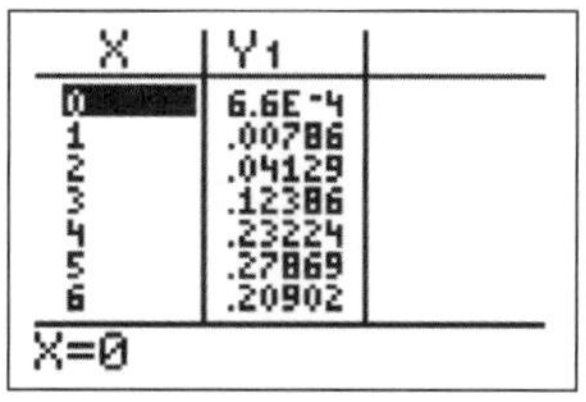

X	Y1
0	6.6E-4
1	.00786
2	.04129
3	.12386
4	.23224
5	.27869
6	.20902

X=0

Die gesuchte Wahrscheinlichkeit ist daher p = 0,6.

c) Länge n der Bernoulli-Kette

Bekannt ist p = 0,5. Der Erwartungswert ist wohl $\mu = 3$, da der Graph sein Maximum bei r = 3 hat.

Wegen $\mu = n \cdot p$ folgt: $n = \frac{\mu}{p}$

Daher:

$n = \frac{3}{0{,}5}$

$n = 6$

Mit dem GTR prüft man nun für n = 6 nach, ob sich der angegebene Graph ergibt:

Y_1=binompdf(6,0.5,X) liefert die folgende Wertetabelle:

X	Y_1
0	.01563
1	.09375
2	.23438
3	.3125
4	.23438
5	.09375
6	.01563

X=0

Die Übereinstimmung mit dem Graphen ist deutlich. Die Bernoulli-Kette hat somit die Länge 6.

2 (2 + 1 + 1 + 1 VP)

Die Überprüfung von 200 Fahrern wird als Bernoulli-Kette der Länge n = 200 angesehen. Die Wahrscheinlichkeit dafür, einen nicht angegurteten Fahrer festzustellen (Treffer) beträgt $p = \frac{12}{100} = 0{,}12$.
Die Wahrscheinlichkeit für einen Nichttreffer ist daher $q = 0{,}88$.

a) Wahrscheinlichkeit für mindestens 30 Treffer
Es gilt:
$P(X \geqq 30) = 1 - P(X < 30)$
$P(X \geqq 30) = 1 - P(X \leqq 29)$
Mit dem GTR erhält man:
$P(X \geqq 30) \approx 0{,}1176$
Mit der Wahrscheinlichkeit von etwa 11,8 % haben mindestens 30 Fahrer keinen Gurt angelegt.

b) Wahrscheinlichkeit für höchstens 10 Treffer
Es gilt:
$P(X \leqq 10) \approx 6{,}17 \cdot 10^{-4}$
Mit der Wahrscheinlichkeit von etwa 0,06 % sind mehr als 190 Fahrer angegurtet.

c) Wahrscheinlichkeit für 24 Treffer
Es gilt:
$P(X = 24) \approx 0{,}0865$
Mit der Wahrscheinlichkeit von etwa 8,7 % sind 24 Fahrer nicht angegurtet.

d) Wahrscheinlichkeit für mindestens 20 und höchstens 30 Treffer
Es gilt:
$P(20 \leqq X \leqq 30) = P(X \leqq 30) - P(X \leqq 19)$
$P(20 \leqq X \leqq 30) \approx 0{,}7541$
Mit der Wahrscheinlichkeit von etwa 75,4 % wird man 20 bis 30 Fahrer ohne Gurt antreffen.

3 (2 + 3 + 1 VP)

a) Erreichbare Punkte
Nach vier Ziehungen können die Punkte A(4 | 0), B(3 | 1), C(2 | 2), D(1 | 3) und E(0 | 4) erreicht werden.

Veranschaulichung

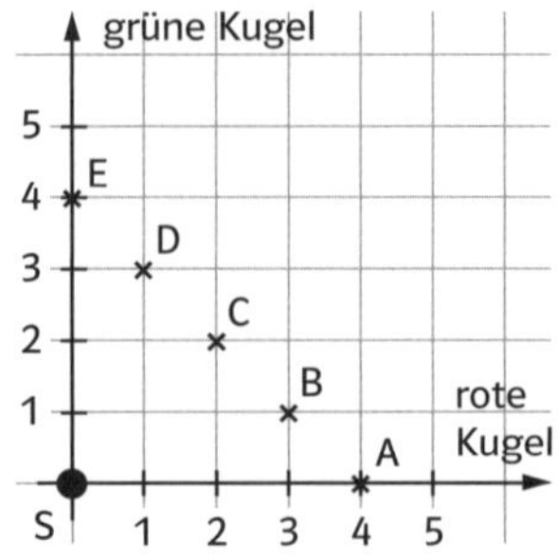

Anzahl der verschiedenen Wege
Die Zufallsvariable X beschreibe die Anzahl der Ziehungen nach rechts. (Die Anzahl der Züge nach oben ist dann 4 − X.)
Da maximal vier Ziehungen vorgenommen werden, kann X nur die Werte 0, 1, 2, 3 oder 4 annehmen.

Punkt	A(4 | 0)	B(3 | 1)	C(2 | 2)	D(1 | 3)	E(0 | 4)
Anzahl der Wege	$\binom{4}{4} = 1$	$\binom{4}{3} = 4$	$\binom{4}{2} = 6$	$\binom{4}{1} = 4$	$\binom{4}{0} = 1$

b) Wahrscheinlichkeiten für das Erreichen der Endpunkte
Das Ziehen einer roten Kugel wird als Treffer (Bewegung nach rechts), das Ziehen einer grünen Kugel als Fehlschlag (Bewegung nach oben) gedeutet.
$p = p(r) = \frac{2}{5}$, $q = p(g) = 1 - p(r) = \frac{3}{5}$

$P(A) = P(X = 4)$
$P(A) = \binom{4}{4} \cdot p^4 \cdot q^0$
$P(A) = 1 \cdot \left(\frac{2}{5}\right)^4 \cdot \left(\frac{3}{5}\right)^0$
$P(A) = \frac{16}{625}$

$P(B) = P(X = 3)$
$P(B) = \binom{4}{3} \cdot p^3 \cdot q^1$
$P(B) = 4 \cdot \left(\frac{2}{5}\right)^3 \cdot \left(\frac{3}{5}\right)^1$
$P(B) = \frac{96}{625}$

$P(C) = P(X = 2)$
$P(C) = \binom{4}{2} \cdot p^2 \cdot q^2$
$P(C) = 6 \cdot \left(\frac{2}{5}\right)^2 \cdot \left(\frac{3}{5}\right)^2$
$P(C) = \frac{216}{625}$

$P(D) = P(X = 1)$
$P(D) = \binom{4}{1} \cdot p^1 \cdot q^3$
$P(D) = 4 \cdot \left(\frac{2}{5}\right)^1 \cdot \left(\frac{3}{5}\right)^3$
$P(D) = \frac{216}{625}$

$P(E) = P(X = 0)$
$P(E) = \binom{4}{0} \cdot p^0 \cdot q^4$
$P(E) = 1 \cdot \left(\frac{2}{5}\right)^0 \cdot \left(\frac{3}{5}\right)^4$
$P(E) = \frac{81}{625}$

c) Wahrscheinlichkeit für das Erreichen von F
Um F(19 | 1) zu erreichen, muss 19-mal eine rote Kugel (Treffer) und einmal eine grüne (Fehlschlag) gezogen werden.
Daher gilt:
$P(X = 19) = \binom{20}{19} \cdot \left(\frac{2}{5}\right)^{19} \cdot \left(\frac{3}{5}\right)^{1}$
$P(X = 19) \approx 3{,}299 \cdot 10^{-7}$
Der Punkt F wird nach 20 Ziehungen mit der Wahrscheinlichkeit $3{,}299 \cdot 10^{-7}$ erreicht.

4 (1 + 1 + 2 + 2 VP)
a) Wahrscheinlichkeit
Mit der Pfadregel erhält man:
$p(\text{rrrggggggg}) = p^3(r) \cdot p^7(g)$
$p(\text{rrrggggggg}) = 0{,}4^3 \cdot 0{,}6^7$
$p(\text{rrrggggggg}) \approx 0{,}0018$
Mit der Wahrscheinlichkeit von etwa 0,18 % zieht man zunächst dreimal eine rote und dann siebenmal eine grüne Kugel.

b) Wahrscheinlichkeit
Mit der Pfadregel gilt:
$p(\text{grrrrrrrrg}) = p(g) \cdot p^8(r) \cdot p(g)$
$p(\text{grrrrrrrrg}) = 0{,}6 \cdot 0{,}4^8 \cdot 0{,}6$
$p(\text{grrrrrrrrg}) \approx 0{,}00024$
Mit der Wahrscheinlichkeit von etwa 0,024 % ist nur die erste und die letzte gezogene Kugel grün.

c) Wahrscheinlichkeit für höchstens vier rote Kugeln
Da die Ziehungen unabhängig voneinander erfolgen, und die gezogene Kugel jeweils wieder in die Urne zurückgelegt wird, handelt es sich bei dem Zufallsexperiment um eine Bernoulli-Kette mit der Trefferwahrscheinlichkeit $p = \frac{4}{10} = 0{,}4$.
Die Zufallsvariable X beschreibe die Anzahl der roten Kugeln.
Dann erhält man mit dem GTR:
$P(X \leqq 4) \approx 0{,}6331$
Mit der Wahrscheinlichkeit von etwa 63,3 % zieht man höchstens vier rote Kugeln.

d) Wahrscheinlichkeit
Die ersten drei Kugeln sollen rot sein. Dies ist mit der Wahrscheinlichkeit p_1 der Fall, wobei gilt:
$p_1 = p(\text{rrr})$
$p_1 = p^3(r)$
$p_1 = 0{,}4^3$
Von den folgenden sieben Kugeln sollen vier grüne Farbe haben, d.h. drei rot sein. Bei sieben Ziehungen kommen also drei Treffer vor. Dies ist mit der Wahrscheinlichkeit p_2 der Fall, wobei gilt:
$p_2 = P(X = 3)$
$p_2 = \binom{7}{3} \cdot 0{,}4^3 \cdot 0{,}6^4$
Die Gesamtwahrscheinlichkeit ergibt sich nach der Pfadregel:
$p = p_1 \cdot p_2$
$p = 0{,}4^3 \cdot \binom{7}{3} \cdot 0{,}4^3 \cdot 0{,}6^4$
$p \approx 0{,}0186$
Mit einer Wahrscheinlichkeit von etwa 1,86 % werden zuerst drei rote und anschließend von sieben weiteren Kugeln noch vier grüne Kugeln gezogen.

Pinboard – Modellieren

Lineares Wachstum

Definition

Wenn sich Maßzahlen einer Größe im Laufe der Zeit mit einer linearen Funktion f mit $f(x) = mx + n$, $x \in \mathbb{R}$, $m, n \in \mathbb{R}$ beschreiben lassen, wobei x die Maßzahl der verwendeten Zeiteinheit ist, dann sagt man, die Größe wächst linear.

Folgerungen

Die Maßzahl des Anfangsbestands ist $f(0) = n$. Die Maßzahl der Bestandsänderung je Zeitschritt ist m.

Beispiel

Peter hat bereits 200 € gespart. Vom Taschengeld zahlt er monatlich weitere 20 € auf sein Sparkonto ein. Wie hoch ist der Kontostand nach acht Monaten?
Lösung:
Der Bestand ändert sich monatlich konstant um 20 €, der Anfangsbestand ist 200 €.
Das Kapital entwickelt sich daher mit $f(x) = 20 \cdot x + 200$.
Somit: $f(8) = 20 \cdot 8 + 200 = 360$
Der Kontostand nach acht Monaten ist 360 €.

Strategie

Die folgende Tabelle ist gegeben.

x	−2	−1	0	1	2	3
f(x)	−0,80	−0,31	0,19	0,72	1,18	1,70

Um zu erkennen, ob die Modellierung durch eine lineare Funktion angemessen ist, kann man folgendermaßen vorgehen.

Erste Möglichkeit: Schaubild zeichnen
Wenn die Punkte annähernd auf einer Geraden liegen, dann kann lineares Wachstum angenommen werden. Aus dem y-Achsenabschnitt und der Steigung gewinnt man die Funktionsgleichung.

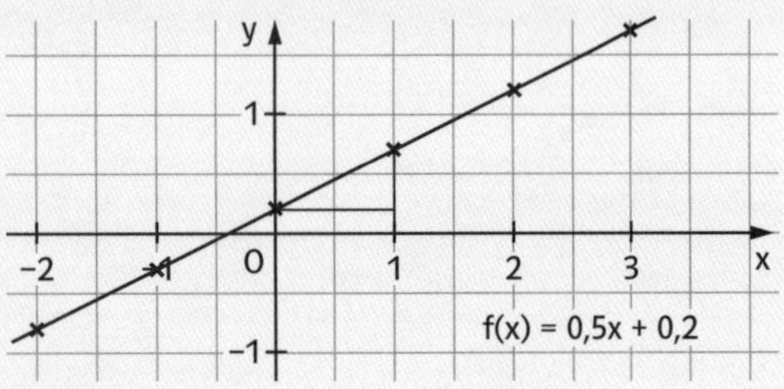

Zweite Möglichkeit: Änderung berechnen
Wenn die Änderung der Funktionswerte je Zeitschritt konstant ist, dann hat man bereits m bestimmt. n erhält man durch Einsetzen eines Wertepaares in die Gleichung $f(x) = mx + n$.

Je Zeitschritt ändern sich die Funktionswerte um etwa 0,5. Daher gilt: $f(x) = 0{,}5x + n$.
Mit $f(1) = 0{,}72$ folgt daraus: $n \approx 0{,}2$.

Dritte Möglichkeit: Gleichungssystem
Man wählt zwei beliebige Wertepaare aus und setzt mit diesen zwei Gleichungen mit zwei Variablen an. Das zugehörige Gleichungssystem liefert m und n als Lösung.

Mit $f(-2) = -0{,}80$ erhält man: (1) $-0{,}80 = -2m + n$
Mit $f(3) = 1{,}70$ erhält man: (2) $1{,}70 = 3m + n$
Daraus folgt die Lösung $m = 0{,}5$ und $n = 0{,}2$.

Vorhersagen sind schwierig – vor allem, wenn sie die Zukunft betreffen!

Exponentielles Wachstum

Definition

Wenn sich Maßzahlen einer Größe im Laufe der Zeit mithilfe einer Funktion f mit $f(x) = c \cdot a^x$ beschreiben lassen, wobei x die Maßzahl der verwendeten Zeiteinheit ist, dann sagt man, die Größe wächst exponentiell.

Folgerungen

Die Maßzahl des Anfangsbestands ist $f(0) = c$.
Die Zahl a gibt an, auf das Wievielfache sich der Bestand je Zeitschritt ändert. a heißt Wachstumsfaktor.

Beispiel

Petra hat 200 € auf einem Konto angelegt. Sie erhält 4,3 % Zinsen je Jahr, die dem Guthaben zugeschlagen und im Folgejahr mitverzinst werden.
Wie groß ist das Guthaben nach drei Jahren?
Lösung:
Der Bestand wächst je Jahr um 4,3 % des vorhandenen Bestands.
Der Wachstumsfaktor ist also 1,043. Das Kapital entwickelt sich daher mit
$f(x) = 200 \cdot 1{,}043^x$.
Somit: $f(3) = 200 \cdot 1{,}043^3 \approx 226{,}93$
Das Guthaben beträgt nach drei Jahren 226,93 €.

Strategie

Die folgende Tabelle ist gegeben.

x	−2	−1	0	1
f(x)	1,20	0,67	0,38	0,21

Hier bietet sich als Zeitschritt 1 Einheit an.

Um zu erkennen, ob die Modellierung durch eine Exponentialfunktion angemessen ist, kann man folgendermaßen vorgehen.

Erste Möglichkeit: Gleichungssystem
Man wählt zwei beliebige Wertepaare aus und setzt mit diesen zwei Gleichungen mit zwei Variablen an. Das zugehörige Gleichungssystem liefert a und c als Lösung.

$f(-2) = 1{,}20$ ergibt: (1) $1{,}20 = c \cdot a^{-2}$
$f(-1) = 0{,}67$ ergibt: (2) $0{,}67 = c \cdot a^{-1}$
Division von (2) durch (1) ergibt:
$a^{-1} : a^{-2} = a = 0{,}67 : 1{,}20 \approx 0{,}56$
Einsetzen in (1) oder (2) ergibt $c \approx 0{,}38$.

Zweite Möglichkeit: Änderung berechnen
Wenn man erkennt, dass sich die Funktionswerte bei jedem Zeitschritt um denselben Faktor verändern, dann hat man den Wachstumsfaktor a bereits bestimmt.

Man bildet daher die Quotienten der Funktionswerte aufeinanderfolgender Zeitpunkte:
$f(-1) : f(-2) = 0{,}67 : 1{,}20 \approx 0{,}56$
$f(0) : f(-1) = 0{,}38 : 0{,}67 \approx 0{,}57$
$f(1) : f(0) = 0{,}21 : 0{,}38 \approx 0{,}55$
Bei jedem Zeitschritt vergrößern sich die Funktionswerte etwa um den gleichen Faktor 0,56. Damit weiß man bereits, dass exponentielles Wachstum mit dem Wachstumsfaktor $a \approx 0{,}56$ vorliegt und somit gilt: $f(x) = c \cdot 0{,}56^x$.
Da der Wachstumsfaktor kleiner als 1 ist, handelt es sich um exponentielle Abnahme.
c erhält man durch Einsetzen irgendeines Wertepaares in die Gleichung $f(x) = c \cdot a^x$.
Mit $f(0) = 0{,}38$ (aus der Tabelle) und andererseits
$f(0) = c \cdot 0{,}56^0 = c \cdot 1 = c$, folgt $c = 0{,}38$.

Periodische Vorgänge

Definition

Viele periodischen Vorgänge lassen sich mithilfe von Sinusfunktionen modellieren.
Ansatz: $f(x) = a \cdot \sin(bx) + d$

Strategie

1. Bestimmung der Amplitude a
Man bestimmt die Maßzahlen des größten und kleinsten Werts der zu modellierenden Größe. Die halbe Differenz dieser beiden Zahlen ist gleich der Amplitude a der Sinusfunktion.

2. Bestimmung von b mithilfe der Periode
Man bestimmt den Zeitraum, in dem der sich ständig wiederholende Vorgang genau einmal abläuft. Dies ist die Periode.
Wenn ihre Maßzahl p ist, dann gilt $b = \frac{2\pi}{p}$.

3. Bestimmung der Verschiebung d
Die Verschiebung d in Richtung der y-Achse ist der Mittelwert aus den Maßzahlen des größten und des kleinsten Werts der zu modellierenden Größe.

4. Festlegung des Zeitnullpunkts
Für $x = 0$ soll der Funktionswert d sein.

Beispiel

Ein periodischer Vorgang wird durch die folgende Wertetabelle beschrieben:

x	−2	−1,5	−1	−0,5	0	0,5	1	1,5	2
f(x)	2,42	3,47	1,79	0,50	2,0	3,50	2,21	0,53	1,58

x	2,5	3	3,5	4	4,5	5	5,5	6	6,5
f(x)	3,41	2,62	0,68	1,20	3,21	2,98	0,93	0,87	2,91

Gib eine geeignete Funktionsgleichung an.
Lösung:
1. Größter Funktionswert: $f(0{,}5) = 3{,}50$
Kleinster Funktionswert: $f(-0{,}5) = 0{,}50$
Vermutliche Amplitude: $a = 1{,}5$
2. Die x-Werte der Hochpunkte liegen jeweils etwa 2 Einheiten auseinander. An der Stelle −1,5, an der Stelle 0,5, an der Stelle 2,5 liegen wohl die aufeinanderfolgenden Maximumstellen. Daher ist vermutlich die Periode etwa 2. Somit ergibt sich $b \approx 3$.
3. Der Mittelwert aus dem größten und dem kleinsten Funktionswert ist 2. Demzufolge gilt $d = 2$.
4. Mögliche Gleichung: $f(x) = 1{,}5 \cdot \sin(3x) + 2$
Eine Kontrolle kann durch Berechnung der Funktionswerte und Vergleich mit der Tabelle erfolgen.

Bist du sicher?

1 Ein Gärtner behauptet für einen extrem langsam wachsenden Ginkgobaum, dass seine Höhe jährlich nur um etwa 1 cm zunimmt. Du kaufst ein 12 cm hohes Bäumchen.
a) Gib das Wachstumsgesetz für dieses Bäumchen an. Welche Höhe erwartest du nach acht Jahren?
b) Tatsächlich wächst das Bäumchen gemäß der folgenden Tabelle.

Anzahl der Jahre nach Kauf	1	3	6	10
Höhe des Bäumchens (in cm)	14	17	22	28

Gib ein Wachstumsgesetz an und mache damit eine Vorhersage für die Höhe nach zwanzig Jahren.

2 Beim Zerfall einer radioaktiven Substanz misst man die Masse der noch nicht zerfallenen Substanz in Abhängigkeit von der Zeit.

Anzahl der Tage	0	0,5	1	2	3	6	10
Masse (in mg)	1,00	0,91	0,83	0,70	0,58	0,34	0,16

a) Weise nach, dass der Zerfall durch eine Exponentialfunktion beschrieben werden kann.
b) Gib ein Zerfallsgesetz an.
c) Wie lange dauert es, bis noch 1% der Anfangsmasse unzerfallen ist?

3 Die Auslenkung einer Kinderschaukel kann in Abhängigkeit von der Zeit durch die Funktion f mit $f(x) = 1{,}4 \cdot \sin(3x)$ beschrieben werden. Dabei bedeutet x die Anzahl der verstrichenen Sekunden und f(x) die Maßzahl der in Metern gemessenen Auslenkung.
a) Wie groß sind Amplitude und Periodendauer der Schwingung?
b) Wie groß ist die Auslenkung nach einer Sekunde?
c) Nach welcher Zeit ist zum dritten Mal eine Auslenkung von 1,0 m erreicht?

Lösungen

1 a) $f(x) = x + 12$, h = 20 cm b) Die Änderungsraten in den drei Intervallen sind durchschnittlich etwa 1,55 cm je Jahr. $f(x) = 1{,}55x + 12$, $f(20) \approx 43$
2 a) Die Masse ändert sich je Zeitschritt von einem Jahr um denselben Faktor: $f(1):f(0) \approx f(2):f(1) \approx f(3):f(2) \approx 0{,}83$ b) $f(x) = 0{,}83^x$ c) 24,7 Tage
3 a) Amplitude 1,4 m, Periodendauer 2,09 s b) $f(1) = 1{,}4 \cdot \sin(3) \approx 0{,}20$ c) Aus $f(x) = -1$ und x in der zweiten Halbperiode folgt: $x \approx 1{,}3$

Anfangszeit: ______________ + 60 Minuten → Abgabe: ______________

1 (1 + 1 + 1 + 1 + 1 + 1 VP)
Gib jeweils eine passende Modellgleichung für die Entwicklung des Bestands in rekursiver Darstellung an. Gib, falls möglich, auch eine geeignete Funktionsgleichung an.

a) Ein Bestand wächst vom Startwert 3 aus um 4 % je Zeitschritt.
b) Ein Bestand wächst vom Startwert 3 aus und ist beschränkt durch die Sättigungsgrenze 10.
c) Ein Bestand nimmt vom Startwert 3 bei jedem Zeitschritt um 0,5 ab.
d) Die Bestandsänderung je Zeitschritt beträgt 8 % des Momentanbestands. Der Anfangsbestand ist 3.
e) Die Bestandsänderung je Zeitschritt ist proportional zum Sättigungsmanko bei Anfangsbestand 3 und Schranke 5.
f) Die Bestandsänderung je Zeitschritt hat den konstanten Wert 2 mit Anfangsbestand 3.

2 (3 + 3 VP)
Radioaktive Substanzen senden Strahlung aus und zerfallen dabei. Die Massen der radioaktiven Substanzen nehmen exponentiell mit der Zeit ab.

a) Die Abbildung beschreibt näherungsweise die Abnahme der Masse in Abhängigkeit von der Zeit.

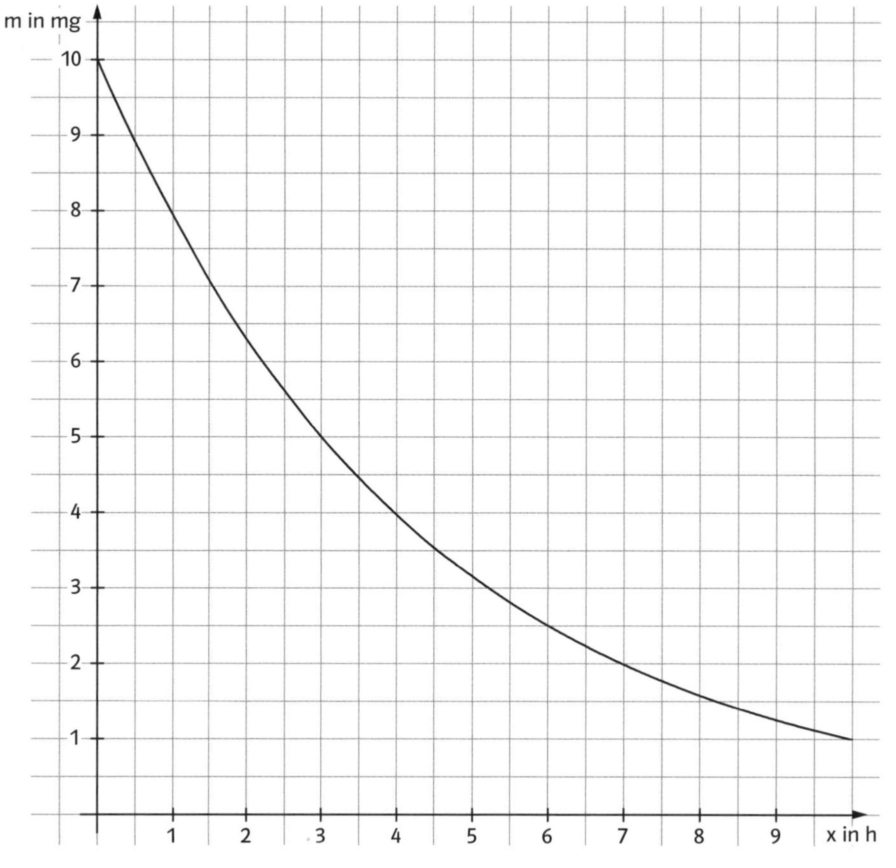

Leite das Zerfallsgesetz her.
Wie lange dauert es, bis nur noch 0,1 mg dieser radioaktiven Substanz vorhanden ist?

b) In einem Gemisch liegen zwei radioaktive Substanzen vor, deren Zerfallsgesetze bekannt sind.
Substanz 1: $f(x) = 20 \cdot 0{,}8^x$
Substanz 2: $g(x) = 100 \cdot 0{,}5^x$
Dabei bedeutet x jeweils die Anzahl der seit Beobachtungsbeginn vergangenen Stunden.
Wie lange dauert es, bis von beiden Substanzen gleich große Massen vorhanden sind?
Wann ist von der langsamer zerfallenden Substanz fünfmal so große Masse vorhanden wie von der schneller zerfallenden?

3 (4 + 2 VP)

Petra spart auf ein 800 Euro teures Mountain-Bike. Auf ihrem Sparkonto hat sie bereits 500 € angespart. Sie hat sich ab sofort vorgenommen, jeden Monat 10 % von dem Betrag zu sparen, den sie noch von ihrem Sparziel entfernt ist.

Wenn sie 750 € angespart hat, will ihr Oma den noch fehlenden Betrag zum Kauf des Mountain-Bikes schenken.

a) Stelle eine Modellgleichung für die Bestandsentwicklung auf. Berechne damit, wie lange Petra noch für den Kauf sparen muss.

b) Wie verändert sich die durchschnittliche monatliche Änderungsrate ihres Sparguthabens im Laufe der ersten vier Monate?

4 (2 + 2 + 2 VP)

Mit einem Oszilloskop werden zwei Schwingungsbilder von Tönen registriert.

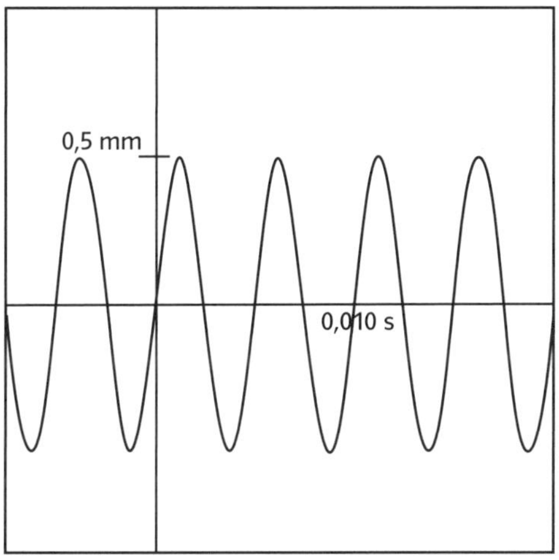

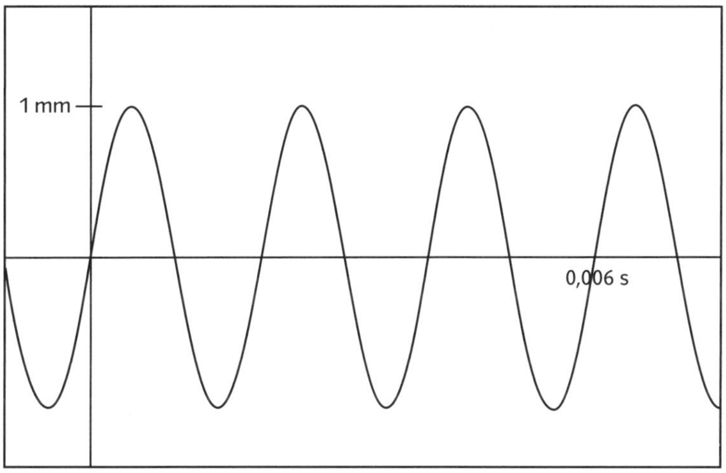

a) Gib zu beiden Schwingungen jeweils die Amplitude und die Periodendauer an.

b) Welche Funktionsgleichungen der Form $f(t) = a \cdot \sin(bt)$ eignen sich zur Erzeugung der Abbildungen?

c) Zeichne das Schwingungsbild eines Tones mit der Amplitude 2,0 cm und der Frequenz 400 Hz. Wähle die Achsenskalierungen geeignet. Zwischen Frequenz f und Periodendauer T besteht die Beziehung $f = \frac{1}{T}$.

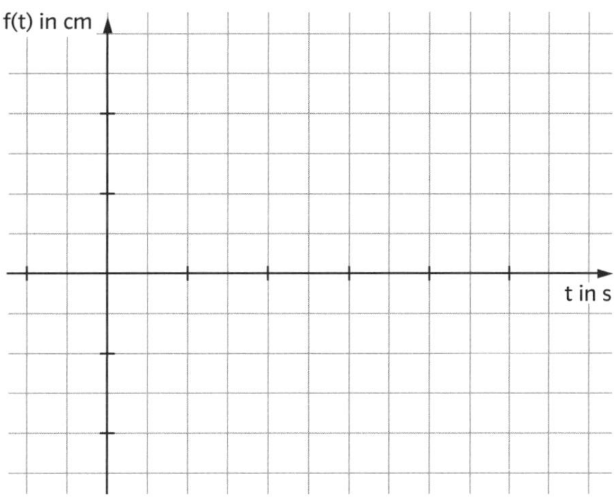

Anfangszeit: ____________________ + 60 Minuten → Abgabe: ____________________

1 (6 VP)

Ordne die Graphen G_1 bis G_5 den angegebenen Modellgleichungen zu. Trage dazu in der ersten Spalte der abgebildeten Tabelle G_1, G_2, G_3, G_4 oder G_5 ein.

Ergänze dann die Abbildung durch den Graphen G_6 zu der noch nicht zugeordneten Modellgleichung.

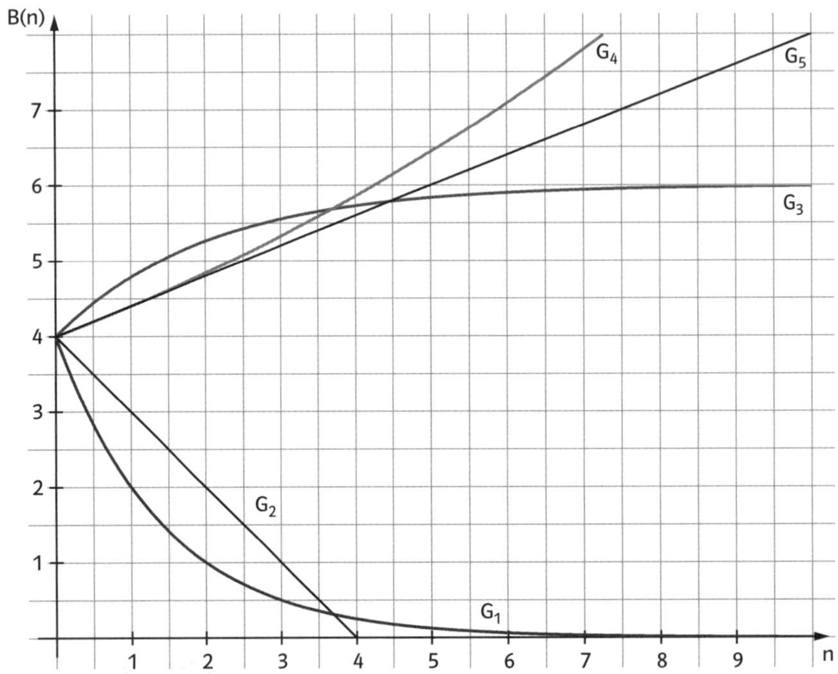

Graph	passt zu Modellgleichung
	$B(n+1) = B(n) - 1,\ B(0) = 4$
	$B(n+1) = B(n) + 0{,}1 \cdot B(n),\ B(0) = 4$
	$B(n+1) = B(n) \cdot 0{,}5,\ B(0) = 4$
	$B(n+1) = B(n) + 0{,}4,\ B(0) = 4$
	$B(n+1) = B(n) + 0{,}3 \cdot (6 - B(n)),\ B(0) = 4$
	$B(n+1) = B(n) + 0{,}3 \cdot (4 - B(n)),\ B(0) = 1$

2 (2 + 2 + 2 VP)

Frau Moser und Herr Moser haben jeweils 30 000,00 € geerbt. Beide legen ihr Geld auf einem Sparkonto an, bei dem jährlich 4,4 % Zinsen gezahlt und dem jeweiligen Konto gutgeschrieben werden.

a) Frau Moser hebt fünf Jahre lang kein Geld vom Konto ab.
Wie groß ist ihr Kapital nach dieser Zeit?

b) Herr Moser hebt unmittelbar nach jeder Zinszahlung 5000,00 € vom Konto ab.
Nach welcher Zeit kann er erstmalig nicht mehr 5000,00 € abheben?

c) Frau Moser behauptet: „Wenn mein Mann jedes Jahr nur immer 20 % des Guthabens am Jahresende abgehoben hätte, wäre das Guthaben nach dem 7. Jahr immer noch größer als 8000 €".
Trifft dies zu?

3 (2 + 2 VP)
Die Potenzen von 2 wachsen unglaublich rasch an!
Angenommen, eine Maschine wäre in der Lage, einen Stab auszustoßen, der nach einer Sekunde 2 mm lang ist, nach zwei Sekunden 4 mm, nach drei Sekunden 8 mm usw.
Gleichzeitig mit Arbeitsbeginn der Maschine wird von ihr ein Lichtstrahl parallel zum Stab ausgesandt, der sich bekanntlich mit der Geschwindigkeit $300\,000\,\frac{km}{s}$ ausbreitet.
a) Wie lang wäre der Stab nach 30 Sekunden?
Wie weit wäre der Lichtstrahl in dieser Zeit gekommen?
b) Nach welcher Zeit würde das vordere Stabende den Lichtstrahl überholen?

4 (5 VP)
In einer Petrischale vergrößert sich die von einer Schimmelpilzkultur bedeckte Fläche innerhalb einer Stunde von $2{,}0\,cm^2$ auf $2{,}8\,cm^2$.
Laborant Peters vermutet, dass es sich um beschränktes Wachstum mit der Sättigungsgrenze $10\,cm^2$ handelt.
Sein Kollege Maier erwartet exponentielles Wachstum.
Vier Stunden nach Beobachtungsbeginn ist eine Fläche von etwa $6\,cm^2$ bedeckt.
Welche Vermutung ist zutreffend?

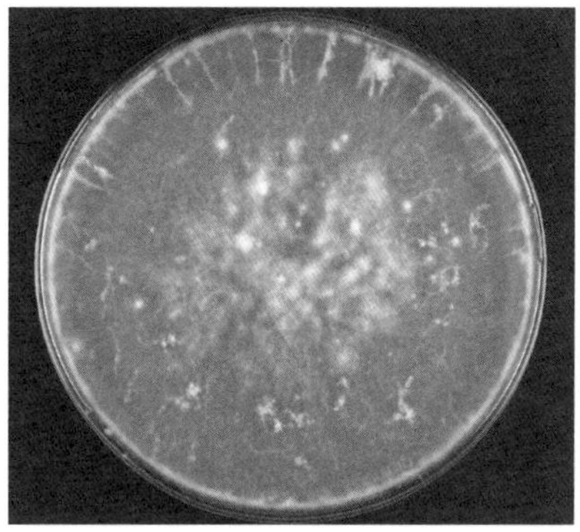

5 (3 VP)
Die Wertetabellen gehören zu periodischen Funktionen f und g.
Gib mögliche Funktionsgleichungen an.

x	−2	−1	0	1	2	3	4	5
f(x)	0	−2	0	2	0	−2	0	2

x	$-\frac{\pi}{2}$	$-\frac{\pi}{4}$	0	$\frac{\pi}{4}$	$\frac{\pi}{2}$	$\frac{3}{4}\pi$	π	$\frac{5}{4}\pi$
g(x)	0	$\frac{1}{4}\sqrt{2}$	$\frac{1}{2}$	$\frac{1}{4}\sqrt{2}$	0	$-\frac{1}{4}\sqrt{2}$	$-\frac{1}{2}$	$-\frac{1}{4}\sqrt{2}$

Lerntipps

zu Aufgabe 1
Bekanntlich gilt:
Wenn die absolute Änderung des Bestands konstant ist, dann liegt lineares Wachstum vor.
Wenn die absolute Änderung des Bestands proportional zum jeweiligen Bestand ist, dann handelt es sich um exponentielles Wachstum.
Wenn die absolute Änderung des Bestands proportional zum Sättigungsmanko ist, dann liegt beschränktes Wachstum vor. Schreibe daher die gegebenen Modellgleichungen so um, dass die absolute Änderung $B(n+1) - B(n)$ links vom Gleichheitszeichen steht.
zu Aufgabe 2
Zuerst werden Bestandsänderungen je Zeitschritt aus Zunahme und Abnahme des Bestands bestimmt. In b) und c) muss man dann Tabellen anlegen.
zu Aufgabe 5
An den Nullstellen kann man jeweils die Periode erkennen.

Anfangszeit: ______________ + 60 Minuten → Abgabe: ______________

1 (3 + 3 VP)
Die Anzahl der radioaktiven Atome in einer Probe nimmt durch Zerfall in jeder Minute um 12 % ab.
a) Wie viel Prozent der radioaktiven Atome sind nach fünf Minuten zerfallen?
Wann sind noch weniger als 0,1 % der radioaktiven Atome vorhanden?
b) Bestimme Näherungswerte für die Änderungsrate der Anzahl der radioaktiven Atome nach fünf Minuten, zehn Minuten, 15 Minuten.

2 (6 VP)
Eine Stadt hat in den Jahren 2003 und 2008 die in der Tabelle angegebenen Einwohnerzahlen. Durch Erschließung neuer Baugebiete und Ansiedlung von Firmen wird erwartet, dass die Einwohnerzahl weiter bis zu maximal 140 000 steigen kann.

Jahr	2003	2008
Einwohnerzahl	120 387	124509

Das Schul- und Kulturamt lässt drei Schulklassen Modelle für die weitere Bevölkerungsentwicklung aufstellen. Die Klasse 10a erwartet etwa 130 000 Einwohner, 10b vermutet 133 000 Einwohner und 10c glaubt ebenfalls, dass es 133 000 Einwohner im Jahr 2018 geben wird.
Erkläre, welche verschiedenen Modelle den drei Vorhersagen wohl zugrunde gelegt wurden.

3 (3 + 4 VP)

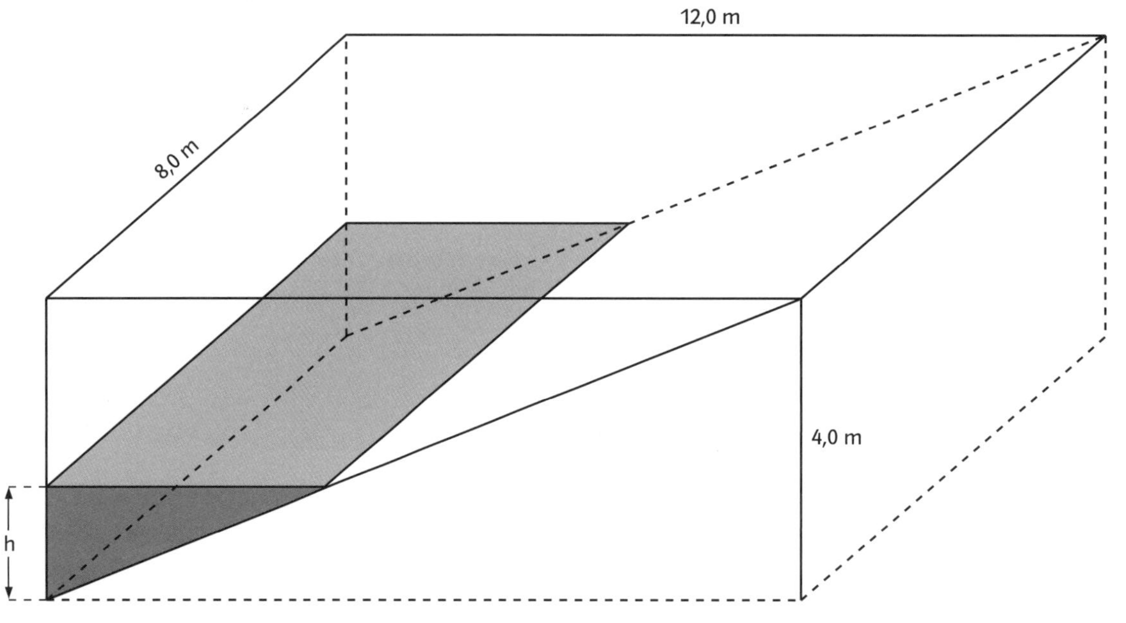

Das abgebildete Wasserbecken hat die Form eines senkrechten Prismas mit rechtwinkligen Dreiecken als Grund- und Deckfläche („halber Quader"). In das anfangs leere Becken strömen in jeder Minute $0{,}48\,m^3$ Wasser.
a) Wie lange dauert die Füllung des Beckens?
Wie lange dauert die Füllung bis zur Höhe h = 2,0 m?
b) Gib die Höhe h des Wasserstands in Abhängigkeit von der Füllzeit t an.

4 (2 + 2 + 1 VP)
Das Quadrat in Figur 1 hat die Seitenlänge a. Über dem mittleren Drittel von drei Seiten wird je ein Quadrat mit der Seitenlänge $\frac{a}{3}$ nach außen gezeichnet. Dadurch entsteht Figur 2. Entsprechend erhält man Figur 3.

Figur 1

Figur 2

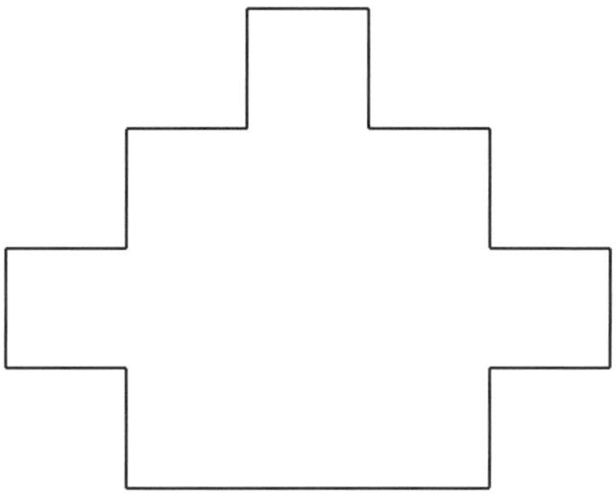

Figur 3

Dieser Vorgang wird entsprechend fortgesetzt gedacht.
a) Gib die Umfänge U_2 bzw. U_3 der Figuren 2 bzw. 3 an.
b) Wie groß ist die Änderung des Umfangs beim Übergang von einer Figur zur nachfolgenden?
Welche Wachstumsform beschreibt demzufolge das Anwachsen des Umfangs?
c) Gib eine geeignete Funktionsgleichung an, mit der sich der Umfang der Figur mit Nummer n berechnen lässt.
Kann der Umfang größer werden als 100 a?

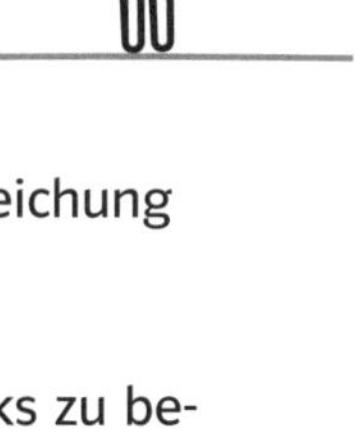

Lerntipps

zu Aufgabe 1
a) Unterscheide „zerfallen" und „vorhanden sein". Die zur Beschreibung verwendete Funktionsgleichung gibt die Anzahl der zu einer bestimmten Zeit noch vorhandenen Atome an.
zu Aufgabe 3
Die Strahlensätze ermöglichen es, aus der Füllhöhe die zweite Kathetenlänge desjenigen Dreiecks zu berechnen, das die Prismengrundfläche darstellt.
Das Volumen des eingeströmten Wassers lässt sich einerseits in Abhängigkeit von der Füllhöhe h, andererseits in Abhängigkeit von der Füllzeit t ausdrücken.
zu Aufgabe 4
Beim Übergang von einer Figur zur nächsten ändert sich die Anzahl der „Knospen" und deren Seitenlänge. Aus diesen beiden Angaben kann man auf den Zuwachs des Umfangs schließen.
Wie viele der Seitenlängen tragen zum Zuwachs des Umfangs bei?

Anfangszeit: ____________ + 60 Minuten → Abgabe: ____________

1 (4 VP)
Herr Baier nimmt einen Kredit zum Kauf eines neuen PKW auf. Das Fahrzeug kostet 35 449,– Euro. Das Angebot des Autohauses sieht folgendermaßen aus:

Einmalzahlung 20 % des Kaufpreises bei Lieferung des Fahrzeugs
vierteljährliche Tilgung 2400,– Euro
Jahreszinssatz 2,8 %
Der Zins wird jeweils vom Restschuldbetrag vor jeder Tilgungsrate berechnet.

Stelle eine Modellgleichung für die Entwicklung der Rückzahlung auf.
Wie lange dauert die Rückzahlung?

2 (4 + 3 + 3 VP)

Das im Jahre 2008 errichtete Riesenrad in Singapur hat einen Raddurchmesser von 150 m. Die Gondeln benötigen etwa 36 Minuten für einen Umlauf.
a) Die untere Gondel beginnt ihre Bewegung zum Zeitpunkt 0 Minuten in der Höhe $h(0) = 0$ Meter.
Begründe, dass sich die Höhe dieser Gondel nach x Minuten mit
$h(x) = 75 \cdot \sin\left(\frac{\pi}{18} \cdot (x - 9)\right) + 75$ berechnen lässt.
b) Wie hoch ist die Gondel nach fünf Minuten?
Wann ist die Gondel beim ersten Umlauf auf der Höhe 120 m?
c) In welchen Zeitpunkten ist bei einem Umlauf die Änderungsrate der Höhe am größten? Wie groß ist sie dann?

3 (2 + 4 VP)

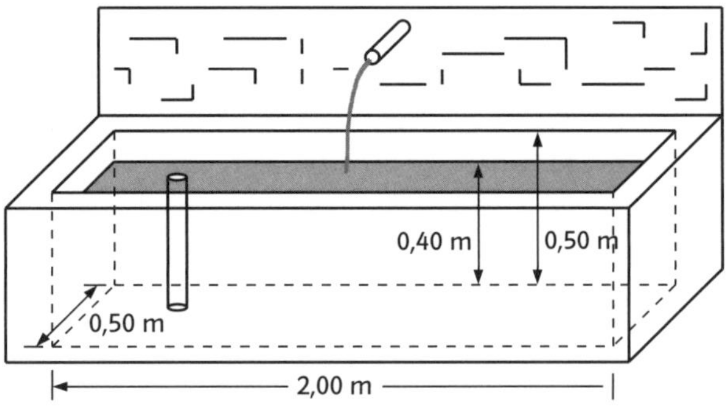

Der Dorfbrunnen wird von einer Quelle gespeist, die im Mittel 25 Liter Wasser je Minute liefert. Der Überlauf gewährleistet einen konstanten Wasserspiegel auf der Höhe 0,4 m.
a) Welche Funktion f beschreibt die Höhe des Wasserstands im Brunnentrog für den Fall, dass beim gefüllten Trog der Überlauf schlagartig verschlossen würde?
b) Herr Müller füllt sich aus dem Brunnentrog ein 225-Liter-Fass mit einer Pumpe ab, die 45 Liter je Minute fördert.
Bestimme eine Funktion g, mit der die Höhe des Wasserstands im Brunnentrog während der Pumpenlaufzeit in Abhängigkeit von der Zeit berechnet werden kann.
Wie würde sich g verändern, wenn die Pumpe nur 15 Liter je Minute fördern könnte?

4 (4 VP)
Der Gewinner eines Preisausschreibens darf wählen, welchen der beiden Preise er erhalten will. Er überlegt: „Bei welcher Alternative habe ich am Ende mehr, wenn ich meinen Gewinn zehn Jahre lang nicht antaste und eine jährliche Verzinsung von 4,8 % annehme?“
Gib eine begründete Antwort.

Auszahlung der Gewinnsumme von € 600.000.–	Auszahlung der Gewinnsumme von € 600.000.–
Ich möchte:	Ich möchte:
Einen Scheck über € 600.000,–	Ein zusätzliches Gehalt von monatlich € 6.100.–, 10 Jahre lang.

Klassenarbeit 6.1

1 (1 + 1 + 1 + 1 + 1 + 1 VP)
a) Exponentielles Wachstum
Rekursive Darstellung:
$B(n+1) = B(n) + 0{,}04 \cdot B(n),\ n \in \mathbb{N},\ B(0) = 3$
Funktionsgleichung: $f(x) = 3 \cdot 1{,}04^x,\ x \in \mathbb{R}$

b) Beschränktes Wachstum
Rekursive Darstellung:
$B(n+1) = B(n) + k \cdot (10 - B(n)),\ n \in \mathbb{N},\ k \in \mathbb{R},$
$B(0) = 3$

Bemerkungen
Eine Funktionsgleichung zur Beschreibung des beschränkten Wachstums kann mit unseren bisherigen Kenntnissen noch nicht angegeben werden.

c) Lineares Wachstum
Rekursive Darstellung:
$B(n+1) = B(n) - 0{,}5,\ n \in \mathbb{N},\ B(0) = 3$
Funktionsgleichung: $f(x) = -0{,}5x + 3,\ x \in \mathbb{R}$

d) Exponentielles Wachstum
Rekursive Darstellung:
$B(n+1) - B(n) = 0{,}08 \cdot B(n),\ n \in \mathbb{N},\ B(0) = 3$
Funktionsgleichung: $f(x) = 3 \cdot 1{,}08^x,\ x \in \mathbb{R}$

e) Beschränktes Wachstum
Rekursive Darstellung:
$B(n+1) - B(n) = k \cdot (5 - B(n)),\ n \in \mathbb{N},\ B(0) = 3$

f) Lineares Wachstum
Rekursive Darstellung:
$B(n+1) - B(n) = 2,\ n \in \mathbb{N},$
$B(0) = 3$
Funktionsgleichung: $f(x) = 2x + 3,\ x \in \mathbb{R}$

Bemerkungen
Bei der vorliegenden Formulierung der Aufgabe ist auch eine Abnahme des Bestands um jeweils 2 je Zeitschritt denkbar. Auch $B(n+1) - B(n) = -2,\ n \in \mathbb{N}$, $B(0) = 3$ und $f(x) = -2x + 3,\ x \in \mathbb{R}$, sind daher korrekte Lösungen.

2 (3 + 3 VP)
a) *Exponentielles Wachstum bzw. exponentielle Abnahme lässt sich beschreiben durch $f(x) = f(0) \cdot a^x$, $x \in \mathbb{R}$, wobei a konstant ist. Der Anfangsbestand f(0) zum Zeitpunkt x = 0 Stunden kann aus dem Diagramm abgelesen werden. Zur Bestimmung von a muss man zu einem weiteren Wert von x den zugehörigen Funktionswert f(x) wissen. Dazu liest man im Diagramm die Koordinaten eines weiteren Punktes P ab, setzt diese in die Gleichung ein und löst nach a auf.*

Zerfallsgesetz
Da es sich um exponentielle Abnahme handelt, gilt:
$f(x) = f(0) \cdot a^x,\ x \in \mathbb{R},\ a \in \mathbb{R}^+$
Mit $f(0) = 10$ folgt: $f(x) = 10 \cdot a^x$
Der Punkt P(3 | 5) liegt auf dem Graphen. Daher:
$f(3) = 5$
Folglich:
$$5 = 10 \cdot a^3$$
$$a^3 = \tfrac{1}{2}$$
$$a = \sqrt[3]{\tfrac{1}{2}}$$
$$a = \left(\tfrac{1}{2}\right)^{\frac{1}{3}} \approx 0{,}7937$$
Das Zerfallsgesetz lautet: $f(x) = 10 \cdot \left(\frac{1}{2}\right)^{\frac{1}{3}x},\ x \in \mathbb{R}$

Bemerkungen
Auch die Angabe $f(x) = 10 \cdot 0{,}7937^x,\ x \in \mathbb{R}$, unter Verwendung des Näherungswerts für a ist korrekt. Wenn man einen anderen als den oben genannten Punkt P für die Bestimmung von a verwendet, wird sich ein je nach Ablesegenauigkeit leicht davon abweichender Wert für a ergeben.

Gleichungen der Form $a = b \cdot c^x$ löst man durch Logarithmieren nach x auf:
$$a = b \cdot c^x$$
$$\tfrac{a}{b} = c^x$$
$$\log_{10}\left(\tfrac{a}{b}\right) = \log_{10}(c^x)$$
$$\log_{10}\left(\tfrac{a}{b}\right) = x \cdot \log_{10}(c)$$
$$x = \log_{10}\left(\tfrac{a}{b}\right) : \log_{10}(c)$$
Der Zehnerlogarithmus wird deshalb verwendet, weil man diese Zahlen unmittelbar mit dem Taschenrechner erhalten kann.
Zeit bis zur Abnahme auf 0,1 mg
Bedingung: $f(x) = 0{,}1$
Folglich:
$$0{,}1 = 10 \cdot \left(\tfrac{1}{2}\right)^{\frac{1}{3}x}$$
$$0{,}01 = \left(\tfrac{1}{2}\right)^{\frac{1}{3} \cdot x}$$
$$\log_{10}(0{,}01) = \log_{10}\left(\left(\tfrac{1}{2}\right)^{\frac{1}{3} \cdot x}\right)$$
$$\log_{10}(0{,}01) = \tfrac{1}{3} \cdot x \cdot \log_{10}\left(\tfrac{1}{2}\right)$$
$$x = (3 \cdot \log_{10}(0{,}01)) : \log_{10}\left(\tfrac{1}{2}\right)$$
$$x = 19{,}93\ldots$$
Nach etwa 20 Stunden ist nur noch 0,1 mg radioaktive Substanz vorhanden.

Alternative
Die Bedingung $f(x) = 0{,}1$ kann auch umgeschrieben werden in $g(x) = f(x) - 0{,}1 = 0$. Mit dem GTR kann man dann die Nullstellen von g mit
$g(x) = 10 \cdot \left(\frac{1}{2}\right)^{\frac{1}{3} \cdot x} - 0{,}1$ ermitteln.

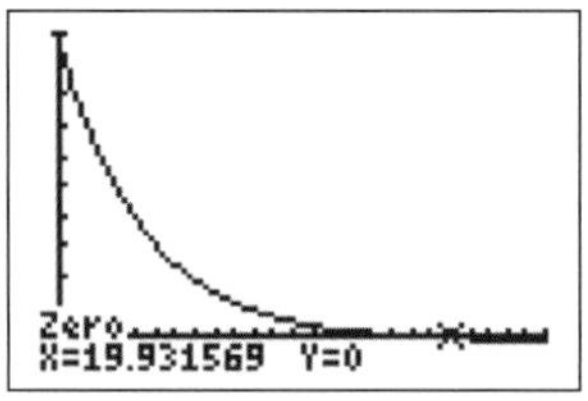

b) Zeitdauer bis gleich große Massen vorhanden sind
Bedingung: $f(x) = g(x)$
Folglich:

$$20 \cdot 0{,}8^x = 100 \cdot 0{,}5^x \quad |:20$$
$$0{,}8^x = \frac{100}{20} \cdot 0{,}5^x \quad |:0{,}5^x$$
$$0{,}8^x : 0{,}5^x = 5$$
$$\left(\frac{0{,}8}{0{,}5}\right)^x = 5$$
$$1{,}6^x = 5$$
$$x \cdot \log_{10}(1{,}6) = \log_{10}(5)$$
$$x = \log_{10}(5) : \log_{10}(1{,}6)$$
$$x = 3{,}42\ldots$$

Nach etwa 3,4 Stunden sind von beiden Substanzen gleich große Massen vorhanden.

Alternative
Nach Eingabe beider Funktionsterme in den GTR lässt sich im Menü CALC *mit dem Menüpunkt „intersect" die Schnittstelle der Graphen berechnen.*

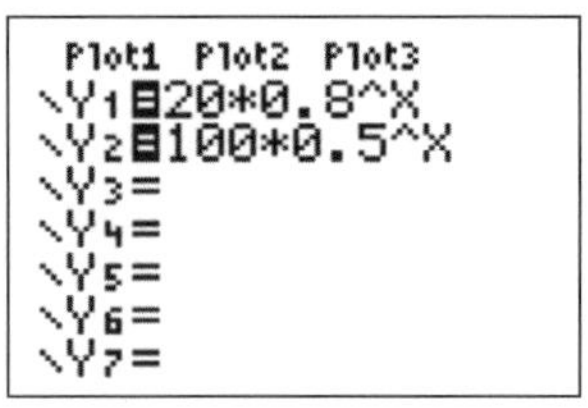

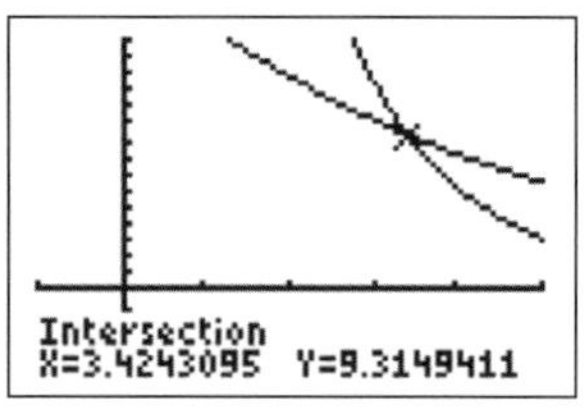

Die langsamer zerfallende Substanz erkennt man am größeren Wachstumsfaktor 0,8. Bei dieser Substanz sind nach jedem Zeitschritt noch 80 % der radioaktiven Atome vorhanden. Bei der Substanz mit dem Wachstumsfaktor 0,5 zerfallen je Zeitschritt 50 % der Atome.

Zeitdauer
Bedingung: $f(x) = 5 \cdot g(x)$
Folglich:

$$20 \cdot 0{,}8^x = 5 \cdot 100 \cdot 0{,}5^x \quad |:20$$
$$0{,}8^x = 25 \cdot 0{,}5^x \quad |:0{,}5^x$$
$$1{,}6^x = 25$$
$$\log_{10}(1{,}6^x) = \log_{10}(25)$$
$$x \cdot \log_{10}(1{,}6) = \log_{10}(25)$$
$$x = \log_{10}(25) : \log_{10}(1{,}6)$$
$$x = 6{,}84\ldots$$

Nach etwa 7 Stunden sind von der langsam zerfallenden Substanz noch fünfmal so viele Atome vorhanden wie von der schneller zerfallenden.

Alternative
Auch hier lässt sich die Gleichung $f(x) - 5 \cdot g(x) = 0$ näherungsweise mit dem GTR lösen.

3 (4 + 2 VP)
a) *Das Sparziel ist 800 €. Der Anfangsbestand ist 500 €. Die absolute Änderung des Bestands je Monat beträgt 10 % der Differenz von Sparziel und tatsächlichem Bestand $B(n)$. Die absolute Änderung des Bestands ist also proportional zum Sättigungsmanko 800 € – $B(n)$. Daher liegt beschränktes Wachstum vor.*
Modellgleichung des beschränkten Wachstums
Mit $B(n+1) = B(n) + k \cdot (S - B(n))$, $k = 0{,}1$ und $S = 800$ erhält man:
$B(n+1) = B(n) + 0{,}1 \cdot (800\,€ - B(n))$, $B(0) = 500\,€$
Im Menü MODE *wird der Menüpunkt „seq" ausgewählt. Dann kann im* Y= *-Editor die Rekursionsgleichung eingegeben werden.*

Mit TABLE *erhält man die auszugsweise angegebene Wertetabelle.*
Bestandsentwicklung

Anzahl der Monate	Sparguthaben
0	500,00 €
1	530,00 €
2	557,00 €
3	581,30 €
4	603,17 €
5	622,85 €
⋮	⋮
16	738,23 €
17	744,41 €
18	749,97 €

Nach 18 Monaten hat Petra 750 € angespart.

b) Durchschnittliche Änderungsrate des Guthabens
Mit den Tabellenwerten aus der vorherigen Teilaufgabe erhält man:

Anzahl der Monate	Änderung B(n + 1) − B(n)
1	B(1) − B(0) = 530,00 € − 500,00 € = 30,00 €
2	B(2) − B(1) = 557,00 € − 530,00 € = 27,00 €
3	B(3) − B(2) = 581,30 € − 557,00 € = 24,30 €
4	B(4) − B(3) = 603,17 € − 581,30 € = 21,87 €

Die Änderungsrate des Guthabens nimmt von 30,00 € je Monat auf 21,87 € je Monat ab.

4 (2 + 2 + 2 VP)
a) *Die gesuchten Größen können unmittelbar an den Koordinatenachsen abgelesen werden.*
Erstes Schwingungsbild

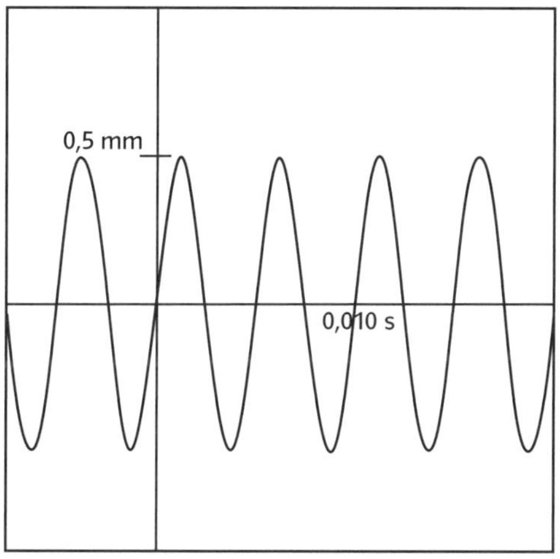

Die Amplitude ist 0,5 mm, die Periodendauer ist die Hälfte von 0,010 s, also 0,005 s.
Zweites Schwingungsbild

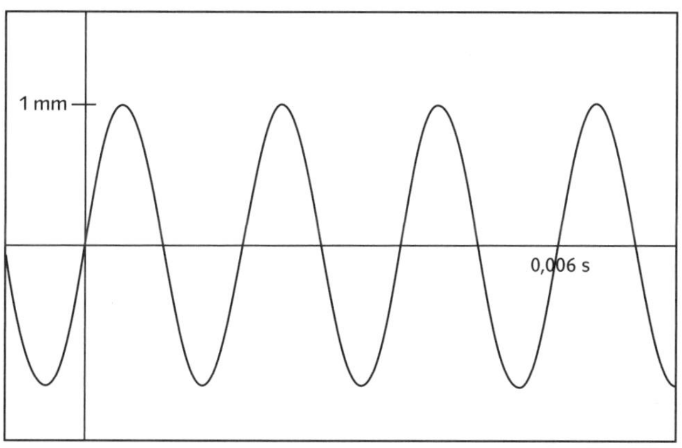

Die Amplitude ist 1 mm, die Periodendauer ist ein Drittel von 0,006 s, also 0,002 s.

b) Funktionsgleichungen
Man erkennt z. B. im ersten Bild die Periodendauer $T = 0{,}005\,s$. Mit $b = \frac{2\pi}{T}$ erhält man in beiden Fällen die gesuchten Werte von b.
Erstes Bild
$f(t) = 0{,}5\,\text{mm} \cdot \sin\left(\frac{1}{0{,}0025\,\text{s}} \cdot \pi \cdot t\right)$
Zweites Bild
$f(t) = 1\,\text{mm} \cdot \sin\left(\frac{1}{0{,}001\,\text{s}} \cdot \pi \cdot t\right)$

Bemerkungen
Da $\frac{1}{0{,}0025\,s} = 400 \cdot \frac{1}{s}$ gilt, kann man auch schreiben:
$f(t) = 0{,}5\,mm \cdot \sin\left(400 \cdot \frac{1}{s} \cdot \pi \cdot t\right)$
Entsprechend gilt für das zweite Bild:
$f(t) = 1\,mm \cdot \sin\left(1000 \cdot \frac{1}{s} \cdot \pi \cdot t\right)$

c) Periodendauer
$T = \frac{1}{f}$
$T = \frac{1}{400\,\text{Hz}}$
$T = 0{,}0025\,\text{s}$
Um eine Periode im Diagramm darstellen zu können, wird auf der Rechtsachse für die Zeit 0,0025 s eine Strecke der Länge 5,0 cm gewählt. Auf der Hochachse wird die Amplitude in Originalgröße abgetragen.

Schwingungsbild

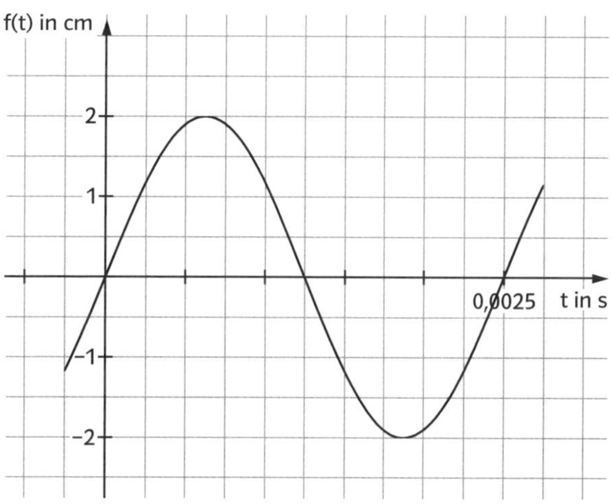

Klassenarbeit 6.2

1 (6 VP)
Zuordnung der Graphen

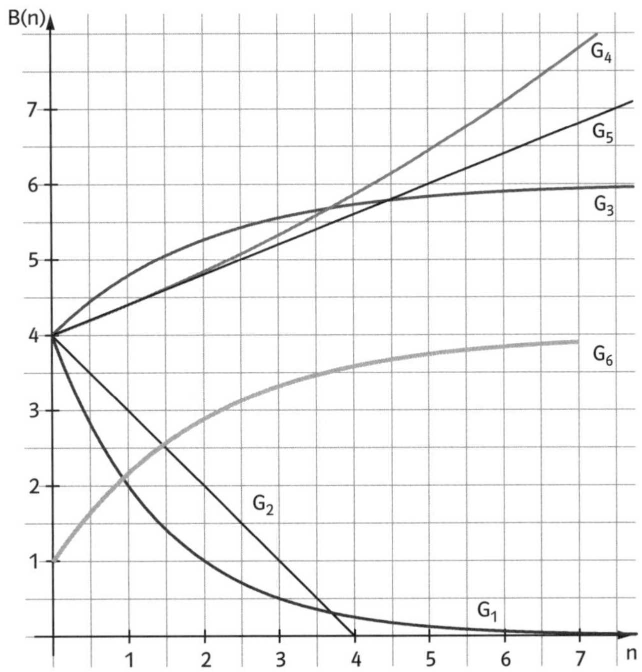

Graph	passt zu Modellgleichung
G_2	$B(n+1) = B(n) - 1$, $B(0) = 4$
G_4	$B(n+1) = B(n) + 0{,}1 \cdot B(n)$, $B(0) = 4$
G_1	$B(n+1) = B(n) \cdot 0{,}5$, $B(0) = 4$
G_5	$B(n+1) = B(n) + 0{,}4$, $B(0) = 4$
G_3	$B(n+1) = B(n) + 0{,}3 \cdot (6 - B(n))$, $B(0) = 4$
G_6	$B(n+1) = B(n) + 0{,}3 \cdot (4 - B(n))$, $B(0) = 1$

Begründungen
Die Graphen G_1 bis G_5 beginnen alle im Punkt $Y(0\,|\,4)$. Der Anfangsbestand ist daher in diesen fünf Fällen $B(0) = 4$. Somit ist damit noch keine Entscheidung über die Zuordnung zwischen Graphen und Modellgleichungen möglich.
Erste Modellgleichung
Man erkennt, dass die absolute Änderung des Bestands konstant ist: $B(n+1) - B(n) = -1$
Damit liegt lineares Wachstum (hier: lineare Abnahme) vor und der zugehörige Graph muss eine Gerade mit negativer Steigung sein. Dies ist nur bei G_2 der Fall.
Zweite Modellgleichung
Die Gleichung ist gleichwertig zu
$B(n+1) - B(n) = 0{,}1 \cdot B(n)$.
Die absolute Änderung des Bestands ist proportional zum jeweiligen Bestand. Damit liegt ein exponentielles Wachstum vor. Der Proportionalitätsfaktor 0,1 ist positiv. Die Bestandsanzahlen nehmen also zu. Von den Graphen G_1 und G_4, die als einzige zu exponentiellem Wachstum passen, scheidet daher G_1 aus. Die Gleichung passt also zu G_4.
Dritte Modellgleichung
Diese Gleichung ist gleichwertig zu
$B(n+1) - B(n) = -0{,}5 \cdot B(n)$. Die absolute Änderung des Bestands ist proportional zum jeweiligen Bestand. Damit liegt ein exponentielles Wachstum vor. Der Proportionalitätsfaktor −0,5 ist negativ. Die Bestandsanzahlen nehmen also ab. Von den Graphen kommt nur noch G_1 infrage.
Vierte Modellgleichung
Man erkennt, dass die absolute Änderung des Bestands konstant ist: $B(n+1) - B(n) = 0{,}4$. Damit liegt lineares Wachstum vor und der zugehörige Graph muss eine Gerade mit positiver Steigung sein. Dies ist nur bei G_5 der Fall.
Fünfte Modellgleichung
Die Gleichung ist gleichwertig zu
$B(n+1) - B(n) = 0{,}3 \cdot (6 - B(n))$. Die absolute Änderung des Bestands ist also proportional zum Sättigungsmanko $6 - B(n)$. Daher handelt es sich um ein beschränktes Wachstum mit der Schranke $S = 6$. Der einzige Graph mit dieser Eigenschaft ist G_3.
Sechste Modellgleichung
Diese Gleichung beschreibt ein beschränktes Wachstum mit dem Anfangsbestand $B(0) = 1$ und der Sättigungsgrenze $S = 4$.
Der zugehörige Graph G_6 ist im Koordinatensystem eingezeichnet.

2 (2 + 2 + 2 VP)
a) Modellierung
Der Anfangsbestand wird mit $B(0)$ bezeichnet:
$B(0) = 30\,000$
Die absolute Änderung des Bestands je Zeitschritt von einem Jahr besteht aus den Zinsen von 4,4 % auf das jeweilige Kapital:
$B(n+1) - B(n) = 1{,}044 \cdot B(n)$
Damit liegt exponentielles Wachstum vor.
Die explizite Beschreibung lautet daher:
$B(n) = 30\,000 \cdot 1{,}044^n$, $n \in \mathbb{N}$
Dabei bedeutet n die Anzahl der Jahre und $B(n)$ ist das in Euro angegebene Kapital nach n Jahren.
Kapital nach fünf Jahren
$B(5) = 30\,000 \cdot 1{,}044^5$
$B(5) = 37\,206{,}92$
Das Kapital von Frau Moser beträgt nach fünf Jahren 37 206,92 €.

b) Modellierung
Die absolute Änderung des Bestands je Zeitschritt von einem Jahr besteht aus dem Zuwachs durch die Zinszahlung und der Verringerung durch die Auszahlung von 5000 €. Die Modellgleichung lautet daher:
$B(n + 1) = B(n) + 0{,}044 \cdot B(n) - 5000$, $n \in \mathbb{N}$ und $B(0) = 30\,000$
Kapitalentwicklung
Mit dem GTR (Menü [MODE], Menüpunkt „seq") kann man die Kapitalentwicklung nach Eingabe der Rekursionsformel tabellieren lassen.

Anzahl n der Jahre	Kapital nach n Jahren (nach Zinszahlung und Auszahlung)
1	26 320,00 €
2	22 478,08 €
3	18 467,12 €
4	14 279,67 €
5	9907,97 €
6	5343,92 €
7	579,06 €

Nach sieben Jahren kann Herr Moser letztmalig 5000,00 € abheben. Sein Kontostand ist dann 579,06 €. Nach dem achten Jahr ist diese Abhebung nicht mehr möglich.

Veranschaulichung

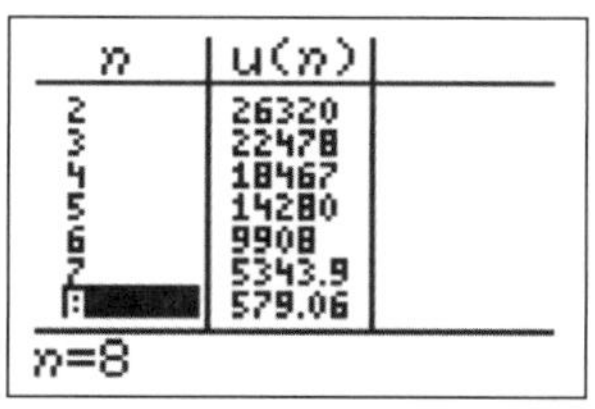

Bemerkungen
Beim hier verwendeten Rechner muss die Rekursionsformel umgeschrieben werden in
$B(n) = B(n - 1) + 0{,}044 \cdot B(n - 1) - 5000.$
Für n = 1 ergibt sich daher das anfangs angelegte Kapital und nicht das Kapital nach Ablauf des ersten Jahres. Die in der Lösung notierte Tabelle berücksichtigt diese Verschiebung bereits.

c) Modellierung
Die absolute Änderung des Bestands je Zeitschritt von einem Jahr besteht aus dem Zuwachs durch die Zinszahlung und der Verringerung durch die Auszahlung von 20 % des dann vorhandenen Kapitals.
Die Modellgleichung lautet daher:
$$B(n + 1) = [B(n) + 0{,}044 \cdot B(n)] - 0{,}20 \cdot [B(n) + 0{,}044 \cdot B(n)],$$
$n \in \mathbb{N}$ und $B(0) = 30\,000$

Eine Vereinfachung ergibt:
$B(n + 1) = 0{,}80 \cdot [B(n) + 0{,}044 \cdot B(n)]$
$B(n + 1) = 0{,}80 \cdot 1{,}044 \cdot B(n)$
$n \in \mathbb{N}$, und $B(0) = 30\,000$
Kapitalentwicklung
Mit dem GTR kann man die Kapitalentwicklung berechnen.

Anzahl n der Jahre	Kapital nach n Jahren (nach Zinszahlung und Auszahlung)
1	25 056,00 €
2	20 926,77 €
3	17 478,04 €
4	14 597,66 €
5	12 191,96 €
6	10 182,73 €
7	8504,61 €

Nach dem siebten Jahr beträgt das Kapital noch mehr als 8000 €. Die Behauptung von Frau Moser ist also zutreffend.

3 (2 + 2 VP)
a) Gesetz für die Stablänge s_1
Da nach jeder Sekunde eine Verdoppelung der Stablänge stattfindet, liegt exponentielles Wachstum vor.
Es gilt: $s_1(n) = 2^n\,\text{mm}$, $n \in \mathbb{N}^*$, n ist die Anzahl der Sekunden
Daher:
$s_1(30) = 2^{30}\,\text{mm}$
$s_1(30) = 1\,073\,741\,824\,\text{mm}$
$s_1(30) \approx 1074\,\text{km}$
Nach 30 Sekunden wäre der Stab etwa 1074 km lang.
Wegstrecke s_2 des Lichtstrahls
Da das Licht in jeder Sekunde einen gleich langen Weg zurücklegt, liegt lineares Wachstum vor.
Es gilt: $s_2(n) = 300\,000\,\text{km} \cdot n$, $n \in \mathbb{N}^*$, n ist die Anzahl der Sekunden
Daher:
$s_2(30) = 300\,000\,\text{km} \cdot 30$
$s_2(30) = 9\,000\,000\,\text{km}$
Der Lichtstrahl wäre in 30 Sekunden bereits 9 000 000 km weit gekommen.

b) Überholzeit
Das vordere Ende des Stabes würde den Lichtstrahl nach u Sekunden überholen, wenn gilt:
$s_1(u) > s_2(u)$
Daher:
$$2^u\,\text{mm} > 300\,000\,\text{km} \cdot u$$
$$2^u\,\text{mm} > 300\,000\,000\,000\,\text{mm} \cdot u$$
$$2^u > 3 \cdot 10^{11} \cdot u$$
$$2^u - 3 \cdot 10^{11} \cdot u > 0$$

Mithilfe einer Wertetabelle ergibt sich:
$2^{43} - 3 \cdot 10^{11} \cdot 43 \approx -4 \cdot 10^{12} < 0$
$2^{44} - 3 \cdot 10^{11} \cdot 44 \approx 4{,}4 \cdot 10^{12} > 0$
Irgendwann zwischen 43 und 44 Sekunden würde das vordere Stabende den Lichtstrahl überholen.

Veranschaulichung

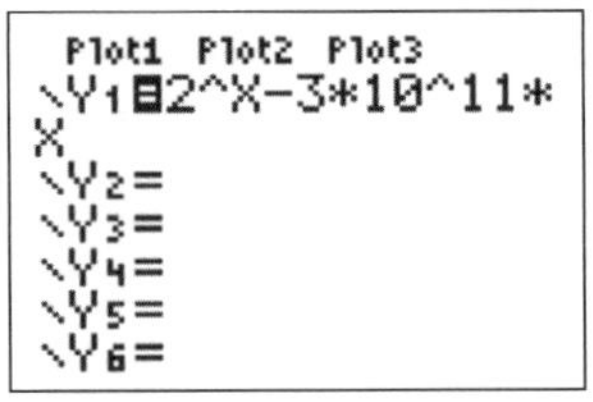

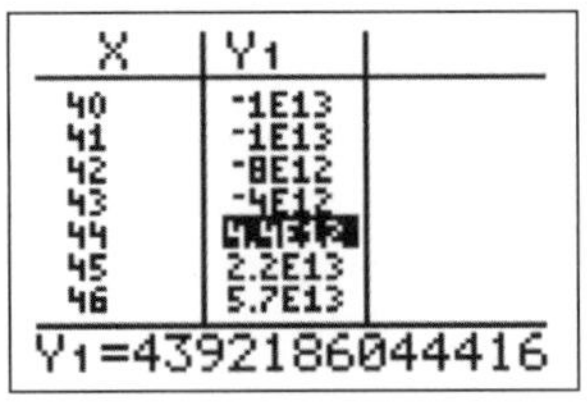

4 (5 VP)
Bestandsentwicklung bei beschränktem Wachstum
Rekursive Darstellung
$B(n+1) = B(n) + k \cdot (S - B(n)),\ n \in \mathbb{N}$. Dabei ist n die Anzahl der Zeitschritte, S die Schranke und B(n) die Maßzahl der Bestandsgröße in der jeweiligen Einheit.
Es gilt: $B(n+1) = B(n) + k \cdot (10 - B(n)),\ n \in \mathbb{N}$, n ist die Anzahl der in Stunden gemessenen Zeitschritte, $B(0) = 2{,}0$ ist der Anfangsbestand
Mit $B(1) = 2{,}8$ ergibt sich:
$2{,}8 = 2{,}0 + k \cdot (10 - 2{,}0)$
$0{,}8 = k \cdot 8$
$k = 0{,}1$
Daher: $B(n+1) = B(n) + 0{,}1 \cdot (10 - B(n)),\ n \in \mathbb{N}$,
$B(0) = 2{,}0$
Mit dem GTR erhält man die Bestandsentwicklung:

n	0	1	2	3	4
B(n)	2,0	2,8	≈ 3,5	≈ 4,2	≈ 4,8

Nach vier Stunden erwartet Laborant Peters eine bedeckte Fläche von etwa 4,8 cm^2.
Bestandsentwicklung bei exponentiellem Wachstum
Explizite Darstellung
$B(n) = B(0) \cdot a^n,\ n \in \mathbb{N}$
Dabei ist n die Anzahl der Zeitschritte, a der Wachstumsfaktor und B(n) die Maßzahl der Bestandsgröße in der jeweiligen Einheit.
Es gilt: $B(n) = 2{,}0 \cdot a^n,\ n \in \mathbb{N}$
Mit $B(1) = 2{,}8$ ergibt sich:
$2{,}8 = 2{,}0 \cdot a$
$a = 1{,}4$
Daher: $B(n) = 2{,}0 \cdot 1{,}4^n,\ n \in \mathbb{N}$
Mit dem GTR erhält man den Bestand nach vier Stunden:
$B(4) = 2{,}0 \cdot 1{,}4^4$
$B(4) \approx 7{,}7$
Nach vier Stunden erwartet Kollege Maier eine bedeckte Fläche von etwa 7,7 cm^2.

Vergleich der Modelle
Man erkennt, dass beide Modelle die tatsächliche Bestandsentwicklung nicht völlig zutreffend beschreiben.

5 (3 VP)
Funktionsgleichung für f
Man erkennt, dass für die Amplitude $a = 2$ gilt und für die Periode $p = 4$. Wegen $f(0) = 0$ bietet sich zur Beschreibung eine Sinusfunktion an.
$f(x) = 2\sin\left(\frac{2\pi}{4} \cdot x\right) = 2 \cdot \sin\left(\frac{\pi}{2} \cdot x\right),\ x \in \mathbb{R}$
Funktionsgleichung für g
Hier ist die Amplitude $a = \frac{1}{2}$ naheliegend und die Periode 2π. Wegen $g(0) = \frac{1}{2}$ wird man an die Kosinusfunktion denken.
$g(x) = \frac{1}{2} \cdot \cos(x),\ x \in \mathbb{R}$

Bemerkungen
Zur Kontrolle der Überlegungen kann man mit dem GTR die Graphen zeichnen lassen. Die Winkeleinstellung muss „Radian" sein, nicht „Degree".

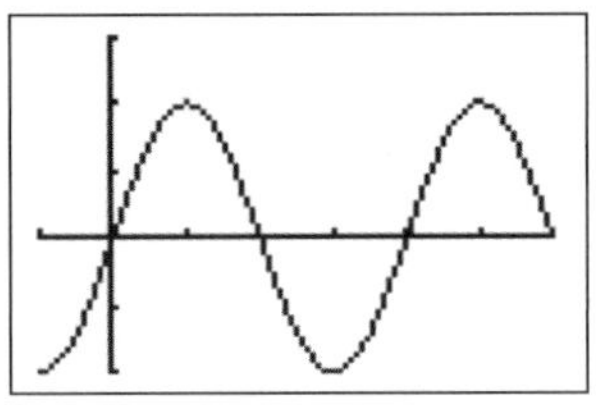

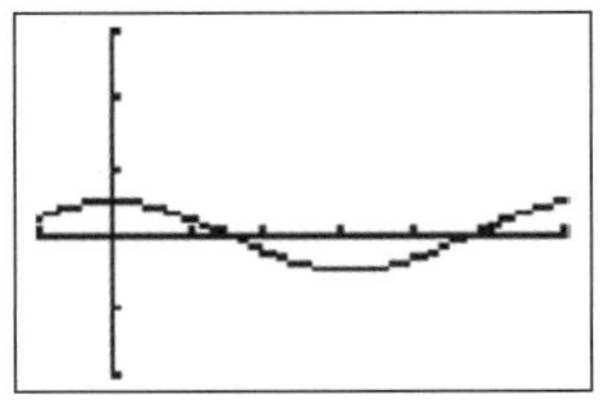

Klassenarbeit 6.3

1 (3 + 3 VP)

a) Modellgleichung

Da es sich um radioaktiven Zerfall handelt, lässt sich der Vorgang durch eine Exponentialfunktion beschreiben:

$f(x) = f(0) \cdot a^x$, $x \in \mathbb{R}$, $a \in \mathbb{R}^+$

Dabei bedeutet x die Maßzahl der in Minuten gemessenen Beobachtungszeit, f(0) ist der Anfangsbestand und f(x) der Bestand nach x Minuten.

Mit $f(1) = 0{,}88 \cdot f(0)$ ergibt sich:

$0{,}88 \cdot f(0) = f(0) \cdot a^1$

$a = 0{,}88$

Somit: $f(x) = f(0) \cdot 0{,}88^x$, $x \in \mathbb{R}$

Anteil der noch vorhandenen Atome nach fünf Minuten

Es gilt:

$f(5) = f(0) \cdot 0{,}88^5$

$\frac{f(5)}{f(0)} \approx 0{,}5277$

Nach fünf Minuten sind noch etwa 53 % der radioaktiven Atome vorhanden. Daher sind etwa 47 % der ursprünglichen Atome zerfallen.

Zeitdauer

Es ist x so zu bestimmen, dass $f(x) = 0{,}001 \cdot f(0)$ gilt.

Daher:

$0{,}001 \cdot f(0) = f(0) \cdot 0{,}88^x$

$0{,}001 = 0{,}88^x$

$\log_{10}(0{,}001) = \log_{10}(0{,}88^x)$

$\log_{10}(0{,}001) = x \cdot \log_{10}(0{,}88)$

$x = \log_{10}(0{,}001) : \log_{10}(0{,}88)$

$x \approx 54{,}0$

Nach etwa 54 Minuten sind weniger als 0,1 % der radioaktiven Atome vorhanden.

Bemerkungen

Die Gleichung $0{,}001 = 0{,}88^x$ kann näherungsweise auch durch Berechnung der Nullstelle von g mit $g(x) = 0{,}88^x - 0{,}001$ gelöst werden.

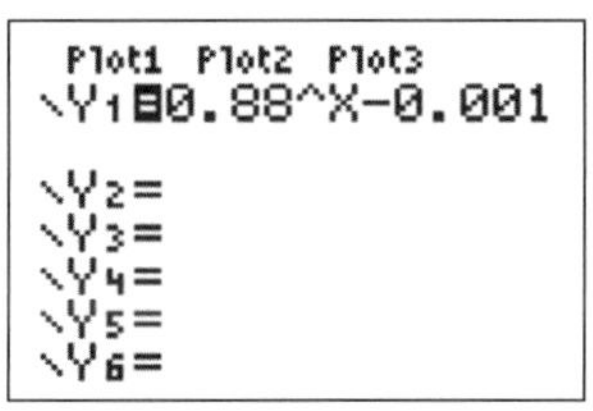

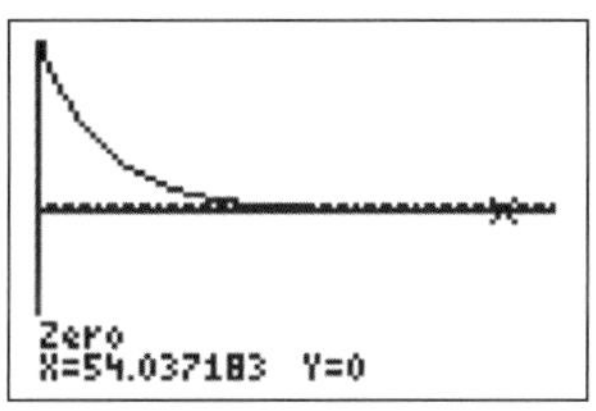

Auch die Verwendung einer Tabelle geht rasch. Man tabelliert z. B. die Werte von $0{,}88^x$ und sieht beim Scrollen nach, für welchen x-Wert ein y-Wert von etwa 0,001 erreicht wird.

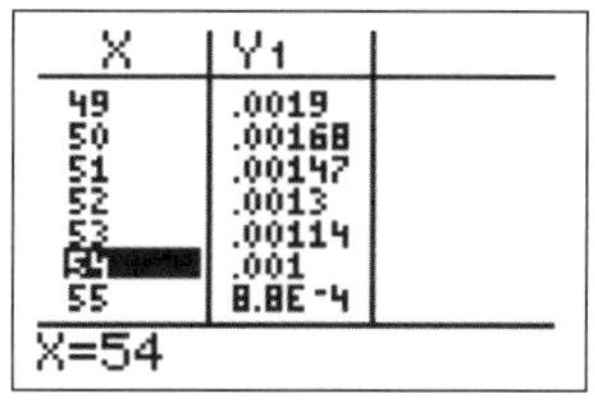

b) Momentane Änderungsraten

Die momentane Änderungsrate wird durch die Ableitung der Funktion zu diesem Zeitpunkt beschrieben. Mit dem GTR erhält man nach Eingabe des Funktionsterms $0{,}88^x$ im Menü [CALC], Menüpunkt „dy/dx“:

$f'(5) \approx -0{,}0675$

$f'(10) \approx -0{,}0356$

$f'(15) \approx -0{,}0188$

Nach fünf Minuten zerfallen etwa 6,75 % der ursprünglich vorhandenen Atome je Minute, nach zehn Minuten etwa 3,56 % und nach 15 Minuten etwa 1,88 %.

2 (6 VP)

Als Zeitnullpunkt wird das Jahr 2003 gewählt. Als Zeitschritt kann jeweils fünf Jahre angenommen werden, da eine Vorhersage für 2018 erwartet wird, was zwei Zeitschritte später als 2008 liegt.

Es gilt:

$B(0) = 120\,387$

$B(1) = 124\,509$

Erstes Modell: Lineares Wachstum

$B(1) - B(0) = 4122$

Diese konstante Bestandsänderung je Zeitschritt ergibt:

$B(n) = B(0) + 4122 \cdot n$, $n \in \mathbb{N}$

Daraus folgt:

$B(3) = 120\,387 + 4122 \cdot 3$

$B(3) = 132\,753$

Beim linearen Modell werden etwa 133 000 Einwohner erwartet.

Zweites Modell: Exponentielles Wachstum

Der Bestand wird mit $B(n) = B(0) \cdot a^n$, $a \in \mathbb{R}^+$, $n \in \mathbb{N}$, berechnet.

Aus B(1) und B(0) ergibt sich:

$124\,509 = 120\,387 \cdot a^1$

$a \approx 1{,}034$

Daraus folgt:

$B(3) = B(0) \cdot a^3$

$B(3) = 120\,387 \cdot 1{,}034^3$

$B(3) \approx 133\,000$

Bei Annahme exponentiellen Wachstums werden etwa 133 000 Einwohner erwartet.

Drittes Modell: Beschränktes Wachstum

Aus der Modellgleichung

$B(n + 1) = B(n) + k \cdot (S - B(n))$ erhält man mit $B(0)$, $B(1)$ und $S = 140\,000$:

$124\,509 = 120\,387 + k \cdot (140\,000 - 120\,387)$

$4122 = k \cdot 19\,613$

$k \approx 0{,}2102$

Folglich:

$B(2) = 124\,509 + 0{,}2102 \cdot (140\,000 - 124\,509)$

$B(2) \approx 127\,765$

$B(3) = 127\,765 + 0{,}2102 \cdot (140\,000 - 127\,765)$

$B(3) \approx 130\,337$

Die Klasse 10a hat wohl beschränktes Wachstum bei ihrer Vorhersage zugrunde gelegt. Die beiden anderen Klassen haben lineares bzw. exponentielles Wachstum angenommen.

3 (3 + 4 VP)

a) Volumen des Wasserbeckens

Der „Wasserkörper" kann als halber Quader mit der Seitenlänge 12,0 m, 8,0 m und 4,0 m aufgefasst werden.

$V = \frac{1}{2} \cdot 12\,\text{m} \cdot 8\,\text{m} \cdot 4\,\text{m}$

$V = 192\,\text{m}^3$

Füllzeit für das Becken

Die Änderungsrate des Wasservolumens ist $0{,}48\,\frac{m^3}{min}$ und damit konstant. Daher wird das Wasservolumen im Becken zur Zeit t durch eine lineare Funktion beschrieben.

$V(t) = 0{,}48\,\frac{\text{m}^3}{\text{min}} \cdot t$

$192\,\text{m}^3 = 0{,}48\,\frac{\text{m}^3}{\text{min}} \cdot t$

$t = \frac{192\,\text{m}^3}{0{,}48\,\text{m}^3}\,\text{min}$

$t = 400\,\text{min}$

Das Becken ist nach 400 Minuten gefüllt.

Füllzeit bis zur Höhe $h = 2{,}0\,\text{m}$

Veranschaulichung

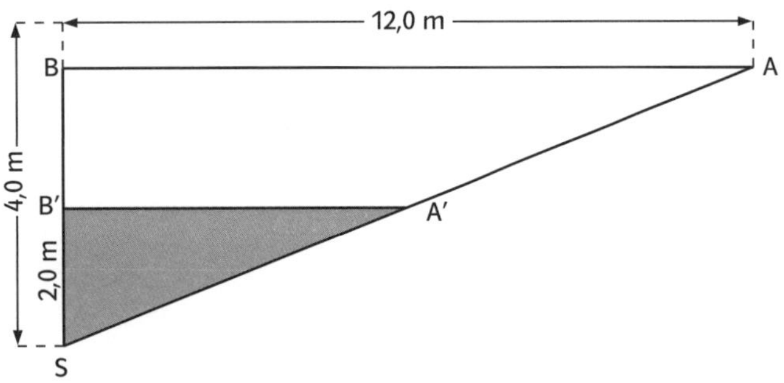

Bei einem Wasserstand von 2,0 m ist die dreieckige Seitenwand des Beckens zu einem Viertel ihrer Fläche mit Wasser bedeckt, denn bei der zentrischen Streckung von S aus mit Streckfaktor $k = \frac{1}{2}$ geht das Dreieck SAB in das Dreieck SA'B' über.

Bei halber Füllhöhe dauert die Füllung ein Viertel der Zeit zur Füllung des gesamten Beckens. Daher ist das Becken nach 100 Minuten bis zur Höhe $h = 2{,}0\,\text{m}$ gefüllt.

b) Länge der Dreiecksseite bei der Wasserhöhe h

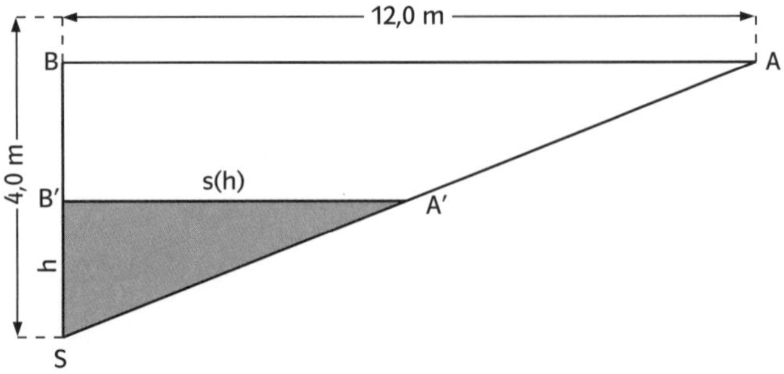

Mit dem 2. Strahlensatz von S aus gilt:

$\overline{AB} : \overline{A'B'} = \overline{SB} : \overline{SB'}$

Daher:

$12\,\text{m} : s(h) = 4\,\text{m} : h$

$12\,\text{m} \cdot h = 4\,\text{m} \cdot s(h)$

$s(h) = 3 \cdot h$

Volumen des Wassers bei der Wasserhöhe h

$V(h) = \frac{1}{2} \cdot h \cdot s(h) \cdot 8\,\text{m}$

$V(h) = \frac{1}{2} \cdot h \cdot 3 \cdot h \cdot 8\,\text{m}$

$V(h) = 12\,\text{m} \cdot h^2$

Zusammenhang zwischen Höhe h und Füllzeit t

Wegen $V(t) = 0{,}48\,\frac{\text{m}^3}{\text{min}} \cdot t$ folgt daraus:

$0{,}48\,\frac{\text{m}^3}{\text{min}} \cdot t = 12\,\text{m} \cdot h^2$

$h^2 = \left(0{,}48\,\frac{\text{m}^3}{\text{min}} : 12\,\text{m}\right) \cdot t$

$h^2 = 0{,}04\,\frac{\text{m}^2}{\text{min}} \cdot t$

$h = \sqrt{0{,}04\,\frac{\text{m}^2}{\text{min}} \cdot t}$

$h = 0{,}2\,\text{m} \cdot \sqrt{\frac{t}{\text{min}}}$

4 (2 + 2 + 1 VP)

a) Umfänge der Figuren

Figur 1

Das ursprüngliche Quadrat hat die Seitenlänge a. Daher hat es den Umfang: $U_1 = 4a$

Figur 2

Die Figur 2 hat drei neue „Knospen". Die Seitenlänge der neuen Knospen ist $\frac{1}{3}a$. Da von jeder Knospe zwei Seiten zur Umfangsvergrößerung der Figur beitragen, ergibt sich für den Umfang:

$U_2 = U_1 + 3 \cdot 2 \cdot \frac{1}{3}a$

$U_2 = U_1 + 2a$

$U_2 = 6a$

Figur 3

Die Figur 3 hat dreimal drei neue Knospen. Die Seitenlänge der neuen Knospen ist $\frac{1}{3}$ der Seitenlänge der vorherigen Knospen, also $\frac{1}{3}$ von $\frac{1}{3}a$. Von jeder neuen Knospe tragen zwei Seiten zur Umfangsvergrößerung bei.

Daher ergibt sich:

$U_3 = U_2 + 3 \cdot 3 \cdot 2 \cdot \frac{1}{3} \cdot \frac{1}{3}a$

$U_3 = U_2 + 2a$

$U_3 = 8a$

b) Änderung des Umfangs

Beim Übergang von einer Figur zur nächsten wird die Anzahl der neuen „Knospen" dreimal so groß wie die Anzahl der vorherigen neuen Knospen. Die Seitenlänge der neuen Knospen nimmt jedoch auf ein Drittel der vorherigen Länge ab. Von jeder Knospe tragen zwei Seiten zur Umfangsvergrößerung bei. Folglich erhält man:

$U_4 = U_3 + 3 \cdot (3 \cdot 3) \cdot 2 \cdot \frac{1}{3} \cdot \frac{1}{3 \cdot 3}a = U_3 + 2a$

$U_5 = U_4 + 3 \cdot (3 \cdot 3 \cdot 3) \cdot 2 \cdot \frac{1}{3} \cdot \frac{1}{3 \cdot 3 \cdot 3}a = U_4 + 2a$

Bei der Figur n erhält man daher 3^{n-1} neue Knospen. Die Seitenlänge dieser Knospen ist $\frac{1}{3^{n-1}} \cdot a$. Von jeder dieser Knospen tragen zwei Seiten zur Vergrößerung des Umfangs bei. Damit ergibt sich eine Vergrößerung des Umfangs um

$3^{n-1} \cdot \frac{1}{3^{n-1}} \cdot a \cdot 2 = 2a.$

Wachstumsform

Da die Änderung des Umfangs bei jedem Schritt den konstanten Wert 2a hat, handelt es sich um lineares Wachstum.

c) Funktionsgleichung für die Umfänge

Aus $U_1 = 4a$, $U_2 = 4a + 1 \cdot 2a$, $U_3 = 4a + 2 \cdot 2a$ usw. ergibt sich:

$U_n = 4a + (n-1) \cdot 2a, \quad n \geqq 1$

$U_n = 4a + n \cdot 2a - 2a$

$U_n = 2a + n \cdot 2a$

Daraus folgt:

$U_n > 100a$

$2a + n \cdot 2a > 100a$

$2an > 98a$

$n > 49$

Der Umfang wird größer als 100 a, wenn $n > 49$ gilt.

Klassenarbeit 6.4

1 (4 VP)

Kreditsumme

Da 20 % des Kaufpreises bar bezahlt werden, muss ein Kredit über 80 % von 35 449,00 Euro aufgenommen werden. Dies sind 28 359,20 €.

Modellgleichung für die Rückzahlung

Wegen der vierteljährlichen Tilgung wird als Zeitschritt ein Vierteljahr angenommen. Der Zinssatz beträgt 0,7 % je Zeitschritt. Mit B(n) wird die in Euro gemessene Restschuld nach n Zeitschritten bezeichnet.

Nach jedem Zeitschritt nimmt die Restschuld um $0{,}007 \cdot B(n)$ zu (Kreditzinsen) und anschließend um 2400,00 € ab (Tilgung). Daher gilt:

$B(n + 1) = B(n) + 0{,}007 \cdot B(n) - 2400,\ n \in \mathbb{N},$

$B(0) = 28\,359{,}20$

Entwicklung der Rückzahlung

Mit dem GTR (Menü MODE, Menüpunkt „seq") lässt sich die folgende auszugsweise notierte Tabelle erhalten.

n	B(n)
0	28 359,20
1	26 157,71
2	23 940,82
3	21 708,40
⋮	⋮
9	7981,90
10	5637,77
11	3277,24
12	900,18

Nach dem zwölften Zeitschritt ist noch eine Restschuld von 900,18 € zu begleichen.

Der Kredit ist nach dreizehn Zeitschritten, also nach 39 Monaten bezahlt.

2 (4 + 3 + 3 VP)

a) Modellierung

Die Höhe h_1 der Gondel bezüglich des Nullniveaus durch die Punkte M und Q ändert sich periodisch mit der Umlaufdauer des Rades als Periodendauer. Da die Umlaufdauer 36 min zum Bogen der Länge 2π gehört, beträgt die Bogenlänge nach x Minuten $\frac{2\pi}{36} \cdot x = \frac{\pi}{18} \cdot x$.

Da die Amplitude der Bewegung dem Radius des Rades entspricht, lässt sich h_1 mit der Gleichung $h_1(x) = 75 \cdot \sin\left(\frac{\pi}{18} \cdot x\right)$ berechnen. Dabei wird die Bogenlänge x von S aus im Uhrzeigergegensinn gemessen.

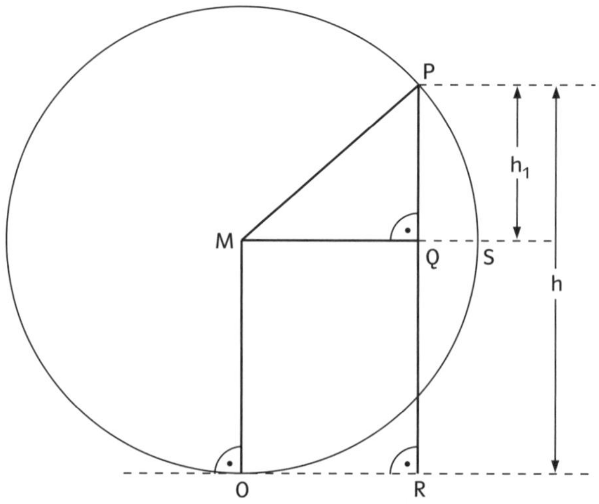

Kontrollmöglichkeit

x	*$h_1(x)$*
0	*$75 \cdot \sin\left(\frac{\pi}{18} \cdot 0\right) = 0$*
9	*$75 \cdot \sin\left(\frac{\pi}{18} \cdot 9\right) = 75 \cdot \sin\left(\frac{\pi}{2}\right) = 75$*
18	*$75 \cdot \sin\left(\frac{\pi}{18} \cdot 18\right) = 75 \cdot \sin(\pi) = 0$*
27	*$75 \cdot \sin\left(\frac{\pi}{18} \cdot 27\right) = 75 \cdot \sin\left(\frac{3}{2} \cdot \pi\right) = -75$*

Um vom tiefsten Punkt O zum Punkt S zu gelangen, muss sich das Rad 9 Minuten lang drehen. Legt man den Beginn der Bewegung also in den Punkt O, so ergibt sich $g_1(x) = 75 \cdot \sin\left(\frac{\pi}{18} \cdot (x - 9)\right)$.

Die Höhe h über dem Niveau durch die Punkte O und R ist um die Länge der Strecke MO größer als die mit g_1 berechnete Höhe. Damit ergibt sich schließlich $h(x) = 75 \cdot \sin\left(\frac{\pi}{18} \cdot (x - 9)\right) + 75$.

Dies war zu zeigen.

b) Höhe nach fünf Minuten

$h(5) = 75 \cdot \sin\left(\frac{\pi}{18} \cdot (5 - 9)\right) + 75$

$h(5) = 75 \cdot \sin\left(\frac{\pi}{18} \cdot (-4)\right) + 75$

$h(5) = 75 \cdot \sin\left(-\frac{2}{9}\pi\right) + 75$

$h(5) = 26{,}79\ldots$

Nach fünf Minuten ist die Gondel etwa 26,8 m hoch.

Zeit zum Erreichen der Höhe 120 m

$120 = 75 \cdot \sin\left(\frac{\pi}{18} \cdot (x - 9)\right) + 75$

$45 = 75 \cdot \sin\left(\frac{\pi}{18} \cdot (x - 9)\right)$

$0{,}6 = \sin\left(\frac{\pi}{18} \cdot (x - 9)\right)$

$x \approx 12{,}7$

Nach etwa 12,7 Minuten ist die Gondel auf 120 m Höhe.

Veranschaulichung

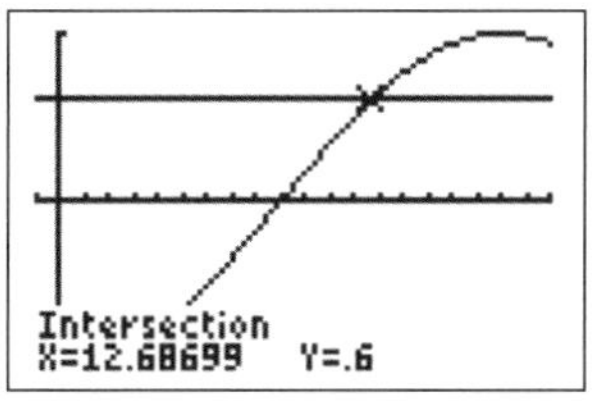

c) Änderungsrate

Die Änderungsrate einer Größe wird durch die Ableitungsfunktion beschrieben. Die Änderungsrate der Höhe ist daher an den Stellen des Umlaufs am größten, in denen h′(x) extremal ist.

Da noch keine Ableitungsregel für die Funktion h bekannt ist, muss man mit dem GTR graphisch ableiten. Nach Eingabe des Terms von h im [Y=]-Editor lässt sich dort mit dem Menü [MATH], Menüpunkt „nDeriv(" auch der Term der Ableitungsfunktion von h festlegen: Y_2 = nDeriv(Y_1,X,X)

Veranschaulichung

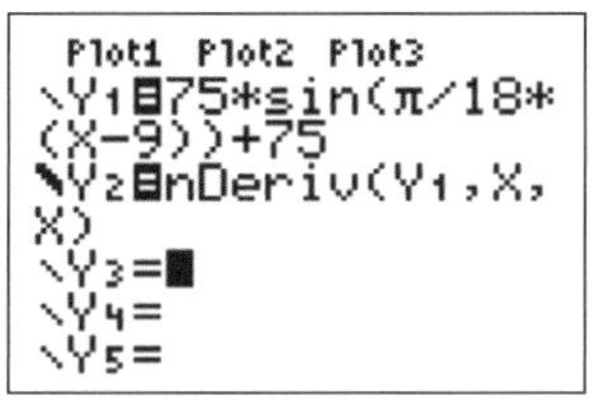

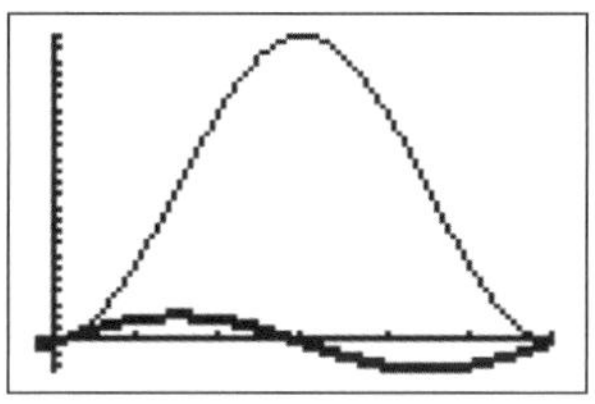

Der Graph zu h′ lässt sich zeichnen und die Maximumstelle $x_1 \approx 9$ bzw. Minimumstelle $x_2 \approx 27$ können abgelesen werden.

Veranschaulichung

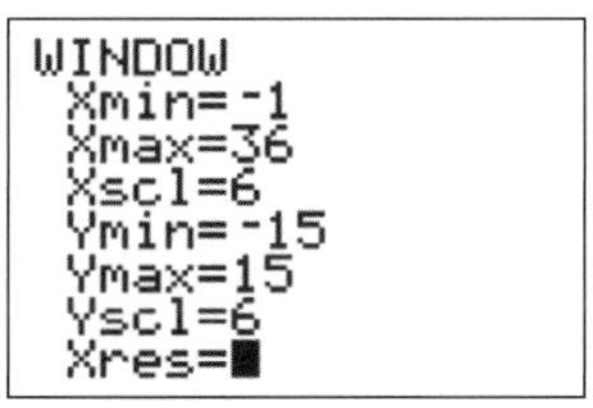

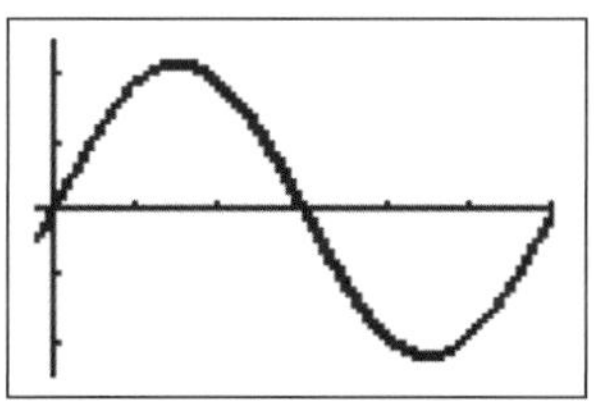

Die Änderungsrate ist nach 9 Minuten am größten und zwar ungefähr $13{,}1\,\frac{m}{min}$ und nach 27 Minuten am kleinsten, nämlich ungefähr $-13{,}1\,\frac{m}{min}$.

Veranschaulichung

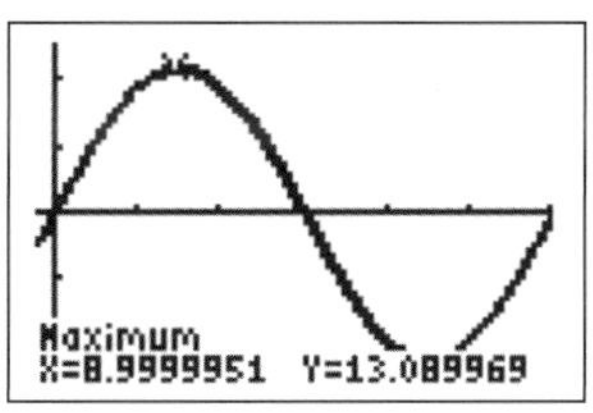

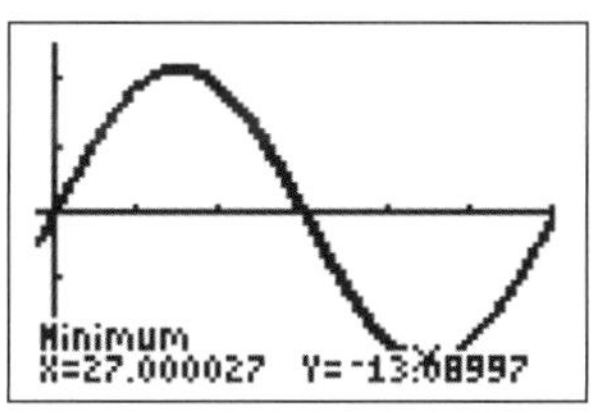

3 (2 + 4 VP)

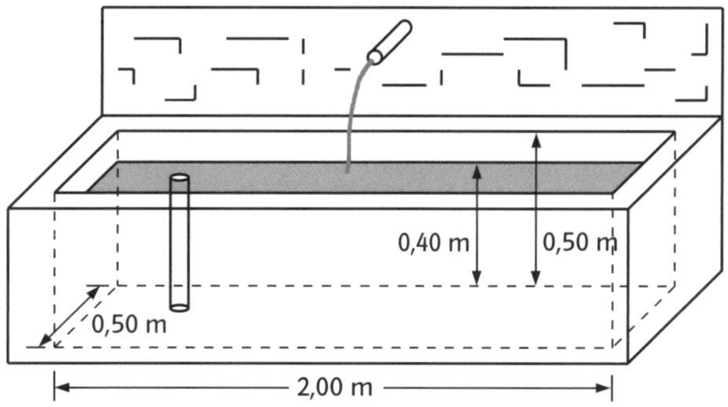

a) Höhe des Wasserstands

Die Grundfläche des Wasserquaders ist ein Rechteck mit Flächeninhalt $2{,}00\,m \cdot 0{,}50\,m = 1{,}00\,m^2$.

In jeder Minute fließen $25\,dm^3$ Wasser in den Brunnentrog. Dadurch erhöht sich der Wasserspiegel in jeder Minute um die Höhe h_1. Dabei gilt:

$h_1 \cdot 1{,}00\,m^2 = 25\,dm^3$

$h_1 = \frac{25\,dm^3}{100\,dm^3}$

$h_1 = 0{,}25\,dm$

$h_1 = 0{,}025\,m$

Die in Metern gemessene Höhe des Wasserstands im Trog lässt sich nach x Minuten berechnen mit $f(x) = 0{,}40 + 0{,}025 \cdot x,\ 0 \leqq x \leqq 4$.

Bei längeren Zeiten als vier Minuten läuft der Brunnentrog über und der Wasserstand erhöht sich nicht mehr.

b) Bestimmung der Funktion g

Die absolute Änderung des Wasservolumens im Brunnentrog ist in jeder Minute −20 Liter, da 25 Liter zufließen und 45 Liter abgepumpt werden.

Der je Minute abgepumpte „Wasserquader" mit der Grundfläche $1{,}00\,m^2$ hat daher die Höhe h_2, für die gilt:

$20\,dm^3 = 1{,}00\,m^2 \cdot h_2$

$h_2 = \frac{20\,dm^3}{100\,dm^2}$

$h_2 = 0{,}02\,m$

Da der Wasserspiegel anfangs auf der Höhe 0,40 m war und nun während der Zeit von fünf Minuten in jeder Minute um 0,02 m abnimmt, ergibt sich für die Funktion g:

$g(x) = 0{,}40 - 0{,}02 \cdot x,\ 0 \leqq x \leqq 5$

Würde die Pumpe nur 15 Liter je Minute fördern, der Zufluss von 25 Liter je Minute aber gleich bleiben, so würde sich an der Höhe des Wasserspiegels nichts ändern. Die überschüssigen 10 Liter je Minute würden durch den Überlauf abfließen.

4 (4 VP)
Überlegungen zur ersten Alternative
Da der Zins nach jedem Jahr dem Kapital zugeschlagen wird und im Folgejahr mitverzinst wird, liegt exponentielles Wachstum vor.
Die Entwicklung des Kapitals lässt sich daher mit $f(x) = f(0) \cdot a^x$, $x \in \mathbb{R}$, $a \in \mathbb{R}^+$, beschreiben.
Es gilt mit Anfangsbestand $f(0) = 600\,000$ und Wachstumsfaktor $a = 1{,}048$:
$f(x) = 600\,000 \cdot 1{,}048^x$, $x \in \mathbb{R}$
Für $x = 10$ erhält man:
$f(10) = 600\,000 \cdot 1{,}048^{10}$
$f(10) = 958\,879{,}59$
Nach zehn Jahren wäre das Kapital auf 958 879,59 € angewachsen.
Überlegungen zur zweiten Alternative
Der monatliche Zinssatz beträgt 0,4 %. Nach dem ersten Monat ist das Kapital auf $6100 \cdot 1{,}004$ € angewachsen. Nun werden im zweiten Monat 6100 € hinzugefügt und erneut mit 0,4 % verzinst usw. Das erste Monatsgehalt wird also 120 Monate lang verzinst, was am Ende der zehn Jahre zu $6100\,€ \cdot 1{,}004^{120}$ führt. Das zweite Monatsgehalt wird 119 Monate lang verzinst und führt zu $6100\,€ \cdot 1{,}004^{119}$ usw.
Nach 120 Monaten ergibt sich das Kapital:
$6100 \cdot 1{,}004^{120} + 6100 \cdot 1{,}004^{119} + \ldots + 6100 \cdot 1{,}004^2$
$+ 6100 \cdot 1{,}004^1$
$= 6100 \cdot (1{,}004^{120} + 1{,}004^{119} + \ldots + 1{,}004^2 + 1{,}004)$
Die Summe in der Klammer lässt sich mit dem GTR berechnen und speichern (Menü [LIST], Menüpunkt „OPS“, Menüpunkt „seq“, „seq(1,004^X,X,1,120,1)“).
Die Summe aller Listenelemente ergibt etwa 154,2465.
Das Kapital wäre daher nach zehn Jahren auf 940 903,57 € angewachsen.
Folglich wäre unter den genannten Bedingungen die erste Alternative die günstigere.

Bemerkungen
In der Formelsammlung kann man nachlesen, dass die so genannte endliche geometrische Reihe $1 + x + x^2 + \ldots + x^n$ *für* $x \in \mathbb{R}$, $n \in \mathbb{N}$, *die Summe* $\frac{x^{n+1} - 1}{x - 1}$ *hat.*
Mithilfe dieser Formel erhält man für die obige Summe den erwarteten Wert.
$1{,}004^{120} + 1{,}004^{119} + \ldots + 1{,}004^2 + 1{,}004^1$
$= \frac{1{,}004^{121} - 1}{1{,}004 - 1} - 1$
$\approx 154{,}2465$

Ein Beweis dieser Formel gelingt recht einfach durch Ausmultiplizieren:
$= (1 + x + x^2 + \ldots + x^n) \cdot (x - 1)$
$= x + x^2 + x^3 + \ldots + x^n + x^{n+1} - 1 - x - x^2 - x^3 - \ldots - x^n$
$= x^{n+1} - 1$

Vorbemerkung zu den Jahrgangsarbeiten

Eine Jahrgangsarbeit enthält Aufgaben zu den verschiedenen Themenbereichen, die du in diesem Schuljahr kennen gelernt hast. Damit erhältst du die Möglichkeit zu überprüfen, wie gut du den Stoff verstanden hast. Die Arbeitszeit beträgt 75 Minuten. Trage deine Lösungswege und Ergebnisse auf den Aufgabenblättern ein.
Zur Korrektur verwendest du die ausführlichen Lösungen. Beachte die Verrechnungspunktezahlen zu jeder Teilaufgabe. Mit der folgenden Umrechnungstabelle kannst du dir eine Note geben und damit deinen Leistungsstand einschätzen.

Verrechnungspunkte (VP)	0-5	5,5-7,5	8-10	10,5-12,5	13-15	15,5-17,5	18-20	20,5-22,5	23-25	25,5-27,5	28-30
Note	6	5-6	5	4-5	4	3-4	3	2-3	2	1-2	1

Die Aufgaben 1, 2 und 3 sind ohne Taschenrechner zu bearbeiten.

1 (2 + 2 VP)
Gegeben ist die Funktion f mit $f(x) = \frac{1}{4}x^3$, $x \in \mathbb{R}$.
a) Bestimme die Gleichung der Tangenten an den Graphen von f im Punkt $P\left(-\frac{2}{3} \middle| y_P\right)$.

b) Gibt es Punkte des Graphen, in denen die Tangente parallel zur Geraden mit der Gleichung $g(x) = 3x - 4$, $x \in \mathbb{R}$, ist?

2 (1 + 1 + 1 + 1 VP)
Gib jeweils eine Koordinatengleichung und eine Vektorgleichung der Geraden g_1, g_2, g_3 und g_4 an.

Koordinatengleichungen

g_1:

g_2:

g_3:

g_4:

Vektorgleichungen

g_1:

g_2:

g_3:

g_4:

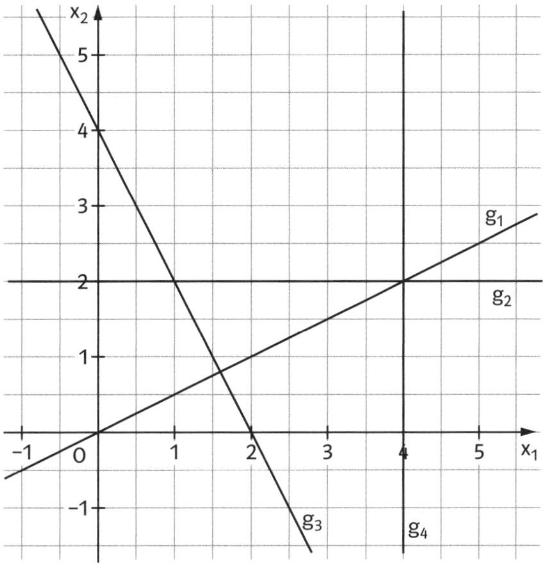

3 (3 VP)
Berechne den Schnittpunkt der Geraden g und h, wenn gilt:

g: $\vec{x} = \begin{pmatrix} 1 \\ 2 \\ -1 \end{pmatrix} + s \cdot \begin{pmatrix} 4 \\ -2 \\ 3 \end{pmatrix}, s \in \mathbb{R}$ h: $\vec{x} = \begin{pmatrix} -3 \\ 4 \\ -1 \end{pmatrix} + t \cdot \begin{pmatrix} -2 \\ 1 \\ -3 \end{pmatrix}, t \in \mathbb{R}$

Für die folgenden Aufgaben darf der Taschenrechner benutzt werden.

4 (1 + 3 VP)

a) Skizziere den Graphen G_f der Funktion f mit $f(x) = -\frac{1}{4}x^3(x-3)$, $x \in \mathbb{R}$.

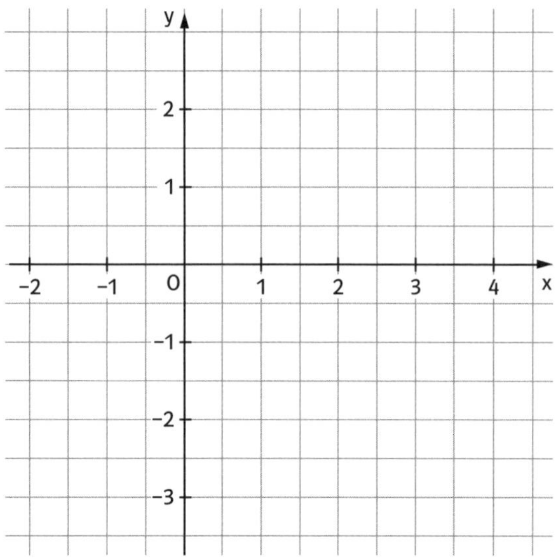

b) Bestimme näherungsweise die Abszissen derjenigen Punkte des Graphen, in denen der Winkel zwischen der x-Achse und der Tangente die Weite 60° hat.

5 (4 VP)
Berechne unter Verwendung der Ableitung die Extrempunkte des Graphen zu f mit $f(x) = \frac{1}{4}x^4 - 2x^3 + 1$, $x \in \mathbb{R}$, und begründe die Art des Extremums.

6 (1 + 1,5 + 1,5 VP)
Ein Multiple-Choice-Test enthält 20 Fragen mit jeweils vier Auswahlmöglichkeiten. Nur eine Auswahlantwort ist richtig, die anderen drei sind falsch.
Jemand kreuzt zufällig 20 Antworten an.

a) Mit welcher Wahrscheinlichkeit sind fünf Antworten richtig angekreuzt?

b) Mit welcher Wahrscheinlichkeit sind mindestens zehn Antworten richtig angekreuzt?

c) Mit welcher Wahrscheinlichkeit hat jemand 15, 16 oder 17 Antworten richtig angekreuzt?

7 (1 + 2 + 2 VP)
Gegeben ist die Gerade g mit der Gleichung

$$\vec{x} = \begin{pmatrix} 1 \\ -2 \\ 4 \end{pmatrix} + s \cdot \begin{pmatrix} -1 \\ 1 \\ 2 \end{pmatrix},\ s \in \mathbb{R}$$

a) Zeige, dass der Punkt D(−5 | 4 | 16) auf der Geraden g liegt.

b) Bestimme zwei Punkte B und C auf der Geraden g so, dass diese die Strecke mit den Endpunkten A(1 | −2 | 4) und D(−5 | 4 | 16) in drei gleich lange Abschnitte zerlegen.

c) In welchem Punkt schneidet die Gerade g die x_1x_2-Ebene?

8 (2 VP)
Max Schlaumaier behauptet:
„Ich kann den Nullvektor $\vec{o}$ auf beliebig viele Weisen als Linearkombination der drei Vektoren

$\vec{a} = \begin{pmatrix} 1 \\ 1 \end{pmatrix}$, $\vec{b} = \begin{pmatrix} -1 \\ 3 \end{pmatrix}$ und $\vec{c} = \begin{pmatrix} 2 \\ 0 \end{pmatrix}$

darstellen."
Beurteile diese Behauptung durch eine geeignete Rechnung.

Die Aufgaben 1, 2 und 3 sind ohne Taschenrechner zu bearbeiten.

1 (4 VP)
Untersuche die Funktion f mit $f(x) = x^3 - 2x^2$, $x \in \mathbb{R}$, auf Monotonie.

2 (1 + 1 VP)
Welche Funktionen f bzw. g passen zu den abgebildeten Graphen G_f bzw. G_g?
Gib jeweils eine Funktionsgleichung an.

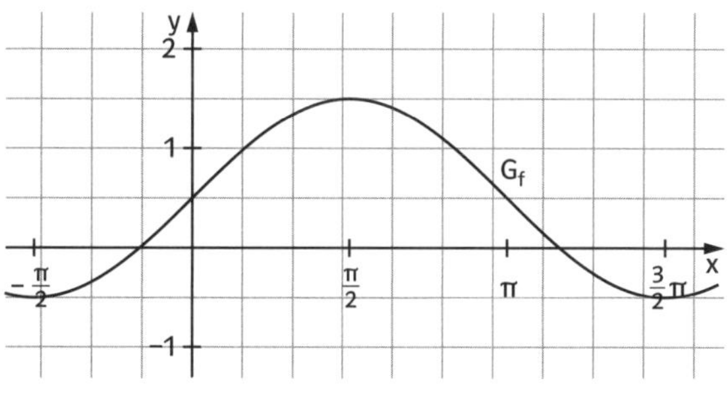

f:

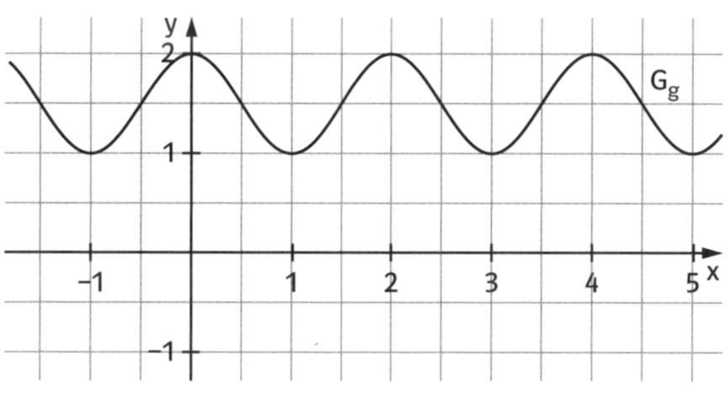

g:

3 (3 + 1 + 1 VP)
Gegeben sind die Geraden g und h.

$$g: \vec{x} = \begin{pmatrix} -3 \\ 1 \\ 4 \end{pmatrix} + s \cdot \begin{pmatrix} 8 \\ 6 \\ -8 \end{pmatrix}, s \in \mathbb{R}, \quad h: \vec{x} = \begin{pmatrix} -7 \\ -2 \\ 8 \end{pmatrix} + t \cdot \begin{pmatrix} -4 \\ -3 \\ 4 \end{pmatrix}, t \in \mathbb{R}$$

a) Überprüfe, ob die Geraden g und h identisch sind.

b) Gib eine Gleichung der Geraden l an, die parallel zu g ist und durch P(0 | 2 | −1) geht.

c) Gib eine Gleichung der Geraden s an, die nur den Punkt Q(−3 | 1 | 4) mit g gemeinsam hat.

Für die folgenden Aufgaben darf der Taschenrechner benutzt werden.

4 (2 + 2 + 2 VP)

Der Graph der Funktion f mit $f(x) = -x^4 + 4$, $x \in \mathbb{R}$, begrenzt mit der x-Achse ein Flächenstück. Diesem Flächenstück wird wie in der Abbildung ein gleichschenkliges Dreieck OPQ einbeschrieben.

a) Zeige, dass der Flächeninhalt A dieses Dreiecks mit $A(u) = -u^5 + 4u$ berechnet werden kann.

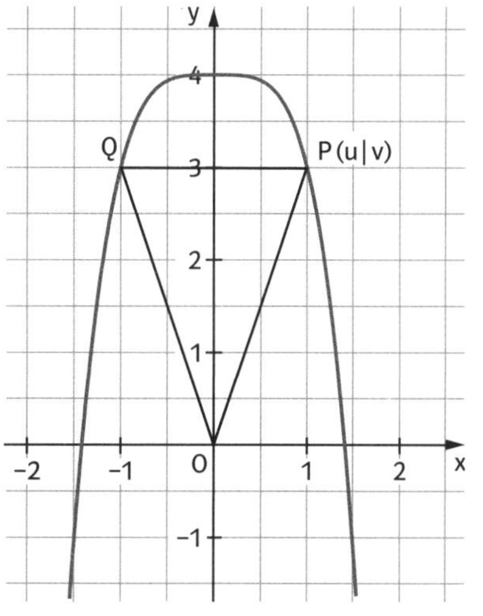

b) Wie muss man u wählen, damit dieser Flächeninhalt seinen größten Wert annimmt?
Wie groß ist dieser?

c) Für welchen Wert von u ist das Dreieck OPQ gleichseitig?

5 (3 VP)

Ein Tortenring aus Edelstahl hat die Höhe 8,5 cm und kann auf Kuchendurchmesser von 16 cm bis 30 cm eingestellt werden.

Wie groß ist die momentane Änderungsrate der kreisförmigen Kuchenfläche bei dem Radius $r_0 = 10\,\text{cm}$?

6 (2 + 1 + 1 + 1 VP)
In einer Urne befinden sich vier rote und sechs grüne Kugeln.
a) Fünf dieser zehn Kugeln werden mit Zurücklegen gezogen.
Mit welcher Wahrscheinlichkeit sind vier dieser fünf Kugeln rot?

b) Mit welcher Wahrscheinlichkeit sind alle fünf Kugeln grün?

c) Mit welcher Wahrscheinlichkeit sind mindestens drei Kugeln rot?

d) Nun werden fünf der Kugeln *ohne* Zurücklegen gezogen.
Mit welcher Wahrscheinlichkeit sind nun alle fünf Kugeln grün?

7 (5 VP)

„Es war einmal ein König, der hatte vier Töchter. Eine war schöner als die andere, aber die jüngste war die allerschönste…"

So beginnt das Märchen vom Froschkönig.

Und die jüngste Tochter war nicht nur die schönste, sondern offensichtlich auch die stärkste, denn *„sie spielte mit ihrer goldenen Kugel, warf sie in die Luft und fing sie mit beiden Händen wieder auf".*

Berechne, wie schwer die goldene Kugel der Prinzessin in der Abbildung wohl ist. (Ein Gramm Gold hat die Masse 19,3 Gramm.)

Der spielerische Umgang mit der Kugel lässt nur den Schluss zu, dass es sich um eine Hohlkugel handeln muss.

Schätze die Wandstärke der Hohlkugel begründet ab.

Die Aufgaben 1, 2 und 3 sind ohne Taschenrechner zu bearbeiten.

1 (3 + 3 VP)

a) Zeichne die Geraden g, h und k in das Koordinatensystem ein.

$g: \vec{x} = \begin{pmatrix} 4 \\ 0 \\ 0 \end{pmatrix} + s \cdot \begin{pmatrix} -3 \\ 0 \\ 3 \end{pmatrix}, s \in \mathbb{R};$

$h: \vec{x} = \begin{pmatrix} 0 \\ 5 \\ 0 \end{pmatrix} + t \cdot \begin{pmatrix} 0 \\ -6 \\ 1 \end{pmatrix}, t \in \mathbb{R};$

$k: \vec{x} = \begin{pmatrix} 0 \\ 0 \\ 3 \end{pmatrix} + u \cdot \begin{pmatrix} 0 \\ 1 \\ 0 \end{pmatrix}, u \in \mathbb{R}$

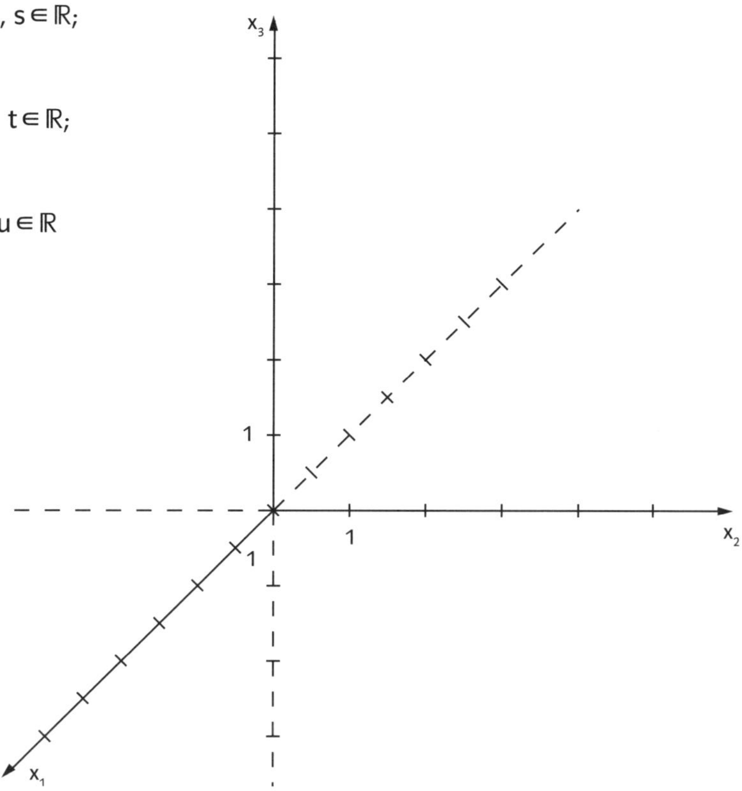

b) Gib jeweils eine Gleichung der Geraden g, h und k an.

g:

h:

k:

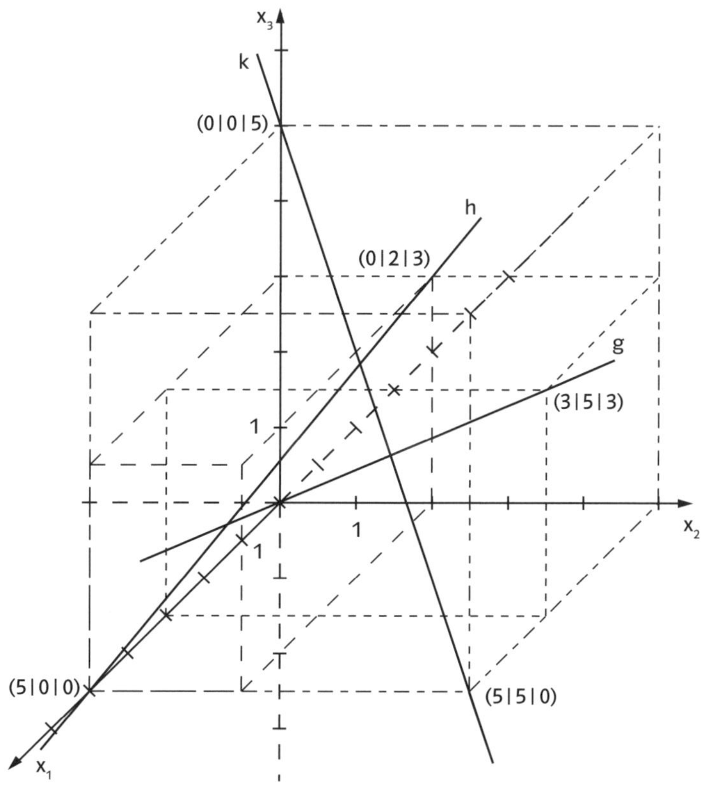

2 (2 + 1 VP)

Im Koordinatensystem ist der Graph einer Funktion f eingezeichnet.

a) Ergänze die Abbildung durch den Graphen der Ableitungsfunktion f'.

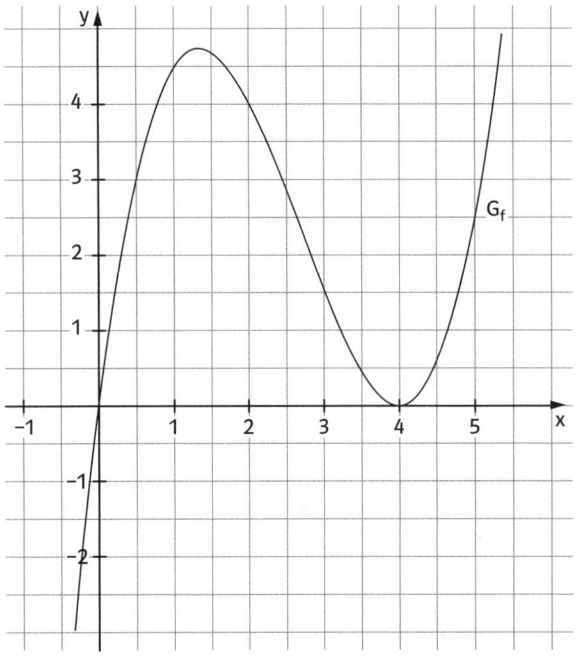

b) Wie ändert sich der Graph der Ableitungsfunktion f', wenn der Graph von f

1. um zwei Einheiten nach oben verschoben wird?
2. um drei Einheiten nach links verschoben wird?

3 (2 VP)

Wie muss man die Parameterwerte a, b, c und d wählen, damit die Gleichung $f(x) = a \cdot \cos(b(x - c)) + d$ zum abgebildeten Graphen passt?

Ergebnis

a =
b =
c =
d =

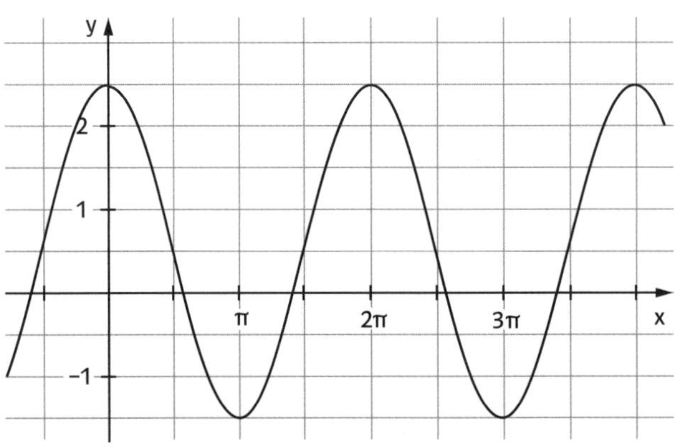

Für die folgenden Aufgaben darf der Taschenrechner benutzt werden.

4 (5 VP)
In die Fläche zwischen dem Graphen von f mit $f(x) = \sin(x)$, $x \in [0; \pi]$, und der x-Achse wird wie in der Abbildung ein Rechteck ABCD einbeschrieben.
Wie muss man die Punkte A, B, C und D wählen, damit der Flächeninhalt des Rechtecks maximal wird? Wie groß ist er?

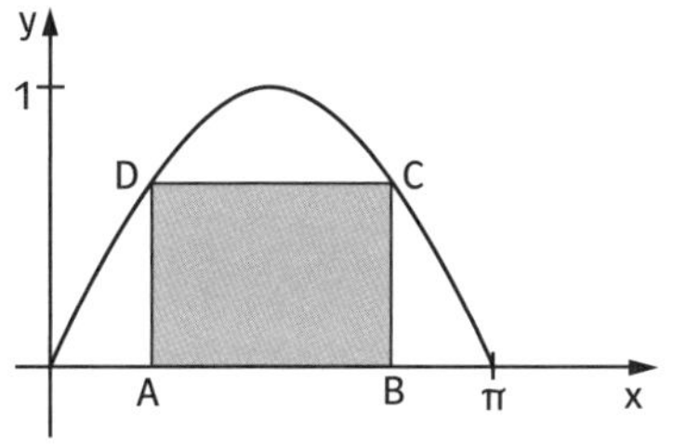

5 (1 + 1 + 1 VP)
Die Funktion f mit $f(x) = \left(\frac{1}{2}\right)^x$, $x \in \mathbb{R}$, ist gegeben. Ihr Graph heiße G_f.
a) Ermittle mit dem GTR die Gleichung der Tangente im Punkt $P(-1 \mid y_P)$ des Graphen G_f.

b) Der Graph G_g entsteht aus G_f durch Verschiebung um eine Einheit nach oben. Wie heißt die Gleichung der Tangenten an den Graphen G_g in $Q(-1 \mid y_Q)$?

c) Der Graph G_h entsteht aus G_f durch Verschieben um eine Einheit nach rechts. Wie heißt die Gleichung der Tangente in $R(-1 \mid y_R)$ an G_h?

6 (2 + 2 + 2 VP)
Sechs Jäger haben drei Enten im Visier. Jeder Jäger trifft erfahrungsgemäß das von ihm gewählte Ziel mit derselben Wahrscheinlichkeit p, $0 < p < 1$.

a) Begründe: Wenn sich die Jäger untereinander so absprechen können, dass je zwei Jäger auf dieselbe Ente zielen, dann ist die Wahrscheinlichkeit dafür, diese Ente zu treffen, $p_1 = 2p - p^2$.

b) Begründe: Wenn sich die Jäger nicht untereinander absprechen können und jeder unabhängig vom anderen die Ente auswählt, auf die er zielt, dann ist die Wahrscheinlichkeit dafür, eine bestimmte Ente zu treffen, $p_2 = 1 - \left(1 - \frac{p}{3}\right)^6$.

c) Welche dieser beiden Strategien ist für die Enten die schlechtere? Hängt die Antwort auf diese Frage von p ab?

7 (5 VP)
Im Sommer 2005 wurde die 704 m lange Svinesund-Brücke zwischen Schweden und Norwegen eingeweiht. Der Brückenbogen kann in guter Näherung als Kreisbogen aufgefasst werden. Die Pfeilhöhe des Bogens beträgt 30 m.
Berechne den Radius des zu diesem Bogen gehörenden Kreises.

Die Aufgaben 1, 2 und 3 sind ohne Taschenrechner zu bearbeiten.

Punkte:

1 (2 + 2 VP)
Gegeben ist die Funktion f mit $f(x) = \frac{1}{4}x^3,\ x \in \mathbb{R}$.
a) Bestimme die Gleichung der Tangenten an den Graphen von f im Punkt $P\left(-\frac{2}{3}\middle|y_P\right)$.

Ableitungsfunktion f'
$f'(x) = \frac{3}{4}x^2,\ x \in \mathbb{R}$

Tangentengleichung
Allgemein gilt: $t(x) = f'(x_P) \cdot (x - x_P) + y_P$
Somit:
$t(x) = \frac{3}{4} \cdot \left(-\frac{2}{3}\right)^2 \cdot \left(x - \left(-\frac{2}{3}\right)\right) + \frac{1}{4} \cdot \left(-\frac{2}{3}\right)^3$
$t(x) = \frac{1}{3} \cdot \left(x + \frac{2}{3}\right) - \frac{2}{27}$
$t(x) = \frac{1}{3}x + \frac{2}{9} - \frac{2}{27}$
$t(x) = \frac{1}{3}x + \frac{4}{27},\ x \in \mathbb{R}$

02 ☐

b) Gibt es Punkte des Graphen, in denen die Tangente parallel zur Geraden mit der Gleichung $g(x) = 3x - 4,\ x \in \mathbb{R}$, ist?

Tangentensteigung
Die Tangentensteigung muss $m_t = 3$ sein, da die Tangente parallel zur Geraden g mit der Steigung 3 ist.
Bedingung:
$m_t = f'(x)$
Folglich:
$3 = \frac{3}{4}x^2$
$x^2 = 4$
$x_1 = 2, \quad x_2 = -2$
$f(2) = 2, \quad f(-2) = -2$

In den Punkten Q(2 | 2) und R(−2 | −2) sind die Tangenten an den Graphen von f parallel zur gegebenen Geraden.

02 ☐

Punkte:

2 (1 + 1 + 1 + 1 VP)
Gib jeweils eine Koordinatengleichung und eine Vektorgleichung der Geraden g_1, g_2, g_3 und g_4 an.

Koordinatengleichungen

g_1: $x_2 = \frac{1}{2}x_1$

g_2: $x_2 = 2$

g_3: $x_2 = -2x_1 + 4$

g_4: $x_1 = 4$

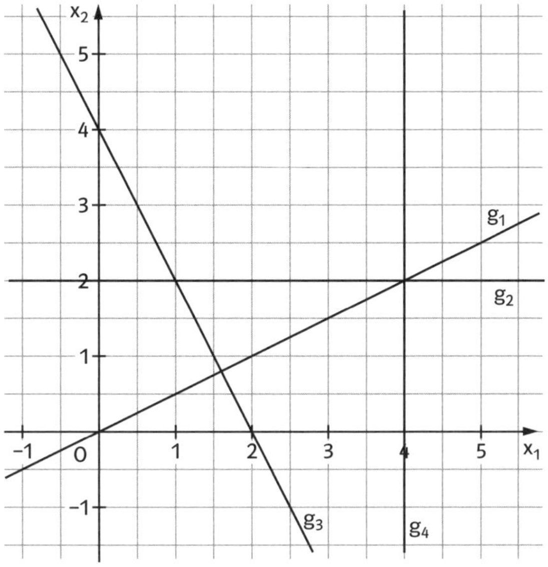

Vektorgleichungen

g_1: $\vec{x} = \begin{pmatrix} 0 \\ 0 \end{pmatrix} + s \cdot \begin{pmatrix} 4 \\ 2 \end{pmatrix}$, $s \in \mathbb{R}$ 01

g_2: $\vec{x} = \begin{pmatrix} 0 \\ 2 \end{pmatrix} + s \cdot \begin{pmatrix} 1 \\ 0 \end{pmatrix}$, $s \in \mathbb{R}$ 01

g_3: $\vec{x} = \begin{pmatrix} 0 \\ 4 \end{pmatrix} + s \cdot \begin{pmatrix} 2 \\ -4 \end{pmatrix}$, $s \in \mathbb{R}$ 01

g_4: $\vec{x} = \begin{pmatrix} 4 \\ 0 \end{pmatrix} + s \cdot \begin{pmatrix} 0 \\ 1 \end{pmatrix}$, $s \in \mathbb{R}$ 01

3 (3 VP)
Berechne den Schnittpunkt der Geraden g und h, wenn gilt:

g: $\vec{x} = \begin{pmatrix} 1 \\ 2 \\ -1 \end{pmatrix} + s \cdot \begin{pmatrix} 4 \\ -2 \\ 3 \end{pmatrix}$, $s \in \mathbb{R}$ h: $\vec{x} = \begin{pmatrix} -3 \\ 4 \\ -1 \end{pmatrix} + t \cdot \begin{pmatrix} -2 \\ 1 \\ -3 \end{pmatrix}$, $t \in \mathbb{R}$

Schnittpunktsberechnung

$$\begin{pmatrix} 1 \\ 2 \\ -1 \end{pmatrix} + s \cdot \begin{pmatrix} 4 \\ -2 \\ 3 \end{pmatrix} = \begin{pmatrix} -3 \\ 4 \\ -1 \end{pmatrix} + t \cdot \begin{pmatrix} -2 \\ 1 \\ -3 \end{pmatrix}$$

$$s \cdot \begin{pmatrix} 4 \\ -2 \\ 3 \end{pmatrix} + t \cdot \begin{pmatrix} 2 \\ -1 \\ 3 \end{pmatrix} = \begin{pmatrix} -4 \\ 2 \\ 0 \end{pmatrix}$$

(1) $4s + 2t = -4$
(2) $-2s - 1t = 2$
(3) $3s + 3t = 0$

Das Gleichungssystem wird mit dem GTR gelöst. Die Matrix in Diagonalform heißt:

$$\begin{pmatrix} 1 & 0 & -2 \\ 0 & 1 & 2 \\ 0 & 0 & 0 \end{pmatrix}$$

Daher gilt: $s = -2$, $t = 2$

Der Schnittpunkt ist $S(-7 \mid 6 \mid -7)$. 03

Für die folgenden Aufgaben darf der Taschenrechner benutzt werden.

Punkte:

4 (1 + 3 VP)

a) Skizziere den Graphen G_f der Funktion f mit $f(x) = -\frac{1}{4}x^3(x-3)$, $x \in \mathbb{R}$.

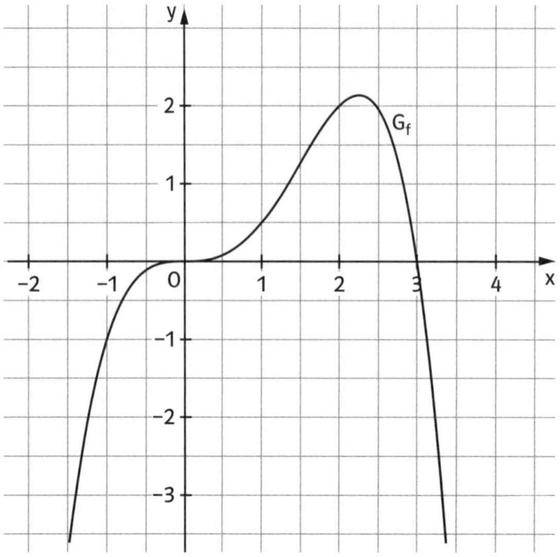

01 ☐

b) Bestimme näherungsweise die Abszissen derjenigen Punkte des Graphen, in denen der Winkel zwischen der x-Achse und der Tangente die Weite 60° hat.

Wenn eine Gerade mit der x-Achse einen Winkel der Weite 60° einschließt, dann gilt für die Steigung der Geraden:

$m = \tan(60°)$

$m = \sqrt{3}$

Es sind also diejenigen Stellen zu berechnen, an denen die Ableitung $f'(x)$ den Wert $\sqrt{3}$ annimmt.

Aus $f(x) = -\frac{1}{4}x^3 \cdot (x-3) = -\frac{1}{4}x^4 + \frac{3}{4}x^3$ folgt: $f'(x) = -x^3 + \frac{9}{4}x^2$

Daher:

$$-x^3 + \frac{9}{4}x^2 = \sqrt{3}$$

$-x^3 + \frac{9}{4}x^2 - \sqrt{3} = 0$

Der GTR liefert: $x_1 \approx -0{,}759$

Die Tangente an den Graphen G_f an der Stelle $x_1 \approx -0{,}759$ schließt mit der x-Achse etwa einen Winkel der Weite 60° ein.

Der erste Eindruck vom Graphen zu g mit $g(x) = -x^3 + \frac{9}{4}x^2 - \sqrt{3}$ lässt vermuten, dass auch die Stelle 1,5 eine Nullstelle von g sein könnte. Genauere Untersuchung, z.B. durch Maximumbestimmung im Intervall [1; 2], zeigt jedoch, dass alle Funktionswerte von g negativ sind.

Die Gleichung $g(x) = 0$ hat daher keine weitere Lösung.

03 ☐

5 (4 VP)
Berechne unter Verwendung der Ableitung die Extrempunkte des Graphen zu f mit $f(x) = \frac{1}{4}x^4 - 2x^3 + 1$, $x \in \mathbb{R}$, und begründe die Art des Extremums.

Punkte:

Ableitung
$f'(x) = x^3 - 6x^2 = x^2 \cdot (x - 6)$, $x \in \mathbb{R}$

Extremstellen
Bedingung: $f'(x) = 0$
Folglich:

$$x^3 - 6x^2 = 0$$
$$x^2 \cdot (x - 6) = 0$$
$$x_1 = 0,\; x_2 = 6$$

Untersuchung von f' an der Stelle $x_1 = 0$
Falls $x < x_1 = 0$, dann $x^2 > 0$ und $x - 6 < 0$,
daher $x^2 \cdot (x - 6) < 0$.
Falls $x > x_1 = 0$ und $x < x_2 = 6$, dann $x^2 > 0$ und $x - 6 < 0$,
daher $x^2 \cdot (x - 6) < 0$.
An der Stelle $x_1 = 0$ findet also kein Vorzeichenwechsel der Ableitung statt.
Demnach ist $x_1 = 0$ keine Extremstelle.

Untersuchung von f' an der Stelle $x_2 = 6$
Falls $x < x_2 = 6$ und $x > x_1 = 0$, dann $x^2 > 0$ und $x - 6 < 0$,
daher $x^2 \cdot (x - 6) < 0$.
Falls $x > x_2 = 6$, dann $x^2 > 0$ und $x - 6 > 0$,
daher $x^2 \cdot (x - 6) > 0$.
An der Stelle $x_2 = 6$ findet ein Vorzeichenwechsel der Ableitung von negativen zu positiven Werten statt.
Daher liegt an der Stelle $x_2 = 6$ ein Minimum vor.

Bestimmung des Tiefpunkts
$f(x_2) = f(6)$
$f(6) = \frac{1}{4} \cdot 6^4 - 2 \cdot 6^3 + 1$
$f(6) = -107$
Der Tiefpunkt ist $T(6 \mid -107)$.

04 ☐

6 (1 + 1,5 + 1,5 VP)

Punkte:

Ein Multiple-Choice-Test enthält 20 Fragen mit jeweils vier Auswahlmöglichkeiten. Nur eine Auswahlantwort ist richtig, die anderen drei sind falsch.
Jemand kreuzt zufällig 20 Antworten an.
a) Mit welcher Wahrscheinlichkeit sind fünf Antworten richtig angekreuzt?

Bemerkungen
Bei jeder Frage ist die Trefferwahrscheinlichkeit $p = \frac{1}{4}$. Da sich die Trefferwahrscheinlichkeiten nicht mit jeder Frage ändern, handelt es sich um eine Bernoulli-Kette der Länge n = 20. Die Anzahl der Treffer wird mit X bezeichnet.

Trefferwahrscheinlichkeit
$P(X = 5) = \binom{20}{5} \cdot \left(\frac{1}{4}\right)^5 \cdot \left(\frac{3}{4}\right)^{15}$
Mit dem GTR erhält man:
$P(X = 5) \approx 0{,}2023$
Mit der Wahrscheinlichkeit von etwa 20,2% sind fünf der 20 Antworten richtig angekreuzt. 01 ☐

b) Mit welcher Wahrscheinlichkeit sind mindestens zehn Antworten richtig angekreuzt?

Trefferwahrscheinlichkeit
$P(X \geqq 10) = P(X = 10) + P(X = 11) + \ldots + P(X = 20)$
$P(X \geqq 10) = \binom{20}{10} \cdot \left(\frac{1}{4}\right)^{10} \cdot \left(\frac{3}{4}\right)^{10} + \binom{20}{11} \cdot \left(\frac{1}{4}\right)^{11} \cdot \left(\frac{3}{4}\right)^{9} + \ldots + \binom{20}{20} \cdot \left(\frac{1}{4}\right)^{20} \cdot \left(\frac{3}{4}\right)^{0}$
$P(X \geqq 10) = 1 - P(X \leqq 9)$
Mit dem GTR erhält man:
$P(X \geqq 10) \leqq 0{,}0139$
Mit der Wahrscheinlichkeit von etwa 1,4% sind zehn der 20 Antworten richtig angekreuzt. 1,5 ☐

c) Mit welcher Wahrscheinlichkeit hat jemand 15, 16 oder 17 Antworten richtig angekreuzt?

Trefferwahrscheinlichkeit
$P(15 \leqq X \leqq 17) = P(X = 15) + P(X = 16) + P(X = 17)$
$P(15 \leqq X \leqq 17) = P(X \leqq 17) - P(X \leqq 14)$
Mit dem GTR erhält man:
$P(15 \leqq X \leqq 17) \approx 3{,}811 \cdot 10^{-6}$
Mit der Wahrscheinlichkeit von etwa $3{,}811 \cdot 10^{-6}$ sind 15, 16 oder 17 Antworten richtig angekreuzt. 1,5 ☐

7 (1 + 2 + 2 VP)

Gegeben ist die Gerade g mit der Gleichung

$\vec{x} = \begin{pmatrix} 1 \\ -2 \\ 4 \end{pmatrix} + s \cdot \begin{pmatrix} -1 \\ 1 \\ 2 \end{pmatrix}$, $s \in \mathbb{R}$

a) Zeige, dass der Punkt D(−5 | 4 | 16) auf der Geraden g liegt.

Punktprobe

Es muss geprüft werden, ob es einen Parameterwert s gibt, für den die Gleichung $\vec{d} = \begin{pmatrix} 1 \\ -2 \\ 4 \end{pmatrix} + s \cdot \begin{pmatrix} -1 \\ 1 \\ 2 \end{pmatrix}$ erfüllt wird.

$\begin{pmatrix} -5 \\ 4 \\ 16 \end{pmatrix} = \begin{pmatrix} 1 \\ -2 \\ 4 \end{pmatrix} + s \cdot \begin{pmatrix} -1 \\ 1 \\ 2 \end{pmatrix}$

$\begin{pmatrix} -6 \\ 6 \\ 12 \end{pmatrix} = s \cdot \begin{pmatrix} -1 \\ 1 \\ 2 \end{pmatrix}$

$s = 6$

Der Punkt D liegt auf der Geraden g.

Punkte: 01 ☐

b) Bestimme zwei Punkte B und C auf der Geraden g so, dass diese die Strecke mit den Endpunkten A(1 | −2 | 4) und D(−5 | 4 | 16) in drei gleich lange Abschnitte zerlegen.

Idee

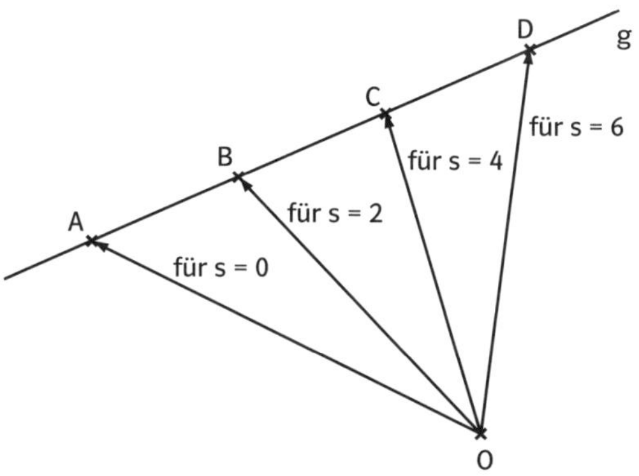

Bestimmung von B und C

$\vec{b} = \begin{pmatrix} 1 \\ -2 \\ 4 \end{pmatrix} + 2 \cdot \begin{pmatrix} -1 \\ 1 \\ 2 \end{pmatrix} = \begin{pmatrix} -1 \\ 0 \\ 8 \end{pmatrix}$

$\vec{c} = \begin{pmatrix} 1 \\ -2 \\ 4 \end{pmatrix} + 4 \cdot \begin{pmatrix} -1 \\ 1 \\ 2 \end{pmatrix} = \begin{pmatrix} -3 \\ 2 \\ 12 \end{pmatrix}$

Die Punkte sind B(−1 | 0 | 8) und C(−3 | 2 | 12).

02 ☐

Punkte:

c) In welchem Punkt schneidet die Gerade g die x_1x_2-Ebene?

Bedingung: $x_3 = 0$
Daher:

$$\begin{pmatrix} x_1 \\ x_2 \\ 0 \end{pmatrix} = \begin{pmatrix} 1 \\ -2 \\ 4 \end{pmatrix} + s \cdot \begin{pmatrix} -1 \\ 1 \\ 2 \end{pmatrix}$$

(1) $x_1 = 1 - 1 \cdot s$
(2) $x_2 = -2 + 1 \cdot s$
(3) $0 = 4 + 2 \cdot s$

Aus (3): $s = -2$
In (1): $x_1 = 1 - 1 \cdot (-2)$
$x_1 = 3$
In (2): $x_2 = -2 + 1 \cdot (-2)$
$x_2 = -4$
Die Gerade g schneidet die x_1x_2-Ebene in $S_{12}(3|-4|0)$. 02 ☐

8 (2 VP)
Max Schlaumaier behauptet:
„Ich kann den Nullvektor $\vec{o}$ auf beliebig viele Weisen als Linearkombination der drei Vektoren

$\vec{a} = \begin{pmatrix} 1 \\ 1 \end{pmatrix}$, $\vec{b} = \begin{pmatrix} -1 \\ 3 \end{pmatrix}$ und $\vec{c} = \begin{pmatrix} 2 \\ 0 \end{pmatrix}$

darstellen."
Beurteile diese Behauptung durch eine geeignete Rechnung.

Darstellung des Nullvektors

$\vec{o} = r \cdot \vec{a} + s \cdot \vec{b} + t \cdot \vec{c}$

$\vec{o} = r \cdot \begin{pmatrix} 1 \\ 1 \end{pmatrix} + s \cdot \begin{pmatrix} -1 \\ 3 \end{pmatrix} + t \cdot \begin{pmatrix} 2 \\ 0 \end{pmatrix}$

(1) $0 = r - s + 2t$
(2) $0 = r + 3s$

Wählt man $r \in \mathbb{R}^*$ beliebig, dann gibt es immer genau ein $s \in \mathbb{R}^*$ aus der Gleichung (2) und daher immer ein $t \in \mathbb{R}$ aus der Gleichung (1).
Der Nullvektor kann also auf beliebig viele Weisen als Linearkombination der gegebenen Vektoren dargestellt werden. 02 ☐

Die Aufgaben 1, 2 und 3 sind ohne Taschenrechner zu bearbeiten.

Punkte:

1 (4 VP)
Untersuche die Funktion f mit $f(x) = x^3 - 2x^2$, $x \in \mathbb{R}$, auf Monotonie.

Die Monotonieuntersuchung erfolgt mit dem Monotoniesatz. Dazu werden die Intervalle bestimmt, in denen die Funktionswerte von f′ positiv oder negativ sind.
Es gilt: $f'(x) = 3x^2 - 4x$, $x \in \mathbb{R}$.

Ermittlung der Nullstellen von f′
Bedingung: $f'(x) = 0$
Somit:

$$3x^2 - 4x = 0$$
$$x \cdot (3x - 4) = 0$$
$$x_1 = 0, \quad x_2 = \frac{4}{3}$$

Zwischen zwei Nullstellen von f′ ändert sich das Monotonieverhalten von f nicht. Daher reicht es, das Vorzeichen von f′(x) an einer beliebigen Stelle im Innern der berechneten Intervalle zu ermitteln. Damit erhält man folgende Tabelle.

Intervall	$x < 0$	$x = 0$	$0 < x < \frac{4}{3}$	$x = \frac{4}{3}$	$x > \frac{4}{3}$
Funktionswerte f′(x)	$f'(-1) > 0$	0	$f'(1) < 0$	0	$f'(2) > 0$
Verhalten von f	streng monoton wachsend	/	streng monoton fallend	/	streng monoton wachsend

04 ☐

2 (1 + 1 VP)
Welche Funktionen f bzw. g passen zu den abgebildeten Graphen G_f bzw. G_g? Gib jeweils eine Funktionsgleichung an.

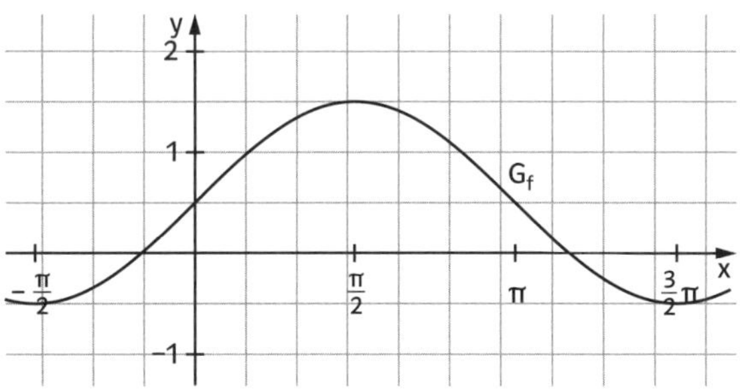

f: $f(x) = \sin(x) + \frac{1}{2}$, $x \in \mathbb{R}$

01 ☐

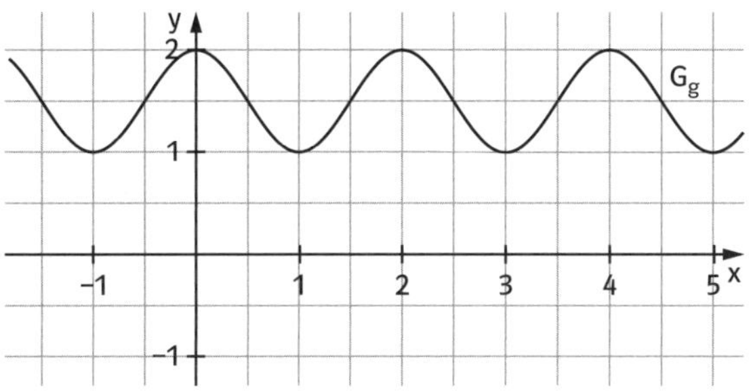

g: $g(x) = \frac{1}{2} \cdot \cos(\pi x) + \frac{3}{2}$, $x \in \mathbb{R}$

01 ☐

Punkte:

3 (3 + 1 + 1 VP)
Gegeben sind die Geraden g und h.

$g: \vec{x} = \begin{pmatrix} -3 \\ 1 \\ 4 \end{pmatrix} + s \cdot \begin{pmatrix} 8 \\ 6 \\ -8 \end{pmatrix}, s \in \mathbb{R}, \quad h: \vec{x} = \begin{pmatrix} -7 \\ -2 \\ 8 \end{pmatrix} + t \cdot \begin{pmatrix} -4 \\ -3 \\ 4 \end{pmatrix}, t \in \mathbb{R}$

a) Überprüfe, ob die Geraden g und h identisch sind.

Prüfung auf Parallelität
Die Richtungsvektoren sind Vielfache voneinander, denn es gilt:

$\begin{pmatrix} 8 \\ 6 \\ -8 \end{pmatrix} = -2 \cdot \begin{pmatrix} -4 \\ -3 \\ 4 \end{pmatrix}$

Daher sind die Geraden parallel.

Prüfen auf Zusammenfallen
Dazu wird überprüft, ob der Punkt R(−7 | −2 | 8) auf der Geraden h auch auf der Geraden g liegt.

$\begin{pmatrix} -7 \\ -2 \\ 8 \end{pmatrix} = \begin{pmatrix} -3 \\ 1 \\ 4 \end{pmatrix} + s \cdot \begin{pmatrix} 8 \\ 6 \\ -8 \end{pmatrix}$

$\begin{pmatrix} -4 \\ -3 \\ 4 \end{pmatrix} = s \cdot \begin{pmatrix} 8 \\ 6 \\ -8 \end{pmatrix}$

Diese Gleichung ist für $s = -\frac{1}{2}$ erfüllt. Der Punkt R liegt auch auf g. Daher fallen die beiden parallelen Geraden zusammen. 03 ☐

b) Gib eine Gleichung der Geraden l an, die parallel zu g ist und durch P(0 | 2 | −1) geht.

Gleichung der Geraden l

$l: \vec{x} = \begin{pmatrix} 0 \\ 2 \\ -1 \end{pmatrix} + r \cdot \begin{pmatrix} 8 \\ 6 \\ -8 \end{pmatrix}, r \in \mathbb{R}$

Bemerkungen
Man muss darauf achten, dass der Richtungsvektor von l mit dem Richtungsvektor von g übereinstimmt oder irgendein Vielfaches von diesem ist. 01 ☐

c) Gib eine Gleichung der Geraden s an, die nur den Punkt Q(−3 | 1 | 4) mit g gemeinsam hat.

Gleichung der Geraden s

$s: \vec{x} = \begin{pmatrix} -3 \\ 1 \\ 4 \end{pmatrix} + u \cdot \begin{pmatrix} 1 \\ 0 \\ 0 \end{pmatrix}, u \in \mathbb{R}$

Bemerkungen
Man kann jeden Richtungsvektor wählen, der nicht Vielfaches des Richtungsvektors von g ist. 01 ☐

Für die folgenden Aufgaben darf der Taschenrechner benutzt werden.

Punkte:

4 (2 + 2 + 2 VP)
Der Graph der Funktion f mit $f(x) = -x^4 + 4$, $x \in \mathbb{R}$, begrenzt mit der x-Achse ein Flächenstück. Diesem Flächenstück wird wie in der Abbildung ein gleichschenkliges Dreieck OPQ einbeschrieben.

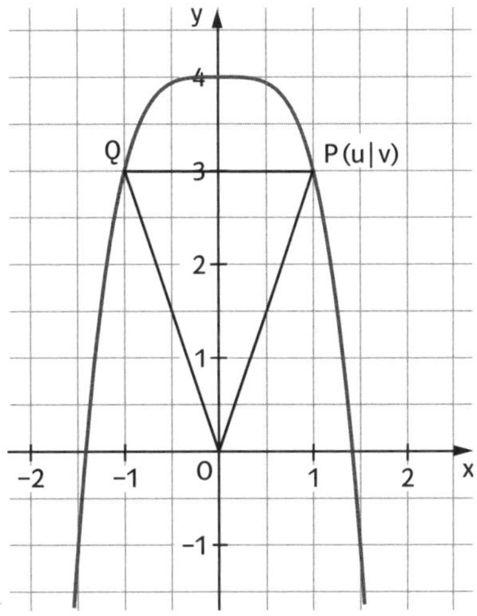

a) Zeige, dass der Flächeninhalt A dieses Dreiecks mit $A(u) = -u^5 + 4u$ berechnet werden kann.

Flächeninhalt des Dreiecks OPQ
Wegen der Symmetrie des Graphen von f gilt $Q(-u\,|\,v)$. Die Grundseite PQ hat die Länge $\overline{PQ} = 2u$. Die Dreieckshöhe ist $h = v$.
Daher:

$A(u) = \frac{1}{2} \cdot \overline{PQ} \cdot h$

$A(u) = \frac{1}{2} \cdot 2u \cdot v$

$A(u) = u \cdot (-u^4 + 4)$

$A(u) = -u^5 + 4u$

Dies war zu zeigen.

Bemerkung
Die Funktion f hat die positive Nullstelle $u_0 = \sqrt{2} \approx 1{,}4142$. Daher ist die Funktion A nur für $0 \leqq u \leqq u_0 = \sqrt{2}$ definiert.

02 ☐

b) Wie muss man u wählen, damit dieser Flächeninhalt seinen größten Wert annimmt?
Wie groß ist dieser?

Extremwertermittlung
Mit dem GTR lässt sich die Maximumstelle und das Maximum der Funktion A mit $A(x) = -x^5 + 4x$ im Menü [CALC] mit dem Menüpunkt „maximum" näherungsweise ermitteln. Man erhält im Intervall $[0; \sqrt{2}]$:
$x \approx 0{,}9457$, $y \approx 3{,}0264$
Der Flächeninhalt wird etwa für $u^* = 0{,}9457$ maximal. Er beträgt näherungsweise $A^* = 3{,}0264$ Flächeneinheiten.

Randextremwerte
Für $u \to 0$ gilt $A(u) \to 0$.
Für $u \to u_0 = \sqrt{2}$ gilt $A(u) \to 0$.
Daher ist das lokale Maximum für den Flächeninhalt sogar ein globales Maximum.

Bemerkung
Die exakte Berechnung durch Ermittlung der Nullstelle $u_1 = \sqrt[4]{0{,}8}$ von $A'(u) = -5u^4 + 4$ ergibt für den Flächeninhalt: $A(u_1) = 3{,}2 \cdot \sqrt[4]{0{,}8}$

02 ☐

Punkte:

c) Für welchen Wert von u ist das Dreieck OPQ gleichseitig?

Bedingung für Gleichseitigkeit
Es muss gelten: $\overline{PQ} = \overline{OP}$
Daher:

$$2u = \sqrt{u^2 + v^2}$$
$$(2u)^2 = u^2 + (-u^4 + 4)^2$$
$$4u^2 = u^2 + (-u^4 + 4)^2$$
$$3u^2 = (-u^4 + 4)^2$$
$$(-u^4 + 4)^2 - 3u^2 = 0$$

Diese Gleichung wird mit dem GTR gelöst: $u \approx 1{,}1821$
Dies ist die einzige Lösung für $u \in [0; \sqrt{2}]$.
Das Dreieck ist daher nur für $u^* = 1{,}1821$ näherungsweise gleichseitig.

Bemerkung
Die Gleichung kann nur näherungsweise gelöst werden. 02 ☐

5 (3 VP)
Ein Tortenring aus Edelstahl hat die Höhe 8,5 cm und kann auf Kuchendurchmesser von 16 cm bis 30 cm eingestellt werden.
Wie groß ist die momentane Änderungsrate der kreisförmigen Kuchenfläche bei dem Radius $r_0 = 10\,cm$?

Flächeninhalte
$$A(r_0 + \Delta r) = \pi(r_0 + \Delta r)^2$$
$$A(r_0) = \pi r_0^2$$

Mittlere Änderungsrate
$$\frac{\Delta A}{\Delta r} = \frac{\pi(r_0 + \Delta r)^2 - \pi r_0^2}{\Delta r}$$
$$\frac{\Delta A}{\Delta r} = \frac{\pi(r_0^2 + 2r_0\Delta r + (\Delta r)^2) - \pi r_0^2}{\Delta r}$$
$$\frac{\Delta A}{\Delta r} = \frac{\pi(2r_0\Delta r + (\Delta r)^2)}{\Delta r}$$
$$\frac{\Delta A}{\Delta r} = \pi \cdot (2r_0 + \Delta r)$$

Momentane Änderungsrate
Falls $\Delta r \to 0$, dann $\frac{\Delta A}{\Delta r} \to \pi \cdot 2r_0$.
Für $r_0 = 10\,cm$ beträgt die momentane Änderungsrate der Kuchenfläche $20\pi\,cm$ $\left(20\pi \frac{cm^2}{cm}\right)$. 03 ☐

Punkte:

6 (2 + 1 + 1 + 1 VP)
In einer Urne befinden sich vier rote und sechs grüne Kugeln.
a) Fünf dieser zehn Kugeln werden mit Zurücklegen gezogen.
Mit welcher Wahrscheinlichkeit sind vier dieser fünf Kugeln rot?

Das Ziehen einer roten Kugel wird als Treffer bezeichnet. Da sich beim Ziehen mit Zurücklegen die Trefferwahrscheinlichkeit nicht ändert, handelt es sich um ein Bernoulli-Experiment. Da fünfmal gezogen wird, liegt eine Bernoulli-Kette der Länge 5 vor.
Die Zufallsvariable X bezeichnet die Anzahl der roten Kugeln unter den fünf gezogenen Kugeln.
Mit $p = \frac{4}{10}$ und $n = 5$ gilt:
$P(X = 4) = \binom{5}{4} \cdot \left(\frac{4}{10}\right)^4 \cdot \left(\frac{6}{10}\right)^1$
$P(X = 4) = 0{,}0768$
Mit einer Wahrscheinlichkeit von etwa 7,7% sind vier der fünf gezogenen Kugeln rot. 02 ☐

b) Mit welcher Wahrscheinlichkeit sind alle fünf Kugeln grün?

Keine der fünf gezogenen Kugeln ist rot. Daher gilt:
$P(X = 0) = \binom{5}{0} \cdot \left(\frac{4}{10}\right)^0 \cdot \left(\frac{6}{10}\right)^5$
$P(X = 0) = 0{,}07776$
Mit einer Wahrscheinlichkeit von etwa 7,8% sind alle fünf gezogenen Kugeln grün. 01 ☐

c) Mit welcher Wahrscheinlichkeit sind mindestens drei Kugeln rot?

Es gilt:
$P(X \geqq 3) = 1 - P(X \leqq 2)$
Mit dem GTR erhält man:
$P(X \geqq 3) \approx 0{,}31744$
Mit einer Wahrscheinlichkeit von etwa 31,7% sind mindestens drei Kugeln rot. 01 ☐

d) Nun werden fünf der Kugeln *ohne* Zurücklegen gezogen.
Mit welcher Wahrscheinlichkeit sind nun alle fünf Kugeln grün?

Da ohne Zurücklegen gezogen wird, ändert sich die Wahrscheinlichkeit für das Ziehen einer grünen Kugel mit jedem Zug. Es liegt also kein Bernoulli-Experiment vor.
Nun gilt mit der Pfadregel:
$p(ggggg) = \frac{6}{10} \cdot \frac{5}{9} \cdot \frac{4}{8} \cdot \frac{3}{7} \cdot \frac{2}{6}$
$p(ggggg) \approx 0{,}024$
Mit einer Wahrscheinlichkeit von etwa 2,4% sind die fünf ohne Zurücklegen gezogenen Kugeln grün. 01 ☐

Punkte:

7 (5 VP)

„Es war einmal ein König, der hatte vier Töchter. Eine war schöner als die andere, aber die jüngste war die allerschönste…"

So beginnt das Märchen vom Froschkönig.

Und die jüngste Tochter war nicht nur die schönste, sondern offensichtlich auch die stärkste, denn *„sie spielte mit ihrer goldenen Kugel, warf sie in die Luft und fing sie mit beiden Händen wieder auf".*

Berechne, wie schwer die goldene Kugel der Prinzessin in der Abbildung wohl ist. (Ein Gramm Gold hat die Masse 19,3 Gramm.)

Der spielerische Umgang mit der Kugel lässt nur den Schluss zu, dass es sich um eine Hohlkugel handeln muss.

Schätze die Wandstärke der Hohlkugel begründet ab.

Die Prinzessin ist in der Abbildung etwa 8 cm groß, könnte in Wirklichkeit also etwa 20-mal so groß sein. Die Kugel in der Abbildung hat den Durchmesser 0,3 cm und wäre damit in Wirklichkeit ebenfalls 20-mal so groß. Der Kugelradius wäre folglich 6 cm.

Kugelvolumen

$V = \frac{4}{3} \cdot \pi \cdot r^3$

$V = \frac{4}{3} \cdot \pi \cdot (6\,\text{cm})^3$

$V \approx 905\,\text{cm}^3$

Kugelmasse

$m = 905\,\text{cm}^3 \cdot 19{,}3\,\frac{\text{g}}{\text{cm}^3}$

$m \approx 17{,}5\,\text{kg}$

Die Kugel würde ungefähr 17,5 kg wiegen!

Der spielerische Umgang mit der Kugel lässt vermuten, dass sie nicht mehr als 1 kg wiegt und daher eine Hohlkugel sein muss.

Volumen der Hohlkugelschale

$V = 1\,\text{kg} : 19{,}3\,\frac{\text{g}}{\text{cm}^3}$

$V \approx 51{,}8\,\text{cm}^3$

Dicke der Kugelschale

Der Radius der äußeren Kugel sei r, der Radius der inneren Kugel sei r_0. Dann gilt:

$V = \frac{4}{3} \cdot \pi \cdot (r^3 - r_0^3)$

Daher:

$r^3 - r_0^3 = V : \left(\frac{4}{3} \cdot \pi\right)$

$r_0^3 = r^3 - V : \left(\frac{4}{3} \cdot \pi\right)$

$r_0 = \sqrt[3]{r^3 - V : \left(\frac{4}{3} \cdot \pi\right)}$

$r_0 \approx 5{,}9\,\text{cm}$

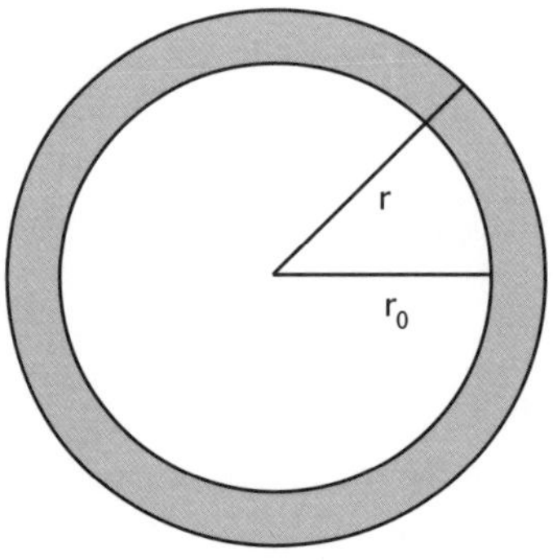

Die Wandstärke der Hohlkugel wäre also lediglich etwa 1 mm.

05 ☐

Die Aufgaben 1, 2 und 3 sind ohne Taschenrechner zu bearbeiten.

Punkte:

1 (3 + 3 VP)

a) Zeichne die Geraden g, h und k in das Koordinatensystem ein.

$g: \vec{x} = \begin{pmatrix} 4 \\ 0 \\ 0 \end{pmatrix} + s \cdot \begin{pmatrix} -3 \\ 0 \\ 3 \end{pmatrix}, s \in \mathbb{R};$

$h: \vec{x} = \begin{pmatrix} 0 \\ 5 \\ 0 \end{pmatrix} + t \cdot \begin{pmatrix} 0 \\ -6 \\ 1 \end{pmatrix}, t \in \mathbb{R};$

$k: \vec{x} = \begin{pmatrix} 0 \\ 0 \\ 3 \end{pmatrix} + u \cdot \begin{pmatrix} 0 \\ 1 \\ 0 \end{pmatrix}, u \in \mathbb{R}$

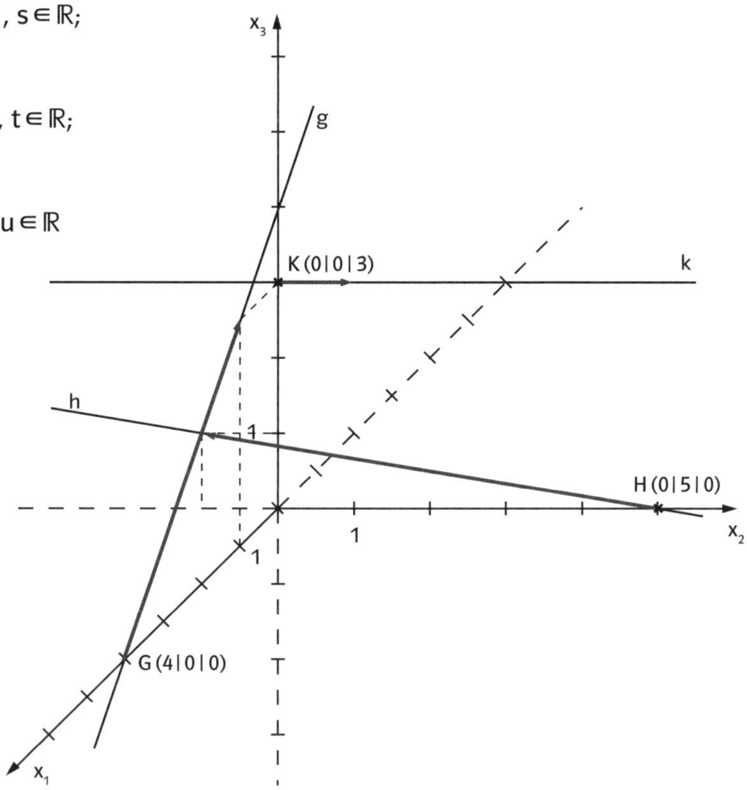

03 ☐

b) Gib jeweils eine Gleichung der Geraden g, h und k an.

$g: \vec{x} = u \cdot \begin{pmatrix} 3 \\ 5 \\ 3 \end{pmatrix}, u \in \mathbb{R}$

$h: \vec{x} = \begin{pmatrix} 5 \\ 0 \\ 0 \end{pmatrix} + v \cdot \left(\begin{pmatrix} 0 \\ 2 \\ 3 \end{pmatrix} - \begin{pmatrix} 5 \\ 0 \\ 0 \end{pmatrix} \right)$

$\vec{x} = \begin{pmatrix} 5 \\ 0 \\ 0 \end{pmatrix} + v \cdot \begin{pmatrix} -5 \\ 2 \\ 3 \end{pmatrix}, v \in \mathbb{R}$

$k: \vec{x} = \begin{pmatrix} 0 \\ 0 \\ 5 \end{pmatrix} + w \cdot \left(\begin{pmatrix} 5 \\ 5 \\ 0 \end{pmatrix} - \begin{pmatrix} 0 \\ 0 \\ 5 \end{pmatrix} \right)$

$\vec{x} = \begin{pmatrix} 0 \\ 0 \\ 5 \end{pmatrix} + w \cdot \begin{pmatrix} 5 \\ 5 \\ -5 \end{pmatrix}, w \in \mathbb{R}$

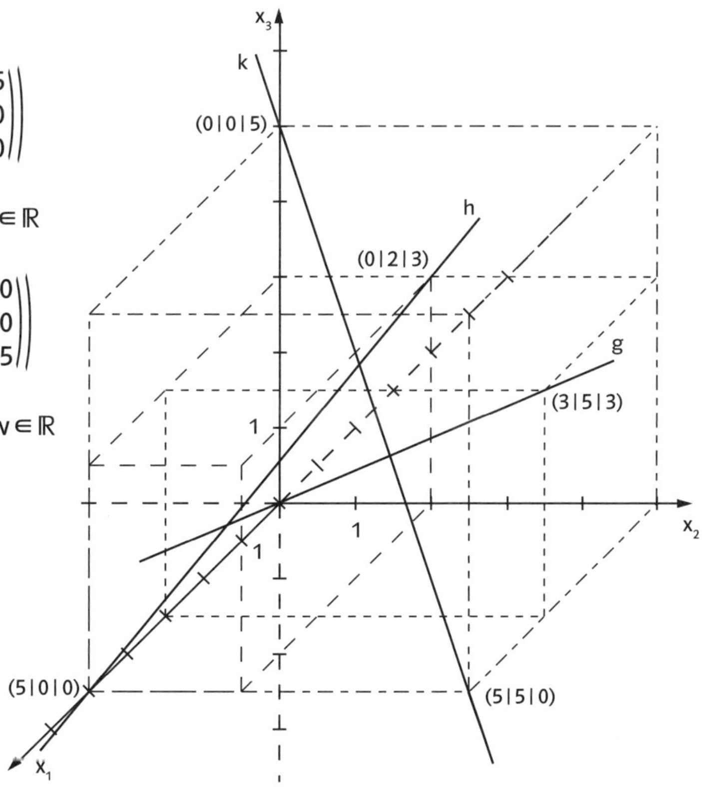

03 ☐

Punkte:

2 (2 + 1 VP)
Im Koordinatensystem ist der Graph einer Funktion f eingezeichnet.
a) Ergänze die Abbildung durch den Graphen der Ableitungsfunktion f'.

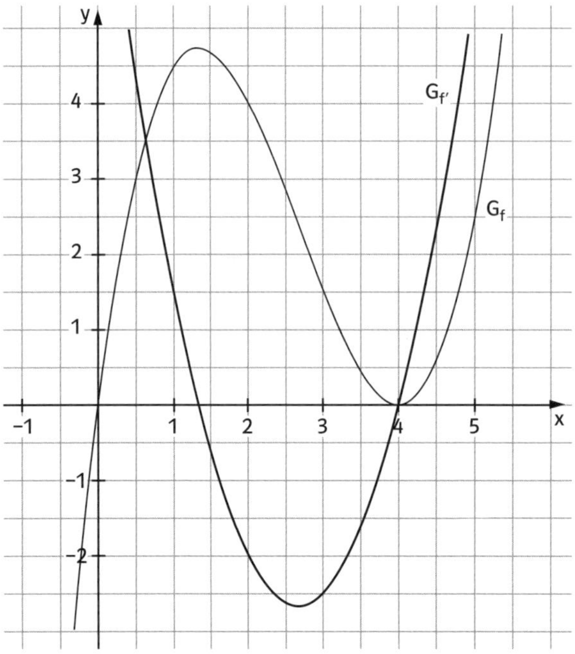

02 ☐

b) Wie ändert sich der Graph der Ableitungsfunktion f', wenn der Graph von f
1. um zwei Einheiten nach oben verschoben wird?
2. um drei Einheiten nach links verschoben wird?

1. Der Graph der Ableitungsfunktion f' ändert sich nicht.
2. Der Graph der Ableitungsfunktion f' wird ebenfalls um drei Einheiten nach links verschoben.

01 ☐

3 (2 VP)
Wie muss man die Parameterwerte a, b, c und d wählen, damit die Gleichung $f(x) = a \cdot \cos(b(x - c)) + d$ zum abgebildeten Graphen passt?

Ergebnis

a = 2
b = 1
c = 0
d = 0,5

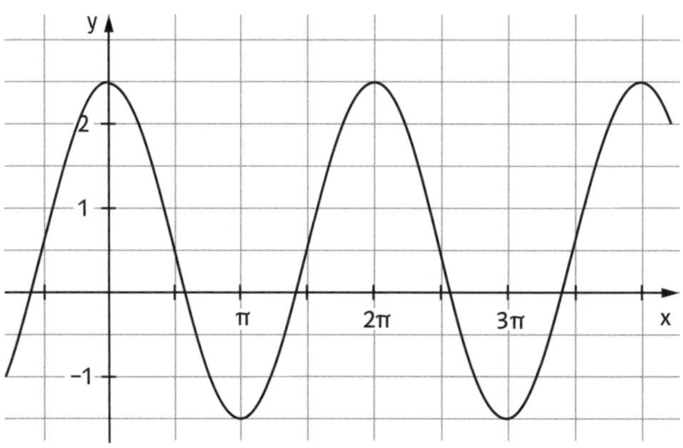

02 ☐

Für die folgenden Aufgaben darf der Taschenrechner benutzt werden.

Punkte:

4 (5 VP)
In die Fläche zwischen dem Graphen von f mit $f(x) = \sin(x)$, $x \in [0; \pi]$, und der x-Achse wird wie in der Abbildung ein Rechteck ABCD einbeschrieben.
Wie muss man die Punkte A, B, C und D wählen, damit der Flächeninhalt des Rechtecks maximal wird? Wie groß ist er?

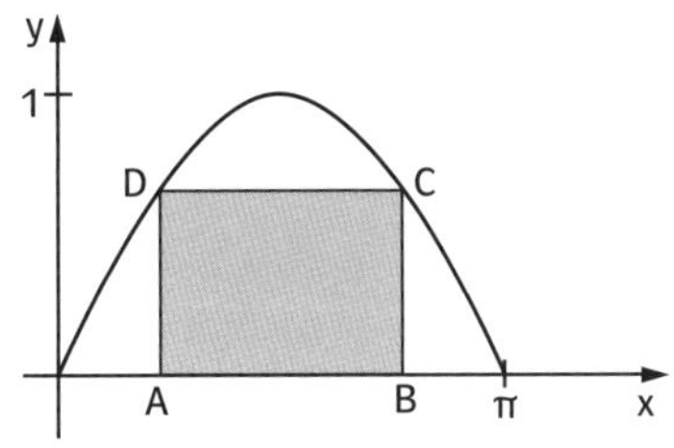

Flächeninhalt A des Rechtecks ABCD: $A = \overline{AB} \cdot \overline{AD}$
Nun gelte $A(u\,|\,0)$ mit $0 < u < \frac{\pi}{2}$. Wegen der Symmetrie des Graphen zur Geraden mit der Gleichung $x = \frac{\pi}{2}$ folgt $B(\pi - u\,|\,0)$ und somit $\overline{AB} = \pi - 2u$.
Für D erhält man $D(u\,|\,\sin(u))$ und daher $\overline{AD} = \sin(u)$.
Für die Zielfunktion folgt also: $A(u) = (\pi - 2u) \cdot \sin(u)$, $0 < u < \frac{\pi}{2}$.
Mit dem GTR erhält man das lokale Maximum für den Näherungswert $u^* = 0{,}7105$.
Der maximale Flächeninhalt beträgt näherungsweise $A^*(0{,}7105) = 1{,}1222$.

Randextremwerte
Für $u \to 0$ folgt $A(u) \to 0$.
Für $u \to \frac{\pi}{2}$ folgt $A(u) \to 0$.
Daher ist das lokale Maximum sogar ein globales.

Die Koordinaten der Punkte sind auf zwei Nachkommastellen gerundet:
$A(0{,}71\,|\,0)$, $B(2{,}43\,|\,0)$, $C(2{,}43\,|\,0{,}65)$, $D(0{,}71\,|\,0{,}65)$ 05 ☐

5 (1 + 1 + 1 VP)
Die Funktion f mit $f(x) = \left(\frac{1}{2}\right)^x$, $x \in \mathbb{R}$, ist gegeben. Ihr Graph heiße G_f.
a) Ermittle mit dem GTR die Gleichung der Tangente im Punkt $P(-1\,|\,y_P)$ des Graphen G_f.

Mit dem GTR zeichnet man den Graphen G_f. Mit [DRAW], Menüpunkt „Tangent(“ lässt sich im Zeichenfenster $x_P = -1$ eingeben. Die Tangente wird gezeichnet und ihre Gleichung wird angegeben.
Die Tangente in P an G_f hat näherungsweise die Gleichung
$t(x) = -1{,}386 \cdot x + 0{,}614$, $x \in \mathbb{R}$. 01 ☐

b) Der Graph G_g entsteht aus G_f durch Verschiebung um eine Einheit nach oben. Wie heißt die Gleichung der Tangenten an den Graphen G_g in $Q(-1\,|\,y_Q)$?

Die Tangente in Q an G_g hat näherungsweise die Gleichung
$t(x) = -1{,}386 \cdot x + 1{,}614$, $x \in \mathbb{R}$. 01 ☐

c) Der Graph G_h entsteht aus G_f durch Verschieben um eine Einheit nach rechts. Wie heißt die Gleichung der Tangente in $R(-1\,|\,y_R)$ an G_h?

Zum Graphen G_h gehört die Funktion h mit der Gleichung $h(x) = f(x - 1) = \left(\frac{1}{2}\right)^{x-1}$.
Die Gleichung der Tangente in R heißt daher näherungsweise
$t(x) = -2{,}773 \cdot x + 1{,}227$, $x \in \mathbb{R}$. 01 ☐

Punkte:

6 (2 + 2 + 2 VP)
Sechs Jäger haben drei Enten im Visier. Jeder Jäger trifft erfahrungsgemäß das von ihm gewählte Ziel mit derselben Wahrscheinlichkeit p, $0 < p < 1$.
a) Begründe: Wenn sich die Jäger untereinander so absprechen können, dass je zwei Jäger auf dieselbe Ente zielen, dann ist die Wahrscheinlichkeit dafür, diese Ente zu treffen, $p_1 = 2p - p^2$.

Jeder der beiden Jäger verfehlt die ausgewählte Ente mit der Wahrscheinlichkeit $1 - p$. Insgesamt wird also diese Ente mit der Wahrscheinlichkeit $(1 - p)^2$ verfehlt.
Die ausgewählte Ente wird folglich mit der Wahrscheinlichkeit $p_1 = 1 - (1 - p)^2$ getroffen.
Es gilt:
$p_1 = 1 - (1 - p)^2$
$p_1 = 1 - (1 - 2p + p^2)$
$p_1 = 2p - p^2$ 02 ☐
Dies war zu zeigen.

b) Begründe: Wenn sich die Jäger nicht untereinander absprechen können und jeder unabhängig vom anderen die Ente auswählt, auf die er zielt, dann ist die Wahrscheinlichkeit dafür, eine bestimmte Ente zu treffen, $p_2 = 1 - \left(1 - \frac{p}{3}\right)^6$.

Da sich die Jäger nicht absprechen, wird jede der Enten von jedem Jäger mit der Wahrscheinlichkeit $\frac{1}{3}$ ausgewählt. Von jedem Jäger wird eine Ente mit der Wahrscheinlichkeit $\frac{p}{3}$ getroffen und mit der Wahrscheinlichkeit $1 - \frac{p}{3}$ verfehlt.
Bei sechs Jägern wird eine Ente daher mit der Wahrscheinlichkeit $\left(1 - \frac{p}{3}\right)^6$ verfehlt und mit der Wahrscheinlichkeit $p_2 = 1 - \left(1 - \frac{p}{3}\right)^6$ getroffen. 02 ☐

c) Welche dieser beiden Strategien ist für die Enten die schlechtere? Hängt die Antwort auf diese Frage von p ab?

Mit dem GTR zeichnet man die Graphen oder betrachtet die Wertetabelle zu $p_1(x) = 2 \cdot x - x^2$ und $p_2(x) = 1 - \left(1 - \frac{1}{3} \cdot x\right)^6$ für $x \in [0; 1]$.
Man erkennt, dass wohl für alle $x \in [0; 1]$ gilt: $p_1(x) > p_2(x)$
Daher ist die erste Strategie für die Enten die schlechtere, unabhängig davon, wie groß die Trefferwahrscheinlichkeit p ist. 02 ☐

Bemerkung
Die Differenz $p_1(x) - p_2(x)$ ist streng monoton wachsend für $x < x_0 = 0{,}78$ und streng monoton fallend für $x > 0{,}78$. Was heißt das?

Im Sommer 2005 wurde die 704 m lange Svinesund-Brücke zwischen Schweden und Norwegen eingeweiht. Der Brückenbogen kann in guter Näherung als Kreisbogen aufgefasst werden. Die Pfeilhöhe des Bogens beträgt 30 m.
Berechne den Radius des zu diesem Bogen gehörenden Kreises.

Punkte:

Modellierung

Der Fotografie entnimmt man die Pfeilhöhe $h_{Bild} = 1{,}2\,cm$. Die Originalpfeilhöhe ist nach Aufgabenstellung 30 m. Daher entspricht 1 cm im Bild 25 m in der Natur. Die Kreissehne im Bild hat die Länge $s_{Bild} = 6{,}4\,cm$. Die wirkliche Sehnenlänge ist folglich 160 m.

Berechnung des Kreisradius r
Im rechtwinkligen Dreieck MBA gilt mit dem Satz von Pythagoras:
$\overline{MB}^2 = \overline{MA}^2 + \overline{AB}^2$
Folglich:

$$r^2 = (r - 30\,m)^2 + (80\,m)^2$$
$$r^2 = r^2 - 60\,m \cdot r + 900\,m^2 + 6400\,m^2$$
$$0 = -60\,m \cdot r + 7300\,m^2$$
$$60\,m \cdot r = 7300\,m^2$$
$$r \approx 122\,m$$

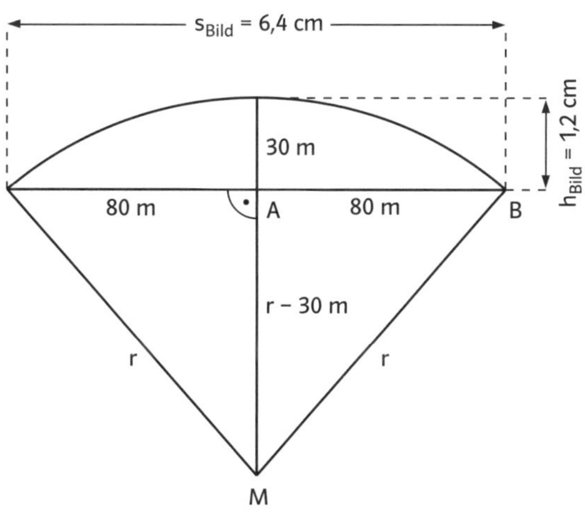

Der Kreis für den Brückenbogen hat etwa den Radius 122 m.

05 ☐

Bildnachweis

Cover.1 Getty Images RF (PhotoDisc/Reese), München; **Cover.1** Getty Images (Neleman), München; **Seite 123.1** AGStockUSA (Sinklier), Carmel, CA; **Seite 126.1** Corbis, Düsseldorf; **Seite 150.1** Klett-Archiv (Heinz Peisch), Stuttgart; **Seite 152.1** BPK, Berlin; **Seite 157.1** Bilfinger Berger (Bilfinger Berger), Wiesbaden; **Seite 35.1** Royal Mail, London; **Seite 56.1** Deutsches Museum, München; **Seite 87.1** Jupiterimages GmbH, Ottobrunn/München

Nicht in allen Fällen war es uns möglich, den Rechteinhaber der Abbildungen ausfindig zu machen. Berechtigte Ansprüche werden selbstverständlich im Rahmen der üblichen Vereinbarungen abgegolten.